Gruber I Neumann

Erfolg im Mathe-Abi 2009

Übungsbuch für den Pflichtteil
Baden-Württemberg
mit Tipps und Lösungen

Gedruckt auf chlorfrei gebleichtem Papier
mit umweltfreundlichem Strom der EWS Schönau
* Printed in Germany *

H. Gruber, R. Neumann

Erfolg im Mathe-Abi

Übungsbuch für den Pflichtteil
Baden-Württemberg
mit Tipps und Lösungen

Freiburger Verlag

Vorwort

Erfolg von Anfang an

Das vorliegende Übungsbuch ist speziell auf die grundlegenden Anforderungen des Pflichtteils des Mathematik-Abiturs in Baden-Württenberg abgestimmt. Es umfasst die zwei großen Themenbereiche Analysis und Geometrie sowie die Original-Abituraufgaben seit 2004 in einem Buch.

Der Pflichtteil besteht aus mehreren kleinen Aufgaben, die ohne Taschenrechner und ohne Formelsammlung gelöst werden müssen. Genau hierfür wurde das vorliegende Buch konzipiert: Es fördert das Grundwissen und die Grundkompetenzen in Mathematik, vom einfachen Rechnen und Formelanwenden bis zum Verstehen von gedanklichen Zusammenhängen. Das Übungsbuch ist eine Hilfe zum Selbstlernen (learning by doing) und bietet die Möglichkeit, sich intensiv auf die Prüfung vorzubereiten und gezielt Themen zu vertiefen. Hat man Erfolg bei den grundlegenden Aufgaben, machen Mathematik und das Lernen wieder mehr Spaß.

Der blaue Tippteil

Manchmal hat man keine Idee, wie man eine Aufgabe angehen soll bzw. es fehlt der Lösungsansatz. Hier hilft der blaue Tippteil in der Mitte des Buches weiter: Zu jeder Aufgabe gibt es dort Tipps, die helfen, einen Ansatz zu finden, ohne die Lösung vorwegzunehmen.

Wie arbeitet man mit diesem Buch

Am Anfang jedes Kapitels finden Sie eine kurze Übersicht über die jeweiligen Themen. Die einzelnen Kapitel bauen zwar aufeinander auf, doch ist es nicht zwingend notwendig, das Buch der Reihe nach durchzuarbeiten. Die Aufgaben sind in der Regel in ihrer Schwierigkeit gestaffelt. Von fast jeder Aufgabe gibt es mehrere Variationen zum Vertiefen.
In der Mitte des Buches finden Sie den blauen Tippteil mit Denk- und Lösungshilfen.
Die Lösungen mit ausführlichen verständlichen Lösungswegen bilden den dritten Teil des Übungsbuchs. Hier finden Sie die notwendigen Formeln, Rechenverfahren und Denkschritte sowie manchmal alternative Lösungswege.
Anspruchsvolle Aufgaben sind mit einem Sternchen * gekennzeichnet.

Im Anhang ab Seite 235 finden sich die Abituraufgaben ab 2004 mit Tipps und ausführlichen Lösungen.

Das Stichwortverzeichnis befindet sich zwischen dem Lösungsteil und den Abituraufgaben auf Seite 231.

Der Aufbau des Mathematik-Abiturs

- Die gesamte Prüfungszeit beträgt 240 Minuten (4 Zeitstunden).
- Der Lehrer erhält vor der Prüfung den Pflichtteil und für den Wahlteil drei Aufgabenvorschläge aus der Analysis und zwei aus der Geometrie. Er wählt aus den Vorschlägen für den Wahlteil je einen aus.
- Der Schüler erhält am Beginn der Prüfung alle Aufgaben (den Pflichtteil und den vom Lehrer ausgesuchten Wahlteil Analysis und Geometrie). Er erhält zu diesem Zeitpunkt noch keine Hilfsmittel.
- Er bearbeitet zuerst den Pflichtteil (Richtzeit: 80 Min.), dann gibt er den Pflichtteil ab und erhält die Hilfsmittel (Taschenrechner, Formelsammlung) für den Wahlteil.

Insgesamt können maximal 60 Verrechnungspunkte in der Prüfung erzielt werden, davon 26 im Pflichtteil und 34 im Wahlteil. Wer den Pflichtteil vollständig richtig bearbeitet hat und im Wahlteil mindestens einen Verrechnungspunkt erhält, bekommt die Note ausreichend (5 Notenpunkte).

Allen Schülern, die sich auf das Abitur vorbereiten, wünschen wir viel Erfolg.

Helmut Gruber, Robert Neumann

Inhaltsverzeichnis

Themen des Pflichtteils

Stichwortartige Übersicht über die Themen des Pflichtteils, entnommen aus dem «Fundus» des Kultusministeriums.

Analysis

- Ableitungen von Funktionen, unter anderem ganzrationale, gebrochenrationale, e-Funktionen, Logarithmusfunktionen, trigonometrische Funktionen, Wurzelfunktionen, Produkt-, Quotienten-, Kettenregel
- Integration/Stammfunktion (lineare Substitution)
- Lösen von Gleichungssystemen mit dem Gaußverfahren
- Gleichungen höherer Ordnung, auch gebrochenrational, Substitution, Bruchgleichungen, Polynomdivision
- Tangente und Normale an Kurven
- Aufstellen von Funktionsgleichungen mit Randbedingungen
- Skizze des Schaubilds einer Funktion aus dem gegebenen Funktionsterm erstellen
- Herleitung wichtiger Eigenschaften aus dem Funktionsterm
- Kenntnis wichtiger Funktionstypen
- Translation (Verschiebung) von Schaubildern (horizontal und vertikal)
- Bestimmen des Funktionsterms bei gegebenem Schaubild
- Interpretation charakteristischer Eigenschaften einer Funktion anhand ihres Schaubildes
- Elemente der Kurvendiskussion

Geometrie

- Gleichungen von Ebenen und Geraden
- Gleichung einer Ebene aus drei Punkten bestimmen
- Bestimmen der Lage von Geraden zueinander (Schnitt, parallel, windschief)
- Bestimmen der Lage von Geraden und Ebenen zueinander (orthogonal, parallel, Inklusion (g liegt in E), Schnittpunkt)
- Bestimmen der Lage von Ebenen zueinander (parallel, Schnittgerade, identisch)
- Skizzieren von Geraden und Ebenen im Koordinatensystem
- Bestimmen der Gleichung von Geraden und Ebenen, wenn die Skizze gegeben ist
- Abstand Punkt – Ebene
- Abstand Punkt – Gerade
- Bestimmen des Winkels zwischen Ebenen bzw. zwischen Geraden bzw. zwischen Gerade und Ebene

Analysis

1 Von der Gleichung zur Kurve

Tipps ab Seite 81, Lösungen ab Seite 113

In diesem Kapitel geht es um die Grundfunktionen und ihre Verschiebung, Streckung und Spiegelung. Dazu sollten Sie die Schaubilder der wichtigsten Grundfunktionen kennen. Es handelt sich um:

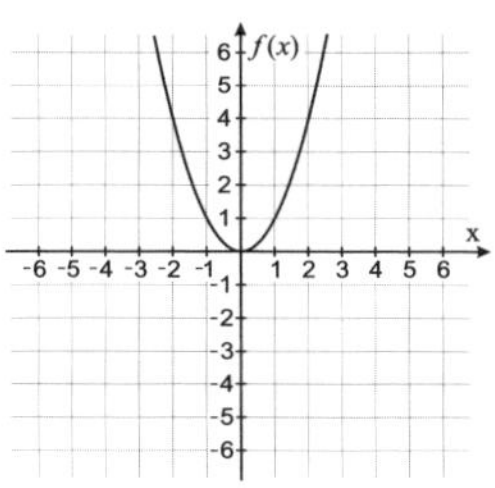

$f(x) = x^2$

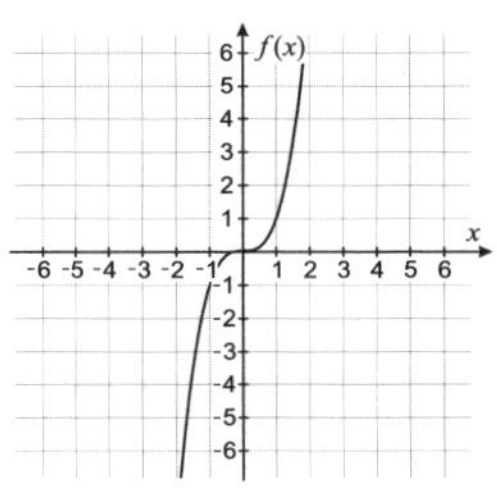

$f(x) = x^3$

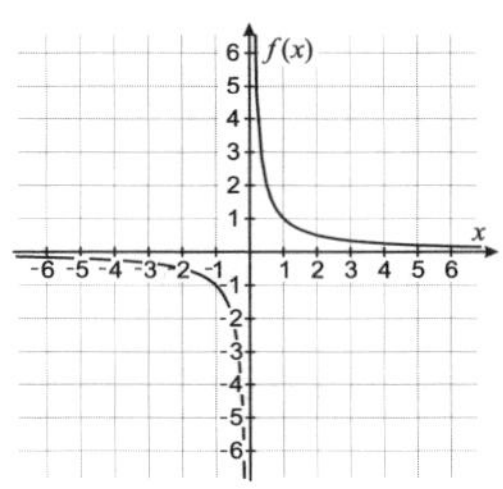

$f(x) = \frac{1}{x}$

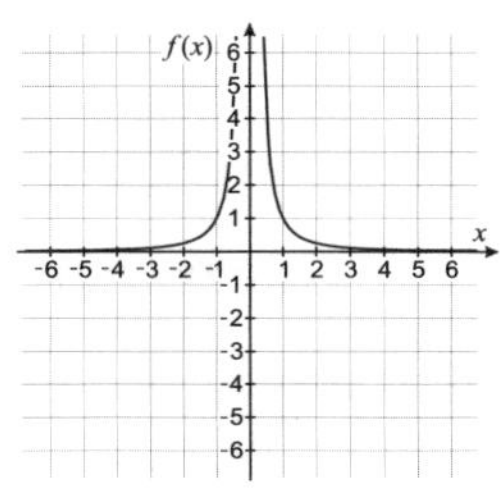

$f(x) = \frac{1}{x^2}$

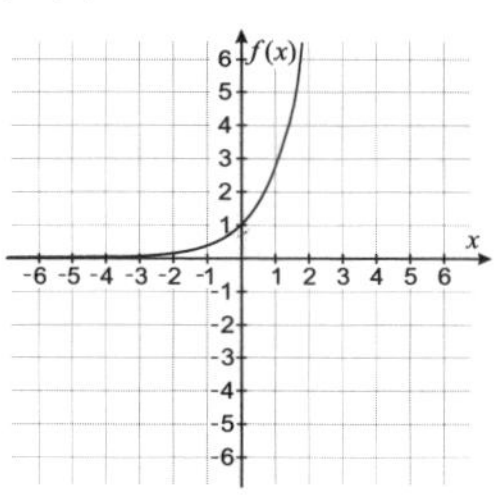

$f(x) = e^x$

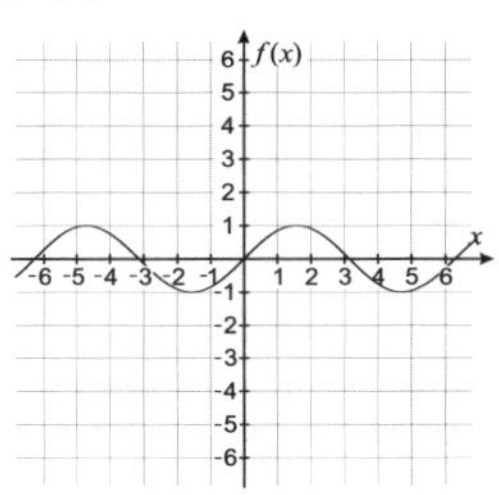

$f(x) = \sin x$

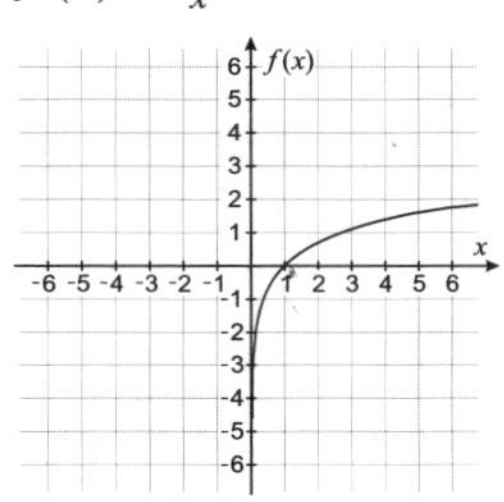

$f(x) = \ln x$

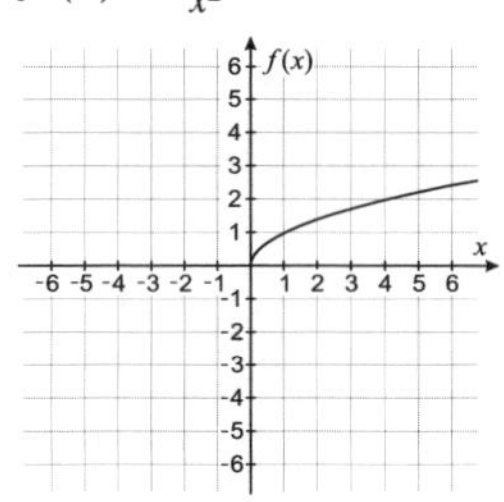

$f(x) = \sqrt{x}$

Diese Grundfunktionen lassen sich verschieben und strecken:

Beispiel: Die Parabel $f(x) = x^2$

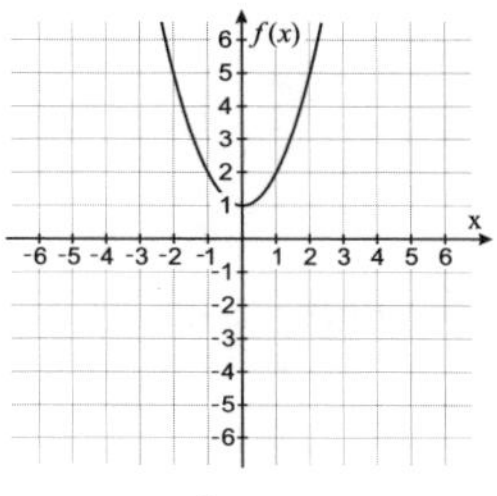

$f(x) = x^2 + 1$

Verschiebung um 1 LE in y-Richtung: das absolute Glied ist 1.

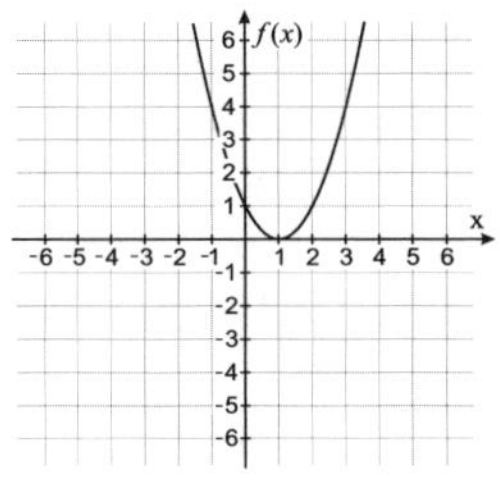

$f(x) = (x-1)^2$

Verschiebung um 1 LE in y-Richtung: x wird ersetzt durch $(x-1)$

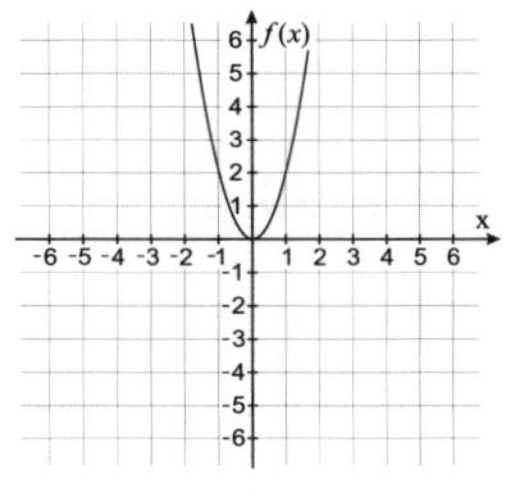

$f(x) = 2 \cdot x^2$

Streckung in y-Richtung um den Faktor 2. Die Funktionsgleichung wird mit 2 multipliziert.

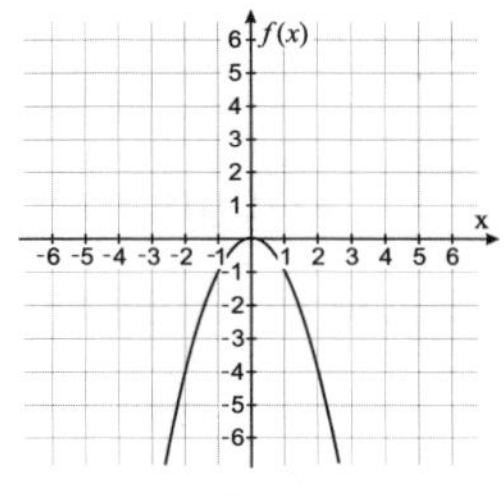

$f(x) = -x^2$

Spiegelung an der x-Achse: Die Funktionsgleichung wird mit -1 multipliziert.

Weitere Variationen:

- Spiegelung an der y-Achse: Hierzu wird x ersetzt durch $(-x)$
- Stauchen in x-Richtung: Hierzu wird x ersetzt durch $a \cdot x$. Das Schaubild wird bei einem Faktor, der größer als 1 ist, gestaucht, d.h. in x-Richtung «kürzer» und bei einem Faktor, der kleiner als 1 ist, gestreckt, d.h. in x-Richtung «länger».

Tipp: Skizzieren Sie zuerst das Schaubild der zugehörigen Grundfunktion und anschließend schrittweise eine eventuelle Spiegelung, Streckung/Stauchung sowie die Verschiebungen in x-bzw. y-Richtung.

1.1 Ganzrationale Funktionen

Skizzieren Sie die Schaubilder folgender Funktionen und bestimmen Sie die Schnittpunkte mit den Koordinatenachsen.

a) $f(x) = \frac{1}{2}x + 1$ b) $f(x) = -\frac{3}{4}x$ c) $f(x) = -x + 1$

d) $f(x) = (x-1)^2 - 4$ e) $f(x) = -x^2 + 4$ f) $f(x) = -(x+1)^2 + 1$

g) $f(x) = (x-1)^3 + 1$ h) $f(x) = -(x+1)^3$ i) $f(x) = 2x^3 - 2$

1.2 Gebrochenrationale Funktionen

Skizzieren Sie die Schaubilder folgender Funktionen und bestimmen Sie jeweils die Asymptoten.

a) $f(x) = \frac{1}{x+1} + 2$ b) $f(x) = -\frac{1}{x-1}$ c) $f(x) = -\frac{1}{x-1} - 2$

d) $f(x) = \frac{1}{(x+1)^2} - 1$ e) $f(x) = -\frac{1}{(x+1)^2}$ f) $f(x) = -\frac{1}{(x-1)^2} + 2$

1.3 Trigonometrische Funktionen

Skizzieren Sie die Schaubilder folgender Funktionen und geben Sie jeweils die Periode an.

a) $f(x) = 2\sin x$ b) $f(x) = \frac{1}{2}\cos x$ c) $f(x) = \sin(2x)$

d) $f(x) = -\sin(2x) + 1$ e) $f(x) = \sin(x+1)$ f) $f(x) = \frac{1}{2}\sin(2x) + \frac{3}{2}$

1.4 Exponentialfunktionen

Skizzieren Sie das Schaubild folgender Funktionen und bestimmen Sie jeweils die Asymptote.

a) $f(x) = e^{x-1} + 1$ b) $f(x) = -e^{x-1} + 1$ c) $f(x) = e^{-(x-1)} + 2$

d) $f(x) = -e^{-x+1} + 1$

1.5 Logarithmusfunktionen

Skizzieren Sie das Schaubild folgender Funktionen und geben Sie jeweils den Definitionsbereich und die Asymptoten an.

a) $f(x) = \ln x + 2$ b) $f(x) = \ln(x+2)$ c) $f(x) = -\ln x - 1$

d) $f(x) = -\ln(x-1) + 1$

1.6 Wurzelfunktionen

Skizzieren Sie das Schaubild folgender Funktionen und geben Sie jeweils den Definitionsbereich an.

a) $f(x) = \sqrt{x} + 1$ b) $f(x) = \sqrt{x-2} - 1$ c) $f(x) = -\sqrt{x} + 2$

d) $f(x) = -\sqrt{x-2} + 3$

2 Aufstellen von Funktionen mit Randbedingungen

Tipps ab Seite 82, Lösungen ab Seite 122

Hier geht es darum, eine Funktion so aufzustellen, dass sie bestimmte vorgegebene Bedingungen erfüllt. Dazu wird die gesuchte Funktion zuerst in ihrer allgemeinen Form aufgeschrieben. Aus dieser können Sie die Anzahl der benötigten Parameter ablesen. Für jeden dieser Parameter brauchen Sie eine «Information» aus der Aufgabenstellung. Aus jeder «Information» ergibt sich eine Gleichung. Damit erhalten Sie eine Gleichungssystem, welches Sie mit dem Gaußschen Eliminationsverfahren lösen können.

Beispiel:

Gesucht ist die Gleichung einer Parabel mit Tiefpunkt $(1 \mid -4)$, die durch den Punkt $(0 \mid -3)$ geht.

Die allgemeine Parabelgleichung lautet: $f(x) = ax^2 + bx + c$, die Ableitung ist $f'(x) = 2ax + b$. Es sind also drei Parameter zu bestimmen. Folgende Bedingungen müssen gelten:
$f(1) = a \cdot 1^2 + b \cdot 1 + c = -4$,
$f'(1) = 2a \cdot 1 + b = 0$ (weil es sich um einen Tiefpunkt mit Steigung Null handelt) und
$f(0) = a \cdot 0^2 + b \cdot 0 + c = -3$. Daraus ergibt sich folgendes Gleichungssystem:

$$\begin{array}{lrcrcrcr}
\text{I} & a & + & b & + & c & = & -4 \\
\text{II} & 2a & + & b & & & = & 0 \\
\text{III} & & & & & c & = & -3
\end{array}$$

Aus Gleichung III liest man $c = -3$ ab. Damit erhält man:

$$\begin{array}{lrcrrcr}
\text{Ia} & a & + & b & & = & -1 \\
\text{II} & 2a & + & b & & = & 0 \\
\text{III} & & & & c & = & -3
\end{array}$$

Subtrahiert man Gleichung Ia von Gleichung II, erhält man $a = 1$ und durch Einsetzen $b = -2$. Damit lautet die Gleichung der gesuchten Parabel $f(x) = x^2 - 2x - 3$.

Für andere Funktionenklassen (e-Funktionen, etc.) ist die Vorgehensweise analog: Immer müssen Sie zuerst die allgemeine Funktionsgleichung aufstellen, anschließend bestimmen Sie die Parameter. Zur konkreten Vorgehensweise können Sie im Tippteil nachsehen.

2.1 Ganzrationale Funktionen

a) Eine Parabel geht durch $P_1(0 \mid 4)$, $P_2(1 \mid 0)$ und $P_3(2 \mid 18)$. Bestimmen Sie die Gleichung dieser Parabel.

b) Eine Parabel hat den Hochpunkt $M(1 \mid 3)$ und geht durch $Q(0 \mid 2)$. Bestimmen Sie die Gleichung der Parabel.

c) Eine zur y-Achse symmetrische Parabel hat in $\mathrm{P}(1 \mid 6)$ die Steigung 2. Bestimmen Sie die Gleichung der Parabel.

d) Eine zur y-Achse symmetrische Parabel schneidet die x-Achse an der Stelle $x = \sqrt{3}$ und geht durch $\mathrm{T}(0 \mid -3)$. Bestimmen Sie die Gleichung der dazugehörigen Funktion.

e) Das Schaubild einer ganzrationalen Funktion 3. Grades hat den Wendepunkt $\mathrm{W}(0 \mid 0)$ und den Hochpunkt $\mathrm{H}(2 \mid 2)$. Bestimmen Sie die Gleichung der Funktion.

f) Eine Parabel dritten Grades (kubische Parabel) hat im Punkt $\mathrm{P}(0 \mid 1)$ die Steigung $m_{\mathrm{P}} = -1$; ihr Wendepunkt ist $\mathrm{W}(-1 \mid 4)$. Bestimmen Sie die Gleichung dieser Parabel.

g) Bestimmen Sie a und b so, dass das Schaubild der Funktion f mit $f(x) = ax^4 + bx^2$ den Wendepunkt $\mathrm{W}(1 \mid -2{,}5)$ hat.

2.2 Gebrochenrationale Funktionen

Tipp: Machen Sie sich für die gebrochenrationalen Funktionen unbedingt eine Skizze, anhand derer Sie die Funktionsgleichung stückweise entwickeln können – ein guter Ansatz ist die halbe Lösung!

a) Das Schaubild einer gebrochenrationalen Funktion hat eine Polstelle mit Vorzeichenwechsel (abgekürzt: VZW) bei $x = 1$, die Gerade mit der Gleichung $y = 4$ ist die waagerechte Asymptote und der Punkt $\mathrm{P}(2 \mid 6)$ liegt auf der Kurve. Bestimmen Sie eine mögliche Funktionsgleichung.

b) Das Schaubild einer gebrochenrationalen Funktion hat eine Polstelle ohne VZW bei $x = 2$, die Gerade mit der Gleichung $y = x + 1$ ist die schiefe Asymptote und der Punkt $\mathrm{Q}(3 \mid 2)$ liegt auf der Kurve. Bestimmen Sie eine mögliche Funktionsgleichung.

c) Das Schaubild einer gebrochenrationalen Funktion besitzt Polstellen mit VZW bei $x_1 = 1$ und $x_2 = -1$, die Gerade mit der Gleichung $y = 2x - 3$ ist die schiefe Asymptote und der Punkt $\mathrm{R}(2 \mid 3)$ liegt auf der Kurve. Bestimmen Sie eine mögliche Funktionsgleichung.

d) Das Schaubild einer gebrochenrationalen Funktion hat eine Polstelle mit VZW bei $x_1 = 1$, eine Polstelle ohne VZW bei $x_2 = 2$, die Gerade mit der Gleichung $y = 3x - 2$ ist die schiefe Asymptote und der Punkt $\mathrm{P}(0 \mid 1)$ liegt auf der Kurve. Bestimmen Sie eine mögliche Funktionsgleichung.

e) Das Schaubild einer gebrochenrationalen Funktion geht durch $\mathrm{P}(0 \mid 4)$, hat einen Pol ohne VZW bei $x = 2$ und die x-Achse als waagerechte Asymptote. Bestimmen Sie eine mögliche Funktionsgleichung.

2.3 Exponentialfunktionen

Die allgemeine e-Funktion für natürliches exponentielles Wachstum hat die Gestalt: $f(x) = a \cdot e^{kx}$. Bestimmen Sie bei den folgenden Aufgaben jeweils die Parameter a und k.

a) Eine e-Funktion geht durch die Punkte $\mathrm{P}(0 \mid 2)$ und $\mathrm{Q}\left(4 \mid 2e^{12}\right)$.

b) Eine e-Funktion geht durch die Punkte $\mathrm{A}(0 \mid 3)$ und $\mathrm{B}\left(2 \mid 3e^{8}\right)$.

c) Bei einer e-Funktion ist $f'(0) = 6$ und $f(0) = 3$.

d) Bei einer e-Funktion ist $f'(0) = 4$ und $f(0) = 2$.

e) Eine e-Funktion hat den Anfangswert $f(0) = 5$ und für $x = 0$ die Steigung 10.

2.4 Trigonometrische Funktionen

Tipp: Eine verallgemeinerte Sinusfunktion hat die Gleichung:
$f(x) = a \cdot \sin(b \cdot (x - c)) + d$.

a) Das Schaubild der Sinusfunktion g mit $g(x) = \sin x$ ist um 3 LE nach oben verschoben und hat die Periode $p = \pi$. Bestimmen Sie die Funktionsgleichung der modifizierten Funktion.

b) Das Schaubild der Sinusfunktion g mit $g(x) = \sin x$ ist um den Faktor 2,5 in y-Richtung gestreckt, hat die Periode $p = \frac{\pi}{2}$ und ist um 3 LE nach rechts und sowie 1,5 LE nach unten verschoben. Bestimmen Sie die Funktionsgleichung der modifizierten Funktion.

c) Das Schaubild der Sinusfunktion g mit $g(x) = \sin x$ ist um 2 LE nach links und um 4 LE nach oben verschoben, um den Faktor 0,8 in y-Richtung gestaucht und der Abstand zwischen zwei Hochpunkten beträgt 3π LE. Bestimmen Sie die Funktionsgleichung der modifizierten Funktion.

d) Das Schaubild der Sinusfunktion g mit $g(x) = \sin x$ ist um 1 LE nach rechts und um 2 LE nach unten verschoben, um den Faktor 1,7 in y-Richtung gestreckt und der Abstand zwischen zwei Wendepunkten beträgt $\frac{\pi}{2}$ LE. Bestimmen Sie die Funktionsgleichung der modifizierten Funktion.

e) * Das Schaubild der Sinusfunktion g mit $g(x) = \sin x$ ist um den Faktor 2 in y-Richtung gestreckt und um 3 LE nach unten verschoben. Wie ist die Periode zu wählen, damit der Punkt $\mathrm{P}(1 \mid -1)$ auf der modifizierten Kurve liegt?

3 Von der Kurve zur Gleichung

Tipps ab Seite 84, Lösungen ab Seite 127

Wenn das Schaubild einer Funktion gegeben ist und die Funktionsgleichung gesucht ist, gibt es zwei Möglichkeiten, diese aufzustellen:

1. Man erkennt, dass es sich um das Schaubild einer verschobene, gestreckte oder gespiegelte Grundfunktion handelt. Dann beginnen Sie mit einer Gleichung der Grundfunktion und verändern sie so, wie es im Kapitel 1 beschrieben ist, bis die abgebildete Funktion entsteht.

2. Der teilweise etwas aufwändigere Ansatz, der aber immer funktioniert, besteht darin, Punkte und deren Steigung am gegebenen Schaubild abzulesen und die Funktionsgleichung analog wie im Kapitel 2 beschrieben zu bestimmen.

3.1 Ganzrationale Funktionen

Nachfolgend sind die Schaubilder einiger Funktionen angegeben. Bestimmen Sie einen möglichen Funktionsterm.

a)

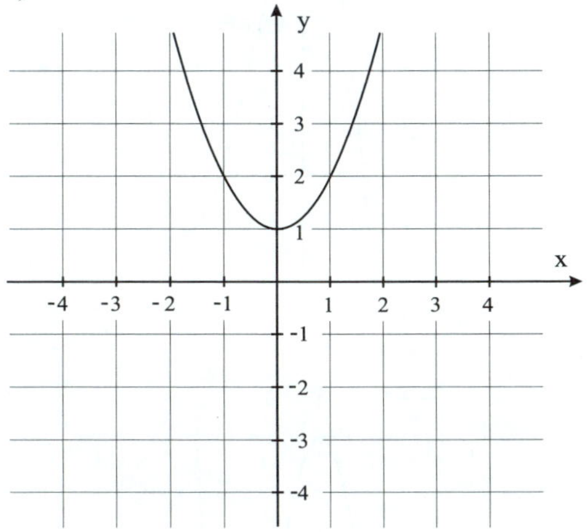

b)

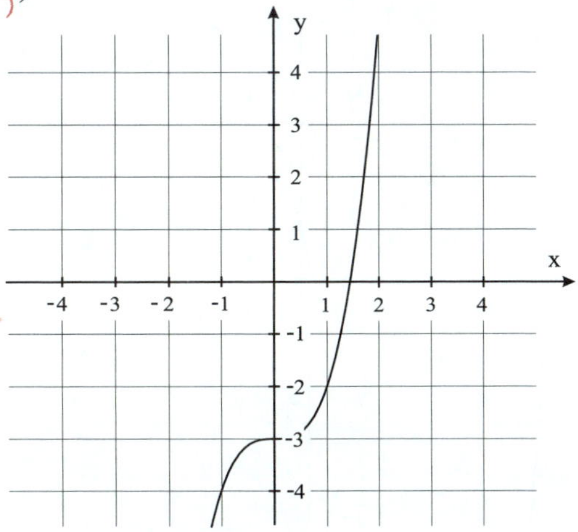

c)

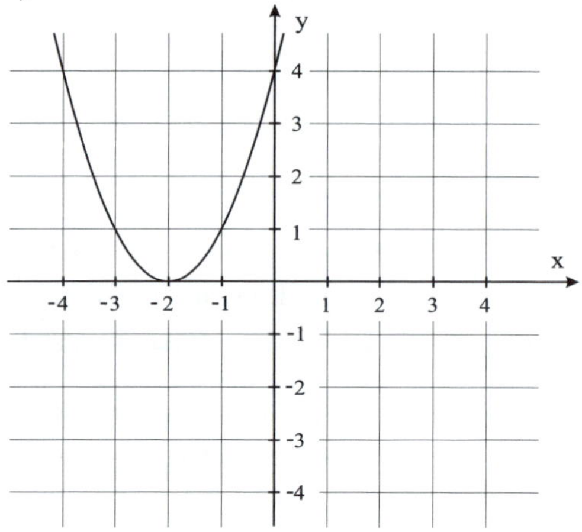
y
x
4
3
2
1
-1
-2
-3
-4
-4 -3 - 2 -1 1 2 3 4

d)

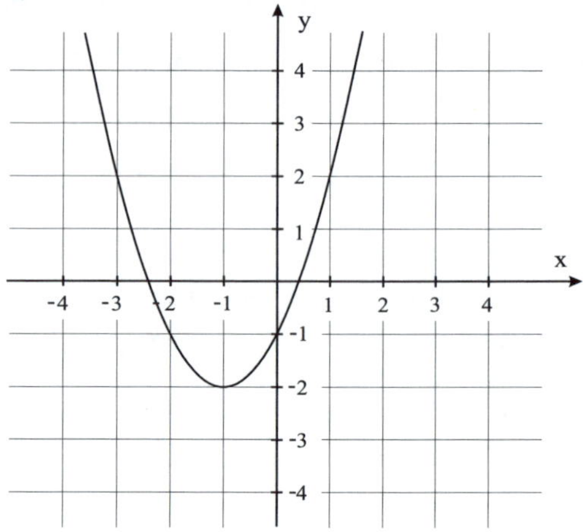
y
x
4
3
2
1
-1
-2
-3
-4
-4 -3 -2 -1 1 2 3 4

e)

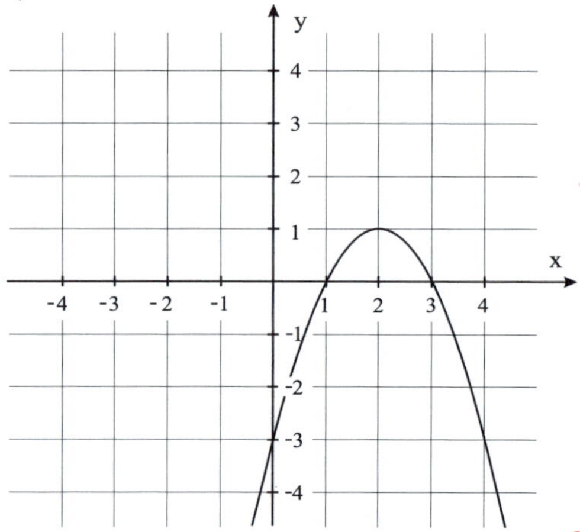
y
x
4
3
2
1
-1
-2
-3
-4
-4 -3 - 2 -1 1 2 3 4

f)

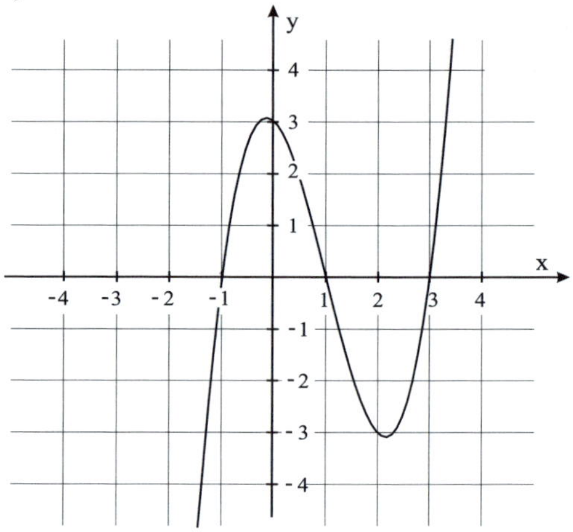
y
x
4
3
2
1
- 1
- 2
- 3
- 4
-4 -3 - 2 - 1 1 2 3 4

g)

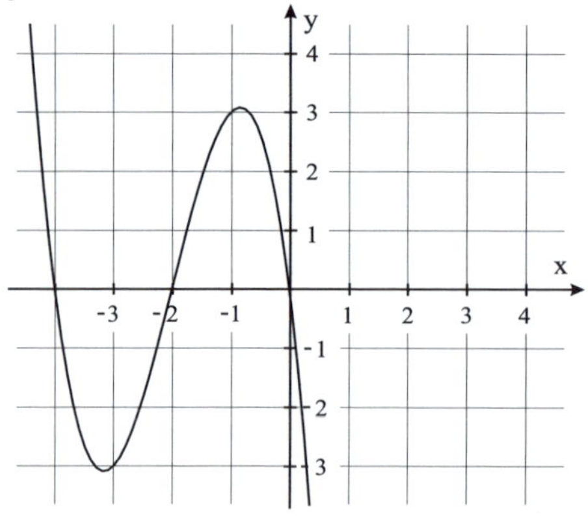
y
x
4
3
2
1
-1
2
3
-3 -2 -1 1 2 3 4

h)

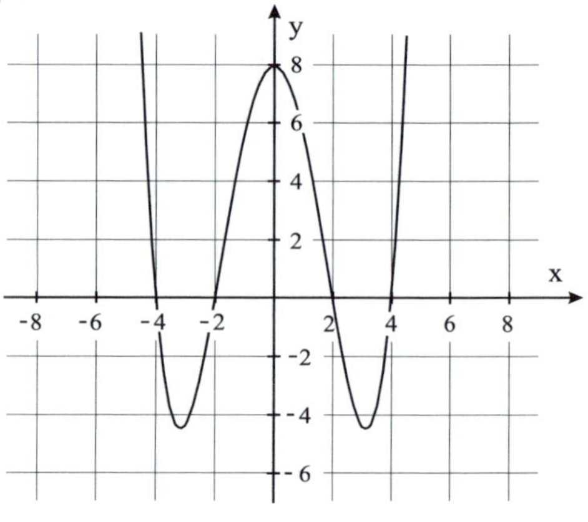
y
x
8
6
4
2
-2
-4
- 6
-8 -6 -4 -2 2 4 6 8

3.2 Gebrochenrationale Funktionen

Nachfolgend sind die Schaubilder einiger Funktionen angegeben. Bestimmen Sie einen möglichen Funktionsterm.

Tipp: Überlegen Sie, ob es sich bei den gegebenen Schaubildern um nach rechts/links oder oben/unten verschobene gebrochenrationale Grundfunktionen handelt. Ansonsten bestimmen Sie die Polstellen (mit bzw. ohne Vorzeichenwechsel), die waagerechte bzw. schiefe Asymptote und die Koordinaten eines gegebenen Punktes des Schaubildes.

a)

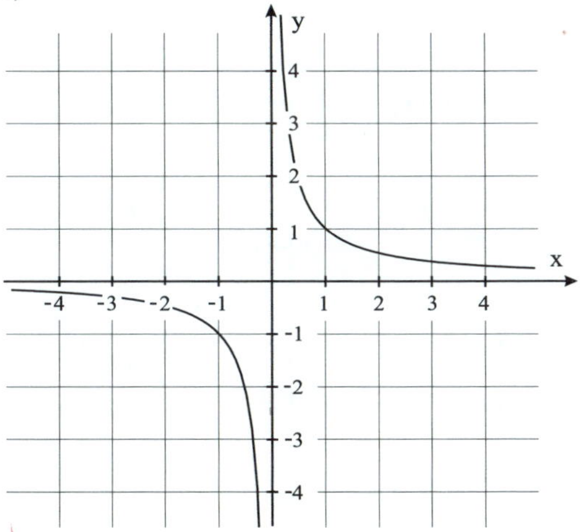

b)

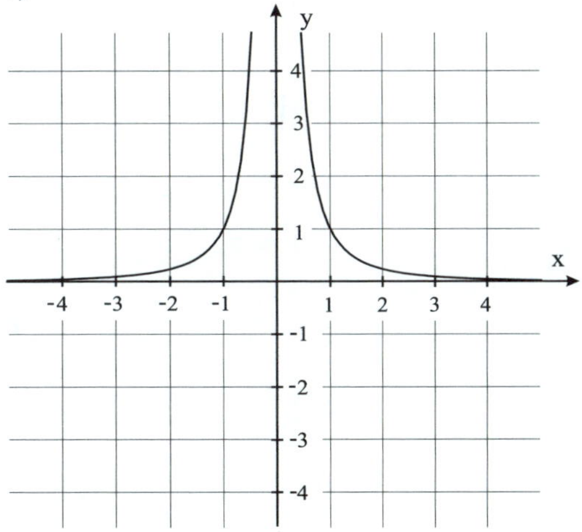

c)

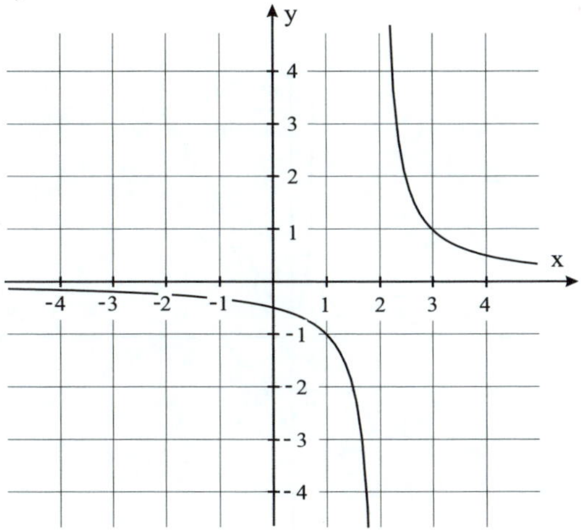

d)

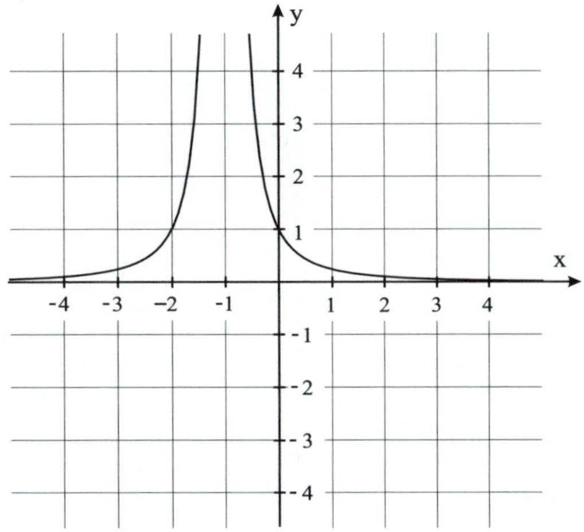

e)

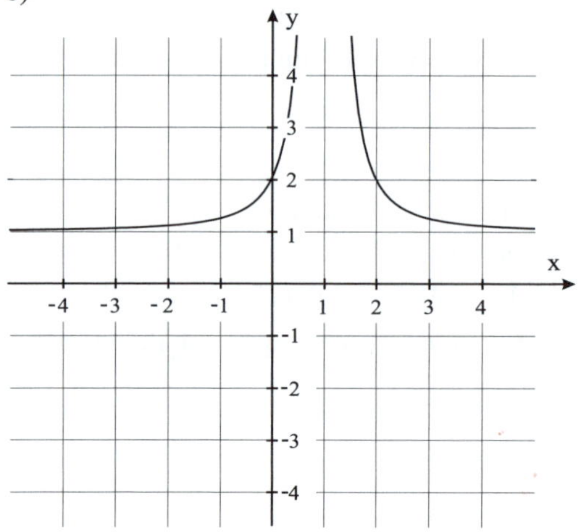
y
x
-4 -3 -2 -1 1 2 3 4
4 3 2 1 -1 -2 -3 -4

f)

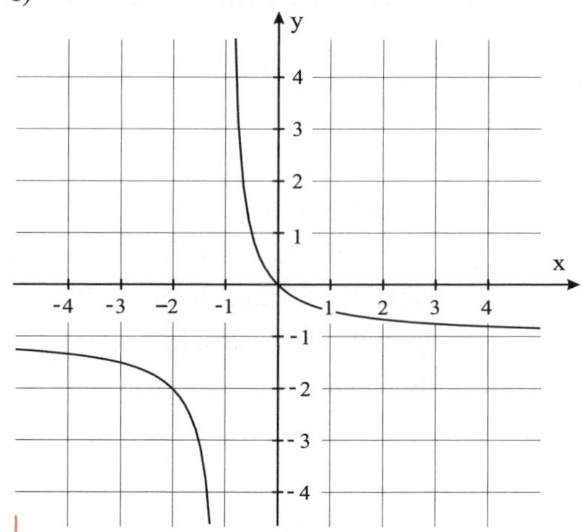
y
x
-4 -3 −2 -1 1 2 3 4
4 3 2 1 -1 -2 -3 -4

g) *

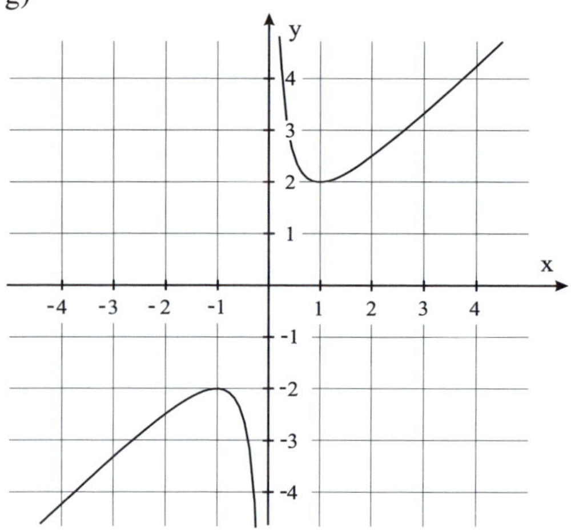
y
x
-4 -3 -2 -1 1 2 3 4
4 3 2 1 -1 -2 -3 -4

h) *

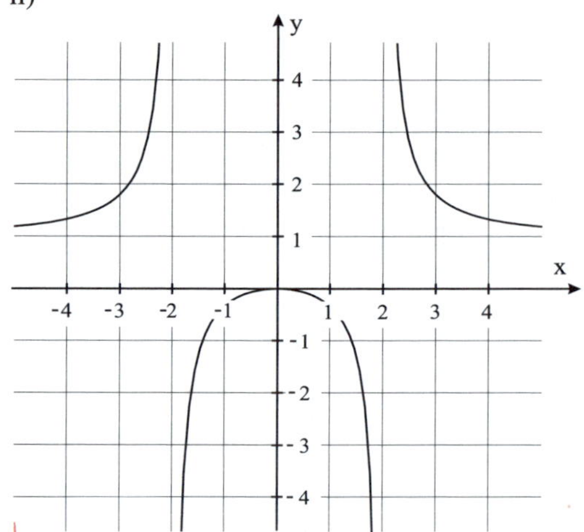
y
x
-4 -3 -2 -1 1 2 3 4
4 3 2 1 -1 -2 -3 -4

i) *

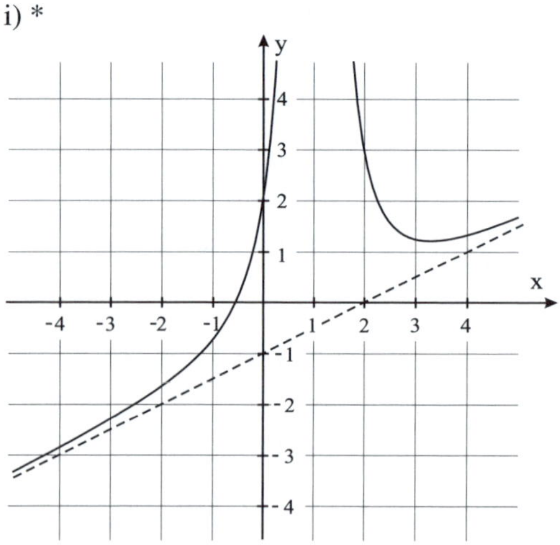
y
x
-4 -3 -2 -1 1 2 3 4
4 3 2 1 -1 -2 -3 -4

j) *

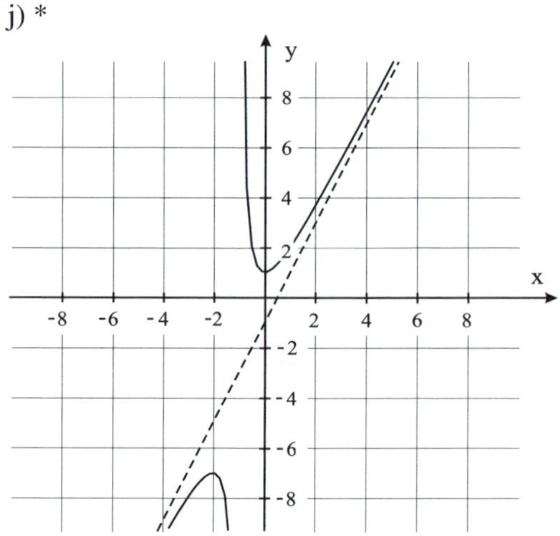
y
x
-8 -6 -4 -2 2 4 6 8
8 6 4 2 -2 -4 -6 -8

3.3 Trigonometrische Funktionen

Nachfolgend sind die Schaubilder einiger Funktionen angegeben. Bestimmen Sie einen möglichen Funktionsterm.

a)

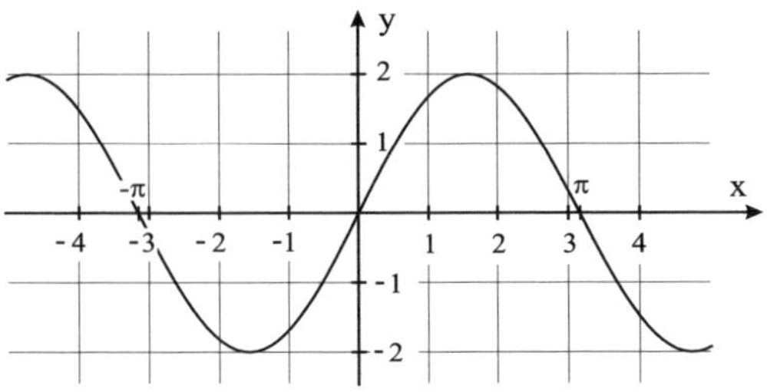

b)

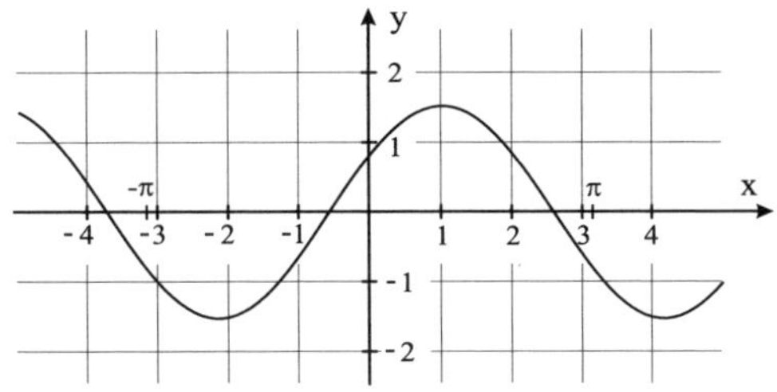

c)

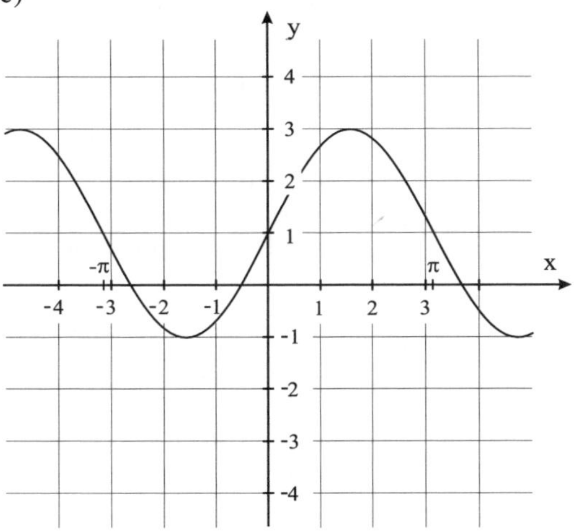

d) *

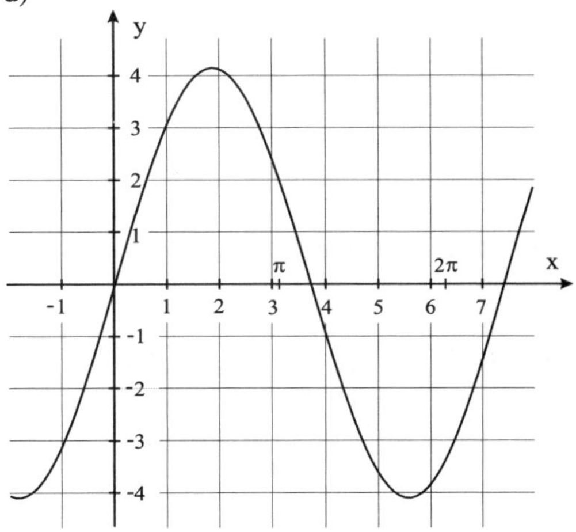

4 Differenzieren

Tipps ab Seite 85, Lösungen ab Seite 133

Die wichtigsten Ableitungsregeln sind:

Name	$f(x)$	$f'(x)$	Bemerkungen
Potenzregel	$a \cdot x^n$	$n \cdot a \cdot x^{n-1}$	Die Potenzregel gilt auch für negative Exponenten
Kettenregel	$u(v(x))$	$u'(v(x)) \cdot v'(x)$	«äußere Ableitung mal innere Ableitung»
Produktregel	$u(x) \cdot v(x)$	$u'(x) \cdot v(x) + u(x) \cdot v'(x)$	«u-Strich mal v plus u mal v-Strich»
Quotientenregel	$\frac{u(x)}{v(x)}$	$\frac{u'(x) \cdot v(x) - u(x) \cdot v'(x)}{(v(x))^2}$	«u-Strich mal v minus u mal v-Strich geteilt durch v-Quadrat»
e-Funktion	e^x	e^x	Die Ableitung ist gleich der Funktion
verkettete e-Funktion	$a \cdot e^{k \cdot x + c}$	$a \cdot k \cdot e^{k \cdot x + c}$	Es gilt die Kettenregel
Sinusfunktion	$\sin x$	$\cos x$	
Kosinusfunktion	$\cos x$	$-\sin x$	
Logarithmusfunktion	$\ln x$	$\frac{1}{x}$	
Wurzelfunktion	$\sqrt{x} = x^{\frac{1}{2}}$	$\frac{1}{2} \cdot x^{-\frac{1}{2}} = \frac{1}{2\sqrt{x}}$	Die Potenzregel gilt auch für gebrochene Exponenten

4.1 Ganzrationale Funktionen

Leiten Sie alle angegebenen Funktionen einmal ab:

a) $f(x) = 4x^5 - 2x^3$ b) $f(x) = 2ax^3 - 6a^2x^2$ c) $f(x) = t^2x^4 - 3t^3x^2 + 4t^2$

d) $f(x) = (4x+1)^3$ e) $f(x) = \left(2x^2 + a\right)^4$ f) $f(x) = \left(2ax^3 + 3\right)^3$

g) $f(x) = (x-1) \cdot (x-k)^2$ h) $f(x) = 2ax \cdot (x-a)^2$

4.2 Gebrochenrationale Funktionen

Leiten Sie alle angegebenen Funktionen einmal ab:

a) $f(x) = \frac{4}{(2x+1)^2}$ b) $f(x) = \frac{x}{(3x+2)^2}$ c) $f(x) = \frac{x^2}{(2x+1)^2}$ d) $f(x) = \frac{ax}{x^2+a}$

e) $f(x) = \frac{3x^2+2x-1}{x^2-1}$ f) $f(x) = \frac{x^3-2x^2+2}{x^2+1}$ g) $f(x) = \frac{2x^4-3x+1}{x^3+x}$ h) $f(x) = \frac{ax^2+2}{x^2+a}$

4.3 Exponentialfunktionen

Leiten Sie alle angegebenen Funktionen einmal ab:

a) $f(x) = 3x^2 \cdot e^{-4x}$ b) $f(x) = \frac{1}{2}x^3 \cdot e^{2x}$ c) $f(x) = (2x+5)e^{-x}$

d) $f(x) = (x+k)e^{-kx}$ e) $f(x) = (4x+e^{-x})^2$ f) $f(x) = \left(x^2+e^{2x}\right)^2$

g) $f(x) = (e^x+e^{-x})^2$ h) $f(x) = \left(2k+e^{-2x}\right)^2$

4.4 Trigonometrische Funktionen

Leiten Sie alle angegebenen Funktionen einmal ab:

a) $f(x) = 2x \cdot \cos\left(\frac{1}{2}x^2+4\right)$ b) $f(x) = x^2 \cdot \sin(4x+3)$ c) $f(x) = (x^2-4) \cdot \sin\left(\frac{1}{3}x^2+2\right)$

d) $f(x) = x^2 \cdot \cos\left(\frac{1}{2}x-1\right)$ e) $f(x) = (x+\cos x)^2$ f) $f(x) = (\sin x+\cos x)^2$

g) $f(x) = \left(x^2-\sin x\right)^3$ h) $f(x) = (ax-\sin(ax))^2$

4.5 Wurzelfunktionen

Leiten Sie alle angegebenen Funktionen einmal ab:

a) $f(x) = \sqrt{x^2+4}$ b) $f(x) = \sqrt{\frac{1}{2}x^2-2x}$ c) $f(x) = \sqrt{x^3-x^2}$

d) $f(x) = \sqrt{ax^2-2ax}$ e) $f(x) = (\sqrt{x}+2)^2$ f) $f(x) = \left(\sqrt{x+4}-x\right)^2$

g) $f(x) = 2x\sqrt{x^2+4}$ h) $f(x) = x^2\sqrt{x^2-4}$

Tipp: Schreiben Sie die Wurzeln als Klammer mit einem Bruch im Exponenten: $\sqrt{x^3+1} = \left(x^3+1\right)^{\frac{1}{2}}$

4.6 Logarithmusfunktionen

Leiten Sie alle angegebenen Funktionen einmal ab:

a) $f(x) = \ln\left(2+3x^2\right)$ b) $f(x) = \ln\left(2x^2+x\right)$ c) $f(x) = \ln\left(4x^2-2x+1\right)$

d) $f(x) = \ln\left(ax^2+bx+c\right)$ e) $f(x) = 2x \cdot \ln(4+x)$ f) $f(x) = x^2 \cdot \ln\left(x^2+1\right)$

g) $f(x) = (2x-3)\ln(3x+2)$ h) $f(x) = \left(x^2-2x\right)\ln\left(x^2+1\right)$ i) $f(x) = \ln\left(x^2+t\right)$

4.7 Gebrochene Exponentialfunktionen

Leiten Sie alle angegebenen Funktionen einmal ab:

a) $f(x) = \frac{3}{1+e^x}$ b) $f(x) = \frac{4}{1-e^{-x}}$ c) $f(x) = \frac{x}{2+e^{3x}}$ d) $f(x) = \frac{x^2}{1+e^{-x}}$

e) $f(x) = \frac{e^x}{2-e^{-x}}$ f) $f(x) = \frac{2e^{-x}}{1+e^x}$ g) $f(x) = \frac{e^x+e^{-x}}{1+e^x}$

4.8 Exponentialfunktionen und trigonometrische Funktionen

Leiten Sie alle angegebenen Funktionen einmal ab:

a) $f(x) = \sin(e^x + 1)$ b) $f(x) = \cos(2e^{-x} + 1)$ c) $f(x) = \sin(2e^x + 3)$

d) $f(x) = e^x \cdot \sin x$ e) $f(x) = \frac{1}{2}e^{-x} \cdot \cos(2x)$ f) $f(x) = e^{3x} \cdot \sin(e^{2x})$

4.9 Exponentialfunktionen und Wurzelfunktionen

Leiten Sie alle angegebenen Funktionen einmal ab:

a) $f(x) = \sqrt{e^x}$ b) $f(x) = \sqrt{e^{3x} + 1}$ c) $f(x) = \sqrt{e^{-x} + e^x}$

d) $f(x) = \sqrt{x} \cdot e^{-\frac{1}{2}x}$ e) $f(x) = \sqrt{2x+1} \cdot e^{-x}$ f) $f(x) = \sqrt{x^2 - 4} \cdot e^{2x+1}$

4.10 Trigonometrische und ln-Funktionen

Leiten Sie alle angegebenen Funktionen einmal ab:

a) $f(x) = \ln(\sin x)$ b) $f(x) = \ln(\cos x + 2)$ c) $f(x) = \ln\left(x^2 + \sin(3x)\right)$

d) $f(x) = \sin(\ln(3x))$ e) $f(x) = \cos(\ln(4x) + 1)$ f) $f(x) = \sin\left(\ln(2x) + x^2\right)$

4.11 Wurzelfunktionen und ln-Funktionen

Leiten Sie alle angegebenen Funktionen einmal ab:

a) $f(x) = \sqrt{\ln x}$ b) $f(x) = \sqrt{2\ln(3x)}$ c) $f(x) = \sqrt{3\ln(x^2)}$

d) $f(x) = \ln(\sqrt{x})$ e) $f(x) = 2\ln\left(\sqrt{2x+1}\right)$ f) $f(x) = 3\ln\left(\sqrt{2x^2 + x}\right)$

4.12 * Gebrochene trigonometrische, Wurzel- und ln-Funktionen

Leiten Sie alle angegebenen Funktionen einmal ab:

a) $f(x) = \frac{2}{1+\sin x}$ b) $f(x) = \frac{2x}{1-\sin x}$ c) $f(x) = \frac{x^2}{2+\cos x}$

d) $f(x) = \frac{4x}{\sqrt{1+x^2}}$ e) $f(x) = \frac{6x}{\sqrt{x^2+36}}$ f) $f(x) = \frac{5}{\sqrt{2x+5}}$

g) $f(x) = \ln\left(\frac{1+x}{1-x}\right)$ h) $f(x) = \frac{\ln(2x)}{x^2}$ i) $f(x) = \frac{\ln(ax)}{2x+1}$

5 Gleichungslehre

Tipps ab Seite 87, Lösungen ab Seite 139

Bei den meisten Gleichungsaufgaben geht es darum, die Gleichung nach einer Unbekannten aufzulösen. Je nach Gleichungstyp wird dabei unterschiedlich vorgegangen.

5.1 Quadratische, biquadratische und nichtlineare Gleichungen

Bei Gleichungen, in denen x als Quadrat oder höhere Potenz vorliegt, sollten Sie zuerst versuchen, auszuklammern. Geht das nicht, z.B. weil ein absolutes Glied vorliegt, so hilft entweder die pq- oder die abc-Formel weiter. Sie sollten eine dieser beiden Formeln auswendig können.
Oft hilft der Satz vom Nullprodukt: «Ein Produkt ist genau dann gleich Null, wenn (mindestens) einer der Faktoren gleich Null ist.» Hierzu setzt man die einzelnen Faktoren gleich Null.

Beispiel:

Gesucht sind die Lösungen der Gleichung $x^3 - 5x^2 + 4x = 0$
Zuerst wird ausgeklammert: $x\left(x^2 - 5x + 4\right) = 0$. Also ist entweder $x_1 = 0$ oder $x^2 - 5x + 4 = 0$. Die Gleichung lässt sich mit der pq- bzw. der abc-Formel lösen. Man erhält $x_2 = 1$ und $x_3 = 4$. Die Lösungen der Ausgangsgleichung sind damit $x_1 = 0$, $x_2 = 1$ und $x_3 = 4$.
Lösen Sie die angegebenen Gleichungen:

a) $x^2 + 3x - 4 = 0$ b) $x^2 + x - 56 = 0$ c) $x^2 + \frac{2}{5}x - \frac{3}{5} = 0$

d) $(2x-5) \cdot (2x+5) + 1 = (x-3)^2 + 2x \cdot (x-1)$

e) $(x-2) \cdot (x+3) - 2(x-1)^2 = 2 \cdot (2-x)$

f) $(x-1) \cdot (x-a)^2 = 0$ g) $x^2 \cdot (ax - 4a) = 0$

h) $2x^4 - 3x^3 = 0$ i) $x^4 - 3x^3 + 2x^2 = 0$ j) $x^3 - 4x = 0$

k) $x^4 - 2x^2 = 0$ l) $x^3 - 5x^2 + 6x = 0$ m) $x^4 - 4x^2 + 3 = 0$

n) $x^4 - 13x^2 + 36 = 0$

5.2 Exponential- und Logarithmus-Gleichungen

Beim Lösen von Exponentialgleichung gelten die gleichen Regeln, die oben schon erwähnt wurden. Zusätzlich ist zu beachten:

- Der Satz vom Nullprodukt hilft oft weiter, beachten Sie, dass $e^x \neq 0$ ist.
- Es gilt $e^{2x} = (e^x)^2$, sowie $e^0 = 1$ und $\ln 1 = 0$.

- Um e^x nach x aufzulösen, wird die Gleichung auf beiden Seiten «logarithmiert», da $\ln e^x = x$ ist.
  Beispiel:
$$e^{2x} = 3 \mid \ln$$
$$2x = \ln 3$$
$$x = \frac{\ln 3}{2}$$

  Um $\ln x$ nach x aufzulösen, wird die Gleichung auf beiden Seiten «exponiert», da $e^{\ln x} = x$ ist.
  Beispiel:
$$\ln(x-2) = 0 \mid e^{\cdots}$$
$$(x-2) = e^0$$
$$x - 2 = 1$$
$$x = 3$$

Lösen Sie die angegebenen Gleichungen:

a) $(2x-5)e^{-x} = 0$ b) $(x^2-4)\,e^{0,5x} = 0$ c) $xe^x = 0$

d) $(x-t)\,e^{-x} = 0$ e) $(2x-4k)\,e^{2kx} = 0$ f) $\left(kx^2-k\right)e^{-kx} = 0$

g) $e^{2x} - 6e^x + 5 = 0$ h) $e^{4x} - 5e^{2x} + 6 = 0$ i) $2\cdot(1-\ln x) = 1$

j) $\ln(3-x) = 0$ k) $\ln(2x-3) = 0$

5.3 Bruchgleichungen

Beim Lösen von Bruchgleichungen sind folgende Besondernheiten zu beachten:

- Ein Bruch ist gleich Null, wenn der Zähler Null ist. Es reicht also, wenn Sie den Zähler gleich Null setzen und nach x auflösen.
- Zuerst sollten Sie die Definitionsmenge der Bruchgleichung bestimmen. Das sind alle Zahlen, die in die Gleichung eingesetzt werden dürfen.
  Da man nicht durch Null teilen darf, ist eine Bruchgleichung an den Nullstellen des Nenners nicht definiert. Also werden zuerst die Nullstellen des Nenners gesucht, um die Definitionsmenge zu bestimmen.

Beispiel:

Gesucht sind die Lösungen der Gleichung $\frac{x^2-9}{x-5} = 0$.

Nullstelle des Nenners: $x-5=0 \Rightarrow x=5$. Also ist die Definitionsmenge $\mathbb{R} \setminus \{5\}$.

Nun wird die «Zählergleichung» gelöst: $x^2-9=0 \Rightarrow x^2=9$.

Die Lösungen der Ausgangsgleichung sind also $x_1 = -3$ und $x_2 = 3$.

Lösen Sie die angegebenen Gleichungen:

a) $\frac{150x-50}{(x-50)^2}=0$ b) $\frac{x^2-4}{(x-3)^2}=0$ c) $\frac{ax^2-4x}{(a+x)^2}=0;\ a>0$

d) $\frac{2x}{x+2}+\frac{4x}{x-2}=\frac{5x^2+4x+9}{x^2-4}$ e) $\frac{2x}{x-4}+\frac{3x}{x+4}=\frac{4(x^2-x+4)}{x^2-16}$ f) $\frac{3x}{3x-1}-\frac{5x+1}{3x+1}=\frac{2}{9x^2-1}$

g) $\frac{x^2+3x+2}{(3x+1)(x-1)}-\frac{5x}{6x+2}=\frac{3x}{2x-2}$ h) $\frac{x}{2x-3}-\frac{1}{2x}=\frac{3}{4x-6}$

5.4 Wurzelgleichungen

Die Gleichung wird zuerst so umgeformt («geordnet»), dass die Wurzel auf einer Seite alleine steht. Dann kann man die gesamte Gleichung (beide Seiten!) quadrieren und lösen. Durch das Quadrieren können weitere Lösungen hinzukommen; daher müssen Sie zum Schluss alle Lösungen zur Kontrolle in die ursprüngliche Gleichung einsetzen:

Beispiel:

Gesucht sind die Lösungen der Gleichung $\sqrt{x-2}+4=x$.

Ordnen führt zu $\sqrt{x-2}=x-4$. Die Gleichung wird quadriert:

$$\left(\sqrt{x-2}\right)^2=x^2-8x+16$$

Erneutes Ordnen ergibt: $x^2-9x+18=0$. Diese quadratische Gleichung kann mit der pq-Formel gelöst werden, wobei sich $x_1=3$ und $x_2=6$ als Lösungen der Gleichung ergeben.

Zum Schluss werden beide Lösungen zur Kontrolle in die Ausgangsgleichung eingesetzt:
Für $x=3$ gilt: $\sqrt{3-2}+4=5\neq 3$, für $x=6$ gilt: $\sqrt{6-2}+4=2+4=6$, also ist nur $x=6$ eine Lösung der Aufgabenstellung: $\mathrm{L}=\{6\}$.

Lösen Sie die angegebenen Gleichungen:

a) $\sqrt{x}+x=12$ b) $x+5=\sqrt{x+5}$ c) $\frac{x+5}{\sqrt{x+5}}=1$

d) $\sqrt{x+7}-x-5=0$ e) $1-\sqrt{2x-4}-x=0$ f) $\frac{2}{\sqrt{x}}-\sqrt{x}=-1$

5.5 Trigonometrische Gleichungen

Bei trigonometrischen Gleichungen ist das angegebene Intervall zu beachten.
In jedem Fall ist es hilfreich, sich eine Skizze der Sinusfunktion (bzw. Kosinusfunktion) zu machen. Steht im Argument des Sinus bzw. Kosinus mehr als nur x, geht man wie folgt vor:
Zuerst wird substituiert, dann die entsprechende Gleichung gelöst und zum Schluss wieder resubstituiert. Diese Lösungen der Gleichung müssen im angegebenen Intervall liegen.

Beispiel:

Gesucht ist die Lösungsmenge der Gleichung $\sin(2x)=1;\ \ x\in[0;2\pi]$.

Die Substitution $2x=z$ führt zu $\sin z=1$. Um diese Gleichung zu lösen, ist eine Skizze hilfreich:

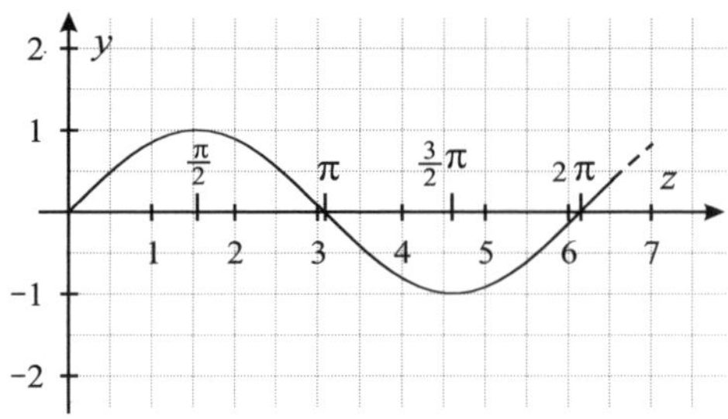

Die Lösungen sind $z = \frac{\pi}{2} + k \cdot 2\pi;\ k \in \mathbb{Z}$, da $\sin z$ die Periode 2π besitzt.
Also sind $z_1 = \frac{\pi}{2}$, $z_2 = \frac{5}{2}\pi$, $z_3 = \frac{9}{2}\pi, \ldots$ mögliche Lösungen.
Die Resubstitution $z_1 = \frac{\pi}{2} = 2x_1$ ergibt $x_1 = \frac{\pi}{4}$, $z_2 = \frac{5}{2}\pi = 2x_2$ ergibt $x_2 = \frac{5}{4}\pi$, $z_3 = \frac{9}{2}\pi = 2x_3$ ergibt $x_3 = \frac{9}{4}\pi = 2{,}25\pi$, diese Lösung liegt aber nicht mehr im angegebenen Intervall $[0; 2\pi]$.
Als Lösungsmenge erhält man also $\mathrm{L} = \left\{ \frac{1}{6}\pi;\ \frac{5}{6}\pi \right\}$.

Lösen Sie die angegebenen Gleichungen:

Bestimmen Sie für das angegebene Intervall jeweils die Lösungsmenge der Gleichung:

a) $\sin(3x) = 1;\ x \in [0; 2\pi]$

b) $\sin(4x) = 0;\ x \in [0; \pi]$

c) $\cos(2x) = -1;\ x \in [0; 2\pi]$

d) $\cos(3x) = 0;\ x \in [0; \pi]$

e) $\sin(x - \pi) = 0;\ x \in [0; 2\pi]$

f) $\sin(2x - \pi) = 1;\ x \in [0; 2\pi]$

g) $\cos(2x + \pi) = -1;\ x \in [0; 2\pi]$

h) $\cos(2x + \pi) = 0;\ x \in [0; \pi]$

5.6 Lineare Gleichungssysteme

Geben Sie die Lösungsmengen der folgenden linearen Gleichungssysteme an:

Tipp: Prüfen Sie immer zuerst, ob zwei Gleichungen ein Vielfaches voneinander sind. In diesem Fall wird eine der beiden Gleichungen gestrichen. Ein Gleichungssystem mit drei Variablen und zwei Gleichungen besitzt unendlich viele Lösungen (falls kein Widerspruch auftritt). Man setzt zuerst eine Variable als Parameter *t* fest und rechnet dann die anderen Variablen aus.

a)
$$\begin{array}{rcrcrcr} x_1 & + & 2x_2 & - & x_3 & = & 8 \\ -x_1 & + & x_2 & + & 2x_3 & = & 0 \\ -x_1 & - & 5x_2 & - & 4x_3 & = & -12 \end{array}$$

b)
$$\begin{array}{rcrcrcr} x_1 & + & 2x_2 & - & 2x_3 & = & 7 \\ x_1 & - & x_2 & - & 4x_3 & = & -9 \\ x_1 & + & 4x_2 & + & 3x_3 & = & 25 \end{array}$$

c)
$$\begin{array}{rcrcrcr} x_1 & + & x_2 & + & 7x_3 & = & 2 \\ 2x_1 & - & x_2 & - & 3x_3 & = & -5 \\ 4x_1 & - & x_2 & + & 4x_3 & = & -7 \end{array}$$

d)
$$\begin{array}{rcrcrcr} x_1 & + & 2x_2 & - & x_3 & = & 4 \\ -x_1 & + & 2x_2 & - & 3x_3 & = & 6 \\ 2x_1 & + & 4x_2 & - & 2x_3 & = & 8 \end{array}$$

e)
$$\begin{array}{rcrcrcr} x &+& 2y &+& z &=& 4 \\ -x &-& 4y &+& z &=& 7 \\ 2x &+& 8y &-& 2z &=& 18 \end{array}$$

f)
$$\begin{array}{rcrcrcr} x &-& y &+& 2z &=& 6 \\ -2x &+& 2y &-& 4z &=& -12 \\ 2x &+& y &+& z &=& 3 \end{array}$$

5.7 Polynomdivision

Tipp: Um eine Polynomdivision durchführen zu können, brauchen Sie zuerst eine Lösung. Diese findet man durch «systematisches Probieren». Setzen Sie einige einfache Zahlen ($\pm 1, \pm 2, \ldots$) in die Gleichung ein und prüfen Sie, ob diese die Gleichung lösen.

Zerlegen Sie die Gleichungen in Linearfaktoren, führen Sie dazu Polynomdivisionen durch und bestimmen Sie die Lösungen der Gleichungen:

a) $x^3 - 2x^2 - 5x + 6 = 0$

b) $x^3 + 3x^2 - 6x - 8 = 0$

c) $x^3 + 0,5x^2 - 3,5x - 3 = 0$

d) $x^3 - 4,5x^2 + 3,5x + 3 = 0$

e) $x^4 - x^3 - 13x^2 + x + 12 = 0$

6 Eigenschaften von Kurven

Tipps ab Seite 89, Lösungen ab Seite 150

In diesem Kapitel geht es darum, Eigenschaften von Kurven zu erkennen. Man kann sowohl die Ableitung zeichnen, als auch Aussagen über die Funktion und ihre Ableitung treffen, ohne dass der Funktionsterm bekannt sein muss.

Schaubild der Ableitungsfunktion

Man kann das Schaubild einer Funktion zeichnen, ohne den Funktionsterm zu kennen.

Dabei gilt, dass die Steigungswerte der Tangente der Funktion in jedem Punkt genau die Werte der Ableitung sind. Verläuft die Funktion flach, sind die Werte der Ableitung nahe Null, verläuft die Funktion steil, besitzt die Ableitung große Funktionswerte.

Für die charakteristischen Punkte der Kurve gilt:

Funktion	**Ableitung**
Hochpunkt	Nullstelle mit VZW von $+$ nach $-$
Tiefpunkt	Nullstelle mit VZW von $-$ nach $+$
Wendepunkt mit Drehsinnänderung von rechts nach links	Tiefpunkt
Wendepunkt mit Drehsinnänderung von links nach rechts	Hochpunkt

Um das Schaubild der Ableitungsfunktion zu skizzieren, ist es nötig, den wesentlichen Verlauf der Steigung der Funktion zu erfassen. Dazu betrachten Sie die

- Lage der Extrem- und Wendepunkte
- Die «Steigungsentwicklung» für $x \to -\infty$ und $x \to +\infty$

Beispiel:

Gesucht ist das Schaubild der Ableitungsfunktion der linken Kurve (siehe nächste Seite).
An der linken Zeichnung liest man ab:

- Hochpunkt bei $x = 1$, also Nullstelle der Ableitung mit VZW von + nach $-$ bei $x = 1$
- Wendepunkt bei $x \approx 2$ mit Drehsinnänderung von rechts nach links, also Tiefpunkt der Ableitung bei $x \approx 2$
- Für $x \to -\infty$ gehen die Funktionswerte gegen $-\infty$, also werden die Steiungswerte immer größer, die Werte der Ableitung müssen also auch immer größer werden.

- Für $x \longrightarrow +\infty$ gehen die Funktionswerte gegen Null, also werden die Steigungswerte immer kleiner, die Werte der Ableitung müssen also auch immer kleiner werden.

In der rechten Zeichnung ist dann der ungefähre Verlauf der Ableitungsfunktion gezeichnet.

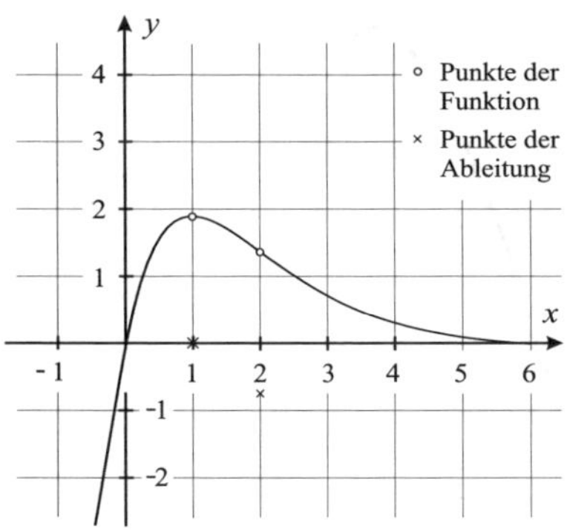

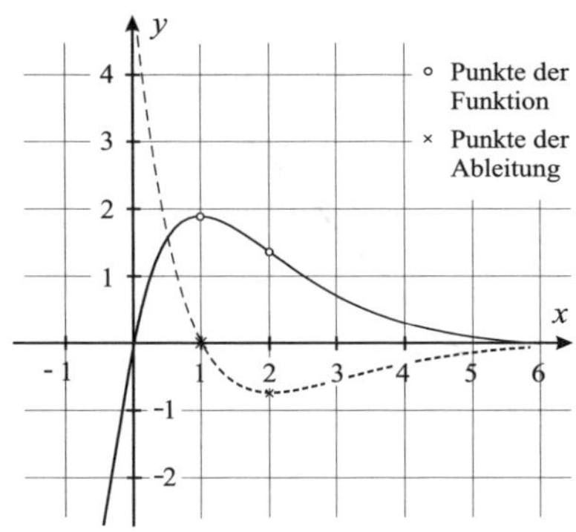

6.1 Schaubild der Ableitungsfunktion, Aussagen bewerten

Nachfolgend finden Sie Schaubilder von Funktionen. Skizzieren Sie zu jeder Funktion das Schaubild der Ableitungsfunktion in das Koordinatensystem und bewerten Sie die angegeben Aussagen (Aufgaben auf der folgenden Seite).

6.1.1 f_1 bis f_4

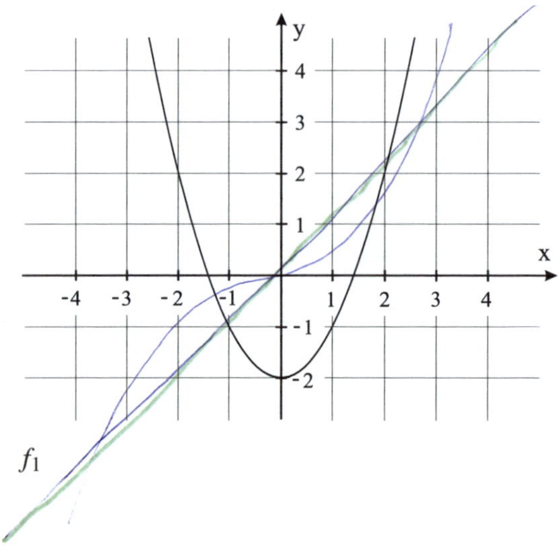

f_1

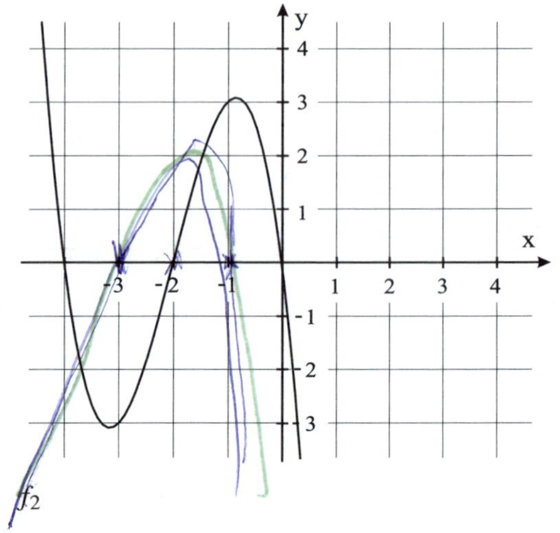

f_2

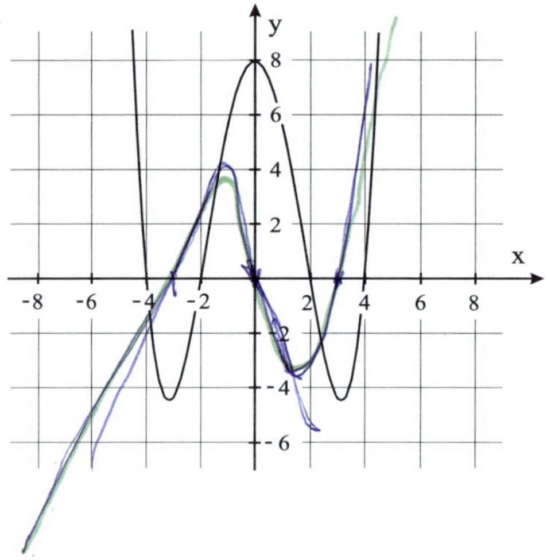

f_3

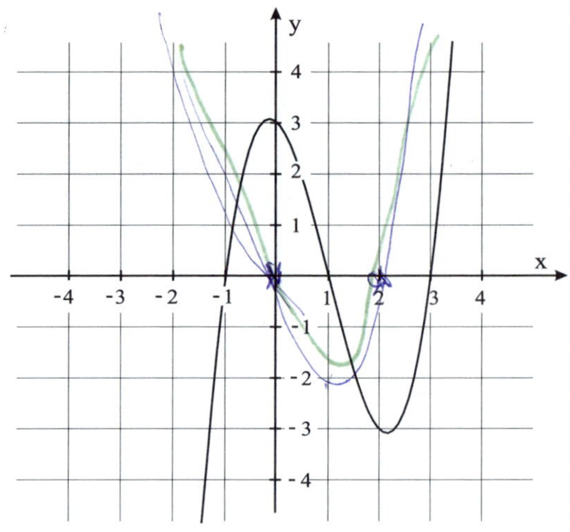

f_4

a) Skizzieren Sie die Schaubilder der ersten Ableitung in das Koordinatensystem.

b) Nebenstehend finden Sie mehrere Aussagen. Streichen Sie die Funktionen aus, auf die die Aussagen nicht zutreffen.

$f'(1) \geqslant 0$	f_1	f_2	f_3	f_4
$f'(0) = 0$	f_1	f_2	f_3	f_4
$f''(1) = 0$	f_1	f_2	f_3	f_4

6.1.2 f_5 bis f_8

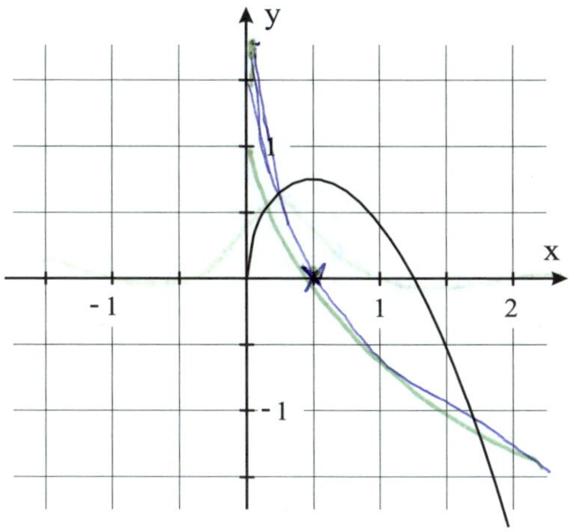

f_5

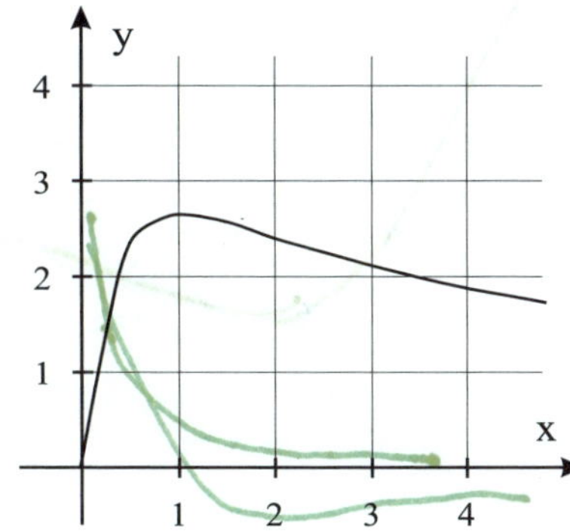

f_6

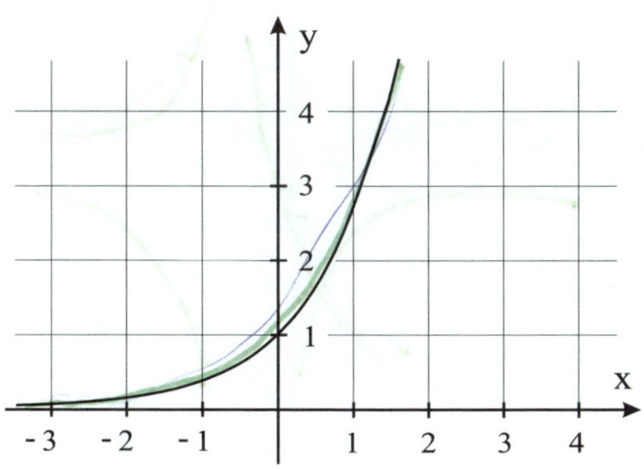

f_7

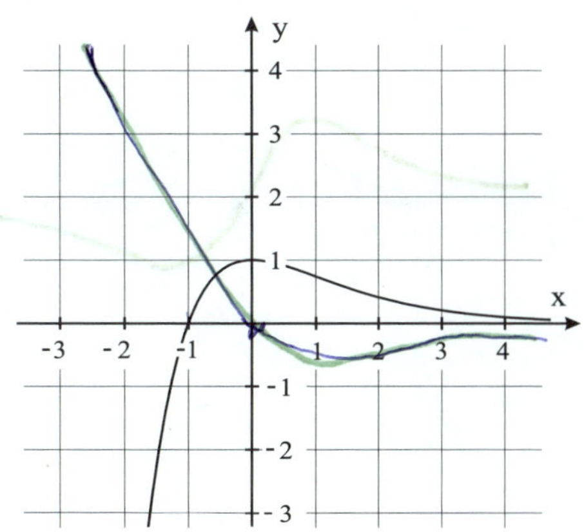

f_8

a) Skizzieren Sie die Schaubilder der ersten Ableitung in das Koordinatensystem.

b) Nebenstehend finden Sie mehrere Aussagen. Streichen Sie die Funktionen aus, auf die die Aussagen nicht zutreffen.

f' hat für $x = 1$ ein relatives Maximum	f_5	f_6	f_7	f_8
f' ist für $x > 0$ monoton fallend	f_5	f_6	f_7	f_8
f' ist für $x > 0$ monoton steigend	f_5	f_6	f_7	f_8
f' ist für $x > 1$ negativ	f_5	f_6	f_7	f_8

6.1.3 f_9 bis f_{12}

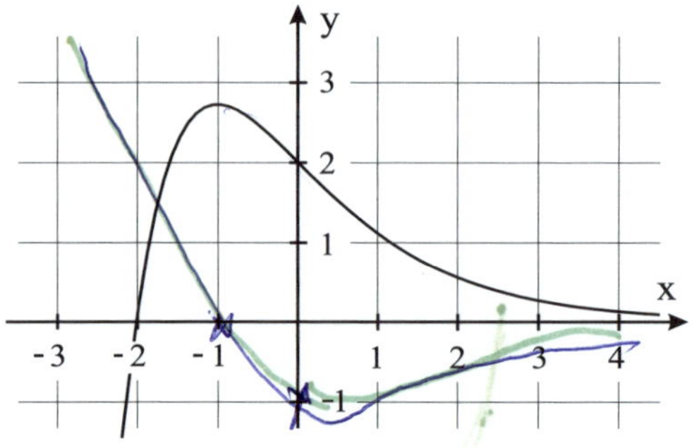

f_9

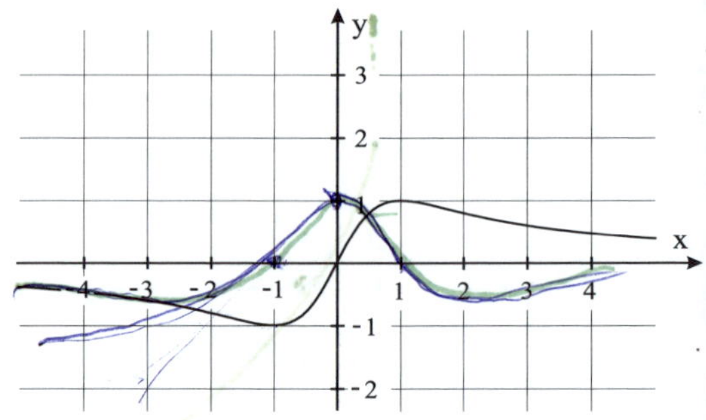

f_{10}

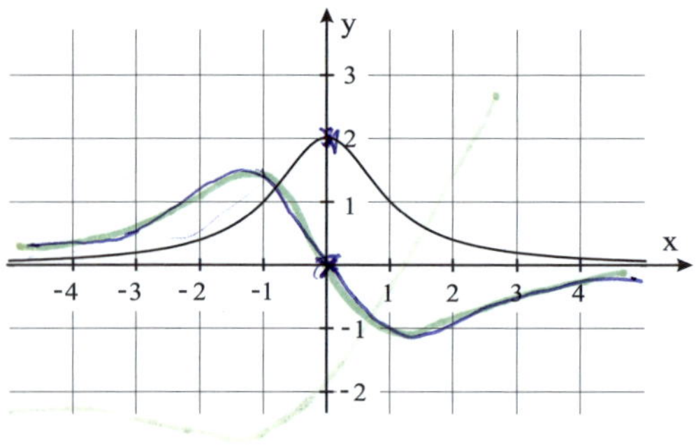

f_{11}

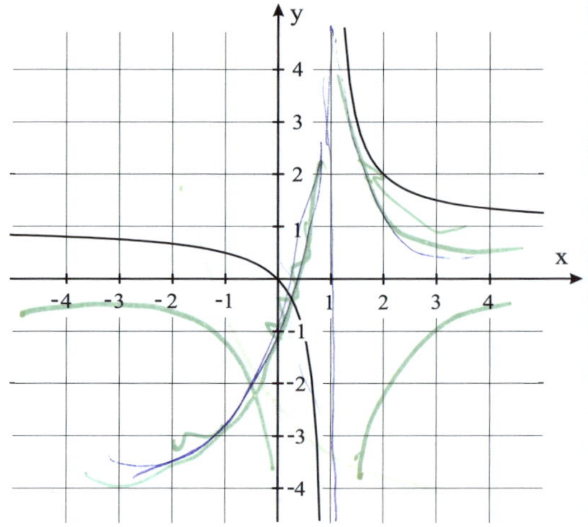

f_{12}

a) Skizzieren Sie die Schaubilder der ersten Ableitung in das Koordinatensystem.

b) Nebenstehend finden Sie mehrere Aussagen. Streichen Sie die Funktionen aus, auf die die Aussagen nicht zutreffen.

$f'(x) < 0$	f_9	f_{10}	f_{11}	f_{12}
$f''(0) = 0$	f_9	f_{10}	f_{11}	f_{12}
$f'(1) = f'(-1)$	f_9	f_{10}	f_{11}	f_{12}

6.1.4 f_{13} bis f_{16}

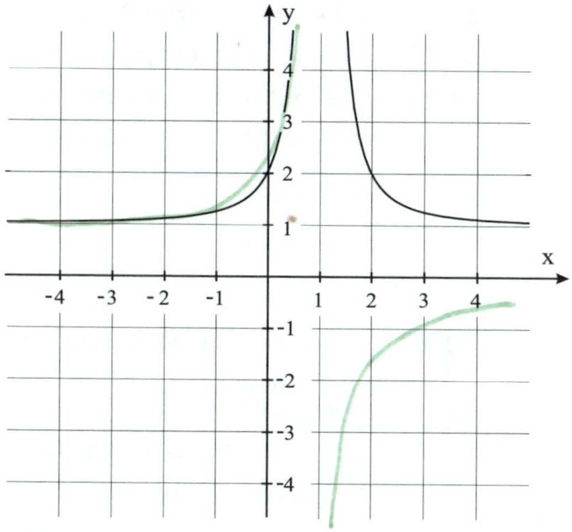

f_{13}

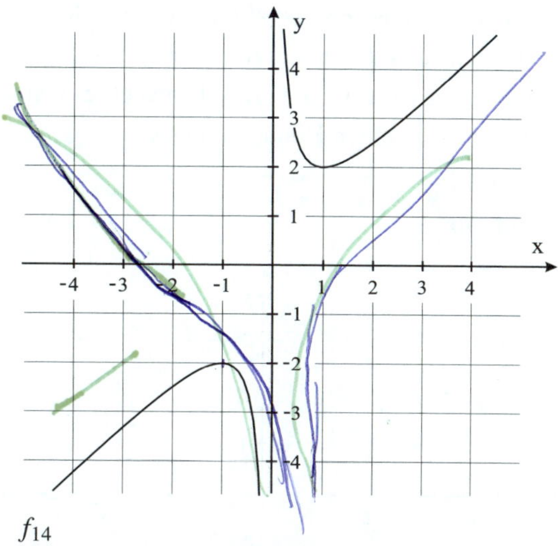

f_{14}

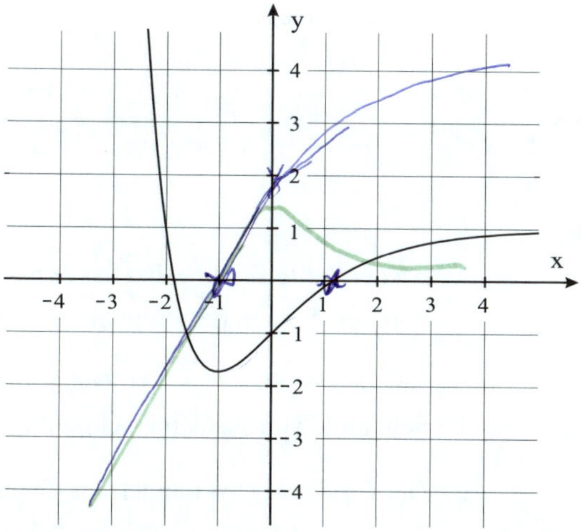

f_{15}

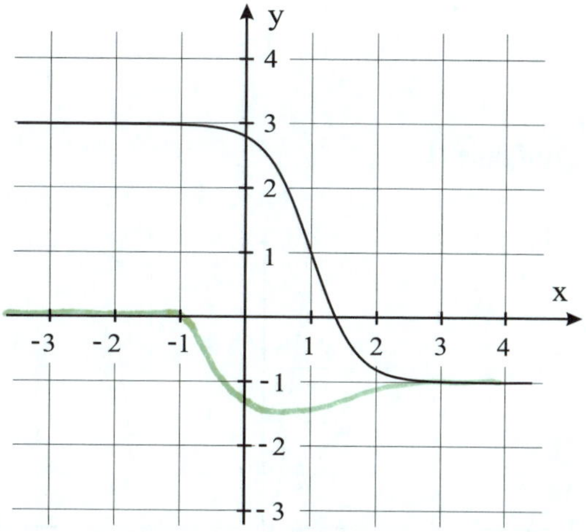

f_{16}

a) Skizzieren Sie die Schaubilder der ersten Ableitung in das Koordinatensystem.

b) Nebenstehend finden Sie mehrere Aussagen. Streichen Sie die Funktionen aus, auf die die Aussagen nicht zutreffen.

$f(0) = f(2)$	f_{13}	f_{14}	f_{15}	f_{16}
$f'(0) = f'(2)$	f_{13}	f_{14}	f_{15}	f_{16}
Es gibt kein x, für das gilt: $f''(x) = 0$	f_{13}	f_{14}	f_{15}	f_{16}

6.2 Aussagen über die Funktion bei gegebener Ableitungsfunktion treffen

Die Vorgehensweise ist ähnlich wie bei der Bestimmung des Schaubilds der Ableitungsfunktion, nur gehen Sie umgekehrt vor: Hat das angegebene Schaubild der Ableitungsfunktion z.B. für $x = 1$ den Wert 0 mit Vorzeichenwechsel von + nach −, dann hat das Schaubild der Funktion an dieser Stelle einen Hochpunkt usw.

Aufgabe I

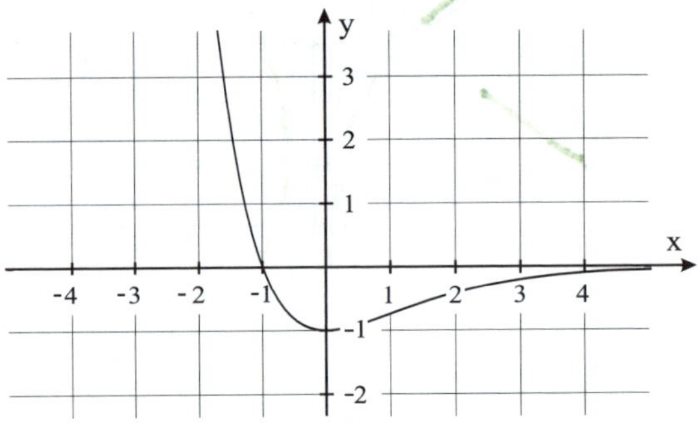

a) Bei $x = 0$ besitzt das Schaubild von f einen Extrempunkt.

b) Bei $x = -1$ besitzt das Schaubild von f eine waagerechte Tangente.

c) Das Schaubild der Funktion f besitzt keine Wendepunkte.

Aufgabe II

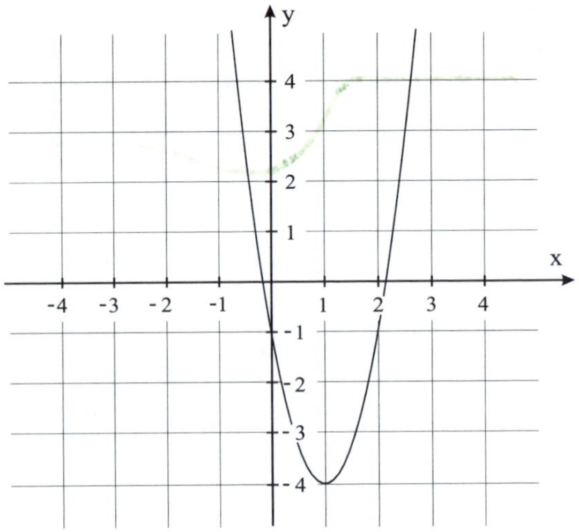

a) An der Stelle $x = 1$ besitzt das Schaubild von f einen Extrempunkt.

b) An der Stelle $x \approx -0,2$ hat das Schaubild von f einen Hochpunkt.

c) Der Grad von f ist mindestens gleich 2.

d) Bei $x \approx 2,4$ besitzt das Schaubild der Funktion f eine Tangente, die parallel zur Geraden $y = 2x$ ist.

Aufgabe III

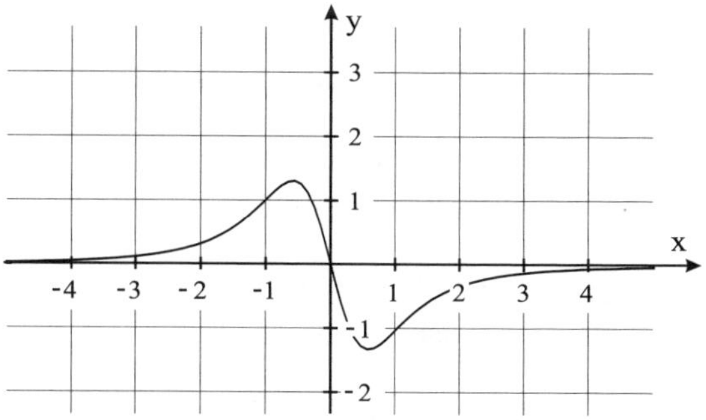

a) Das Schaubild von f ist achsensymmetrisch.

b) Das Schaubild von f besitzt bei $x = 0$ einen Tiefpunkt.

c) Das Schaubild von f besitzt 2 Extrempunkte.

6.3 Stamm- und Ableitungsfunktionen

Tipp: Zu einer Funktion gibt es unendlich viele Stammfunktionen, die sich durch eine Konstante (das «absolute Glied») unterscheiden. Die Schaubilder dieser Stammfunktionen unterscheiden sich somit durch Verschiebung in y-Richtung. Erst wenn das absolute Glied gegeben ist, ist das Schaubild der Stammfunktion in Bezug auf diese Verschiebung festgelegt.

Die Stammfunktion

Gegeben ist das Schaubild einer Funktion f.

1. Skizzieren Sie das Schaubild der Ableitungsfunktion f' und das Schaubild einer Stammfunktion F.

2. Es sind einige Aussagen zur Funktion f bzw. zur Ableitungsfunktion f' und zur Stammfunktion F gegeben. Begründen oder widerlegen Sie diese bzw. begründen Sie, wenn eine Behauptung unentscheidbar ist.

Aufgabe I

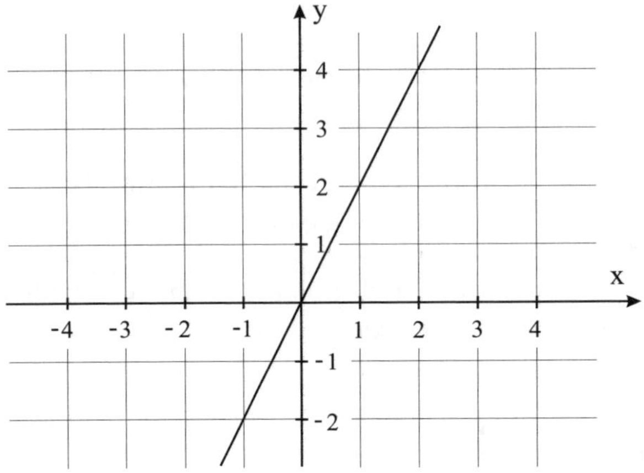

a) Das Schaubild der Ableitungsfunktion ist parallel zur Geraden $y = 1$.

b) Die Stammfunktion $\mathrm{F}(x)$ hat an der Stelle $x = 0$ eine Nullstelle.

c) Die Ableitungsfunktion f' ist streng monoton wachsend.

d) Das Schaubild der Ableitungsfunktion ist y-achsensymmetrisch.

Aufgabe II

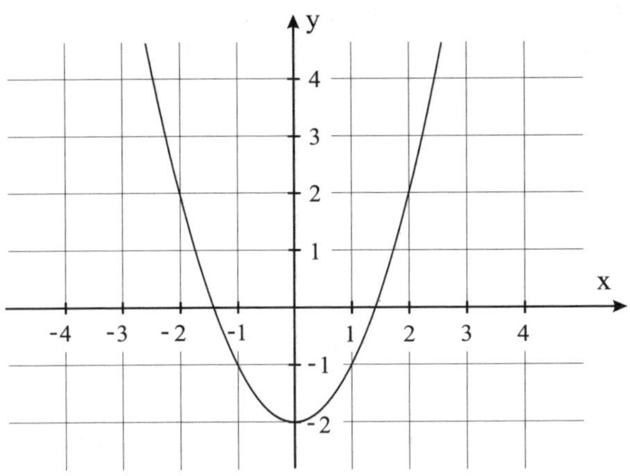

a) f' besitzt im Intervall $[-5;5]$ genau eine Nullstelle.

b) F besitzt im Intervall $[-5;5]$ genau drei Nullstellen.

c) F besitzt Extremstellen im Intervall $[-5;5]$.

6.4 Interpretation von Schaubildern

In diesem Kapitel geht es darum, einige Kurven zu interpretieren. Dabei ist es wichtig, sich die besonderen Punkte des Schaubilds genau anzusehen. Diese sind z.B. Wende- und Extrempunkte. Diese müssen dann wieder in Bezug auf die Situation interpretiert werden, z.B. kann ein Hochpunkt der Punkt der höchsten Temperatur oder des stärksten Verkaufs sein.
Wichtig ist noch, darauf zu achten, ob in der Kurve eine absolute Zahl «verkaufte Artikel» wie in Aufgabe I oder eine Rate «Besucher *pro Tag*», wie in den Aufgaben II und III angegeben ist.

Aufgabe I

Die Kurve gibt die Gesamtverkaufszahlen eines neuen Produktes an.

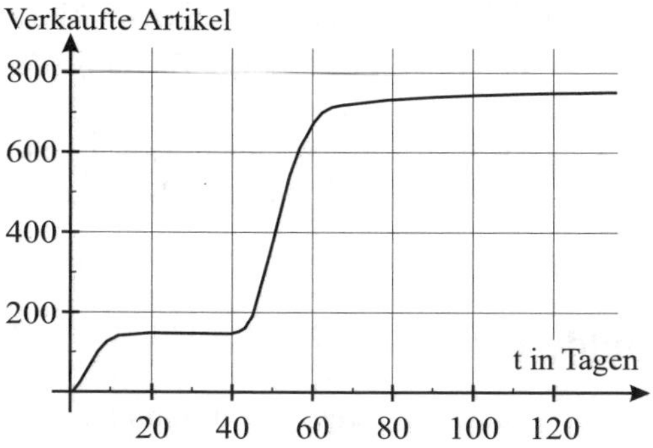

a) Welches sind besondere Punkte im Schaubild?

b) Wieviele Produkte hat die Firma zwischen der 3. und 4. Woche verkauft?

c) Wieviele Artikel hat die Firma in der Zeit vom 40. bis zum 60. Tag durchschnittlich pro Tag verkauft?

d) Wie hoch ist die Verkaufsrate am 50. Tag?

e) Welche Zukunftsprognose bezüglich der Absatzchancen würden Sie aussprechen?

Aufgabe II

Die Abbildung gibt die Besucherzahl pro Tag einer Ausstellung an.

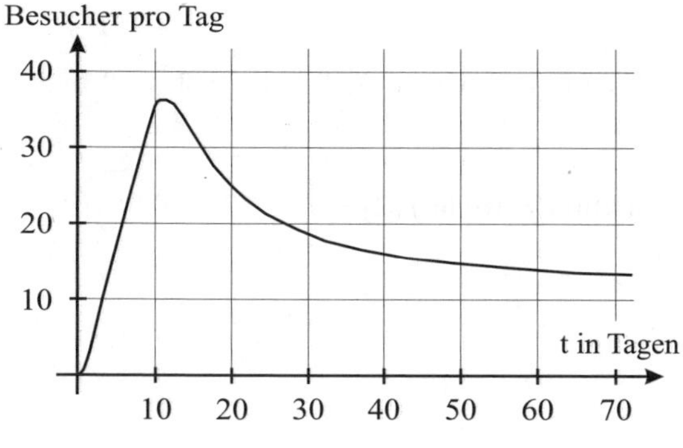

a) Welches sind besondere Punkte im Schaubild?

b) Welche Bedeutung haben diese besonderen Punkte für die Ausstellung?

c) Schildern Sie einen Weg, um herauszufinden, wie viele Besucher die Ausstellung in den ersten 10 Tagen ungefähr besucht haben.

d) Welche tägliche Besucherzahl erwarten Sie nach 80 Tagen?

Aufgabe III

Die untenstehende Grafik gibt die Anzahl der Besuche der Homepage der Firma XY an. Der Internetauftritt wurde begleitet durch zwei Werbeaktionen: Zuerst wurden Flyer eingesetzt, als dies nicht zu dem gewünschten Erfolg führte, wurden für einen gewissen Zeitraum Fernsehspots gesendet.

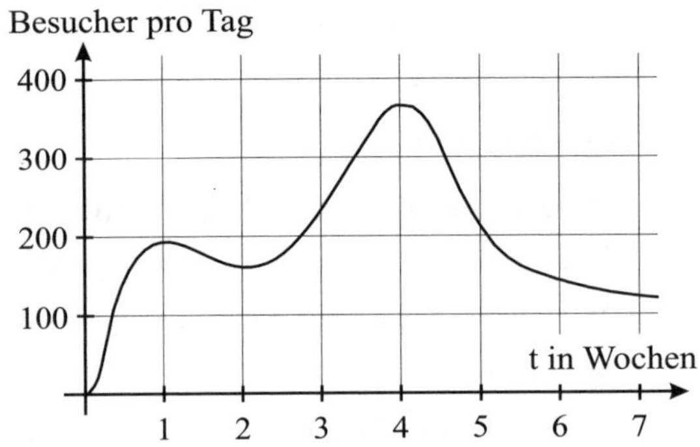

a) In welchen Zeiträumen haben die Werbeaktionen vermutlich stattgefunden?

b) Erläutern Sie anhand des Schaubildes den Begriff der lokalen Extremstelle.

c) Nennen Sie zwei Funktionen, die keine lokalen Extremstellen besitzen.

6.5 Allgemeines Verständnis von Schaubildern

Für alle im Folgenden angeführten Funktionen gilt, dass es sich um stetige und differenzierbare Funktionen handelt.

a) Das Schaubild einer Funktion f hat an der Stelle x_0 einen Extrempunkt. Außerdem gilt $f''(x_0) = 3$. Welche Aussage können Sie über das Schaubild einer dazugehörigen Stammfunktion F im Punkt P $(x_0 \mid ....)$ machen?

b) Was bedeutet es für das Schaubild einer Funktion f, wenn $f(1) = 3$, $f'(1) = -1{,}5$, $f''(1) = 0$ und $f'''(1) \neq 0$?

c) Was bedeutet es für das Schaubild einer Funktion f, wenn $f(3) = 4$, $f'(3) = 0$ und $f''(3) < 0$?

d) Was bedeutet es für das Schaubild einer Funktion f, wenn $f(2) = 1$, $f'(2) = 0$, $f''(2) = 0$ und $f'''(2) = 4$?

7 Kurvendiskussion

Tipps ab Seite 93, Lösungen ab Seite 161

In diesem Kapitel geht es um Aufgaben aus der Kurvendiskussion. Die «klassische» Kurvendiskussion wird als Ganzes im Abitur meist nicht mehr verlangt, doch die einzelnen Elemente sind oft Bestandteil anderer Aufgaben. Meist geht es dabei um das Bestimmen von Extrem- und Wendepunkten, um Symmetrieuntersuchungen, um Definitionslücken und Polstellen und um das Verhalten der Funktion, wenn x gegen $\pm\infty$ geht (waagerechte/ schiefe Asymptoten).

Elemente der Kurvendiskussion

Die wichtigsten Elemente einer Kurvendiskussion sind:

- Schnittpunkte mit der x-Achse: $f(x) = 0$
- Schnittpunkte mit der y-Achse: $x = 0$ in die Funktionsgleichung einsetzen
- (Lokales) Minimum: $f'(x) = 0$ und $f''(x) > 0$ oder $f'(x) = 0$ und Vorzeichenwechsel von $f'(x)$ von $-$ nach +
- (Lokales) Maximum: $f'(x) = 0$ und $f''(x) < 0$ oder $f'(x) = 0$ und Vorzeichenwechsel von $f'(x)$ von + nach $-$
- Wendepunkt: $f''(x) = 0$ und $f'''(x) \neq 0$ oder $f''(x) = 0$ und Vorzeichenwechsel von $f''(x)$
- Bei gebrochenen Funktionen kann es noch Definitionslücken und Polstellen geben. Eine Definitionslücke tritt auf, wenn der Nenner gleich Null ist. Ist an dieser Stelle auch der Zähler gleich Null, handelt es sich um eine behebbare Lücke; ist der Zähler an dieser Stelle nicht gleich Null, handelt es sich um eine Polstelle.
- Bei der Untersuchung für $x \longrightarrow \pm\infty$ müssen Sie untersuchen, wie sich die Funktionswerte verhalten, wenn die Werte für x gegen $+\infty$ oder $-\infty$ gehen, bzw. ob Asymptoten existieren.

7.1 Elemente der Kurvendiskussion

a) Zeigen Sie, dass das Schaubild von f mit $f(x) = x^2 \cdot e^x$; $x \in \mathbb{R}$ bei $x = 0$ einen Tiefpunkt besitzt.

b) Schneidet das Schaubild von f die x-Achse in $(x_0 \mid 0)$, wenn folgende Situation vorliegt: $f(x_0) = 0$, $f'(x_0) = 0$, $f''(x_0) < 0$?

c) Eine ganzrationale Funktion $f(x)$; $x \in \mathbb{R}$ hat ein Minimum bei x_0. Welche Aussage können Sie über das Verhalten der Steigung in der Umgebung von x_0 machen? Ist der «nächstfolgende» Extremwert (für wachsende x) ein Minimum oder ein Maximum?

d) Eine Funktion f hat die Nullstelle x_0. Welche Aussage können Sie über das Schaubild einer zugehörigen Stammfunktion F im Punkt $P(x_0 \mid F(x_0))$ machen?

e) Zeigen Sie, dass das Schaubild von $f(x) = 3x^3 + 4$; $x \in \mathbb{R}$ an der Stelle $x = 0$ einen Sattelpunkt besitzt.

f) Begründen Sie, dass das Schaubild von $f(x) = x^2e^{-x} + 1$; $x \in \mathbb{R}$ die Gerade $y = 1$ als Asymptote für $x \to +\infty$ besitzt.

g) Prüfen Sie, ob das Schaubild von $f(x) = \frac{1}{4}x^4 - x^3 + 4x - 2$; $x \in \mathbb{R}$ an der Stelle $x = 2$ einen Tiefpunkt hat.

h) Zeigen Sie, dass das Schaubild von $f(x) = \frac{x}{x-1}$; $x \in \mathbb{R} \setminus \{1\}$ bei $x = 1$ eine Polstelle hat.

i) Zeigen Sie, dass das Schaubild der Funktion f mit $f(x) = x^2e^{-x}$ zwei Punkte mit waagerechter Tangente hat. Bestimmen Sie die Gleichung der Geraden durch diese beiden Punkte.

j) Zeigen Sie, dass das Schaubild der Funktion f mit $f(x) = x \cdot e^{-x}$ genau einen Wendepunkt hat.

k) Es ist $g(x)$ die Funktionsgleichung einer ganzrationalen Funktion 2. Grades. Begründen Sie, dass das Schaubild der Funktion f mit $f(x) = g(x) \cdot e^{-x}$ maximal zwei Punkte mit waagerechter Tangente hat.

l) Gegeben ist eine Funktion f und ihre Ableitung $f'(x) = (x-2)^3$. Prüfen Sie, ob das Schaubild von f einen Tiefpunkt besitzt.

m) Zeigen Sie, dass das Schaubild der Funktion f mit $f(x) = 2 \cdot \sin\left(x - \frac{\pi}{2}\right)$ im Punkt $P(\pi \mid 2)$ eine waagrechte Tangente hat.

n) Weisen Sie nach, dass das Schaubild der Funktion f mit $f(x) = \frac{1}{2} \cdot \sin(2x - \pi)$ an der Stelle $x = \pi$ einen Wendepunkt hat.

7.2 Funktionenscharen/ Funktionen mit Parameter

Bei einer Funktionenschar enthält die Funktionsgleichung immer einen Paramter. Dieser wird in der Regel mit einem Buchstaben bezeichnet. Beispiel: $f_a(x) = a \cdot x^2 + a$. Der Parameter kann verschiedene Werte annehmen, dadurch entsteht die Funktionenschar. Zu jedem Wert des Parameters gehört dann eine Funktion: Für $a = 1$ ist $f_1(x) = x^2 + 1$, für $a = 2$ ist $f_2(x) = 2x^2 + 2$ usw. Beim Ableiten wird der Parameter wie eine Zahl behandelt: $f_a{}'(x) = 2 \cdot ax$.

a) Gegeben ist die Funktionenschar $f_t(x) = \frac{1}{2}x + t$ mit $t \in \mathbb{R}$.

   I) Skizzieren Sie die Schaubilder für einige Werte von t. Beschreiben Sie die Veränderung der Schaubilder bei der Variation von t.

II) Für welche Werte des Parameters t geht das Schaubild von f_t durch $P_1(2 \mid 3)$ bzw. durch $P_2(1 \mid 2)$?

b) Gegeben ist die Funktionenschar $f_t(x) = tx + 2$ mit $t \in \mathbb{R}$.

I) Skizzieren Sie die Schaubilder für einige Werte von t. Beschreiben Sie die Veränderung der Schaubilder bei der Variation von t.

II) Für welche Werte des Parameters t geht das Schaubild von f_t durch $P_1(1 \mid 5)$ bzw. durch $P_2(1 \mid 1{,}5)$?

c) Gegeben ist die Funktionenschar $f_t(x) = tx - 2t$ mit $t \in \mathbb{R}$.

I) Skizzieren Sie die Schaubilder für einige Werte von t. Beschreiben Sie die Veränderung der Schaubilder bei der Variation von t.

II) Für welche Werte des Parameters t geht das Schaubild von f_t durch $P_1(3 \mid 2)$ bzw. durch $P_2(1 \mid \frac{1}{2})$?

d) Gegeben ist die Funktionenschar $f_t(x) = tx^2$ mit $t \in \mathbb{R}$.

I) Skizzieren Sie die Schaubilder für einige Werte von t. Beschreiben Sie die Veränderung der Schaubilder bei der Variation von t.

II) Für welche Werte des Parameters t geht das Schaubild von f_t durch $P_1(2 \mid 2)$ bzw. durch $P_2(-1 \mid -2)$?

e) Gegeben ist die Funktion $f(x) = x^2 - ax + 1$; $a > 0$. Wieviele Nullstellen besitzt die Funktion f in Abhängigkeit vom Parameter a?

f) Gegeben sind die Funktionen $f(x) = -x^2 + 2$ und $g_t(x) = tx^2 - 1$; $t \in \mathbb{R}$. Für welchen Wert von t stehen die Schaubilder der beiden Funktionen in ihrem Schnittpunkt senkrecht aufeinander?

g) Gegeben sind die Funktionen $f(x) = 2x^2$ und $g_t(x) = -tx^2 + 4$; $t \in \mathbb{R}$. Für welchen Wert von t stehen die Schaubilder der beiden Funktionen in ihrem Schnittpunkt senkrecht aufeinander?

h) Gegeben ist die Funktionenschar f_t mit $f_t(x) = (2x + t) \cdot e^{-x}$; $x \in \mathbb{R}$; $t \geqslant 0$.
Ordnen Sie den abgebildeten Schaubildern von f_t den zugehörigen Parameter t zu. (Zeichnung auf der nächsten Seite)

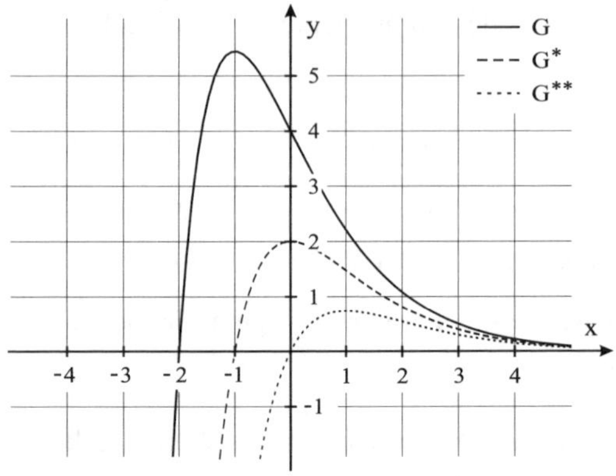

i) Für welchen Wert von a hat das Schaubild der Funktionenschar $f_a(x) = \sin(ax)$; $x \in \mathbb{R}$; $0 < a < \frac{\pi}{2}$ bei $x = 3$ einen Extrempunkt?

j) Für welchen Wert von k hat das Schaubild der Funktionenschar $f_k(x) = k \cdot \sin(kx)$; $x \in \mathbb{R}$; $k > 0$ im Ursprung die gleiche Steigung wie das Schaubild der Funktion $g(x) = 2x^3 + 4x$?

k) Bestimmen Sie t so, dass das Schaubild der Funktionenschar f_t mit $f_t(x) = x \cdot e^{tx}$; $x \in \mathbb{R}$; $t < 0$ an der Stelle $x = 2$ einen Extrempunkt hat.

7.3 Symmetrie

Schaubilder von Funktionen können achsen- oder punktsymmetrisch sein. Handelt es sich bei der Achse um die y-Achse, so spricht man von y-Achsensymmetrie; handelt es sich beim Punkt, zu dem die Funktion symmetrisch ist, um den Ursprung, spricht man von Ursprungssymmetrie.

- Für y-Achsensymmetrie gilt $f(-x) = f(x)$
- Für Ursprungssymmetrie gilt $f(-x) = -f(x)$.

Sie können die Symmetrie zeigen, indem Sie $(-x)$ für x einsetzen und dann umformen. Dabei ist zu beachten, dass gilt: $(-x)^2 = x^2$ und $(-x)^3 = -x^3$.

Allgemeine Symmetrie:

- Für die Achsensymmetrie zu einer Achse $x = a$ muss gelten: $f(a-h) = f(a+h)$ mit $h \neq 0$.
- Für die Punktsymmetrie zu einem allgemeinen Punkt $\mathrm{P}(a \mid b)$ muss für jedes $h \neq 0$ gelten: $\frac{f(a-h)+f(a+h)}{2} = b$.

Dazu setzen Sie den Wert von a ein und prüfen, ob eine wahre Aussage ensteht. Zur Beachtung: Sie können mit diesen Verfahren nicht berechnen, wo sich die Symmetrieachse oder der Symmetriepunkt befindet, sondern nur untersuchen, ob eine mögliche Symmetrie vorliegt.

a) Begründen Sie, dass das Schaubild von $f(x) = \frac{1}{x^2} + 3$; $x \in \mathbb{R} \setminus \{0\}$ achsensymmetrisch zur y-Achse ist.

b) Begründen Sie, dass das Schaubild von $f(x) = 3x^5 - 7{,}2x^3 + x$; $x \in \mathbb{R}$ punktsymmetrisch zum Ursprung ist.

c) Zeigen Sie, dass das Schaubild der Funktion f mit $f(x) = 2 \cdot (x-1)^3 + 4$; $x \in \mathbb{R}$ punktsymmetrisch zum Punkt $\mathrm{P}(1 \mid 4)$ ist.

d) Weisen Sie nach, dass das Schaubild der Funktion f mit $f(x) = \frac{4}{(x-2)^2}$; $x \in \mathbb{R} \setminus \{2\}$ achsensymmetrisch zu $x = 2$ ist.

7.4 Tangenten und Normalen

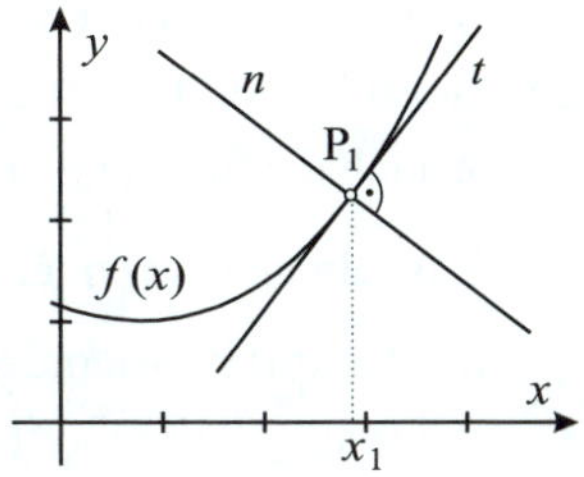

Um die Gleichung einer Tangente t an eine Kurve in einem Punkt $\mathrm{P}_1(x_1 \mid f(x_1))$ zu bestimmen, benutzt man meist die Punkt-Steigungsform

$$y - y_1 = m \cdot (x - x_1)$$

Dabei gilt: $y_1 = f(x_1)$ und für die Steigung $m = f'(x_1)$, d.h. der Wert der Ableitung an der Stelle x_1. Die Normale steht senkrecht auf der Tangente; für die Steigungen gilt $m_n \cdot m_t = -1$ bzw. $m_n = \frac{1}{m_t}$ (negativer Kehrwert).

a) Bestimmen Sie die Gleichung der Tangente und der Normalen im Punkt $(1 \mid -1)$ an das Schaubild der Funktion f mit $f(x) = x^2 - 4x + 2$.

b) Bestimmen Sie die Gleichung der Tangente und der Normalen im Wendepunkt an das Schaubild der Funktion f mit $f(x) = x^3 + x + 1$.

c) Gegeben ist die Funktion f mit $f(x) = x^2 + 4x - 3$. Gesucht ist:

   I) Die Gleichung der Tangente mit Steigung $m = -2$.

   II) Die Gleichung der Tangente, welche orthogonal ist zur Geraden mit der Gleichung $y = -\frac{1}{3}x + 4$.

   III) Die Gleichung der Tangente, welche parallel ist zur Geraden $y = 4x - \frac{7}{2}$.

d) Gegeben ist die Funktion f mit der Gleichung $f(x) = 2x^2 - 5x + 1$. Gesucht ist:

   I) Die Gleichung der Tangente, welche parallel ist zur Geraden durch $\mathrm{A}(0 \mid 3)$ und $\mathrm{B}(-4 \mid 7)$.

   II) Die Gleichung der Normalen, welche parallel ist zur Geraden mit der Gleichung $y = -\frac{1}{3}x + 2$.

   III) Die Gleichung der Normalen, welche orthogonal ist zur Geraden mit der Gleichung $y = 7x + 5$.

e) * Gegeben ist die Funktion f mit $f(x) = x^2 - 2x + 3$. Ihr Schaubild sei K.

I) Vom Punkt $P(0 \mid -6)$, welcher nicht auf der Kurve liegt, werden Tangenten an K gelegt. Bestimmen Sie die Koordinaten der Berührpunkte sowie die Tangentengleichungen.

II) Wie lauten die Koordinaten der Berührpunkte, wenn von $Q(1 \mid -7)$ Tangenten an K gelegt werden?

7.5 Berührpunkte zweier Kurven

Wenn sich zwei Kurven schneiden, dann müssen ihre Funktionswerte im Schnittpunkt gleich sein. Wenn sie sich berühren, dann müssen nicht nur die Funktionswerte im Berührpunkt gleich sein, sondern auch die Steigungen. Für einen Berührpunkt $B(x_B \mid y_B)$ muss also gelten:

1. B ist ein gemeinsamer Punkt beider Kurven: $f(x_B) = g(x_B)$.
2. Im Punkt B haben die Schaubilder eine gemeinsame Tangente, also die gleiche Tangentensteigung: $f'(x_B) = g'(x_B)$.

Aufgaben:

a) Zeigen Sie, dass sich die Schaubilder der Funktion f mit $f(x) = \frac{1}{5}x^3 - 2x^2 + 5x + 3$ und der Funktion g mit $g(x) = -x^2 + 5x + 3$ im Punkt $B(0 \mid 3)$ berühren.

b) Zeigen Sie, dass sich die Schaubilder der Funktion f mit $f(x) = x^2 + \frac{1}{2}$ und der Funktion g mit $g(x) = -4x^4 + 4x^3 + \frac{1}{2}$ im Punkt $B\left(\frac{1}{2} \mid \frac{3}{4}\right)$ berühren.

c) Berechnen Sie den Berührpunkt der Schaubilder der Funktion f mit $f(x) = \frac{1}{3}x^3 - 2x^2 + 3x + 4$ und der Funktion g mit $g(x) = -x^2 + 3x + 4$.

d) Berechnen Sie die Berührpunkte der Schaubilder der Funktion f mit $f(x) = x^2 + 1$ und der Funktion g mit $g(x) = -\frac{1}{4}x^4 + x^3 + 1$.

7.6 Ortskurven

Eine Ortskurve beschreibt den Verlauf eines speziellen Punktes einer Kurvenschar, z.B. des Hochpunktes oder des Wendepunktes.
Um eine Ortskurve zu bestimmen, gehen Sie wie folgt vor:

1. Zuerst wird der spezielle Punkt bestimmt, falls er nicht schon vorliegt, z.B. $H\left(\frac{4}{t} \mid t^2\right)$.
2. Der x-Wert des Punktes wird so umgeformt, dass der Parameter alleine steht: $x = \frac{4}{t} \Rightarrow t = \frac{4}{x}$.
3. Der Parameter (in Abhängigkeit von x) wird in den y-Wert des Punktes eingesetzt: $y = t^2 = \left(\frac{4}{x}\right)^2$.

4. Durch Ausrechnen erhalten Sie den y-Wert in Abhängigkeit von x: $y = \left(\frac{4}{x}\right)^2 = \frac{16}{x^2}$ und damit die Gleichung der Ortskurve.

Aufgaben:

a) Bei einer Kurvenschar haben die Extrempunkte die Koordinaten $E\left(\frac{2}{3}t \mid \frac{2}{9}t^3\right)$; $t \in \mathbb{R}$. Bestimmen Sie die Gleichung der Ortskurve, auf der alle Extrempunkte liegen.

b) Bei einer Kurvenschar haben die Hochpunkte die Koordinaten $H\left(\frac{2}{3}t \mid \frac{9}{2t}\right)$; $t \neq 0$. Bestimmen Sie die Gleichung der Ortskurve, auf der alle Hochpunkte liegen.

c) Bei einer Kurvenschar haben die Hochpunkte die Koordinaten $H\left(\sqrt{\frac{a}{3}} \mid -\frac{2}{3}a\sqrt{\frac{a}{3}}\right)$; $a \geqslant 0$. Bestimmen Sie die Gleichung der Ortskurve, auf der alle Hochpunkte liegen.

d) Bei einer Kurvenschar haben die Wendepunkte die Koordinaten $W\left(\ln\left(\frac{t}{2}\right) \mid \frac{t^2}{4}\right)$; $t > 0$. Bestimmen Sie die Gleichung der Ortskurve, auf der alle Wendepunkte liegen.

e) Bei einer Kurvenschar haben die Hochpunkte die Koordinaten $H\left(\frac{t}{2} \mid \frac{t^3}{4} - t\right)$; $t \in \mathbb{R}$. Bestimmen Sie die Gleichung der Ortskurve, auf der alle Hochpunkte liegen.

f) Bestimmen Sie die Gleichung der Ortskurve, auf der alle Tiefpunkte der Kurvenschar f_t mit $f_t(x) = x^3 - 3tx^2$; $t > 0$ liegen.

g) Bestimmen Sie die Gleichung der Ortskurve, auf der alle Wendepunkte der Kurvenschar f_a mit $f_a(x) = (x - a) \cdot e^x$; $a \in \mathbb{R}$ liegen.

7.7 Verständnis von gebrochenrationalen Funktionen

Gebrochenrationale Funktionen weisen einige Besonderheiten auf. Sie können Definitionslücken oder Polstellen besitzen (wenn der Nenner Null ist). Ist der Zähler an dieser Stelle ungleich Null, handelt es sich um eine Polstelle, ist der Zähler auch gleich Null, handelt es sich um eine hebbare Lücke.

a) Was ist eine Definitionslücke einer Funktion?

b) Charakterisieren Sie eine Polstelle. Welche unterschiedlichen Arten von Polstellen gibt es?

c) Beschreiben Sie den Unterschied zwischen einer Polstelle und einer Definitionslücke.

d) Was ist eine «hebbare Lücke»?

e) Welche Fälle gibt es bei gebrochenrationalen Funktionen für das Verhalten der y-Werte, wenn x gegen Unendlich geht? Wie kommt es zu einer waagerechten Asymptote $y = 0$? Wie muss die Funktion aussehen, damit die Asymptote $y = 2$ ist? Was muss für eine Situation vorliegen, damit eine schräge Asymptote, z.B. $y = 2x + 1$, entsteht?

8 Allgemeines Verständnis von Funktionen

Tipps ab Seite 97, Lösungen ab Seite 174

Bei den folgenden Aufgaben geht es um grundlegende Zusammenhänge. Es wird erwartet, dass Sie die Grundlagen der Differentialrechnung kennen und darlegen können. Fragen wie z.B. nach der mathematischen Definition der Stetigkeit sind in diesem Kontext relativ anspruchsvoll, allerdings sollte man zumindest die anschauliche Definition angeben können.

8.1 Definitionsbereich

Der Definitionsbereich einer Funktionen gibt an, für welche Werte die Funktion definiert ist, d.h. welche Werte für x eingesetzt werden dürfen, wenn es sich um eine Funktion in Abhängigkeit von x handelt. Dabei ist zu beachten:

- Die Zahlen unter einer Wurzel dürfen nicht kleiner als Null sein.
- Bei einem Bruch darf im Nenner keine Null stehen.
- Der Logarithmus ist nur für positive Zahlen definiert.

Bestimmen Sie für folgende Funktionen den maximalen Definitionsbereich:

a) **Gebrochenrationale Funktionen**

I) $f(x) = \frac{3x^5-2x^3}{x-4}$ II) $f(x) = \frac{3x+5}{x^2-5x+6}$ III) $f(x) = \frac{4x^2+3}{x^2+1}$

b) **Wurzelfunktionen**

I) $f(x) = \sqrt{8-4x}$ II) $f(x) = \sqrt{7x+5}$ III) $f(x) = \sqrt{x^2-9}$

IV) $f(x) = \sqrt{16-x^2}$ V) $f(x) = \sqrt{x^2+3}$ VI) $f(x) = \sqrt{x^2-7x+12}$

c) **Logarithmusfunktionen**

I) $f(x) = \ln(2x+3)$ II) $f(x) = \ln(3-2x)$ III) $f(x) = \ln\left(x^2-9\right)$

d) **Vermischte Aufgaben**

I) $f(x) = \frac{4x^2-3}{e^{3x}-2}$ II) $f(x) = \frac{\sqrt{4x-9}}{3-x}$ III) $f(x) = \frac{\sqrt{5-x}}{\sqrt{x+2}}$

IV) $f(x) = \frac{4x+\ln(5x-3)}{x-4}$ V) $f(x) = \frac{\sqrt{5-x}}{\ln(2x-4)}$

8.2 * Stetigkeit und Differenzierbarkeit

Wenn eine Kurve stetig ist, bedeutet das anschaulich, dass man sie ohne abzusetzen mit einem Stift zeichnen kann. Bei zusammengesetzten Funktionen müssen Sie prüfen, ob die Funktionswerte an der Übergangsstelle übereinstimmen.
Differenzierbarkeit bedeutet, dass sich eine Funktion ableiten lässt. Anschaulich bedeutet dies, dass sie auf jeden Fall stetig sein muss. Außerdem muss sich in jedem Punkt die Ableitung bilden lassen, die Funktion darf also keine Knickstellen enthalten, da man hier keine Tangente anlegen kann. Für eine zusammengesetze Funktion bedeutet das, dass sowohl die Funktionswerte als auch die Werte der ersten Ableitung an den Übergangsstellen gleich sein müssen.

a) Untersuchen Sie die beiden folgenden Funktionen jeweils auf Stetigkeit:

I) $f(x) = \begin{cases} \frac{1}{3}x & \text{für } x \leqslant 3 \\ 7 - 2x & \text{für } x > 3 \end{cases}$ II) $g(x) = \begin{cases} \frac{1}{4}x & \text{für } x \leqslant 1 \\ \frac{1}{4}x + 1 & \text{für } x > 1 \end{cases}$

wobei für $f(x)$ und $g(x)$ gilt: $x \in \mathbb{R}$.

b) Kann es Funktionen geben, die differenzierbar, aber nicht stetig sind?

c) Lässt sich eine Funktion ableiten, die an einer Stelle einen «Knick» besitzt (Beispiel: die Betragsfunktion $f(x) = |x|$)?

d) Wie oft ist die Funktion $f(x) = x^3$ differenzierbar? Was passiert ab der dritten Ableitung?

e) Bestimmen Sie mit Hilfe des Differentialquotienten die 1. Ableitung von $f(x) = 2x^2 + 3$

f) Bestimmen Sie mit Hilfe des Differentialquotienten die 1. Ableitung von $f(x) = \frac{3}{x}$

g) Gegeben ist die Funktion h mit $h(x) = \begin{cases} x^2 + s \cdot x + t & \text{für} x \leqslant 2 \\ \frac{1}{2}x + 1 & \text{sonst} \end{cases}$

wobei gilt: $s, t, x \in \mathbb{R}$.

Bestimmen Sie s und t so, dass die Funktion an der Stelle $x = 2$ differenzierbar ist.

h) Gegeben ist die Funktion h mit $h(x) = \begin{cases} -x^2 + s \cdot x + t & \text{für} x \leqslant 3 \\ x^2 + 3 & \text{sonst} \end{cases}$

wobei gilt: $s, t, x \in \mathbb{R}$.

Bestimmen Sie s und t so, dass die Funktion an der Stelle $x = 3$ differenzierbar ist.

8.3 Allgemeines zur Ableitung, Näherungsverfahren

Näherungsverfahren sind Verfahren, mit denen man Gleichungen näherungsweise lösen kann, die sich nicht analytisch, d.h. durch Umstellen nach x lösen lassen. Beispiele sind Gleichungen wie $x^3 + x^2 - 1 = 0$. Andere Näherungsverfahren wie die Keplersche Fassregel erlauben es, die Fläche unter einer Kurve näherungsweise zu bestimmen, wenn man keine Stammfunktion bilden kann.

a) Erläutern Sie den Begriff Ableitung an der Stelle x_0 (eventuell anhand eines Beispiels).

b) Skizzieren Sie kurz, wie das Verfahren der Intervallhalbierung zur numerischen Bestimmung einer Nullstelle funktioniert.

c) Erläutern Sie wesentliche Gesichtspunkte des Newtonschen Näherungsverfahrens und geben Sie Beispiele für die Anwendung an.

d) * Erläutern Sie die Grundidee der Keplerschen Fassregel und geben Sie ein Beispiel für eine Anwendung an.

e) * Leiten Sie die Quotientenregel mit Hilfe von Produkt- und Kettenregel her.

9 Integralrechnung

Tipps ab Seite 98, Lösungen ab Seite 180

Für eine Stammfunktion F einer Funktion f gilt: $F'(x) = f(x)$.
Das Bilden einer Stammfunktion kann man daher als die Umkehrung des Ableitens bezeichnen. Die Stammfunktion ist immer nur bis auf den konstanten Faktor c bestimmt, da dieser beim Ableiten wieder wegfällt.

Folgende Regeln zum Bestimmen der Stammfunktion sollten Sie kennen:

$f(x)$	$F(x)$
$a \cdot x^n;\ n \geqslant 0, n \neq -1$	$\frac{1}{n+1} \cdot a \cdot x^{n+1}$+c
$\frac{1}{k \cdot x+b}$	$\frac{1}{k}\ln(k \cdot x+b)+c$
$a \cdot e^{k \cdot x+b}$	$\frac{a}{k} \cdot e^{k \cdot x+b}+c$
$a \cdot \sin(b \cdot x)$	$-\frac{a}{b} \cdot \cos(b \cdot x)+c$
$a \cdot \cos(b \cdot x)$	$\frac{a}{b} \cdot \sin(b \cdot x)+c$

9.1 Stammfunktionen

Geben Sie eine Stammfunktion für alle folgenden Funktionen an, es gilt $a, t, k \in \mathbb{R}$:

9.1.1 Ganzrationale Funktionen

a) $f(x) = 2x^3 - \frac{4}{3}x^2 + 2$

b) $f(x) = ax^4 + 2ax^3 - x$

c) $f(x) = t^2x^3 - tx^2$

d) $f(x) = 4x^4 - 2tx^2 + tx$

e) $f(x) = -12(2x-3)^2$

f) $f(x) = 6(3x-1)^3$

g) $f(x) = 5(ax-4)^4;\ a \neq 0$

9.1.2 Exponentialfunktionen

a) $f(x) = 3e^x$

b) $f(x) = 4e^{-x}$

c) $f(x) = t \cdot e^{-tx}$

d) $f(x) = a \cdot e^{3x+2}$

e) $f(x) = 2\left(x^2 - 6e^{3x}\right)$

f) $f(x) = a\left(x^2 - 4e^{4x}\right)$

9.1.3 Gebrochenrationale Funktionen

a) $f(x) = \frac{4}{(2x-3)^2}$ b) $f(x) = \frac{12}{(4x-2)^4}$ c) $f(x) = \frac{3}{x^2}$

d) $f(x) = -\frac{a}{x^3} + 2ax^3$ e) $f(x) = \frac{t^2}{x^4} - tx^2$

9.1.4 Logarithmusfunktionen

a) $f(x) = \frac{6}{x-2}$ b) $f(x) = \frac{3}{2x}$ c) $f(x) = \frac{4}{2x-1}$

9.1.5 Wurzelfunktionen

a) $f(x) = \sqrt{2x+1}$ b) $f(x) = \sqrt[3]{4x+2}$ c) $f(x) = \sqrt[4]{ax+b};\ a \neq 0$

9.1.6 Trigonometrische Funktionen

a) $f(x) = 3 \cdot \cos(2x+1)$ b) $f(x) = 4 \cdot \sin(-3x+2)$ c) $f(x) = \frac{2}{3} \cdot \cos(\pi x)$

d) $f(x) = t \cdot \cos(tx+t)$ e) $f(x) = a \cdot \sin\left(ax - a^2\right)$ f) $f(x) = k^2 \cdot \cos(kx)$

9.2 Flächeninhalt zwischen zwei Kurven

Um den Flächeninhalt zwischen zwei Kurven zu bestimmen, berechnet man das Integral der Differenz der Funktionen über dem Intervall der beiden Schnittstellen, dabei gilt «obere Kurve minus untere Kurve»

$$\mathrm{A} = \int_{x_1}^{x_2} (f(x) - g(x))\, \mathrm{d}x$$

Sind die Schnittstellen x_1 und x_2 nicht bekannt, müssen diese zuerst bestimmt werden.

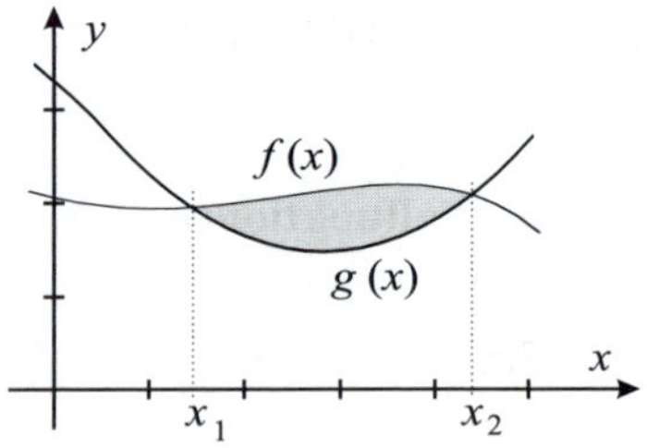

Berechnen Sie den Flächeninhalt zwischen den zwei Kurven:

a) $f(x) = -x+2$ b) $f(x) = 4-x^2$ c) $f(x) = x^2+1$ d) $f(x) = e^x - \frac{1}{2}x^2$

$g(x) = x^2$ $g(x) = x^2-4$ $g(x) = x+1$ $g(x) = e^x - x$

e) $f(x) = 2 \cdot \sin x$

$g(x) = -\sin x;\ x \in [0;\pi]$

Tipp: Machen Sie sich eine Skizze der beiden Schaubilder.

9.3 Ins Unendliche reichende Flächen

Wenn Sie die Fläche unter einer Kurve berechnen wollen, die sich ins Unendliche erstreckt, können Sie dies nicht direkt durchführen. In diesem Fall berechnen Sie zuerst die Fläche bis zu einer Grenze z. Anschließend untersuchen Sie, ob es einen Grenzwert gibt, wenn z gegen Unendlich läuft. Dieser Grenzwert ist dann genau der Flächeninhalt.

a) Berechnen Sie die ins Unendliche reichende Fläche im 1. Quadranten zwischen der Kurve und den beiden Koordinatenachsen:

I) $f(x) = e^{-x}$ II) $f(x) = e^{-3x+1}$ III) $f(x) = 2e^{-4x-2}$

b) Untersuchen Sie die Funktion $f(x) = \frac{1}{\sqrt{x}}$. Lässt sich eine ins Unendliche reichende Fläche zwischen der Kurve dieser Funktion, der Geraden $x = 1$ und der x-Achse bestimmen? Begründen Sie Ihre Antwort.

c) Gegeben sei die Funktion f durch $f(x) = e - e^x$ mit $x \in \mathbb{R}$, ihr Schaubild sei K.

I) Das Schaubild schließt mit der x- und der y-Achse eine Fläche ein. Berechnen Sie deren Inhalt.

II) Bestimmen Sie die waagerechte Asymptote von K.

III) Die y-Achse, die waagerechte Asymptote und K schließen ein ins Unendliche reichendes Flächenstück ein. Berechnen Sie den Inhalt dieses Flächenstücks und prüfen Sie nach, ob dieses Flächenstück so groß ist wie das Flächenstück aus Aufgabe I.

9.4 * Angewandte Integrale

Bei diesen Aufgaben kommt es darauf an, aus der Aufgabenstellung die Rechnung zu entwickeln.

a) Die Produktionskosten eines Werkstücks in Abhängigkeit von der produzierten Stückzahl werden durch die Funktion P mit $\mathrm{P}(x) = \frac{20}{(x+2)^2} + 4;\ x \geqslant 0$ beschrieben.

(x: Stückzahl, P(x): Herstellungskosten des x-ten Werkstücks in €).
Berechnen Sie die Gesamtkosten der Herstellung der 50 ersten Werkstücke sowie die durchschnittlichen Kosten pro Werkstück .

b) Der Zu- und Abfluss eines Wasserbeckens kann durch die Funktion f mit $f(t) = -0,5t + 3$ (t in Stunden $f(t)$ in Liter pro Stunde) beschrieben werden. Am Anfang ist das Becken mit 10 Litern gefüllt.
Wieviel Wasser enthält das Becken nach 9 Stunden?

9.5 Rotationskörper

Lässt man eine Kurve um die x-Achse rotieren, entsteht ein sog. «Rotationskörper». Die Formel zur Berechnung des Volumens V eines solchen Rotationskörpers ist

$$\mathrm{V} = \pi \cdot \int_{x_1}^{x_2} \left(f(x)\right)^2 \mathrm{d}x$$

a) Das Schaubild der Funktion f mit $f(x) = \frac{1}{4}e^{2x}$ über dem Intervall $[0;1]$ rotiert um die x-Achse. Berechnen Sie das Volumen des Rotationskörpers.

b) Das Schaubild der Funktion f mit $f(x) = x^2 + 1$ über dem Intervall $[0;2]$ rotiert um die x-Achse. Berechnen Sie das Volumen des Rotationskörpers.

c) Das Schaubild der Funktion f mit $f(x) = \frac{2}{x}$ über dem Intervall $[1;2]$ rotiert um die x-Achse. Berechnen Sie das Volumen des Rotationskörpers.

d) * Erläutern Sie die Grundidee zur Berechnung des Volumens eines Rotationskörpers, der entsteht, wenn ein Kurvenstück über dem Intervall $[a;b]$ um die x-Achse rotiert.

9.6 Vermischte Aufgaben

a) Bestimmen Sie zu $f(x) = 8x + 3e^{-x}$ diejenige Stammfunktion, deren Schaubild durch den Punkt $\mathrm{P}(0 \mid 5)$ geht.

b) Bestimmen Sie zu $f(x) = \frac{4}{(2x-1)^3}$ diejenige Stammfunktion, deren Schaubild durch den Punkt $\mathrm{Q}(1 \mid 3)$ geht.

c) Bestimmen Sie zu $f(x) = \frac{1}{2} \cdot \cos(2x)$ diejenige Stammfunktion, deren Schaubild durch den Punkt $\mathrm{R}\left(\frac{\pi}{4} \mid 1\right)$ geht.

d) * Bestimmen Sie zu $f(t) = t^2 - 2t + 3$ die Integralfunktion $\mathrm{J}_1(x) = \int_1^x f(t)\,dt$.

e) * Bestimmen Sie zu $f(t) = 2t + 4e^{-\frac{1}{2}t}$ die Integralfunktion $\mathrm{J}_2(x) = \int_2^x f(t)\,dt$.

10 Extremwertaufgaben / Wachstumsprozesse

Tipps ab Seite 101, Lösungen ab Seite 186

Tipp: Für alle Anwendungsaufgaben ist es sehr hilfreich, eine Skizze der Aufgabenstellung anzufertigen.

10.1 Extremwertaufgaben

Bei Extremwertaufgaben geht es darum, dass das Maximum oder Minimum einer Größe (meist eine Fläche oder ein Volumen) gesucht ist. Dabei muss in der Regel zuerst eine Funktion aufgestellt werden, die diese Größe beschreibt. Der Extremwert wird dann mit Hilfe der ersten und zweiten Ableitung dieser Funktion bestimmt.

a) Ein Draht der Länge 20 cm soll eine rechteckige Fläche mit maximalem Flächeninhalt umrahmen. Berechnen Sie die Länge der Rechteckseiten.

b) Ein rechteckiger Spielplatz soll eingezäunt werden. Dafür stehen 40 m Zaun zu Verfügung. Wie lang sind die Seitenlängen des Spielplatzes, wenn dieser möglichst groß sein soll und außerdem noch eine 2 m breite Einfahrt besitzt?

c) Gegeben sei eine Funktion f mit $f(x) = 6 - \frac{1}{4}x^2$; $x \in \mathbb{R}$. Zwischen Kurve und x-Achse ist im 1. und 2. Quadranten ein Rechteck einzuschreiben

   I) mit maximalem Umfang

   II) mit maximaler Fläche

   Berechnen Sie den maximalen Umfang bzw. die maximale Fläche.

d) Gegeben ist die Funktion f durch $f(x) = -(x+2)e^{-x}$; $x \in \mathbb{R}$, ihr Schaubild sei K. Bestimmen Sie die Gleichung der Normalen im Punkt $W(0 \mid -2)$. Die Normale schneidet K in einem weiteren Punkt Q. Berechnen Sie dessen Koordinaten.
   $P(u \mid v)$ mit $-2 < u < 0$ sei ein Punkt auf K. Der Ursprung O und die Punkte P und Q sind die Eckpunkte eines Dreiecks OPQ. Für welchen Wert von u wird die Fläche $A(u)$ maximal?

10.2 Wachstumsprozesse

Wachstumsprozesse können in der Regel mit Exponentialfunktionen beschrieben werden. Je nach Wachstum unterscheidet man zwischen natürlichem exponentiellen Wachstum, das unbeschränkt ist und beschränktem exponentiellen Wachstum.
Die Gleichung für exponentielles Wachstum lautet: $B(t) = a \cdot e^{k \cdot t}$; $k \in \mathbb{R}$. a wird als Startwert

bezeichnet, k als Wachstumskonstante.
Für das beschränkte Wachstum gilt: $\mathrm{B}(t) = \mathrm{S} - a \cdot e^{-k \cdot t}$. S ist die obere Schranke und k die Wachstumskonstante.

a) Eine Population besteht heute aus 30 000 Individuen. Vor zwei Jahren waren es noch 90 000. Man geht davon aus, dass der Bestand exponentiell nach folgendem Gesetz abnimmt: $\mathrm{B}(t) = a \cdot e^{k \cdot t};\ k \in \mathbb{R}$
$\mathrm{B}(t)$ = Bestand der Population, t = Zeit in Jahren.

   I) Bestimmen Sie das Zerfallsgesetz.

   II) Bestimmen Sie den Zeitpunkt t_{E}, an dem vom Anfangsbestand nur noch 10 % übrig sind.

b) Eine Materialprobe wird in einem Labor erhitzt. Die Erwärmung wird durch die Funktion T mit $\mathrm{T}(t) = 80 - 60e^{-0{,}1 \cdot t}$ (t in Minuten, $\mathrm{T}(t)$ in Grad Celsius) beschrieben.

   I) Bestimmen Sie die Gleichung der Asymptote des Schaubilds der Funktion. Welche Bedeutung hat diese Asymptote für das Experiment bzw. die Erwärmung?

   II) Zu welcher Zeit ist die Geschwindigkeit, mit der sich die Probe erwärmt, am größten?

Geometrie

11 Rechnen mit Vektoren

Tipps ab Seite 103, Lösungen ab Seite 190

In diesem Kapitel geht es darum, die Grundkenntnisse des Rechnens mit Vektoren zu wiederholen. Dazu gehören die Addition und Subtraktion von Vektoren. Neben diesen Rechenoperationen ist es wichtig, das Skalarprodukt zu kennen und zu wissen, dass es genau dann gleich Null ist, wenn zwei Vektoren senkrecht aufeinander stehen.

Da mit den Vektoren geometrische Objekte wie Dreiecke, Parallelogramme und verschiedene Körper beschrieben werden können, sollten Sie die grundlegenden Eigenschaften dieser Objekte kennen, z.B. dass in einem gleichschenklichen Dreieck zwei Seiten die gleiche Länge haben. Rechenregeln für das Rechnen mit Vektoren finden Sie bei den Tipps auf Seite *103*. Wenn nicht anders angegeben gilt für alle Parameter: $r, s, t, \ldots \in \mathbb{R}$.

11.1 Addition und Subtraktion von Vektoren

Gegeben sind die Vektoren $\vec{a} = \begin{pmatrix} -1 \\ 2 \\ 4 \end{pmatrix}$ und $\vec{b} = \begin{pmatrix} 3 \\ 1 \\ 2 \end{pmatrix}$. Berechnen Sie:

a) $\vec{a}+\vec{b}$ b) $\vec{a}-\vec{b}$ c) $2\cdot\vec{a}$ d) $-\vec{a}$ e) $2\vec{a}+3\vec{b}$

f) $\vec{a}\cdot\vec{b}$ g) $|\vec{a}|$ h) $|\vec{b}|$ i) $|\vec{a}+\vec{b}|$

11.2 Orthogonalität von Vektoren

Prüfen Sie, ob folgende Vektoren senkrecht (orthogonal) aufeinander stehen.

a) $\vec{a} = \begin{pmatrix} -1 \\ 0 \\ 1 \end{pmatrix}$, $\vec{b} = \begin{pmatrix} 2 \\ 2 \\ 0 \end{pmatrix}$ b) $\vec{r} = \begin{pmatrix} 5 \\ -1 \\ 3 \end{pmatrix}$, $\vec{n} = \begin{pmatrix} 2 \\ 1 \\ -3 \end{pmatrix}$

c) $\vec{z} = \begin{pmatrix} 2 \\ -2 \\ 4 \end{pmatrix}$, $\vec{w} = \begin{pmatrix} 1 \\ 3 \\ 1 \end{pmatrix}$

11.3 Auffinden von orthogonalen Vektoren

Geben Sie drei verschiedene Vektoren an, die zu $\vec{n} = \begin{pmatrix} 1 \\ 2 \\ -3 \end{pmatrix}$ orthogonal sind.

11.4 Orts- und Verbindungsvektoren

Gegeben sind die Punkte $A\,(2 \mid 3 \mid 2)$, $B\,(7 \mid 4 \mid 3)$ und $C\,(1 \mid 5 \mid -2)$.

a) Bestimmen Sie die Ortsvektoren $\vec{a}$, $\vec{b}$, und $\vec{c}$.

b) Bestimmen Sie die Verbindungsvektoren $\overrightarrow{AB}$, $\overrightarrow{AC}$ und $\overrightarrow{BC}$.

c) Ist jeder Verbindungsvektor ein Ortsvektor? Begründen Sie Ihre Antwort.

11.5 Verschiedene Aufgaben

Tipp: Fertigen Sie eine Skizze an und stellen Sie Vektorketten auf.

a) Prüfen Sie, ob das Dreieck ABC gleichschenklig ist:

I) $A\,(3 \mid 7 \mid 2)$, $B\,(-1 \mid 5 \mid 1)$, $C\,(2 \mid 3 \mid 0)$

II) $A\,(-5 \mid 2 \mid -1)$, $B\,(0 \mid 5 \mid -3)$, $C\,(-1 \mid 6 \mid -3)$

b) Prüfen Sie, ob das Dreieck ABC rechtwinklig ist:
$A\,(5 \mid 1 \mid 0)$, $B\,(1 \mid 5 \mid 2)$, $C\,(-1 \mid 1 \mid 6)$

c) I) Bestimmen Sie den Mittelpunkt M von $A\,(4 \mid 1 \mid 3)$ und $B\,(-2 \mid 5 \mid -5)$.

II) Bestimmen Sie die Koordinaten des Punktes P so, dass $B\,(4 \mid 2 \mid 5)$ der Mittelpunkt von $A\,(3 \mid -1 \mid -4)$ und P ist.

d) Bestimmen Sie jeweils den Schwerpunkt des Dreiecks:

I) $A(4 \mid 1 \mid 2)$, $B(5 \mid 3 \mid 0)$, $C(0 \mid 2 \mid 1)$

II) $P(-3 \mid 2 \mid 4)$, $Q(5 \mid 1 \mid 2)$, $R(-5 \mid 3 \mid 6)$

e) Gegeben sind die Punkte $A\,(4 \mid 2 \mid 3)$, $B\,(1 \mid 8 \mid 5)$ und $C\,(-2 \mid 1 \mid -3)$.

I) Bestimmen Sie den Punkt D so, dass das Viereck ABCD ein Parallelogramm ist.

II) Bestimmen Sie den Punkt D^* so, dass das Viereck ABD^*C ein Parallelogramm ist.

III) Bestimmen Sie den Punkt D' so, dass das Viereck $AD'BC$ ein Parallelogramm ist.

f) Von einem Spat (Körper mit jeweils 4 parallelen Kanten) sind die Punkte $A(3 \mid 1 \mid 4)$, $B(-2 \mid 1 \mid -3)$, $C(5 \mid -2 \mid 3)$ und $F(9 \mid 2 \mid 6)$ gegeben.

I) Bestimmen Sie die Koordinaten der übrigen Punkte des Spats.

II) Berechnen Sie die Länge der Raumdiagonalen AG.

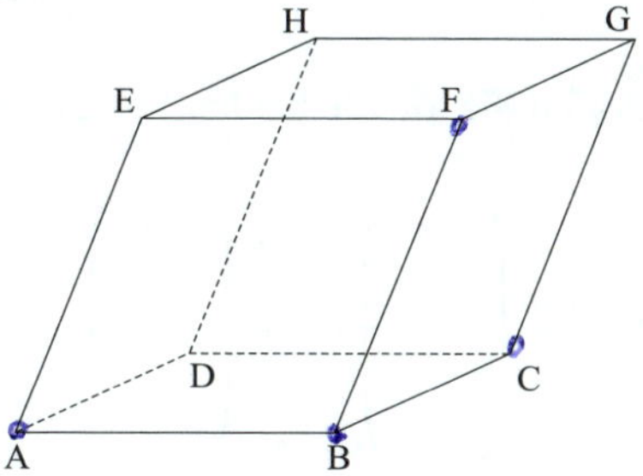

g) Ein schiefes Dreiecksprisma ist gegeben durch die Punkte $A(4 \mid 1 \mid -3)$, $B(5 \mid -2 \mid -1)$, $C(-1 \mid 3 \mid -2)$ und $D(7 \mid 4 \mid 2)$.
Bestimmen Sie die Koordinaten der Punkte E und F sowie die Länge der Kante EF.

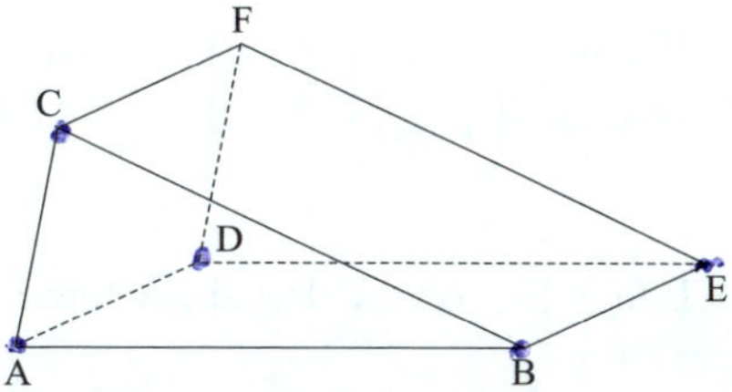

11.6 Teilverhältnisse

Gegeben sind die Punkte $A(3 \mid -1 \mid 2)$ und $B(5 \mid -2 \mid 0)$.

a) Bestimmen Sie die Koordinaten des Punktes S so, dass S die Strecke AB innen im Verhältnis 1 : 2 teilt.

b) Bestimmen Sie die Koordinaten des Punktes T so, dass T die Strecke AB innen im Verhältnis 5 : 4 teilt.

c) In welchem Verhältnis teilt der Punkt $U(4,5 \mid -1,75 \mid 0,5)$ die Strecke AB?

11.7 Lineare Abhängigkeit / Unabhängigkeit

Wenn zwei Vektoren $\vec{a}$ und $\vec{b}$ linear abhängig sind, bedeutet das, dass sie ein Vielfaches voneinander sind: $\vec{a} = k \cdot \vec{b}$ mit $k \in \mathbb{R}$, es muss also immer einen Faktor geben, mit dem man einen der beiden Vektoren multiplizieren kann, so dass sich der andere ergibt.

Sind drei Vektoren linear abhängig, dann liegen sie in einer Ebene. Das bedeutet, dass man einen der drei Vektoren als «Linearkombination» der beiden andern ausdrücken kann. Man prüft aber in diesem Fall die Situation, dass man die drei Vektoren aneinanderhängt, so dass sie den Nullvektor ergeben. Anschaulich gesprochen will man «im Kreis» gehen und wieder am Ausgangspunkt ankommen: $r \cdot \vec{a} + s \cdot \vec{b} + t \cdot \vec{c} = \vec{0}$. Sind die Vektoren linear abhängig, gibt es dafür unendlich viele Lösungen. Sind sie linear unabhängig, müssen die Koeffizienten r, s und t gleich Null sein, denn nur so kann man «wieder am Ausgangspunkt ankommen». Man stellt also ein Gleichungssystem auf und bestimmt r, s und t.

a) Prüfen Sie, ob die beiden Vektoren linear abhängig oder unabhängig sind:

I) $\vec{a} = \begin{pmatrix} 2 \\ 1 \\ -3 \end{pmatrix}, \vec{b} = \begin{pmatrix} -4 \\ -2 \\ 6 \end{pmatrix}$ II) $\vec{a} = \begin{pmatrix} 2 \\ 0 \\ 3 \end{pmatrix}, \vec{b} = \begin{pmatrix} -2 \\ 1 \\ -3 \end{pmatrix}$

III) $\vec{a} = \begin{pmatrix} 6 \\ 3 \\ -9 \end{pmatrix}, \vec{b} = \begin{pmatrix} 2 \\ 1 \\ -3 \end{pmatrix}$ IV) $\vec{a} = \begin{pmatrix} 4 \\ -2 \\ 3 \end{pmatrix}, \vec{b} = \begin{pmatrix} 5 \\ 1 \\ 9 \end{pmatrix}$

b) Prüfen Sie, ob die drei angegebenen Vektoren linear abhängig oder unabhängig sind:

I) $\vec{a} = \begin{pmatrix} 2 \\ 1 \\ -3 \end{pmatrix}, \quad \vec{b} = \begin{pmatrix} 4 \\ -2 \\ 1 \end{pmatrix}, \quad \vec{c} = \begin{pmatrix} 3 \\ 5 \\ 0 \end{pmatrix}$

II) $\vec{a} = \begin{pmatrix} 4 \\ 0 \\ -2 \end{pmatrix}, \quad \vec{b} = \begin{pmatrix} 1 \\ 3 \\ -1 \end{pmatrix}, \quad \vec{c} = \begin{pmatrix} 6 \\ 6 \\ -4 \end{pmatrix}$

III) $\vec{a} = \begin{pmatrix} -1 \\ 3 \\ -2 \end{pmatrix}, \quad \vec{b} = \begin{pmatrix} 5 \\ 2 \\ 1 \end{pmatrix}, \quad \vec{c} = \begin{pmatrix} 3 \\ -4 \\ -3 \end{pmatrix}$

12 Geraden

Tipps ab Seite 104, Lösungen ab Seite 197

Die Parameterform der Geradengleichung in der vektoriellen Geometrie lautet

$$g: \vec{x} = \vec{a} + t \cdot \overrightarrow{r_g} \text{ mit } t \in \mathbb{R}$$

Dabei wird der Vektor $\vec{a}$ als Stützvektor bezeichnet, weil er die Gerade «stützt», der Vektor $\overrightarrow{r_g}$ ist der Richtungsvektor der Geraden, da er die Richtung der Geraden angibt. t ist der Parameter.

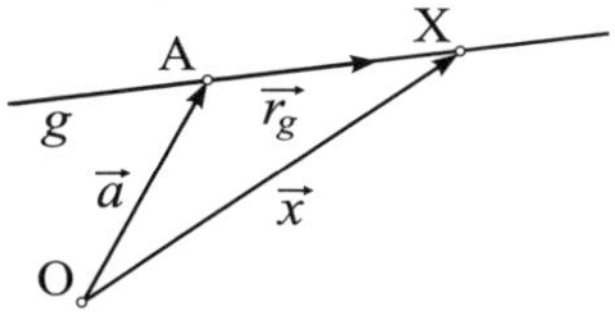

12.1 Aufstellen von Geradengleichungen

Stellen Sie die Gleichung der Geraden auf, die durch die beiden Punkte geht:

a) A(1 | 0 | 2), B(3 | 1 | 3) b) C(2 | 1 | −4), D(4 | 0 | 1) c) E(1 | 1 | 0), F(0 | 0 | 1)

12.2 Punktprobe

Liegen die gegebenen Punkte A, B, C auf der Geraden $g: \vec{x} = \begin{pmatrix} 1 \\ 3 \\ -2 \end{pmatrix} + r \cdot \begin{pmatrix} 1 \\ 4 \\ 2 \end{pmatrix}$?

a) A(2 | 7 | 0) b) B(3 | 11 | 3) c) C(−2 | −9 | −8)

12.3 Projektion von Geraden

Projizieren Sie die Gerade g auf die entsprechende Koordinatenebene:

a) $g: \vec{x} = \begin{pmatrix} 3 \\ 1 \\ 2 \end{pmatrix} + r \cdot \begin{pmatrix} 4 \\ 6 \\ 2 \end{pmatrix}$, Projektionsebene: x_1x_2-Ebene

b) $h: \vec{x} = \begin{pmatrix} 1 \\ 3 \\ 4 \end{pmatrix} + t \cdot \begin{pmatrix} 2 \\ 4 \\ -1 \end{pmatrix}$, Projektionsebene: x_2x_3-Ebene

12.4 Parallele Geraden

Zeigen Sie, dass folgende Geraden jeweils parallel zueinander sind:

$$g:\ \vec{x}=\begin{pmatrix}2\\1\\-3\end{pmatrix}+r\cdot\begin{pmatrix}2\\-1\\-3\end{pmatrix}\qquad h:\ \vec{x}=\begin{pmatrix}4\\0\\7\end{pmatrix}+s\cdot\begin{pmatrix}4\\-2\\-6\end{pmatrix}$$

$$i:\ \vec{x}=\begin{pmatrix}3\\-2\\9\end{pmatrix}+t\cdot\begin{pmatrix}-6\\3\\9\end{pmatrix}$$

12.5 Gegenseitige Lage von Geraden

Zwei Geraden können auf vier verschiedene Weise zueinander liegen: Sie können parallel liegen, identisch sein, sich schneiden oder windschief sein. Die genauen Rechenwege zur Bestimmung der gegenseitigen Lage sind in den Tipps auf Seite 105 beschrieben.

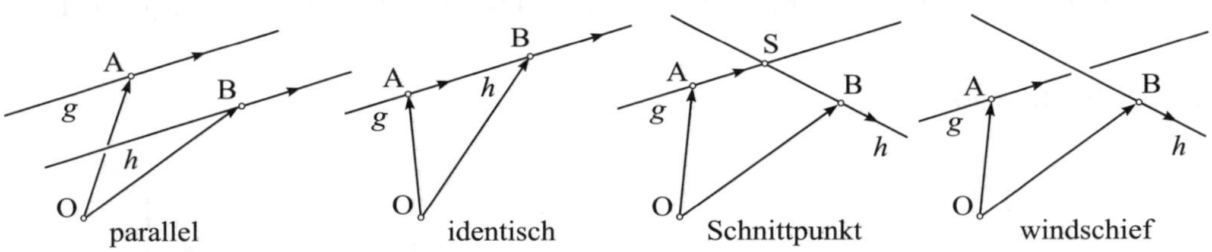

Bestimmen Sie die gegenseitige Lage der beiden gegebenen Geraden:

a) $g_1:\ \vec{x}=\begin{pmatrix}4\\2\\5\end{pmatrix}+t\cdot\begin{pmatrix}1\\1\\2\end{pmatrix}\qquad g_2:\ \vec{x}=\begin{pmatrix}0\\0\\0\end{pmatrix}+r\cdot\begin{pmatrix}2\\0\\1\end{pmatrix}$

b) $g_1:\ \vec{x}=\begin{pmatrix}2\\0\\0\end{pmatrix}+r\cdot\begin{pmatrix}1\\1\\1\end{pmatrix}\qquad g_2:\ \vec{x}=\begin{pmatrix}3\\2\\3\end{pmatrix}+t\cdot\begin{pmatrix}3\\4\\5\end{pmatrix}$

c) $g:\ \vec{x}=\begin{pmatrix}1\\-3\\5\end{pmatrix}+s\cdot\begin{pmatrix}2\\1\\-3\end{pmatrix}\qquad h:\ \vec{x}=\begin{pmatrix}5\\1\\-3\end{pmatrix}+t\cdot\begin{pmatrix}4\\-5\\-1\end{pmatrix}$

d) $g: \vec{x} = \begin{pmatrix} 1 \\ 2 \\ 1 \end{pmatrix} + t \cdot \begin{pmatrix} 2 \\ 0 \\ 1 \end{pmatrix}$ $\quad h: \vec{x} = \begin{pmatrix} 2 \\ 3 \\ 4 \end{pmatrix} + r \cdot \begin{pmatrix} 0 \\ 1 \\ -1 \end{pmatrix}$

e) $g: \vec{x} = \begin{pmatrix} 4 \\ 0 \\ 1 \end{pmatrix} + s \cdot \begin{pmatrix} 2 \\ -1 \\ 3 \end{pmatrix}$ $\quad h: \vec{x} = \begin{pmatrix} 6 \\ -1 \\ 4 \end{pmatrix} + t \cdot \begin{pmatrix} -2 \\ 1 \\ -3 \end{pmatrix}$

f) $h: \vec{x} = \begin{pmatrix} 1 \\ 2 \\ 3 \end{pmatrix} + r \cdot \begin{pmatrix} 1 \\ -1 \\ 2 \end{pmatrix}$ $\quad g: \vec{x} = \begin{pmatrix} -1 \\ 4 \\ -1 \end{pmatrix} + s \cdot \begin{pmatrix} -3 \\ 3 \\ -6 \end{pmatrix}$

g) $g: \vec{x} = \begin{pmatrix} 1 \\ 4 \\ -2 \end{pmatrix} + t \cdot \begin{pmatrix} -2 \\ -1 \\ 3 \end{pmatrix}$ $\quad h: \vec{x} = \begin{pmatrix} -1 \\ 3 \\ -1 \end{pmatrix} + r \cdot \begin{pmatrix} 4 \\ 2 \\ -6 \end{pmatrix}$

h) $g: \vec{x} = \begin{pmatrix} 0 \\ 1 \\ 4 \end{pmatrix} + s \cdot \begin{pmatrix} 4 \\ 6 \\ -8 \end{pmatrix}$ $\quad h: \vec{x} = \begin{pmatrix} 4 \\ 8 \\ -4 \end{pmatrix} + t \cdot \begin{pmatrix} 2 \\ 3 \\ -4 \end{pmatrix}$

12.6 Parallele Geraden mit Parameter

Für welchen Wert des Parameters $t \in \mathbb{R}$ sind die Geraden g_t und h bzw. g_t und h_t parallel?

a) $g_t: \vec{x} = \begin{pmatrix} 1 \\ 1 \\ 1 \end{pmatrix} + s \cdot \begin{pmatrix} 0 \\ 2 \\ 2t \end{pmatrix}$ $\quad h: \vec{x} = \begin{pmatrix} 4 \\ 1 \\ 7 \end{pmatrix} + r \cdot \begin{pmatrix} 0 \\ 4 \\ 4 \end{pmatrix}$

b) $g_t: \vec{x} = \begin{pmatrix} 2 \\ 1 \\ 3 \end{pmatrix} + s \cdot \begin{pmatrix} 0{,}5t \\ t \\ 4 \end{pmatrix}$ $\quad h: \vec{x} = \begin{pmatrix} 3 \\ 4 \\ 5 \end{pmatrix} + r \cdot \begin{pmatrix} 1 \\ 2 \\ -2 \end{pmatrix}$

c) $g_t: \vec{x} = \begin{pmatrix} 0 \\ 0 \\ 1 \end{pmatrix} + r \cdot \begin{pmatrix} t \\ 2t \\ -3 \end{pmatrix}$ $\qquad$ $h_t: \vec{x} = \begin{pmatrix} 0 \\ 1 \\ 0 \end{pmatrix} + s \cdot \begin{pmatrix} 3 \\ 6 \\ -t \end{pmatrix}$

12.7 Allgemeines Verständnis von Geraden

Gegeben seien die Geraden g und h durch $g: \vec{x} = \vec{a} + s \cdot \vec{r}$ und $h: \vec{x} = \vec{b} + t \cdot \vec{v}$.

a) Welche Beziehungen müssen zwischen den genannten Vektoren gelten, damit gilt

I) $g \parallel h$

II) $g = h$

III) $g \perp h$

b) Wie bestimmt man den Winkel zwischen g und h, falls sich g und h schneiden?

c) Erläutern Sie eine Strategie, wie man die gegenseitige Lage zweier Geraden überprüfen kann.

12.8 Verschiedene Aufgaben

a) Geben Sie zur Geraden $g: \vec{x} = \begin{pmatrix} 2 \\ -1 \\ 3 \end{pmatrix} + r \cdot \begin{pmatrix} 2 \\ 5 \\ 3 \end{pmatrix}$ eine Gerade h an, die parallel zu g ist und durch den Punkt A (2 | 1 | 4) geht.

b) Gegeben sind die Geraden $g: \vec{x} = \begin{pmatrix} 1 \\ 4 \\ 2 \end{pmatrix} + r \cdot \begin{pmatrix} 1 \\ 0 \\ 2 \end{pmatrix}$ und $h: \vec{x} = \begin{pmatrix} 11,5 \\ 9 \\ 3 \end{pmatrix} + s \cdot \vec{v}$.

Geben Sie einen Vektor $\vec{v}$ an, so dass

I) g und h sich im Punkt S (4 | 4 | 8) schneiden

II) g und h windschief sind

III) g und h orthogonal aufeinander stehen.

13 Ebenen

Tipps ab Seite 106, Lösungen ab Seite 205

Um eine Ebene zu beschreiben, gibt es verschiedene Gleichungen: Ähnlich wie für die Gerade gibt es eine *Parametergleichung*, diese lautet:

$$\text{E: } \vec{x} = \vec{a} + r \cdot \vec{v_1} + s \cdot \vec{v_2}$$

Der Vektor $\vec{a}$ ist auch hier der Stützvektor, die Vektoren $\vec{v_1}$ und $\vec{v_2}$ sind die Spannvektoren, da sie die Ebene «aufspannen».

Bei der *Punkt-Normalenform* der Ebene wird die Ebene durch einen Stützpunkt und einen Normalenvektor beschrieben. Der Normalenvektor $\vec{n}$ steht immer senkrecht auf der Ebene. Die dazugehörige Gleichung ist

$$\text{E: } (\vec{x} - \vec{a}) \cdot \vec{n} = 0$$

Anschaulich gesprochen bedeutet die Gleichung, dass das Skalarprodukt zwischen dem Normalenvektor $\vec{n}$ und jedem Vektor in der Ebene immer Null sein muss.

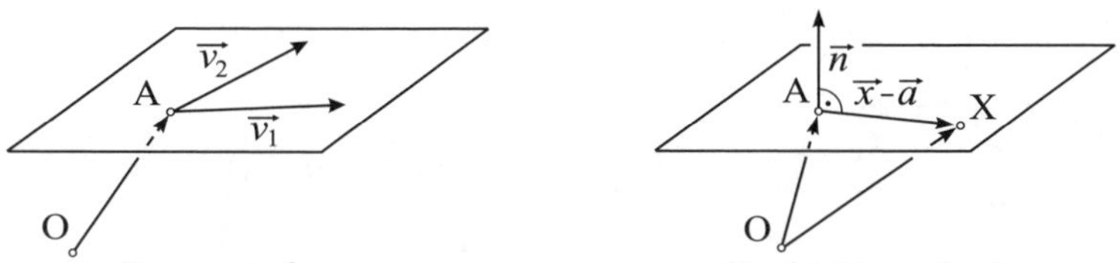

Parameterform Punkt-Normalenform

Die Koordinatenform erhalten Sie durch Ausrechnen der Punkt-Normalenform. Sie lautet

$$\text{E: } n_1 \cdot x_1 + n_2 \cdot x_2 + n_3 \cdot x_3 = d$$

Dabei sind n_1, n_2 und n_3 die Komponenten des Normalenvektors $\vec{n}$.

Ist eine Ebene in Parameterform gegeben und suchen Sie die Koordinatenform, so stellen Sie zuerst die Punkt-Normalenform auf und rechnen diese anschließend aus. Dazu ist ein Normalenvektor gesucht, der senkrecht auf den beiden Spannvektoren $\vec{v_1}$ und $\vec{v_2}$ stehen muss. Diesen können Sie mit Hilfe des Skalarprodukts berechnen, indem Sie benutzen, dass $\vec{n} \cdot \vec{v_1} = 0$ und $\vec{n} \cdot \vec{v_2} = 0$ sein muss. Sie erhalten so ein Gleichungssystem aus zwei Gleichungen mit dessen Hilfe Sie den Vektor $\vec{n}$ bestimmen können. Ein weiterer Weg führt über das Vektorprodukt (Kreuzprodukt), siehe die nächste Seite.

Tipp: Wenn man einen Vektor $\vec{n}$ sucht, der senkrecht auf zwei gegebenen Vektoren $\vec{a}$ und $\vec{b}$ steht, geschieht dies einfach und schnell mit dem **Vektorprodukt**:

$$\vec{n} = \left(\vec{a} \times \vec{b}\right) = \begin{pmatrix} a_2b_3 & - & a_3b_2 \\ a_3b_1 & - & a_1b_3 \\ a_1b_2 & - & a_2b_1 \end{pmatrix}$$

Die Merkhilfe dazu:

1. Beide Vektoren werden je zweimal untereinandergeschrieben, dann werden die erste und die letzte Zeile gestrichen.
2. Anschließend wird «über Kreuz» multipliziert. Dabei erhalten die abwärts gerichteten Pfeile ein positives und die aufwärts gerichteten Pfeile ein negatives Vorzeichen.
3. Die einzelnen Komponenten werden subtrahiert – fertig!

$$\begin{array}{cc} \cancel{a_1} & \cancel{b_1} \\ a_2 & b_2 \\ a_3 & b_3 \\ a_1 & b_1 \\ a_2 & b_2 \\ \cancel{a_3} & \cancel{b_3} \end{array} \Rightarrow \begin{array}{cc} a_2 & b_2 \\ a_3 & b_3 \\ a_1 & b_1 \\ a_2 & b_2 \end{array} \Rightarrow \begin{pmatrix} a_2b_3 - a_3b_2 \\ a_3b_1 - a_1b_3 \\ a_1b_2 - a_2b_1 \end{pmatrix}$$

Anmerkung: Der Betrag des senkrecht stehenden Vektors entspricht genau der Flächenmaßzahl des Parallelogramms, das von den beiden Vektoren aufgespannt wird.

Beispiel: Sind $\vec{a} = \begin{pmatrix} 1 \\ 3 \\ 2 \end{pmatrix}$ und $\vec{b} = \begin{pmatrix} -1 \\ 4 \\ 0 \end{pmatrix}$, ergibt sich für den gesuchten Vektor:

$$\begin{array}{cc} \cancel{1} & \cancel{-1} \\ 3 & 4 \\ 2 & 0 \\ 1 & -1 \\ 3 & 4 \\ \cancel{2} & \cancel{0} \end{array} \Rightarrow \begin{array}{cc} 3 & 4 \\ 2 & 0 \\ 1 & -1 \\ 3 & 4 \end{array} \Rightarrow \begin{pmatrix} 3 \cdot 0 - 2 \cdot 4 \\ 2 \cdot (-1) - 1 \cdot 0 \\ 1 \cdot 4 - 3 \cdot (-1) \end{pmatrix} = \begin{pmatrix} -8 \\ -2 \\ 7 \end{pmatrix}$$

13.1 Parameterform der Ebenengleichung

Im Folgenden sind jeweils drei Punkte bzw. eine Gerade und ein Punkt gegeben, die eine Ebene festlegen. Geben Sie zu diesen Ebenen jeweils eine Ebenengleichung in Parameterform an.

a) $A(1\mid 4\mid 3), B(2\mid 7\mid -3), C(3\mid 5\mid 1)$

b) $P(3\mid 1\mid 2), Q(4\mid 7\mid 3), R(4\mid 0\mid -1)$

c) $A(1\mid 3\mid 6)$, $g\colon \vec{x} = \begin{pmatrix} -1 \\ 2 \\ 4 \end{pmatrix} + t \cdot \begin{pmatrix} 3 \\ 6 \\ -1 \end{pmatrix}$

d) $B(0\mid 1\mid 2)$, $g\colon \vec{x} = \begin{pmatrix} 7 \\ 3 \\ 2 \end{pmatrix} + t \cdot \begin{pmatrix} 1 \\ 2 \\ 1 \end{pmatrix}$

13.2 Koordinatengleichung einer Ebene

Bestimmen Sie eine Koordinatengleichung der Ebene E. Es sind entweder drei Punkte, ein Punkt und eine Gerade oder zwei Geraden, die die Ebene aufspannen, gegeben.

a) $A(2\mid 2\mid 2), B(4\mid 1\mid 3), C(8\mid 4\mid 5)$

b) $P(1\mid 3\mid 5), Q(2\mid 7\mid 3), R(5\mid 1\mid 3)$

c) $A(4\mid 1\mid 2)$, $g\colon \vec{x} = \begin{pmatrix} 3 \\ 5 \\ 7 \end{pmatrix} + t \cdot \begin{pmatrix} 1 \\ 1 \\ 1 \end{pmatrix}$

d) $C(4\mid 3\mid 4)$, $g\colon \vec{x} = \begin{pmatrix} 7 \\ 2 \\ 3 \end{pmatrix} + t \cdot \begin{pmatrix} 1 \\ -3 \\ -3 \end{pmatrix}$

e) $g_1\colon \vec{x} = \begin{pmatrix} 1 \\ 2 \\ 3 \end{pmatrix} + t \cdot \begin{pmatrix} 1 \\ 3 \\ 4 \end{pmatrix}$ $\quad g_2\colon \vec{x} = \begin{pmatrix} 1 \\ 2 \\ 3 \end{pmatrix} + s \cdot \begin{pmatrix} 2 \\ -1 \\ 3 \end{pmatrix}$

f) $g_1\colon \vec{x} = \begin{pmatrix} 1 \\ 2 \\ 4 \end{pmatrix} + s \cdot \begin{pmatrix} 1 \\ 3 \\ 2 \end{pmatrix}$ $\quad g_2\colon \vec{x} = \begin{pmatrix} 3 \\ 3 \\ 7 \end{pmatrix} + t \cdot \begin{pmatrix} 2 \\ 1 \\ 3 \end{pmatrix}$

g) $g_1\colon \vec{x} = \begin{pmatrix} 3 \\ 1 \\ 6 \end{pmatrix} + s \cdot \begin{pmatrix} 2 \\ 1 \\ 4 \end{pmatrix}$ $\quad g_2\colon \vec{x} = \begin{pmatrix} -1 \\ -8 \\ 4 \end{pmatrix} + t \cdot \begin{pmatrix} 1 \\ 4 \\ -1 \end{pmatrix}$

h) $g_1\colon \vec{x} = \begin{pmatrix} 1 \\ 0 \\ 2 \end{pmatrix} + s \cdot \begin{pmatrix} 3 \\ 1 \\ 2 \end{pmatrix}$ $\quad g_2\colon \vec{x} = \begin{pmatrix} 4 \\ 1 \\ 1 \end{pmatrix} + t \cdot \begin{pmatrix} 6 \\ 2 \\ 4 \end{pmatrix}$

i) $g: \vec{x} = \begin{pmatrix} 0 \\ 1 \\ 0 \end{pmatrix} + s \cdot \begin{pmatrix} 2 \\ 1 \\ 2 \end{pmatrix}$ $\quad h: \vec{x} = \begin{pmatrix} 2 \\ 0 \\ 2 \end{pmatrix} + t \cdot \begin{pmatrix} -4 \\ -2 \\ -4 \end{pmatrix}$

j) Die Ebene E ist Spiegelebene zwischen A (1 | 4 | 7) und A* (3 | 2 | 3).

k) Die Ebene E enthält die Gerade $g: \vec{x} = \begin{pmatrix} 3 \\ 1 \\ 2 \end{pmatrix} + t \cdot \begin{pmatrix} 2 \\ 0 \\ -1 \end{pmatrix}$ und ist orthogonal zur Ebene F: $-x_1 + x_2 + 2x_3 + 2 = 0$.

l) Prüfen Sie, ob die vier Punkte A (2 | 1 | 2), B (4 | 3 | 4), C (7 | 2 | 3) und D (8 | −1 | 0) in einer Ebene liegen.

13.3 Ebenen im Koordinatensystem

Es sind verschiedene Ebenen angegeben. Zeichnen Sie diese mit Hilfe ihrer Spurpunkte in ein kartesisches Koordinatensystem ein:

Tipp: Die Spurpunkte sind die Punkte, in denen die Ebene die Koordinatenachsen schneidet.

a) E: $3x_1 + 4x_2 + 3x_3 = 12$ b) E: $4x_1 - 8x_2 + 4x_3 = 16$ c) E: $3x_1 - 3x_2 - 3x_3 = 9$

d) E: $2x_1 + 4x_2 = 8$ e) E: $x_1 + 2x_3 = 4$ f) E: $3x_2 + x_3 = 3$

g) E: $x_2 = 3$

13.4 Bestimmen von Geraden und Ebenen in einem Quader

In der Abbildung ist ein Quader dargestellt, M und N seien die Mittelpunkte der beiden Kanten $\overline{BE}$ bzw. $\overline{CF}$.

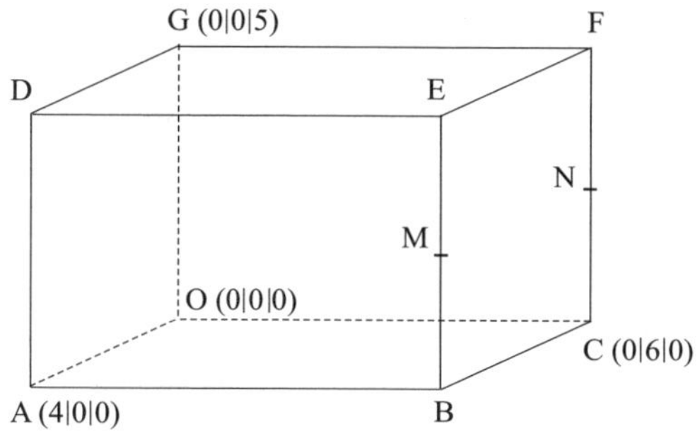

a) Bestimmen Sie die Koordinaten der übrigen Punkte.
b) Geben Sie eine Koordinatengleichung der Ebene durch B, E und F an.
c) Geben Sie eine Geradengleichung der Geraden durch A und N sowie G und M an.
d) Bestimmen Sie die Koordinatengleichung der Ebene durch A, O, E und F.

13.5 Bestimmen von Geraden und Ebenen in einer Pyramide

Gegeben ist die senkrechte Pyramide mit quadratischer Grundfläche wie in der nebenstehenden Abbildung dargestellt. Ihr Mittelpunkt ist $O(0 \mid 0 \mid 0)$.

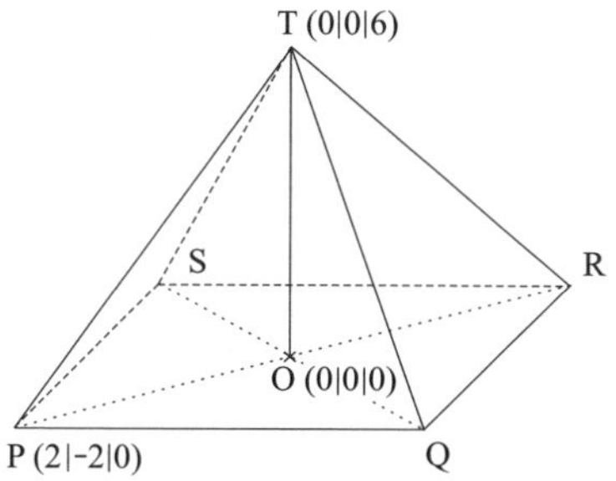

a) Geben Sie die Koordinaten der übrigen Punkte an.
b) Geben Sie eine Gleichung der Geraden durch die Kante PT an.
c) Bestimmen Sie eine Koordinatengleichung der Ebene E, in der die Seitenfläche QRT liegt.

14 Gegenseitige Lage von Geraden und Ebenen

Tipps ab Seite 108, Lösungen ab Seite 213

Eine Gerade und eine Ebene können auf drei verschiedene Weisen zueinander liegen: Die Gerade kann die Ebene schneiden, sie kann parallel zu ihr liegen und sie kann in der Ebene liegen. Liegt die Ebene in der Parameterform vor, werden Geraden- und Ebenengleichung gleichgesetzt. Liegt sie in der Punkt-Normalenform oder der Koordinatenform vor, schreiben Sie die Gerade als «allgemeinen Punkt» um und setzten diesen in die Ebenengleichung ein.

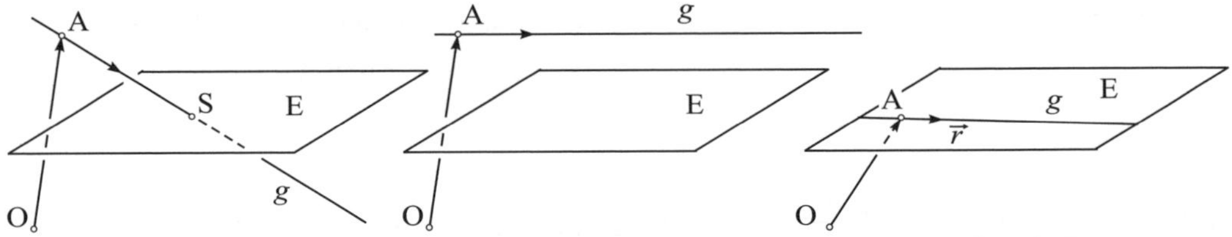

g schneidet E — *g* ist parallel zu E — *g* liegt in E

14.1 Gegenseitige Lage

Bestimmen Sie die gegenseitige Lage der Gerade und der Ebene:

a) $g:\ \vec{x} = \begin{pmatrix} 4 \\ 6 \\ 2 \end{pmatrix} + t \cdot \begin{pmatrix} 1 \\ 2 \\ 3 \end{pmatrix}$ $\quad$ $E:\ 2x_1 + 4x_2 + 6x_3 + 12 = 0$

b) $g:\ \vec{x} = \begin{pmatrix} 3 \\ 2 \\ 2 \end{pmatrix} + s \cdot \begin{pmatrix} 2 \\ 5 \\ 7 \end{pmatrix}$ $\quad$ $E:\ 2x_1 + x_2 - 3x_3 = 4$

c) $g:\ \vec{x} = \begin{pmatrix} 4 \\ 1 \\ 3 \end{pmatrix} + t \cdot \begin{pmatrix} 2 \\ -1 \\ 1 \end{pmatrix}$ $\quad$ $E:\ \vec{x} = \begin{pmatrix} 1 \\ -2 \\ -2 \end{pmatrix} + r \cdot \begin{pmatrix} 3 \\ 6 \\ -3 \end{pmatrix} + s \cdot \begin{pmatrix} 8 \\ -4 \\ 4 \end{pmatrix}$

d) $g:\ \vec{x} = \begin{pmatrix} 3 \\ 4 \\ 7 \end{pmatrix} + t \cdot \begin{pmatrix} 1 \\ 0 \\ 1 \end{pmatrix}$ $\quad$ $E:\ \vec{x} = \begin{pmatrix} 4 \\ 6 \\ 8 \end{pmatrix} + r \cdot \begin{pmatrix} 3 \\ 8 \\ 9 \end{pmatrix} + s \cdot \begin{pmatrix} 10 \\ 5 \\ 4 \end{pmatrix}$

e) $g:\ \vec{x} = \begin{pmatrix} 1 \\ -2 \\ 3 \end{pmatrix} + s \cdot \begin{pmatrix} 2 \\ 1 \\ 2 \end{pmatrix}$ $\quad$ $\mathrm{E}:\ x_1 - x_3 = 0$

f) $g:\ \vec{x} = \begin{pmatrix} 1 \\ 2 \\ 3 \end{pmatrix} + t \cdot \begin{pmatrix} 1 \\ 3 \\ 4 \end{pmatrix}$ $\quad$ $\mathrm{E}:\ 13x_1 + 5x_2 - 7x_3 - 2 = 0$

14.2 Gerade und Ebene parallel

Bestimmen Sie den Parameter $t \in \mathbb{R}$ so, dass $g_t \parallel \mathrm{E}$ bzw. $g_t \parallel \mathrm{E}_t$ ist:

a) $g_t:\ \vec{x} = \begin{pmatrix} 1 \\ 4 \\ -2 \end{pmatrix} + s \cdot \begin{pmatrix} 2 \\ 1 \\ t \end{pmatrix}$ $\quad$ $\mathrm{E}:\ x_1 + 2x_2 + 4x_3 = 2$

b) $g_t:\ \vec{x} = \begin{pmatrix} 2 \\ 1 \\ 2 \end{pmatrix} + s \cdot \begin{pmatrix} 1 \\ t \\ 2 \end{pmatrix}$ $\quad$ $\mathrm{E}_t:\ tx_1 + 2x_2 - x_3 = 7$

c) $g_t:\ \vec{x} = \begin{pmatrix} 1 \\ 0 \\ -1 \end{pmatrix} + s \cdot \begin{pmatrix} 1 \\ t \\ 2 \end{pmatrix}$ $\quad$ $\mathrm{E}_t:\ 2tx_1 + tx_2 - 1{,}5x_3 - 8 = 0$

14.3 Allgemeines Verständnis von Geraden und Ebenen

a) Gegeben seien die Gerade g und die Ebene E durch

$g: \vec{x} = \vec{a} + t \cdot \vec{r};\quad t \in \mathbb{R}$ $\quad$ $\mathrm{E}:\ \left(\vec{x} - \vec{b}\right) \cdot \vec{n} = 0$

1) Welche geometrische Bedeutung haben die Vektoren $\vec{a}$, $\vec{b}$, $\vec{r}$, $\vec{n}$ und $\left(\vec{x} - \vec{b}\right)$?
2) Welche Beziehung muss zwischen den Vektoren gelten, damit gilt

I) $g \parallel \mathrm{E}$ $\qquad$ II) $g \perp \mathrm{E}$ $\qquad$ III) $g \subset \mathrm{E}$

b) Wie kann man nachweisen, dass eine Gerade in einer Ebene enthalten ist?

14.4 Vermischte Aufgaben

a) Gegeben ist die Ebene E: $2x_1 + x_2 - 2x_3 = 12$. Bestimmen Sie die Gleichung einer Geraden, welche parallel zu E ist und durch den Punkt $P(4 \mid 9 \mid 7)$ verläuft.

b) Die Ebene E hat die Gleichung E: $4x_1 - 3x_2 + 5x_3 = 17$. Bestimmen Sie die Gleichung der Geraden, die orthogonal zu E ist und durch den Punkt $Q(4 \mid -1 \mid 3)$ verläuft.

c) * Gegeben ist die Ebene E: $-2x_1 + x_2 + 2x_3 = 10$. Im Abstand von 3 LE verläuft eine Gerade g parallel zur Ebene E. Geben Sie eine mögliche Geradengleichung von g an.

d) * Gegeben ist die Gerade $g: \vec{x} = \begin{pmatrix} 2 \\ 1 \\ -3 \end{pmatrix} + t \cdot \begin{pmatrix} 3 \\ 0 \\ 4 \end{pmatrix}; t \in \mathbb{R}$. Im Abstand von 5 LE verläuft

eine Ebene E parallel zu g. Bestimmen Sie eine mögliche Koordinatengleichung von E.

15 Gegenseitige Lage zweier Ebenen

Tipps ab Seite 109, Lösungen ab Seite 218

Zwei Ebenen können auf drei verschiedene Arten zueinander liegen: Die beiden Ebenen können sich schneiden, sie können identisch sein oder parallel zueinander liegen. Wenn sich die beiden Ebenen schneiden, entsteht eine Schnittgerade s.

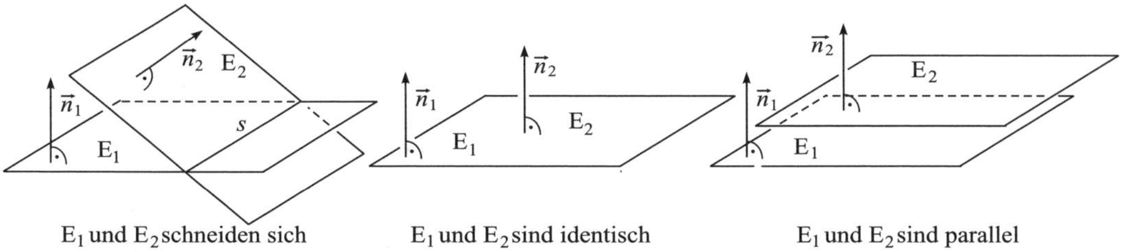

E_1 und E_2 schneiden sich — E_1 und E_2 sind identisch — E_1 und E_2 sind parallel

Liegen die Ebenen in Koordinatenform vor, so läßt sich die Aufgabe relativ einfach dadurch lösen, dass Sie die beiden Gleichungen als Gleichungssystem mit drei Unbekannten auffassen. Sie lösen dieses Gleichungssystem und können die Lösung als Geradengleichung schreiben, indem der Parameter der Lösung zum Geradenparamter wird. Liegen die Ebenen in Parametergleichung vor, setzen Sie diese gleich und benutzen das Gaußverfahren um nach einem Parameter aufzulösen. Sie erhalten so einen Ausdruck in Abhängigkeit vom anderen Parameter, setzen diesen in die Ebenengleichung ein und erhalten so die Schnittgerade.

15.1 Schnitt von zwei Ebenen

Bestimmen Sie eine Gleichung der Schnittgerade der beiden Ebenen:

a) $E_1: x_1 - x_2 + 2x_3 = 7$
$E_2: 6x_1 + x_2 - x_3 + 7 = 0$

b) $E_1: x_1 + 5x_3 = 8$
$E_2: x_1 + x_2 + x_3 = 1$

c) $E_1: 4x_2 = 5$
$E_2: 6x_1 + 5x_3 = 0$

15.2 Parallele Ebenen

Zeigen Sie, dass die beiden Ebenen parallel sind, bzw. bestimmen Sie t so, dass die beiden Ebenen parallel sind:

a) $E: 4x_1 + 3x_2 - 2x_3 = -7$
$F: 8x_1 + 6x_2 - 4x_3 + 15 = 0$

b) $E: -x_1 + x_2 + 2x_3 = 0$
$F: 2x_1 - 2x_2 - 4x_3 = 5$

c) $E: 3x_1 + 6x_2 = 5$
$F: -x_1 - 2x_2 = 2$

d) $E_t: tx_1 - 2tx_2 - 4x_3 = 6$
$F: -2x_1 + 4x_2 - 4x_3 = 7$

e) $E_t: 2tx_1 + x_2 + 3x_3 = 8$
$F: 8x_1 - 2x_2 - 6x_3 = 7$

15.3 Verschiedene Aufgaben zur Lage zweier Ebenen

a) Zeigen Sie, dass die Ebene $E: \; 4x_1 + x_2 - 2x_3 = -8$ identisch ist mit der Ebene $F: \; -6x_1 - 1{,}5x_2 + 3x_3 = 12$.

b) Für welchen Wert von d ist $E_d: \; 2x_1 + x_2 - 3x_3 = d$ identisch mit der Ebene $F: \; -4x_1 - 2x_2 + 6x_3 = 9$?

c) Zeigen Sie, dass die Ebene $E: \; 3x_1 + 4x_2 - 2x_3 = 7$ orthogonal zur Ebene $F: \; 2x_1 + x_2 + 5x_3 = 9$ ist.

d) Für welchen Wert von t ist $E: \; 2x_1 - x_2 + 3x_3 = 7$ orthogonal zur Ebene $E_t: \; tx_1 - 2tx_2 - 4x_3 = 6$?

e) * Gegeben sind die Ebenen $E: \; ax_1 + bx_2 + cx_3 = d$ und $F: \; ex_1 + fx_2 + gx_3 = h$; $a, \ldots, h \in \mathbb{R}$. Welche Beziehung muss zwischen den Parametern $a, \ldots, h$ bestehen, damit

I) $E \parallel F$ II) $E \perp F$ III) $E = F$

16 Abstandsberechnungen

Tipps ab Seite 110, Lösungen ab Seite 221

Die verschiedenen Aufgaben der Abstandsberechnungen lassen sich oft auf die Berechnung des Abstands eines Punktes von einer Ebene oder des Abstands eines Punktes zu einem Punkt zurückführen. So können Sie den Abstand eines Punktes P zu einer Geraden g mit einer Hilfsebene E_H berechnen. Diese steht senkrecht auf g und enthält den Punkt P. Der Abstand ist dann die Länge des Vektors $\overrightarrow{LP}$. (Alternativ können Sie auch das Skalarprodukt benutzen.)

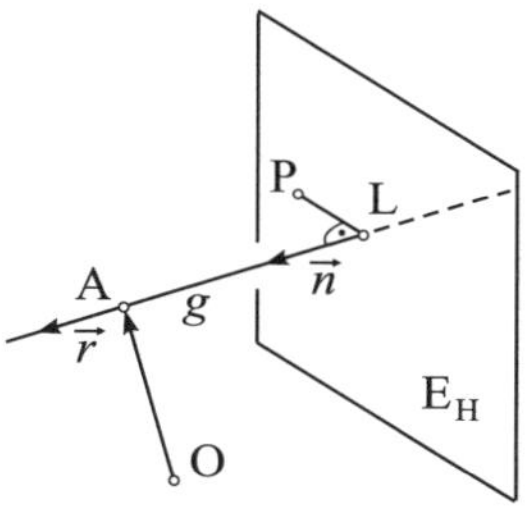

Den Abstand eines Punktes von einer Ebene berechnet man entweder mit einer Hilfsgeraden, mit der man den Lotfußpunkt bestimmt oder mit der Hesseschen Normalenform (HNF).

Auch den Abstand von zwei windschiefen Geraden können Sie auf zwei Weisen bestimmen: Entweder mit Hilfe der Abstandsformel (siehe Seite 110) oder indem Sie einen «allgemeinen» Verbindungsvektor der beiden Geraden aufstellen und jeweils das Skalarprodukt mit den beiden Richtungsvektoren bilden, welches gleich Null sein muss, damit dieser Verbindungsvektor senkrecht auf den beiden Geraden steht.

16.1 Abstand Punkt – Ebene

Berechnen Sie den Abstand des Punktes von der Ebene:

a) $P(2\,|\,4\,|\,-1),\ E:\ 2x_1 - x_2 + 2x_3 = 1$

b) $S(9\,|\,4\,|\,-3),\ E:\ x_1 + 2x_2 + 2x_3 = -3$

c) $Q(8\,|\,1\,|\,1),\ E:\ x_1 - 4x_2 - 4x_3 = 0$

d) $R(6\,|\,9\,|\,4),\ E:\ \left(\vec{x} - \begin{pmatrix}7\\5\\2\end{pmatrix}\right) \cdot \begin{pmatrix}2\\2\\1\end{pmatrix} = 0$

16.2 Abstand Punkt – Gerade

Tipp: Stellen Sie eine Hilfsebene durch den Punkt auf; benutzen Sie dazu den Richtungsvektor der Geraden als Normalenvektor. Machen Sie sich eine Skizze.

Berechnen Sie den Abstand des Punktes von der Geraden:

a) $g:\ \vec{x} = \begin{pmatrix} 4 \\ 5 \\ 6 \end{pmatrix} + t \cdot \begin{pmatrix} -2 \\ 1 \\ 1 \end{pmatrix}$, T$(6 \mid -6 \mid 9)$

b) $g:\ \vec{x} = \begin{pmatrix} -2 \\ -4 \\ 2 \end{pmatrix} + t \cdot \begin{pmatrix} 3 \\ 0 \\ -2 \end{pmatrix}$, P$(-1 \mid 2 \mid -3)$

16.3 Abstand paralleler Geraden

Zeigen Sie, dass die beiden Geraden parallel sind, und berechnen Sie den Abstand der beiden Geraden:

a) $g:\ \vec{x} = \begin{pmatrix} 2 \\ 1 \\ 2 \end{pmatrix} + t \cdot \begin{pmatrix} 1 \\ 0 \\ 1 \end{pmatrix}$ $\quad h:\ \vec{x} = \begin{pmatrix} 2 \\ 3 \\ 4 \end{pmatrix} + s \cdot \begin{pmatrix} 3 \\ 0 \\ 3 \end{pmatrix}$

b) $g:\ \vec{x} = \begin{pmatrix} 5 \\ -1 \\ 3 \end{pmatrix} + t \cdot \begin{pmatrix} 1 \\ 3 \\ 4 \end{pmatrix}$ $\quad h:\ \vec{x} = \begin{pmatrix} 7 \\ -7 \\ 7 \end{pmatrix} + s \cdot \begin{pmatrix} -2 \\ -6 \\ -8 \end{pmatrix}$

16.4 Abstand windschiefer Geraden

Berechnen Sie jeweils den Abstand der beiden windschiefen Geraden:

a) $g:\ \vec{x} = \begin{pmatrix} -1 \\ -3 \\ 5 \end{pmatrix} + s \cdot \begin{pmatrix} 4 \\ 1 \\ -1 \end{pmatrix}$ $\quad h:\ \vec{x} = \begin{pmatrix} 0 \\ -4 \\ 8 \end{pmatrix} + t \cdot \begin{pmatrix} 2 \\ 0 \\ -1 \end{pmatrix}$

b) $g:\ \vec{x} = \begin{pmatrix} 6 \\ 1 \\ 3 \end{pmatrix} + t \cdot \begin{pmatrix} 2 \\ 1 \\ -2 \end{pmatrix}$ $\quad h:\ \vec{x} = \begin{pmatrix} 4 \\ 5 \\ -3 \end{pmatrix} + s \cdot \begin{pmatrix} 0 \\ 1 \\ 2 \end{pmatrix}$

c) Erläutern Sie die wesentlichen Arbeitsschritte, wie man ohne Formel den Abstand zweier windschiefer Geraden g und h bestimmen kann.

16.5 * Verschiedene Aufgaben

a) Bestimmen Sie denjenigen Punkt A auf $g: \vec{x} = \begin{pmatrix} 2 \\ 1 \\ 3 \end{pmatrix} + t \cdot \begin{pmatrix} 2 \\ 1 \\ 2 \end{pmatrix}$,

welcher von P(5 | 1 | 0) und Q(6 | 3 | 7) die gleiche Entfernung hat.

b) Bestimmen Sie denjenigen Punkt M auf $g: \vec{x} = \begin{pmatrix} -1 \\ 4 \\ 1 \end{pmatrix} + t \cdot \begin{pmatrix} 2 \\ -2 \\ 1 \end{pmatrix}$,

der von A(2 | −2 | 1) und C(−1 | 4 | −1) gleich weit entfernt ist.

c) Bestimmen Sie diejenigen Punkte auf $g: \vec{x} = \begin{pmatrix} 1 \\ 0 \\ 2 \end{pmatrix} + t \cdot \begin{pmatrix} 2 \\ 1 \\ 2 \end{pmatrix}$,

welche von A(3 | 1 | 4) die Entfernung 3 LE haben.

d) Die Punkte A(1 | 1 | 1), B(3 | 3 | 1) und C(0 | 4 | 5) sowie S(6 | −2 | 8) bilden eine Pyramide mit der Grundfläche ABC. Berechnen Sie die Höhe der Pyramide.

e) Von welcher Ebene $E_b: \ 2x_1 + x_2 - 2x_3 = b$ hat der Punkt P(−1 | 2 | −3) den Abstand 2 LE?

f) Welche Punkte der Geraden $g: \vec{x} = \begin{pmatrix} 1 \\ -3 \\ 5 \end{pmatrix} + s \cdot \begin{pmatrix} 2 \\ 1 \\ -3 \end{pmatrix}$ haben von der

Ebene $E: \ x_1 - 4x_2 + 8x_3 = 1$ den Abstand 13 LE?

g) Welche Punkte der Geraden $g: \vec{x} = \begin{pmatrix} 2 \\ -5 \\ -3 \end{pmatrix} + t \cdot \begin{pmatrix} 2 \\ 4 \\ 5 \end{pmatrix}$ haben von der

Ebene E : $2x_1 + x_2 + 2x_3 - 11 = 0$ den Abstand 3 LE?

h) Berechnen Sie die Koordinaten der Punkte auf $g:\ \vec{x} = \begin{pmatrix} 0 \\ 4 \\ -2 \end{pmatrix} + t \cdot \begin{pmatrix} 2 \\ 2 \\ 1 \end{pmatrix}$,

die von der Ebene E : $x_1 + 2x_2 + 2x_3 = 12$ den Abstand 8 LE haben.

i) Zeigen Sie, dass $g:\ \vec{x} = \begin{pmatrix} 1 \\ 2 \\ 3 \end{pmatrix} + t \cdot \begin{pmatrix} 2 \\ -1 \\ 3 \end{pmatrix}$ parallel zu

E : $4x_1 - x_2 - 3x_3 = 19$ ist und berechnen Sie den Abstand von g zu E.

j) Zeigen Sie, dass die Ebene E_1 : $2x_1 - 3x_2 + x_3 = 4$ parallel ist zu
E_2 : $-2x_1 + 3x_2 - x_3 = -7$ und berechnen Sie den Abstand von E_1 zu E_2.

17 Winkelberechnungen

Tipps ab Seite 111, Lösungen ab Seite 227

Ohne Taschenrechner lässt sich der Winkel in der Regel nur dann bestimmen, wenn es sich um einen rechten Winkel handelt. Bestimmen Sie ansonsten den Ausdruck für den Kosinus bzw. den Sinus des Winkels.

17.1 Winkel zwischen Vektoren und Geraden

Tipp: Machen Sie eine Skizze. Überlegen Sie, welche Vektoren der Geraden den Winkel einschließen.

a) Berechnen Sie die Innenwinkel des Dreiecks ABC: $A(6\,|\,-1\,|\,1)$, $B(4\,|\,3\,|\,-3)$, $C(0\,|\,5\,|\,1)$.

b) Berechnen Sie den Winkel zwischen den beiden Geraden:

I) $g:\ \vec{x} = \begin{pmatrix} 2 \\ 1 \\ -1 \end{pmatrix} + s \cdot \begin{pmatrix} -1 \\ 3 \\ 5 \end{pmatrix}$ $\qquad h:\ \vec{x} = \begin{pmatrix} 2 \\ 1 \\ -1 \end{pmatrix} + t \cdot \begin{pmatrix} 7 \\ -1 \\ 2 \end{pmatrix}$

II) $g:\ \vec{x} = \begin{pmatrix} 4 \\ 0 \\ 1 \end{pmatrix} + s \cdot \begin{pmatrix} 2 \\ -6 \\ 10 \end{pmatrix}$ $\qquad h:\ \vec{x} = \begin{pmatrix} 4 \\ 0 \\ 1 \end{pmatrix} + t \cdot \begin{pmatrix} 2 \\ 3 \\ 5 \end{pmatrix}$

17.2 Winkel zwischen Ebenen

Berechnen Sie den Winkel zwischen den Ebenen:

a) $E_1:\ x_1 - x_2 + 2x_3 = 7$

$E_2:\ 6x_1 + x_2 - x_3 + 7 = 0$

b) $E_1:\ 4x_2 = 5$

$E_2:\ 6x_1 + 5x_3 = 0$

17.3 Winkel zwischen Gerade und Ebene

Berechnen Sie den Winkel zwischen der Gerade und der Ebene:

a) $g:\ \vec{x} = \begin{pmatrix} 3 \\ 7 \\ -4 \end{pmatrix} + t \cdot \begin{pmatrix} 1 \\ 2 \\ -1 \end{pmatrix}$ $\quad$ $E:\ 3x_1 + 5x_2 - 2x_3 - 7 = 0$

b) $g: x_2$-Achse $\quad$ $E:\ 6x_1 + 10x_2 - 4x_3 = 14$

c) $g:\ \vec{x} = \begin{pmatrix} 4 \\ 6 \\ 2 \end{pmatrix} + t \cdot \begin{pmatrix} 1 \\ 2 \\ 3 \end{pmatrix}$ $\quad$ $E:\ x_1$-x_2-Ebene

18 Spiegelungen

Tipps ab Seite 112, Lösungen ab Seite 229

Tipp: Legen Sie eine Skizze an. Oft lässt sich ein neues Problem auf ein schon bekanntes zurückführen, so z.B. die Spiegelung eines Punktes an einer Ebene auf die Spiegelung eines Punktes an einem Punkt.

18.1 Punkt an Punkt

Spiegeln Sie den Punkt $P(3 \mid 4 \mid 5)$ jeweils an dem angegebenen Punkt:

a) $Q(2 \mid 1 \mid 2)$ b) $R(0 \mid 3 \mid -2)$ c) $S(-3 \mid 1 \mid 4)$

18.2 Punkt an Ebene

Spiegeln Sie jeweils den Punkt an der Ebene:

a) $A(1 \mid 4 \mid 7)$, $E: x_1 - x_2 - 2x_3 + 11 = 0$

b) $S(-1 \mid -4 \mid -9)$, $E: 2x_1 - 2x_2 + x_3 = 6$

c) $P(2 \mid 3 \mid 4)$, $E: 4x_1 + x_2 - x_3 = 3$

18.3 Punkt an Gerade

Spiegeln Sie jeweils den Punkt an der Geraden:

a) $P(2 \mid 3 \mid 4), \quad g: \vec{x} = \begin{pmatrix} 2 \\ 1 \\ 2 \end{pmatrix} + t \cdot \begin{pmatrix} 1 \\ 0 \\ 1 \end{pmatrix}$

b) $B(5 \mid -2 \mid 1), \quad g: \vec{x} = \begin{pmatrix} -1 \\ 6 \\ 5 \end{pmatrix} + t \cdot \begin{pmatrix} 4 \\ -1 \\ -1 \end{pmatrix}$

18.4 Allgemeine Spiegelungen

a) Geben Sie die wesentlichen Arbeitsschritte zur Spiegelung einer Geraden an einer Ebene an, falls gilt
I) $g \parallel E$ II) g schneidet E.

b) Geben Sie die wesentlichen Arbeitsschritte zur Spiegelung einer Ebene an einer Ebene an (mit Fallunterscheidung).

Tipps

Analysis

1 Von der Gleichung zur Kurve

1.1 Ganzrationale Funktionen

Den Schnittpunkt mit der y-Achse erhalten Sie durch Einsetzen von $x = 0$ in $f(x)$, die Schnittpunkte mit der x-Achse erhalten Sie durch Lösen der Gleichung $f(x) = 0$.
Zuerst wird gespiegelt und gestreckt, anschließend verschoben (Reihenfolge beachten!).

a) - c) Die Schaubilder sind Geraden. Hat eine Gerade die Gleichung $y = mx + b$, so ist b der y-Achsenabschnitt und m die Steigung der Geraden.

d) - i) Die Schaubilder sind Variationen der Schaubilder der beiden Grundfunktionen $f(x) = x^2$ (Parabel) oder $g(x) = x^3$ (kubische Parabel).

Ist $f(x) = a(x-b)^2 + c$ bzw. $g(x) = a(x-b)^3 + c$, so gibt es folgende Verwandlungen:
a: Streckfaktor in y-Richtung; $a < 0$: zusätzlich Spiegelung an der x-Achse.
$b > 0$ bzw. $b < 0$: Verschiebung nach rechts bzw. links.
$c > 0$ bzw. $c < 0$: Verschiebung nach oben bzw. unten.

1.2 Gebrochenrationale Funktionen

Die Asymptoten des Schaubilds der Funktionen erhalten Sie, indem Sie den Nenner gleich Null setzen und $f(x)$ für $x \longrightarrow \pm\infty$ betrachten.
Die Schaubilder sind Variationen der Schaubilder der Grundfunktionen $f(x) = \frac{1}{x}$ bzw. $g(x) = \frac{1}{x^2}$.
Falls vor dem Bruch ein Minuszeichen steht, müssen Sie zuerst an der x-Achse spiegeln und anschließend in x- bzw. y-Richtung verschieben.
Ist $f(x) = \frac{a}{x-b} + c$ bzw. $g(x) = \frac{a}{(x-b)^2} + c$, so gibt es folgende Verwandlungen:
a: Streckfaktor in y-Richtung; $a < 0$: zusätzlich Spiegelung an der x-Achse.
$b > 0$ bzw. $b < 0$: Verschiebung nach rechts bzw. links.
$c > 0$ bzw. $c < 0$: Verschiebung nach oben bzw. unten.
Asymptoten: $x = b$ senkrechte Asymptote (Pol) und $y = c$ waagrechte Asymptote.

1.3 Trigonometrische Funktionen

Die Schaubilder sind Variationen der Grundfunktionen $f(x) = \sin x$ bzw. $g(x) = \cos x$.
Ist $f(x) = a \cdot \sin(b \cdot (x-c)) + d$ bzw. $g(x) = a \cdot \cos(b \cdot (x-c)) + d$, so gibt es folgende Verwandlungen:
a: Streckfaktor in y-Richtung; $a < 0$: zusätzlich Spiegelung an der x-Achse.
b: Streckfaktor in x-Richtung.
$c > 0$ bzw. $c < 0$: Verschiebung nach rechts bzw. links.

$d > 0$ bzw. $d < 0$: Verschiebung nach oben bzw. unten.
Periode: $p = \frac{2\pi}{b}$.

1.4 Exponentialfunktionen

Zur Bestimmung der Asymptoten betrachten Sie $f(x)$ für $x \to \pm\infty$.
Die Schaubilder sind Variationen der Grundfunktionen $f(x) = e^x$ bzw. $g(x) = e^{-x}$.
Ist $f(x) = a \cdot e^{x-b} + c$ bzw. $g(x) = a \cdot e^{-(x-b)} + c$, so gibt es folgende Verwandlungen:
a: Streckfaktor in y-Richtung; $a < 0$: zusätzlich Spiegelung an der x-Achse.
$b > 0$ bzw. $b < 0$: Verschiebung nach rechts bzw. links.
$c > 0$ bzw. $c < 0$: Verschiebung nach oben bzw. unten.

1.5 Logarithmusfunktionen

Zur Bestimmung des Definitionsbereichs müssen Sie beachten, dass das Argument der Logarithmusfunktion (der Ausdruck in der Klammer) stets positiv sein muss.
Ist $f(x) = a \cdot \ln(x-b) + c$, so gibt es folgende Verwandlungen:
a: Streckfaktor in y-Richtung; $a < 0$: zusätzlich Spiegelung an der x-Achse.
$b > 0$ bzw. $b < 0$: Verschiebung nach rechts bzw. links.
$c > 0$ bzw. $c < 0$: Verschiebung nach oben bzw. unten.

1.6 Wurzelfunktionen

Zur Bestimmung des Definitionsbereichs müssen Sie beachten, dass der Radikand (der Term unter der Wurzel) stets größer oder gleich Null sein muss.
Ist $f(x) = a \cdot \sqrt{x-b} + c$, so gibt es folgende Verwandlungen:
a: Streckfaktor in y-Richtung; $a < 0$: zusätzlich Spiegelung an der x-Achse.
$b > 0$ bzw. $b < 0$: Verschiebung nach rechts bzw. links.
$c > 0$ bzw. $c < 0$: Verschiebung nach oben bzw. unten.

2 Aufstellen von Funktionen mit Randbedingungen

2.1 Ganzrationale Funktionen

Für alle ganzrationalen Funktionen gilt:

- Parabel 2. Grades: $f(x) = ax^2 + bx + c$
- Zur y-Achse symmetrische Parabel 2. Grades: $f(x) = ax^2 + b$
- Parabel 3. Grades: $f(x) = ax^3 + bx^2 + cx + d$
- Zum Ursprung punktsymmetrische Parabel 3. Grades: $f(x) = ax^3 + bx$

Zum Aufstellen der Funktionen:

1. Bilden Sie die 1. und 2. Ableitung des jeweiligen Ansatzes (dies ist nicht nötig, falls es keine Angaben über die Steigung oder über die Extrempunkte gibt).

2. Verwenden Sie die Bedingungen der Kurvendiskussion:
   - Schnittpunkt mit der x-Achse: $f(x) = 0$
   - Schnittpunkt mit der y-Achse: $x = 0$
   - Extrempunkt: $f'(x) = 0$
   - Wendepunkt: $f''(x) = 0$
3. Sie brauchen so viele Gleichungen wie Unbekannte! Stellen Sie die Gleichungen auf und lösen Sie sie nach den Parametern (a, b, c, ...) auf.

2.2 Gebrochenrationale Funktionen

- Stellen Sie möglichst einfache Bruchterme auf.
- Eine gebrochenrationale Funktion, deren Schaubild eine waagerechte/schiefe Asymptote besitzt, hat folgenden Ansatz:
  «$f(x) =$ Asymptotengleichung + Bruchterm»
- Eine gebrochenrationale Funktion, deren Schaubild eine Näherungskurve besitzt, hat folgenden Ansatz:
  «$f(x) =$ Näherungskurvengleichung + Bruchterm»
- Polstelle: Der Nenner des Bruchterms muss gleich Null sein.
- Hat der Bruchterm die Form $\frac{1}{(x-p)^n}$, so gilt:

  n ist ungerade $\Rightarrow$ Pol mit Vorzeichenwechsel

  n ist gerade $\Rightarrow$ Pol ohne Vorzeichenwechsel

2.3 Exponentialfunktionen

Stellen Sie zwei Gleichungen mit zwei Unbekannten auf, dazu müssen Sie eventuell noch ableiten.

2.4 Trigonometrische Funktionen

Eine verallgemeinerte Sinusfunktion hat die Gleichung $f(x) = a \cdot \sin(b \cdot (x - c)) + d$.
Die Eigenschaften des Schaubildes und die Koeffizienten a, b, c, d hängen dabei folgendermaßen zusammen:

- Streckfaktor in y-Richtung: a
- Streckfaktor in x-Richtung: b
- Verschiebung nach links bzw. rechts: $c < 0$ bzw. $c > 0$
- Verschiebung nach unten bzw. oben: $d < 0$ bzw. $d > 0$
- Periode: $p = \frac{2\pi}{b}$ bzw. $b = \frac{2\pi}{p}$

3 Von der Kurve zur Gleichung

3.1 Ganzrationale Funktionen

Allgemeine Tipps für ganzrationale Funktionen:

Es handelt sich bei allen Schaubildern um verschobene Funktionen 2. bis 4. Grades. Es gibt verschiedene Lösungswege:

1. Ansatz als allgemeine Funktion (ähnlich wie das Aufstellen von Funktionen mit Randbedingungen), z.B. $f(x) = ax^2 + bx + c$. Aus der Zeichnung werden drei Punkte bestimmt und drei Gleichungen aufgestellt, die man anschließend nach a, b und c auflöst. Dieser Weg ist etwas langwierig, führt aber immer zum Ziel.

2. Ansatz mit Hilfe der Linearfaktoren. Dieser Ansatz funktioniert nur dann, wenn die Funktion eindeutig ablesbare Nullstellen besitzt (z.B. bei den Aufgaben e), f), g) und h)). Der Hintergrund ist, dass sich eine Polynomfunktion (ein Funktionsterm der Gestalt: $f(x) = a_n x^n + a_{n-1}x^{n-1} + ... + a_2x^2 + a_1x + a_0$) auch als Produkt von Linearfaktoren schreiben lässt, z.B. $f(x) = x^2 - x - 2 = (x-2) \cdot (x+1)$. Die Nullstellen dieser Funktion sind $x_1 = 2$ und $x_2 = -1$.
   Da das Schaubild noch gestreckt oder gestaucht sein kann, muss im Ansatz noch ein zusätzlicher Faktor a vorhanden sein (z.B. $f(x) = a \cdot (x-2) \cdot (x+1)$, der mit Hilfe eines abgelesenen Punktes bestimmt werden kann.

3. Ansatz als verschobene Normalparabel: Wenn man eine Normalparabel $f(x) = x^2$ nach oben oder unten verschieben will, so addiert man eine Konstante c. Will man sie nach rechts oder links verschieben, so setzt man für eine Verschiebung nach rechts um eine Längeneinheit den Ausdruck $(x-1)$ statt x ein. Bei einer Verschiebung um 2 LE nach links entsprechend $(x+2)$ statt x.

Tipps für die Aufgaben:

a) $f(x) = x^2$, nach oben verschoben

b) $f(x) = x^3$, nach unten verschoben

c) $f(x) = x^2$, nach links verschoben

d) $f(x) = x^2$, nach links und unten verschoben

e) $f(x) = -x^2$, nach rechts und oben verschoben

f) - h) Ansatz mit Hilfe der Nullstellen (Linearfaktorzerlegung)

3.2 Gebrochenrationale Funktionen

Die einfachsten gebrochenrationalen Funktionen sind:

$f(x) = \frac{1}{x}$ (Pol mit VZW) bzw. $f(x) = \frac{1}{x^2}$ (Pol ohne VZW)

a) - b) Grundfunktionen

c) - d) Nach rechts/links verschobene Grundfunktionen

e) - f) Nach rechts/links *und* oben/unten verschobene Grundfunktionen

g) - j) Nach Bestimmung der Polstellen, eines Punktes und der waagerechten/schiefen Asymptote eignet sich folgender Ansatz:

$f(x) = a \cdot x + b + \frac{c}{(x-p_1)^m \cdot (x-p_2)^n}$, wobei

$a \cdot x + b$: Gleichung der waagerechten/schiefen Asymptote

p_1, p_2: Polstellen

m, n: ungerade, falls Pol mit Vorzeichenwechsel

gerade, falls Pol ohne Vorzeichenwechsel

c: wird mit Hilfe der Punktprobe bestimmt.

3.3 Trigonometrische Funktionen

Allgemeine Tipps: Siehe Kapitel 2.4

Es handelt sich um Sinus- oder Kosinusfunktionen. Überlegen Sie, welche der bei Kapitel 1 aufgezählten Veränderungen des Schaubilds in Frage kommen. Prüfen Sie zuerst, ob das Schaubild nach oben verschoben ist (bestimmen Sie die waagerechte «Mittelachse»). Prüfen Sie dann, ob das Schaubild in y-Richtung gestreckt ist, indem Sie die Differenz zwischen den höchsten und tiefsten Funktionswerten berechnen; ist diese nicht 2 LE, so müssen Sie einen Streckfaktor bestimmen. Prüfen Sie ferner, ob das Schaubild nach links oder rechts verschoben ist (eine unverschobene Sinusfunktion hat einen Wendepunkt bei $x = 0$). Falls das Schaubild noch in x-Richtung gestreckt ist, darf der Abstand zwischen zwei Hochpunkten (oder zwei Tiefpunkten) nicht $2\pi = 6,28$ betragen. Schätzen Sie (falls notwendig) den Streckfaktor ab; dieser ist kleiner als 1, wenn der Abstand zwischen zwei Hochpunkten größer als 2π ist.

4 Differenzieren

4.1 Ganzrationale Funktionen

a) - c) Verwenden Sie die Potenzregel $(a \cdot x^n)' = a \cdot n \cdot x^{n-1}$; beachten Sie, dass teilweise Parameter vorhanden sind.

d) - f) Wenden Sie die Kettenregel an (äußere Ableitung mal innere Ableitung).

g) - h) Wenden Sie zuerst die Produktregel an: $(u \cdot v)' = u'v + uv'$, dann die Kettenregel.

4.2 Gebrochenrationale Funktionen

a) - h) Alle Funktionen lassen sich mit der Quotientenregel $\left(\frac{u}{v}\right)' = \frac{u'v-uv'}{v^2}$ und der Kettenregel ableiten.

4.3 Exponentialfunktionen

a) - d) Zuerst die Produktregel anwenden: $(u \cdot v)' = u'v + uv'$, dann die Kettenregel.

e) - h) Kettenregel anwenden, teilweise mehrfach.

4.4 Trigonometrische Funktionen

a) - d) Zuerst die Produktregel anwenden, dann die Kettenregel.

e) - h) Kettenregel anwenden, teilweise mehrfach.

4.5 Wurzelfunktionen

Für alle Wurzelfunktionen gilt: Zuerst die Wurzel als Potenz mit rationalem Exponenten («hoch $\frac{1}{2}$») schreiben und dann ableiten (oder wenden Sie die Regel $(\sqrt{x})' = \frac{1}{2\sqrt{x}}$ an).

a) - h) Umschreiben als Potenz, anschließend ableiten mit der Kettenregel.

4.6 Logarithmusfunktionen

a) - d) Anwenden der Kettenregel.

e) - h) Zuerst die Produktregel anwenden, dann die Kettenregel.

i) Anwenden der Kettenregel.

4.7 Gebrochene Exponentialfunktionen

a) - g) Zum Ableiten der Funktion die Quotientenregel anwenden, für den Zähler bzw. Nenner die Kettenregel.

4.8 Exponentialfunktionen und trigonometrische Funktionen

a) - c) Anwenden der Kettenregel.

d) - f) Zuerst die Produktregel anwenden, dann die Kettenregel.

4.9 Exponentialfunktionen und Wurzelfunktionen

a) - c) Wurzeln als Potenz mit rationalem Exponenten schreiben («hoch $\frac{1}{2}$»), dann die Kettenregel oder folgende Regel anwenden: $(\sqrt{x})' = \frac{1}{2\sqrt{x}}$

d) - f) Zuerst die Produktregel anwenden, dann die Kettenregel, dabei die Wurzeln als Potenz mit rationalem Exponenten schreiben («hoch $\frac{1}{2}$») oder folgende Regel anwenden: $(\sqrt{x})' = \frac{1}{2\sqrt{x}}$

4.10 Trigonometrische und ln-Funktionen

a) - f) Anwenden der Kettenregel.

4.11 Wurzelfunktionen und ln-Funktionen

a) - c) Wurzeln als Potenz mit rationalem Exponenten schreiben («hoch $\frac{1}{2}$»), dann die Kettenregel oder folgende Regel anwenden: $(\sqrt{x})' = \frac{1}{2\sqrt{x}}$

d) - f) Anwenden der Kettenregel, dabei die Wurzeln als Potenz mit rationalem Exponenten schreiben («hoch $\frac{1}{2}$») oder folgende Regel anwenden: $(\sqrt{x})' = \frac{1}{2\sqrt{x}}$

4.12 Gebrochene trigonometrische, Wurzel- und ln-Funktionen

a) - f) Zuerst die Quotientenregel anwenden, dann die Kettenregel.

g) Erst die Kettenregel anwenden, dann die Quotientenregel.

h) - i) Zuerst die Quotientenregel anwenden, dann die Kettenregel.

5 Gleichungslehre

5.1 Quadratische, biquadratische und nichtlineare Gleichungen

a) - c) pq- bzw. abc-Formel verwenden (Zahlen unter der Wurzel als Bruch schreiben).

d) - e) Beachten Sie die binomischen Formeln und Minuszeichen vor Klammern.

f) - g) Setzen Sie jeden einzelnen Faktor gleich Null und überlegen Sie, ob Lösungen existieren.

h) Klammern Sie x^3aus.

i) Klammern Sie x^2aus, lösen Sie dann die quadratische Gleichung mit der pq- oder abc-Formel.

j) - l) Klammern Sie x aus und bestimmen Sie damit die erste Lösung. Danach wiederholtes Ausklammern oder Lösen der Gleichung mit der pq- oder abc-Formel.

m) - n) Biquadratische Gleichungen: Substitution $x^2 = v$, die Gleichung lösen und rücksubstituieren (Zahlen unter der Wurzel als Bruch schreiben).

5.2 Exponential- und Logarithmus-Gleichungen

a) - f) Setzen Sie jeden einzelnen Faktor gleich Null und überlegen Sie, ob Lösungen existieren.

g) - h) Substitution $e^x = v$ bzw. $e^{2x} = v$, dann Lösen der quadratischen Gleichung mit der pq- oder abc-Formel, Rücksubstitution und x berechnen (Zahlen unter der Wurzel als Bruch schreiben).

i) - k) Vereinfachen Sie die Gleichungen so, dass Sie beide Seiten «e-hoch» nehmen können.

5.3 Bruchgleichungen

a) - c) Setzen Sie den Zähler gleich Null. Prüfen Sie, ob der Nenner bei der gefundenen Lösung nicht Null wird.

d) - f) Hauptnenner bestimmen (3. binomische Formel), linke Seite der Gleichung erweitern, Nenner kürzen und die Gleichung lösen. Achtung: Lösung mit der Definitionsmenge vergleichen!

g) - h) Hauptnenner bestimmen, Brüche entsprechend erweitern, Gleichung lösen und mit der Definitionsmenge vergleichen.

5.4 Wurzelgleichungen

Wurzelgleichungen werden gelöst, indem man die Gleichung so umformt, dass die Wurzel alleine auf der einen Seite der Gleichung steht. Dann wird quadriert und die entstehende (meist quadratische) Gleichung gelöst. Wichtig: Zum Schluss muss immer eine Probe in der Ausgangsgleichung gemacht werden, um zu kontrollieren, ob die Lösung in der Definitionsmenge enthalten ist.

a) - f) Isolieren Sie die Wurzel, quadrieren Sie die Gleichung und lösen Sie die entstehende Gleichung mit Hilfe der pq- oder abc-Formel. Machen Sie zum Schluss eine Probe in der Ausgangsgleichung.

5.5 Trigonometrische Gleichungen

Skizzieren Sie den Verlauf von $\sin x$ bzw. $\cos x$. Achten Sie auf das Lösungsintervall.

a) - h) Substituieren Sie den Term in der Klammer durch z, lösen Sie die Gleichung und resubstituieren Sie wieder.

5.6 Lineare Gleichungssysteme

a) - f) Anwenden des Gaußschen Eliminierungsverfahrens: Zuerst werden zwei Gleichungen so zusammengezählt, dass eine Unbekannte wegfällt (eventuell muss man dazu vorher eine Gleichung mit einem Faktor wie -1 oder -2 multiplizieren).
Im nächsten Schritt löst man die beiden Gleichungen, die nur noch zwei Unbekannte enthalten, nach einer Unbekannten auf.
Zum Schluss wird schrittweise eingesetzt und die Unbekannten werden bestimmt.

5.7 Polynomdivision

a) - e) Die erste Lösung muss durch «systematisches Probieren» bestimmt werden. Meist ist dies eine relativ einfache Lösung, z.B. $x_1 = 1$. Anschließend wird die Gleichung durch «x minus bekannte Lösung» geteilt. Die Lösungen der dann vorliegenden quadratischen Gleichung können mit der pq- oder abc-Formel bestimmt werden. Liegt nach der 1. Polynomdivision immer noch eine Gleichung 3. Grades vor, muss eventuell eine erneute Polynomdivision ausgeführt werden.

6 Eigenschaften von Kurven

6.1 Schaubild der Ableitungsfunktion, Aussagen bewerten

6.1.1 f_1 bis f_4

f_1 Bei dem Schaubild der Funktion handelt es sich um eine Parabel, daher muss das Schaubild der Ableitungsfunktion eine Gerade sein.
Bestimmen Sie für zwei Punkte die Steigung, z.B. für $x = 0$ und für $x = 1$, und zeichnen Sie die Gerade ein.

f_2 Bei dem Schaubild der Funktion handelt es sich um eine Parabel 3. Grades, daher muss das Schaubild der Ableitungsfunktion eine Parabel 2. Grades sein.
Bestimmen Sie die Steigung für einige wichtige Punkte, z.B. die beiden Extrempunkte und den Wendepunkt.

f_3 Bei dem Schaubild der Funktion handelt es sich um eine Parabel 4. Grades, daher muss das Schaubild der Ableitungsfunktion eine Parabel 3. Grades sein.
Bestimmen Sie die Steigung für einige wichtige Punkte, es bieten sich die Extrempunkte und die Wendepunkte an.

f_4 Bei dem Schaubild der Funktion handelt es sich um eine Parabel 3. Grades, daher muss das Schaubild der Ableitungsfunktion eine Parabel 2. Grades sein.
Bestimmen Sie die Steigung für einige wichtige Punkte, es bieten sich die Extrempunkte und der Wendepunkt an.

6.1.2 f_5 bis f_8

f_5 Bestimmen Sie die Steigung für einige wichtige Punkte; es bietet sich auf jeden Fall der Extrempunkt an. Überlegen Sie, wie die Steigung nahe des Koordinatenursprungs ist.

f_6 Bestimmen Sie die Steigung für einige wichtige Punkte; es bieten sich der Hoch- und der Wendepunkt an.

f_7 Bestimmen Sie die Steigung für einige Stellen, z.B. für $x = 0$ und für $x = 1$. Überlegen Sie, welche spezielle Kurve einen derartigen Verlauf zeigt.

f_8 Bestimmen Sie die Steigung für einige Stellen, z.B. für $x = -1$ und für $x = 0$. Bestimmen Sie den Wendepunkt und dessen Steigung.

6.1.3 f_9 bis f_{12}

f_9 Bestimmen Sie die Steigung für den Schnittpunkt mit der x-Achse, den Hochpunkt und den Wendepunkt.

f_{10} Bestimmen Sie die Steigungen der Extrempunkte und der Wendepunkte.

f_{11} Bestimmen Sie die Steigungen in den beiden Wendepunkten und im Extrempunkt.

f_{12} Das Schaubild besitzt keine Extrempunkte. Bestimmen Sie daher die Steigung in einigen geeigneten Punkten, z.B. für $x = -1$, für $x = 0$ und für $x = 3$. Betrachten Sie die Steigung in der Umgebung von $x = 1$.

6.1.4 f_{13} bis f_{16}

f_{13} Das Schaubild besitzt keine Extrempunkte. Bestimmen Sie daher die Steigung in einigen geeigneten Punkten, z.B. für $x = 0$ und für $x = 2$. Betrachten Sie die Steigung in der Umgebung von $x = 1$.

f_{14} Das Schaubild besitzt zwei Extrempunkte. Bestimmen Sie die Steigung in geeigneten Punkten, z.B. den Extrempunkten. Wie entwickelt sich die Steigung in der Umgebung von $x = 0$? Welche Steigung besitzt die Kurve für große und kleine x-Werte?

f_{15} Bestimmen Sie die Steigung in einigen wichtigen Punkten, z.B. im Extrempunkt, im Wendepunkt und für $x = 2$.

f_{16} Das Schaubild besitzt keinen Extrempunkt. Bestimmen Sie die Steigung für den Wendepunkt. Welche Steigungswerte besitzt die Funktion für $x < -1$ bzw. $x > 3$?

6.2 Aussagen über die Funktion bei gegebener Ableitungsfunktion treffen

Allgemeine Tipps:

Es sind Aussagen über eine Stammfunktion f der gezeichneten Kurve von f' zu bewerten. Dabei gilt für alle Stammfunktionen f:

- $f'(x) = 0$ und VZW von $+$ nach $- \Rightarrow$ Das Schaubild von f hat einen Hochpunkt.
- $f'(x) = 0$ und VZW von $-$ nach $+ \Rightarrow$ Das Schaubild von f hat einen Tiefpunkt.
- $f'(x)$ hat einen Extrempunkt $\Rightarrow$ Das Schaubild von f hat einen Wendepunkt.

Aufgabe I

a) Überlegen Sie, was es für die Ableitung einer Funktion bedeutet, wenn das Schaubild der Funktion einen Extrempunkt besitzt.

b) Was bedeutet es für eine Kurve, wenn sie in einem Punkt eine waagerechte Tangente besitzt? Welche Steigung hat die Kurve in einem derartigen Punkt?

c) Was bedeutet es für die Ableitungskurve, wenn das Schaubild der Funktion f einen Wendepunkt besitzt? Finden Sie solche Punkte in der Kurve von f'?

Aufgabe II

a) Überlegen Sie, was es für die Ableitung einer Funktion bedeutet, wenn das Schaubild der Funktion einen Extrempunkt besitzt.

b) Welchen Wert nimmt die Ableitung einer Funktion an einem Extremwert an? Was muss zusätzlich noch gelten, damit es sich um einen Hochpunkt handelt? (Wie sehen die Vorzeichenwechsel der Steigung aus?)

c) Überlegen Sie, welchen Grad das Polynom der gezeichneten Ableitungskurve besitzt.

d) Überlegen Sie, was man tun muss, um Informationen über die Steigung einer Kurve in einem Punkt zu bekommen. Welche Funktion gibt «Auskunft» über die Steigungswerte der Kurve in jedem Punkt?

Aufgabe III

a) Skizzieren Sie das Schaubild einer Funktion zur gegebenen Ableitungsfunktion; benutzen Sie dazu die Extremwerte und die Nullstelle der gegebenen Ableitungsfunktion. Hat das Schaubild von f bei $x = 0$ einen Hoch- oder Tiefpunkt (Vorzeichenwechsel beachten)?

b) Prüfen Sie, welche Bedingungen die Kurve der angegebenen Ableitungsfunktion erfüllen muss, damit die Funktion f an der Stelle $x = 0$ einen Tiefpunkt hat. Beachten Sie den Vorzeichenwechsel.

c) Überlegen Sie, was es für das Schaubild der Ableitung bedeutet, wenn eine Kurve einen oder mehrere Extrempunkte besitzt.

6.3 Stamm- und Ableitungsfunktionen

Allgemeine Tipps für die Aufgaben im Kapitel 5.1:

- Skizzieren Sie zuerst die Ableitung bzw. eine Stammfunktion.
- Das Schaubild von F hat einen Hochpunkt an der Stelle x_1, wenn $f(x_1) = 0$ und an dieser Nullstelle bei f ein Vorzeichenwechsel (VZW) von + nach − stattfindet.
- Das Schaubild von F hat einen Tiefpunkt an der Stelle x_2, wenn $f(x_2) = 0$ und bei f an dieser Stelle ein VZW von − nach + stattfindet.
- Das Schaubild von F hat einen Wendepunkt an der Stelle x_3, wenn f einen Extrempunkt an dieser Stelle hat.

Die Stammfunktion

Aufgabe I

a) Überlegen Sie, welche Art von Funktion vorliegt. Wie sieht das Schaubild der Ableitungsfunktion einer Geraden aus?

b) Zeichnen Sie eine Stammfunktion ein. Überlegen Sie, ob diese in Bezug auf die Verschiebung entlang der y-Achse festgelegt ist.

c) Streng monoton zunehmend für f bedeutet, dass f' immer > 0 ist (warum?). In der Aufgabe ist allerdings gefragt, ob f' monoton zunehmend ist. Also muss man f'' untersuchen.

d) y-achsensymmetrisch bedeutet $f(-x) = f(x)$.

Aufgabe II

a) Welche Gestalt besitzt das Schaubild der Ableitungsfunktion einer Parabel 2. Grades? Überlegen Sie, welche Aussagen Sie sicher über dieses Schaubild treffen können.

b) Zeichnen Sie eine Stammfunktion ein. Überlegen Sie, ob diese in Bezug auf die Verschiebung entlang der y-Achse festgelegt ist.

c) Überlegen Sie, was es für die Funktion f bedeutet, wenn die Stammfunktion Extremstellen besitzt (f ist die 1. Ableitung von F).

6.4 Interpretation von Schaubildern

Aufgabe I

a) Besondere Punkte im Schaubild sind die Punkte, an denen sich die Steigung stark ändert.

b) Überlegen Sie, ob die y-Werte des Schaubildes die verkauften Artikel *pro Tag* oder *insgesamt* angeben.

c) Lesen Sie die Verkaufszahlen des 40. und des 60. Tages an der Zeichnung ab und berechnen Sie den Durchschnitt.

d) Die Verkaufsrate entspricht der Steigung der Kurve am 50. Tag. Legen Sie eine Gerade durch die Kurve, die die Steigung des 50. Tages besitzt, und bestimmen Sie die Steigung dieser Geraden.

e) Schätzen Sie ab, wie sich die Kurve weiterentwickeln wird. Wie ist die Steigung der Kurve?

Aufgabe II

a) Besondere Punkte im Schaubild sind die Punkte, an denen sich die Steigung stark ändert.

b) Überlegen Sie, welche Aussagen die Kurve trifft. Was bedeutet die unter a) angesprochene Steigungsänderung?

c) Überlegen Sie, was man tun muss, um die Funktionswerte der einzelnen Tage zu addieren. Was kann man tun, wenn man die Funktion nicht genau kennt? Wie könnte eine Näherungsfunktion aussehen?

d) Die Besucherzahlen scheinen sich auf einen gewissen Wert «einzupendeln». Wie groß ist dieser Wert?

Aufgabe III

a) Finden Sie die Stellen, an denen die Besucherzahl der Homepage am größten war.

b) Es gibt lokale und globale Extremstellen. Wo findet sich im Schaubild welche Art der Extremstellen?

c) Überlegen Sie, welche Funktionen Sie kennen, die keinerlei Extremstellen besitzen (mit anderen Worten: Die Funktion wächst immer weiter bzw. fällt immer weiter).

6.5 Allgemeines Verständnis von Schaubildern

a) - d) Überlegen Sie sich, welche Bedingungen der Kurvendiskussion gelten müssen, damit das Schaubild einer Funktion an einer Stelle einen Hochpunkt, einen Tiefpunkt, einen Wendepunkt oder einen Sattelpunkt besitzt.

7 Kurvendiskussion

7.1 Elemente der Kurvendiskussion

a) Die Bedingungen für ein Minimum sind: $f'(x) = 0$ und Vorzeichenwechsel von f' von $-$ nach $+$ bzw. $f''(x) > 0$. Prüfen Sie, ob diese auf den Punkt zutreffen. Benutzen Sie zum Ableiten die Produktregel.

b) Was für ein Punkt ist $\mathrm{P}(x_0 \mid 0)$? Machen Sie eine Skizze, um sich die Situation zu veranschaulichen.

c) Überlegen Sie, wie sich die Steigung einer Funktion in der Nähe eines Minimums ändert. Welche Steigungswerte hat die Funktion etwas links bzw. etwas rechts des Minimums? Machen Sie eine Skizze, um sich die Situation zu veranschaulichen.

d) Was bedeutet es für eine Funktion, wenn ihre Ableitung an einer Stelle $x_0 = 0$ ist?

e) Die Bedingung für einen Sattelpunkt ist $f'(x_0) = 0$ und kein Vorzeichenwechsel von f' an der Stelle x_0.

f) Überlegen Sie, welche Terme für $x \longrightarrow +\infty$ gegen Null gehen und welche übrigbleiben.

g) Die Bedingungen für ein Minimum sind $f'(x) = 0$ und Vorzeichenwechsel von f' von $-$ nach $+$. Prüfen Sie, ob diese auf den Punkt zutreffen.

h) Überlegen Sie, was passiert, wenn in einer gebrochenrationalen Funktion der Zähler bzw. der Nenner gleich Null ist.

i) Punkte mit waagerechter Tangente haben die Steigung Null, also wird die 1. Ableitung Null gesetzt. Für die Gleichung der Geraden durch die beiden Punkte ist zuerst die Steigung zu berechnen: $m = \frac{y_2 - y_1}{x_2 - x_1}$.

j) Wendepunkte bestimmen Sie mit Hilfe von $f''(x)$ und $f'''(x)$.

k) Überlegen Sie, welchen Grad $g'(x) - g(x)$ hat.

l) Überlegen Sie, an welcher Stelle x die 1. Ableitung Null ist und ob die 1. Ableitung das Vorzeichen von $-$ nach $+$ wechselt.

m) Berechnen Sie die Steigung in P mit Hilfe der 1. Ableitung. Überlegen Sie, welche Art von Punkten eine waagerechte Tangente hat.

n) Für den Nachweis eines Wendepunkts verwenden Sie die 2. und 3. Ableitung.

7.2 Funktionenscharen/ Funktionen mit Parameter

a) - d) I) Setzen Sie für t Werte wie ± 1; ± 2 bzw. 0 ein und skizzieren Sie die Kurven.
II) Setzen Sie die entsprechenden Punkte in die Funktionsgleichung ein und stellen Sie nach t um.

e) Setzen Sie die Funktion gleich Null und untersuchen Sie, wie die Lösungen der sich ergebenden quadratischen Gleichung von a abhängen.

f) Bestimmen Sie zuerst die Schnittstelle x_s. Für die Ableitungen im Schnittpunkt muss gelten: $f'(x_s) \cdot g'(x_s) = -1$. Setzen Sie die Ableitungen ein, setzen Sie dann den Ausdruck für x_s ein und lösen Sie nach t auf.

g) Gehen Sie vor wie bei f).

h) Berechnen Sie die Nullstelle des Schaubilds der Funktion f_t in Abhängigkeit von t und lesen Sie die Nullstellen der abgebildeten Schaubilder ab. Setzen Sie diese Terme gleich. Alternativ können Sie auch die Schnittpunkte der Schaubilder mit der y-Achse ablesen und den Schnittpunkt des Schaubilds von f_t mit der y-Achse in Abhängigkeit von t berechnen.

i) Bestimmen Sie mögliche Extremstellen in Abhängigkeit von a und setzen Sie $x = 3$ ein; beachten Sie den Wertebereich von a.

j) Berechnen Sie mit Hilfe der 1. Ableitung von $f_k(x)$ und $g(x)$ jeweils die Steigung der Schaubilder von g und von f_k im Ursprung und setzen diese gleich; lösen Sie die Gleichung nach k auf und beachten Sie den Wertebereich von k.

k) Bestimmen Sie mit Hilfe der Produkt- und Kettenregel die 1. und 2. Ableitung von f_t. Setzen Sie die 1. Ableitung gleich Null und berechnen Sie die Extremstelle von $f_t(x)$. Prüfen Sie mit Hilfe der 2. Ableitung, ob es sich tatsächlich um eine Extremstelle handelt. Schließlich setzen Sie $x = 2$ mit der berechneten Extremstelle gleich und lösen die Gleichung nach t auf.

7.3 Symmetrie

a) Die Bedingung für y-Achsensymmetrie ist $f(-x) = f(x)$.

b) Die Bedingung für Ursprungssymmetrie ist $f(-x) = -f(x)$.

c) Um die Punktsymmetrie eines Schaubilds zu einem Punkt $\mathrm{P}(a \mid b)$ nachzuweisen, zeigen Sie, dass für jedes $h \neq 0$ gilt: $\frac{f(a+h)+f(a-h)}{2} = b$.

d) Das Schaubild einer Funktion f ist achsensymmetrisch zu $x = a$, wenn für beliebiges $h \neq 0$ gilt: $f(a+h) = f(a-h)$.
Prüfen Sie also rechnerisch, ob für beliebiges $h \neq 0$ gilt: $f(2+h) = f(2-h)$.

7.4 Tangenten und Normalen

Geradengleichungen kann man mit der Punkt-Steigungsform $y - y_1 = m \cdot (x - x_1)$ aufstellen.

a) Bestimmen Sie die Tangentensteigung mit Hilfe der 1. Ableitung. Benutzen Sie dann die Steigung und den Punkt, um die Geradengleichung aufzustellen. Für die Normalensteigung m_n gilt: $m_n = -\frac{1}{m_t}$ mit m_t = Steigung der Tangente.

b) Bestimmen Sie zuerst den Wendepunkt und dann die Steigung der Tangente bzw. der Normalen und stellen Sie die Geradengleichungen auf.

c) I) Da die Tangentensteigung schon bekannt ist, muss in dieser Aufgabe der Punkt P bestimmt werden, in dem das Schaubild von f die Steigung $m = -2$ besitzt. Also wird die erste Ableitung gleich -2 gesetzt und x_P bestimmt. Mit den Koordinaten des Punktes und der Steigung wird anschließend die Tangentengleichung aufgestellt.

II) Man verfährt ähnlich wie bei I), nur muss die Steigung der Tangente erst aus der Steigung der angegebenen Geraden ermittelt werden. Für die Steigung zweier aufeinander senkrecht stehender Geraden m_1 und m_2 gilt: $m_2 = -\frac{1}{m_1}$.

III) Man verfährt ähnlich wie bei I), die Steigung paralleler Geraden ist gleich:
$m_t = m_g = 4$.

d) I) Die Tangentensteigung wird mit Hilfe der 1. Ableitung bestimmt. Die Geradensteigung von A $(x_1 \mid y_1)$ und B $(x_2 \mid y_2)$ wird mit der Formel $m = \frac{y_2-y_1}{x_2-x_1}$ bestimmt. Wegen der Parallelität ist die Tangentensteigung genauso groß wie die Geradensteigung.

II) Wegen der Parallelität ist die Normalensteigung genauso groß wie die Geradensteigung. Da die Normale senkrecht auf der Tangente steht, gilt: $m_n = -\frac{1}{m_t}$.

III) Da die Normale orthogonal zur Geraden und auch zur Tangente ist , ist die Tangentensteigung genauso groß wie die Geradensteigung.

e) Wenn von einem Punkt P, der nicht auf einer Kurve liegt, eine Tangente an eine Kurve gelegt werden soll, kann man folgendermaßen vorgehen:

1. Der Berührpunkt hat die Koordinaten B $(u \mid f(u))$.
2. Mit Hilfe der 1. Ableitung und B bestimmt man die Tangentengleichung in Abhängigkeit von u.
3. Da P auf der Tangente liegt, kann man diesen einsetzen und man erhält eine Gleichung, welche nach u aufgelöst wird.
4. In Punkt B bzw. in die Tangentengleichung wird u eingesetzt.

7.5 Berührpunkte zweier Kurven

7.6 Berührpunkte von zwei Kurven

a) - b) Bei diesen Aufgaben müssen Sie zeigen, dass die Bedingungen für das Berühren erfüllt sind.

c) - d) Gesucht sind die Punkte, an denen sich die Kurven berühren. Dazu müssen beide Bedingungen erfüllt sein. Sie können also die Ableitungen der beiden Funktionen gleichsetzen, um mögliche Punkte zu bestimmen. Anschließend müssen Sie aber noch prüfen, ob es sich tatsächlich um gemeinsame Punkte beider Kurven handelt.

7.7 Ortskurven

a) - d) Da die Punkte schon gegeben sind, müssen Sie nur die Ortskurven wie angegeben bestimmen.

e) - f) Sie müssen zunächst den gesuchten Punkt bestimmen. Hierbei gehen Sie wie bei einer «normalen» Funktion ohne Parameter vor. Beachten Sie: Die Parameter werden beim Ableiten wie Zahlen behandelt!

7.8 Verständnis von gebrochenrationalen Funktionen

a) Betrachten Sie das Zähler- und das Nennerpolynom der Funktion. Was passiert, wenn der Nenner eine Nullstelle in x_0 besitzt? Was passiert, wenn sowohl der Zähler als auch der Nenner eine Nullstelle in x_0 besitzen?

b) Betrachten Sie das Verhalten der y-Werte in der Umgebung der Polstelle.

c) Überlegen Sie, welcher der beiden Begriffe der übergeordnete Begriff ist.

d) Wie könnte man eine Funktion ergänzen, die an einer Stelle eine Definitionslücke hat?

e) Betrachten Sie den Grad des Zähler- und des Nennerpolynoms. Führen Sie unter Umständen eine Polynomdivision durch, indem Sie den Zähler durch den Nenner teilen. Betrachten Sie dann die Funktion für $x \longrightarrow \pm\infty$.

8 Allgemeines Verständnis von Funktionen

8.1 Definitionsbereich

a) **Gebrochenrationale Funktionen**
Bei gebrochenrationalen Funktionen darf der Nenner nicht Null sein, da man nicht durch Null teilen darf. Man bestimmt also die Nullstellen des Nenners und erhält somit die Werte, die nicht für x eingesetzt werden dürfen.

b) **Wurzelfunktionen**
Bei Wurzelfunktionen muss der Radikand (der Term unter dem Wurzelzeichen) größer oder gleich Null sein, da man aus negativen Zahlen keine Wurzel ziehen kann. Es ist also eine Ungleichung zu lösen.

c) **Logarithmusfunktionen**
Bei Logarithmusfunktionen muss das Argument (der Term hinter ln) immer größer als Null sein. Es ist also auch hier eine Ungleichung zu lösen.

d) **Vermischte Aufgaben**
Es sind jeweils Kombinationen von a), b) bzw. c) zu berücksichtigen.

8.2 Stetigkeit und Differenzierbarkeit

a) Untersuchen Sie die beiden Funktionen an ihrer Übergangsstelle.

b) Differenzieren heißt ableiten. Der Wert der Ableitung gibt die Steigung in einem Punkt an. Überlegen Sie, wie das Schaubild einer Funktion aussehen müsste, die in einem Punkt *nicht* differenzierbar ist.

c) Zeichnen Sie die Betragsfunktion. Überlegen Sie, welche Steigung die Funktion in jedem ihrer Punkte hat. Wie müsste die Tangente im Koordinatenursprung liegen?

d) Bilden Sie die Ableitungen. Gibt es einen Punkt, ab dem es nicht mehr möglich ist, weitere Ableitungen zu bilden?

e) - f) Verwenden Sie die h-Definition des Differentialquotienten:

$$\lim_{h \to 0} \frac{f(x+h) - f(x)}{h} = f'(x).$$

g) - h) Differenzierbarkeit in Punkt $x = 2$ bedeutet, dass die Funktionswerte bzw. die Werte der Ableitungen in diesem Punkt übereinstimmen müssen.
Bestimmen Sie daher zuerst den Funktionswert und den Wert der 1. Ableitung in diesem Punkt mit Gleichung II. Setzen Sie dann in Gleichung I (bzw. die Ableitung von I) ein und lösen Sie die Gleichungen nach s und t auf.

8.3 Allgemeines zur Ableitung, Näherungsverfahren

a) Die Ableitung einer Funktion lässt sich entweder geometrisch als Steigung oder auch als Änderungsrate interpretieren. Beschreiben Sie diese Sachverhalte.

b) Eine mögliche Anfangssituation könnte so aussehen: Man betrachtet ein Intervall einer Funktion. Für die linke Grenze hat die Funktion einen negativen Funktionswert, für die rechte Grenze einen positiven Funktionswert. Nun sucht man einen x-Wert, für den man als nächstes den Funktionswert bestimmt und dessen Vorzeichen betrachtet. Welcher Wert für x bietet sich an? Führen Sie diese Überlegung fort.

c) Machen Sie eine Skizze einer Funktion mit einer Tangenten im Punkt $(x_0 \mid f(x_0))$ (wobei x_0 keine Nullstelle ist). Wo schneidet die Tangente die x-Achse? Für welchen x-Wert sollte man die nächste Tangente bestimmen?

d) Überlegen Sie, welche Näherungskurve man braucht, um ein Integral zu berechnen.

e) Für die Herleitung der Quotientenregel mit Hilfe der Produktregel gilt Folgendes: $\left(\frac{g}{h}\right)' = \left(g \cdot \frac{1}{h}\right)'$, außerdem: $\frac{1}{h} = h^{-1}$, wobei h^{-1} mit der Kettenregel abgeleitet wird.

9 Integralrechnung

9.1 Stammfunktionen

9.1.1 Ganzrationale Funktionen

a) - d) Benutzen Sie die Integrationsregel für Potenzfunktionen: Besitzt f die Form $f(x) = a \cdot x^n$, dann ist $\mathrm{F}(x) = a \cdot \frac{1}{n+1} x^{n+1} + c$ falls $n \neq -1$ eine Stammfunktion.

e) - g) Für verkettete (verschachtelte) Funktionen mit innerem *linearem* Audruck gilt die Integrationsregel für lineare Substitution:
«Äußere Stammfunktion geteilt durch innere Ableitung»

9.1.2 Exponentialfunktionen

a) - d) Für verkettete (verschachtelte) Funktionen mit innerem *linearem* Audruck gilt die Integrationsregel für lineare Substitution:
«Äußere Stammfunktion geteilt durch innere Ableitung»
Bei e-Funktion mit $f(x) = a \cdot e^{k \cdot x + b}$ ist $e^{(\ldots)}$ die äußere Funktion und $k \cdot x + b$ die innere Funktion. Der Parameter a verändert sich nicht beim Integrieren.

e) - f) Lösen Sie zunächst die Klammer auf und verwenden Sie die Regeln für die Potenzfunktionen (da in der Klammer *kein* linearer Ausdruck steht).

9.1.3 Gebrochenrationale Funktionen

a) - b) Verwenden Sie die Integrationsregel für lineare Substitution:
«Äußere Stammfunktion geteilt durch innere Ableitung»

c) - e) Schreiben Sie den Bruch als Potenz mit negativem Exponenten und verwenden Sie die Integrationsregel für Potenzfunktionen.

9.1.4 Logarithmusfunktionen

a) - c) Für verkettete (verschachtelte) Funktionen mit innerem *linearem* Audruck gilt die Integrationsregel für lineare Substitution:
«Äußere Stammfunktion geteilt durch innere Ableitung»
Bei gebrochenrationalen Funktionen mit $f(x) = a \cdot \frac{1}{bx+c}$, bei denen der Ausdruck im Nenner den Exponent 1 hat, ist $\frac{1}{(...)}$ die äußere Funktion und $bx+c$ die innere Funktion. Eine Stammfunktion der äußeren Funktion ist $\ln|(...)|$. Der Parameter a verändert sich nicht beim Integrieren.

9.1.5 Wurzelfunktionen

a) - c) Für verkettete (verschachtelte) Funktionen mit innerem *linearem* Audruck gilt die Integrationsregel für lineare Substitution:
«Äußere Stammfunktion geteilt durch innere Ableitung»
Bei Wurzelfunktionen mit $f(x) = a\sqrt{(bx+c)}$ ist $\sqrt{...}$ die äußere Funktion und $b \cdot x + c$ die innere Funktion. Der Parameter a verändert sich nicht beim Integrieren.

9.1.6 Trigonometrische Funktionen

a) - f) Beachten Sie, dass $\sin x$ eine Stammfunktion von $\cos x$ und $-\cos x$ eine Stammfunktion von $\sin x$ ist.
Auch bei diesen Aufgaben gilt die Regel für verkettete Funktionen mit innerem *linearem* Ausdruck:
«Äußere Stammfunktion geteilt durch innere Ableitung»
Ist $f(x) = a \cdot \sin(bx+c)$, so ist $\sin(...)$ die äußere Funktion und $bx+c$ die innere Funktion. Der Parameter a verändert sich nicht beim Integrieren.

9.2 Flächeninhalt zwischen zwei Kurven

a) - e) Bestimmen Sie jeweils die Integrationsgrenzen durch Gleichsetzen der Funktionsterme. Prüfen Sie, welche Kurve die obere Kurve ist. Wenden Sie den Hauptsatz der Differential- und Integralrechnung an: $\int_a^b f(x)dx = \mathrm{F}(b) - \mathrm{F}(a)$.

9.3 Ins Unendliche reichende Flächen

a) Die Fläche wird anfänglich durch die vertikale Gerade $x = z$ mit $z > 0$ begrenzt. Setzen Sie jeweils z als obere Grenze ein und bestimmen Sie $\mathrm{A}(z)$. Lassen Sie dann $z \longrightarrow \infty$ gehen.

b) Prüfen Sie, ob $\mathrm{A}(z)$ für $z \longrightarrow \infty$ einen Grenzwert besitzt.

c) I) Bestimmen Sie die Grenzen des Integrals und integrieren Sie die Funktion.

II) Betrachten Sie das Verhalten der Funktion für $x \longrightarrow -\infty$. Welcher Term fällt weg?

III) Die Fläche zwischen zwei Kurven wird berechnet, indem man die Funktionsgleichung der unteren Kurve von der der oberen Kurve abzieht und dann integriert. Für die ins Unendliche reichende Fläche setzt man als untere Grenze z ein und bildet dann den Grenzwert $\lim\limits_{z \to -\infty} \mathrm{A}(z)$.

9.4 Angewandte Integrale

a) Die Gesamtkosten erhalten Sie durch Integration. Die durchschnittlichen Kosten erhalten Sie, indem Sie die Gesamtkosten durch die Anzahl der Werkstücke teilen.

b) Die gegebene Funktion f beschreibt die Änderungsrate. Um zu berechnen, wieviel Wasser das Becken nach 9 Stunden enthält, müssen Sie zuerst eine Stammfunktion F von f bestimmen. Die Integrationskonstante c bestimmen Sie mit Hilfe des Anfangswerts. Anschließend müssen Sie $t = 9$ in die Integralfunktion einsetzen.

9.5 Rotationskörper

Rotiert das Schaubild einer Funktion f über dem Intervall $[a;b]$ um die x-Achse, so verwenden Sie die Formel:

$\mathrm{V}_{rot} = \pi \cdot \int_a^b (f(x))^2\,dx$. Beachten Sie, dass Sie unter Umständen die Binomischen Formeln verwenden müssen, um den Ausdruck in der Klammer auszurechnen.

Um die Grundidee zu veranschaulichen, skizzieren Sie ein Kurvenstück im 1. Quadranten und ergänzen Sie dieses spiegelbildlich zur x-Achse. Der entstandene Rotationskörper wird in Teilzylinder zerlegt, deren Volumina aufsummiert werden.

9.6 Vermischte Aufgaben

a) - c) Bestimmen Sie entsprechend der Aufgaben 9.1 eine Stammfunktion mit absolutem Glied $(+c)$ und berechnen Sie c durch Einsetzen des Punktes in Ihren Ansatz.

d) - e) Verwenden Sie den Hauptsatz der Differential- und Integralrechnung
$\int_a^b f(x)dx = \mathrm{F}(b) - \mathrm{F}(a)$, wobei F eine Stammfunktion von f ist.

10 Extremwertaufgaben / Wachstumsprozesse

10.1 Extremwertaufgaben

Allgemein können Sie beim Lösen von Extremwertaufgaben nach folgendem Schema vorgehen:

1. Schreiben Sie die Größe auf, die minimiert oder maximiert werden soll. Das kann z.B. $\mathrm{A} = r \cdot h$ für eine Fläche in Abhängigkeit von r und h sein. In diesem Ausdruck dürfen verschiedene Variablen vorkommen.
2. Formulieren Sie die Nebenbedingungen. Im Beispiel von oben könnte dies z.B. $r + h = 100$ sein, wenn in der Aufgabe formuliert ist, dass r und h zusammen 100 ergeben müssen.
3. Lösen Sie nach einer Nebenbedingung auf, z.B. $r = 100 - h$, und setzen Sie diese in den Ausdruck von 1. ein. Dadurch ergibt sich, von welcher Variablen die sogenannte «Zielfunktion» abhängig ist. Löst man die Nebenbedingung nach r auf und setzt sie in die Gleichung unter 1. ein, ergibt sich im Beispiel: $\mathrm{A}(h) = (100 - h) \cdot h$.
4. Nun können die Extremstellen der Zielfunktion bestimmt werden, z.B. wird die Flächenfunktion in Abhängigkeit von h durch Ableiten und Nullsetzen der Ableitung auf Extrema untersucht. Handelt es sich um ein lokales Extremum, muss man noch die Randwerte überpüfen, d.h. man setzt den kleinst- und größtmöglichen x-Wert in die Zielfunktion ein und vergleicht mit den Werten der Extremstelle. Ist die Zielfunktion eine quadratische Funktion, ist das lokale Extremum gleichzeitig das absolute Extremum, so dass die Randwerteüberprüfung entfällt.

Zu den Aufgaben:

a) Die gesuchte Größe ist die Fläche. Legen Sie die Nebenbedingung fest (Länge des Drahtes), lösen Sie nach einer Variablen auf und stellen Sie so die Zielfunktion auf. Anschließend bestimmen Sie das Maximum der Zielfunktion.

b) Die gesuchte Größe ist die Fläche. Die Nebenbediungung ist ähnlich wie in Aufgabe a), nur dass von der Gesamtlänge der 4 Seiten des Spielplatzes noch 2 m abgezogen werden müssen. Anschließend bestimmen Sie die Zielfunktion und das Maximum.

c) I) Die gesuchte Größe ist der Umfang des Rechtecks. Die Grundseite des Rechtecks wird als $2x$ gewählt. Nebenbedingung: Für die Höhe h gilt: $h = f(x)$. Stellen Sie die Zielfunktion für den Umfang auf, setzen Sie die Nebenbedingung ein und bestimmen Sie das Maximum.

II) Die gesuchte Größe ist die Fläche des Rechtecks. Die Grundseite des Rechtecks wird als $2x$ gewählt. Nebenbedingung: Für die Höhe h gilt: $h = f(x)$. Stellen Sie die Zielfunktion für die Fläche auf, setzen Sie die Nebenbedingung ein und bestimmen Sie das Maximum.

d) Die gesuchte Größe ist der Flächeninhalt des Dreiecks OPQ. Nach dem Ableiten stellen Sie die Gleichung der Normalen auf. Für die Normalensteigung gilt $m_n = -\frac{1}{m_t}$ (wobei m_t die Tangentensteigung ist). Diese wird mit der Kurve K geschnitten, um den Schnittpunkt Q zu bestimmen. Anschließend stellen Sie eine Flächenfunktion auf, wobei die Strecke $\overline{OQ}$ die Grundseite des Dreiecks bildet und $|\, f(u) \,|$ die Höhe. Bestimmen Sie das Maximum der Flächenfunktion.

10.2 Wachstumsprozesse

a) I) Bestimmen Sie zuerst den Startwert a. Anschließend setzt man diesen und den Funktionswert für $t = 2$ in die Funktion ein und bestimmt so k.

II) Für den Zeitpunkt, an dem von der Ausgangspopulation nur noch 10% übrig sind, ist die Populationsgröße $\frac{1}{10} \cdot a$. Diesen Wert setzt man in die Funktion ein und löst dann nach t_E auf.

b) I) Bestimmen Sie die Gleichung der Asymptote, indem Sie das Verhalten der Funktion für $t \longrightarrow \infty$ betrachten. Welcher Term fällt weg?

II) Die Kurve gibt die jeweilige Temperatur der Probe an. Wie muss die Steigung der Kurve aussehen, wenn sich die Temperatur schnell ändert?

Geometrie

11 Rechnen mit Vektoren

11.1 Addition und Subtraktion von Vektoren

Für das Rechnen mit Vektoren gelten folgende Gesetze:

Addition: $\begin{pmatrix} a_1 \\ a_2 \\ a_3 \end{pmatrix} + \begin{pmatrix} b_1 \\ b_2 \\ b_3 \end{pmatrix} = \begin{pmatrix} a_1+b_1 \\ a_2+b_2 \\ a_3+b_3 \end{pmatrix}$ Subtraktion: $\begin{pmatrix} a_1 \\ a_2 \\ a_3 \end{pmatrix} - \begin{pmatrix} b_1 \\ b_2 \\ b_3 \end{pmatrix} = \begin{pmatrix} a_1-b_1 \\ a_2-b_2 \\ a_3-b_3 \end{pmatrix}$

Skalare Multiplikation: $s \cdot \begin{pmatrix} a_1 \\ a_2 \\ a_3 \end{pmatrix} = \begin{pmatrix} s \cdot a_1 \\ s \cdot a_2 \\ s \cdot a_3 \end{pmatrix}$ (Zahl · Vektor = Vektor), für $s \in \mathbb{R}$

Skalarprodukt: $\begin{pmatrix} a_1 \\ a_2 \\ a_3 \end{pmatrix} \cdot \begin{pmatrix} b_1 \\ b_2 \\ b_3 \end{pmatrix} = a_1 \cdot b_1 + a_2 \cdot b_2 + a_3 \cdot b_3$ (Vektor · Vektor = Zahl)

Betrag bzw. Länge: $\left| \begin{pmatrix} a_1 \\ a_2 \\ a_3 \end{pmatrix} \right| = \sqrt{a_1^2 + a_2^2 + a_3^2}$

11.2 Orthogonalität von Vektoren

Zwei Vektoren stehen genau dann senkrecht aufeinander, wenn das Skalarprodukt gleich Null ist. Ist das Skalarprodukt ungleich Null, dann sind die beiden Vektoren nicht orthogonal.

11.3 Auffinden von orthogonalen Vektoren

Es sind Vektoren zu suchen, deren Skalarprodukt mit $\vec{n}$ Null ergibt.

11.4 Orts- und Verbindungsvektoren

Ortsvektoren setzen am Ursprung O$(0 \mid 0 \mid 0)$ an. Verbindungsvektoren zwischen zwei Punkten erhält man mit Hilfe der Ortsvektoren.

11.5 Verschiedene Aufgaben

a) Stellen Sie jeweils drei Verbindungsvektoren zwischen je zwei Punkten auf und berechnen Sie deren Länge.

b) Die Orthogonalität lässt sich mit dem Skalarprodukt überprüfen.

c) Tragen Sie in Ihre Skizze jeweils die gegebenen und gesuchten Punkte sowie den Ursprung O ein. Bestimmen Sie mit Hilfe einer Vektorkette den Ortsvektor des gesuchten Punktes. Geben Sie die Koordinaten des gesuchten Punktes an.

d) Den Schwerpunkt S eines Dreiecks ABC erhalten Sie mit der Formel $\vec{s} = \frac{1}{3} \cdot \left(\vec{a} + \vec{b} + \vec{c}\right)$.

e) Tragen Sie in Ihre Skizze die gegebenen und gesuchten Punkte sowie den Ursprung O ein. Achten Sie dabei auf die Reihenfolge der Punkte (*gegen* den Uhrzeigersinn). Bestimmen Sie mit Hilfe einer Vektorkette den Ortsvektor des gesuchten Punktes. Geben Sie die Koordinaten des gesuchten Punktes an.

f) Da je vier Kanten parallel sind, gilt
$\overrightarrow{BF} = \overrightarrow{CG} = \overrightarrow{DH} = \overrightarrow{AE}$, $\overrightarrow{BC} = \overrightarrow{AD} = \overrightarrow{FG} = \overrightarrow{EH}$ und $\overrightarrow{AB} = \overrightarrow{EF} = \overrightarrow{DC} = \overrightarrow{HG}$.
Bestimmen Sie mit Hilfe einer Vektorkette den Ortsvektor des gesuchten Punktes. Geben Sie die Koordinaten des gesuchten Punktes an.

g) Tragen Sie in Ihre Skizze die gegebenen und gesuchten Punkte sowie den Ursprung O ein. Bestimmen Sie mit Hilfe einer Vektorkette den Ortsvektor des gesuchten Punktes. Geben Sie die Koordinaten des gesuchten Punktes an. Die Länge einer Kante ist die Länge des Verbindungsvektors der beiden Eckpunkte.

11.6 Teilverhältnisse

a) - b) Erstellen Sie jeweils eine Skizze und stellen Sie eine geeignete Vektorkette für den Ortsvektor von S bzw. T auf.

c) Überlegen Sie, wo der Punkt U liegt, berechnen Sie die Längen der Vektoren $\overrightarrow{AU}$ und $\overrightarrow{UB}$ und teilen Sie die Ergebnisse durcheinander.

11.7 Lineare Abhängigkeit / Unabhängigkeit

a) Wenn zwei Vektoren linear abhängig sind, dann ist der eine Vektor ein Vielfaches des anderen, d.h. sie müssen eine Zahl k finden, so dass gilt $k \cdot \vec{a} = \vec{b}$; $k \in \mathbb{R}$.

b) Wenn drei Vektoren linear unabhängig sind, so hat der Nullvektor $\vec{0}$ eine eindeutige Darstellung als Linearkombination der drei Vektoren: Wählen Sie als Ansatz $r \cdot \vec{a} + s \cdot \vec{b} + t \cdot \vec{c} = \vec{0}$ und berechnen r, s und t aus dem entstandenen Gleichungssystem. Ist die einzige Lösung $r = s = t = 0$, so sind $\vec{a}$, $\vec{b}$ und $\vec{c}$ linear unabhängig.

12 Geraden

12.1 Aufstellen von Geradengleichungen

Verwenden Sie den Ortsvektor des einen Punktes als Stützvektor. Bilden Sie den Richtungsvektor, indem Sie den Verbindungsvektor zwischen den beiden Punkten aufstellen.

12.2 Punktprobe

Setzen Sie den Ortsvektor des Punktes in die Geradengleichung ein und prüfen Sie, ob sich für alle drei Komponenten der gleiche Parameter ergibt.

12.3 Projektion von Geraden

Die Projektionsgerade muss in der jeweiligen Ebene liegen. Also muss die Komponente der Geraden, die nicht in dieser Ebene liegt, gleich Null sein. Überlegen Sie dazu, welche Gleichung die jeweilige Koordinatenebene hat.

12.4 Parallele Geraden

Überlegen Sie, wie die Richtungsvektoren der drei Geraden zueinander liegen müssen, damit die Geraden parallel sind. Die Geraden sollen echt parallel sein und nicht identisch. Wie kann man dies mit Hilfe der Eigenschaften der Stützvektoren ausschließen?

12.5 Gegenseitige Lage von Geraden

Für die gegenseitige Lage von zwei Geraden gibt es vier Möglichkeiten: Die Geraden können sich schneiden, parallel, identisch oder windschief sein.

Zur Bestimmung der gegenseitigen Lage prüft man zuerst die Richtungsvektoren auf lineare Abhängigkeit bzw. Unabhängigkeit:

1. Sind die Richtungsvektoren ein Vielfaches voneinander (linear abhängig), können die Geraden parallel oder identisch sein.
   Sie sind identisch, wenn ein Punkt der einen Geraden auf der anderen Geraden liegt (positive Punktprobe), sonst sind sie parallel (negative Punktprobe).

2. Sind die Richtungsvektoren kein Vielfaches voneinander (linear unabhängig), können die Geraden sich schneiden oder windschief sein.
   Durch Gleichsetzen erhält man den Schnittpunkt oder einen Widerspruch, welcher angibt, dass die Geraden windschief sind.

12.6 Parallele Geraden mit Parameter

Damit die Geraden parallel sind, müssen die Richtungsvektoren $\vec{r}$ und $\vec{v}$ linear abhängig sein. Der Parameter t muss also so bestimmt werden, dass $\vec{r}_t = s \cdot \vec{v}$ mit $s, t \in \mathbb{R}$ gilt. Dazu prüft man, ob der eine Vektor ein Vielfaches des anderen ist.

12.7 Allgemeines Verständnis von Geraden

Legen Sie eine Skizze an, um zu veranschaulichen, welche Beziehung für die Stütz- und Richtungsvektoren gelten muss. Überlegen Sie, welche Beziehung die Richtungsvektoren haben.

12.8 Verschiedene Aufgaben

a) Stellen Sie die Gerade h auf, indem Sie den Punkt A als Stützpunkt benutzen. Verwenden Sie als Richtungsvektor von h den Richtungsvektor von g.

b) I) Zuerst müssen Sie nachweisen, dass S tatsächlich auf g liegt. Einen Richtungsvektor $\vec{v}$ können Sie bestimmen, indem Sie den Verbindungsvektor vom Stützpunkt H der Geraden h zum Schnittpunkt S aufstellen.

II) Damit zwei Geraden windschief sind, dürfen sie nicht parallel sein und keinen Schnittpunkt haben. Wählen Sie einen Richtungsvektor von h so, dass die Richtungsvektoren linear unabhängig sind. Anschließend zeigen Sie durch Schneiden der Geraden, dass diese keine gemeinsamen Punkte haben.

III) Wenn sich die beiden Geraden orthogonal schneiden sollen, müssen die Richtungsvektoren senkrecht aufeinander stehen. Stellen Sie eine Hilfsebene E_H mit dem Richtungsvektor von g als Normalenvektor und dem Stützpunkt H von h auf. Nun schneiden Sie E_H mit g und erhalten so den Punkt L. Der Vektor $\overrightarrow{LH}$ steht senkrecht auf der Geraden g und kann daher als Richtungsvektor von h benutzt werden.

13 Ebenen

13.1 Parameterform der Ebenengleichung

a) - b) Nehmen Sie einen der Punkte als «Stützpunkt». Die Verbindungsvektoren zwischen den Punkten ergeben die Spannvektoren.

c) - d) Der Stützvektor der Geraden dient als Stützvektor der Ebene, der Richtungsvektor bildet den ersten Spannvektor. Den zweiten Spannvektor erhalten Sie, indem Sie den Verbindungsvektor zwischen dem Stützpunkt und dem angegebenen Punkt bilden.

13.2 Koordinatengleichung einer Ebene

Um eine Ebenengleichung aufzustellen, braucht man in der Regel entweder einen Punkt, der in der Ebene liegt, und zwei Spannvektoren oder einen Punkt A, der in der Ebene liegt, und einen Normalenvektor $\vec{n}$, welche man dann in die Punkt-Normalenform $(\vec{x}-\vec{a})\cdot\vec{n}=0$ einsetzt.

Ein Normalenvektor $\vec{n}$ errechnet sich mit Hilfe des Vektorprodukts aus den beiden Spannvektoren (siehe Seite 64).

Zur Koordinatengleichung kommt man durch Ausmultiplizieren der Punkt-Normalenform.

a) - b) Wählen Sie einen der 3 Punkte als «Stützpunkt» und bestimmen Sie die Spannvektoren als Verbindungsvektoren zwischen dem ersten Punkt und den beiden anderen Punkten. Anschließend bestimmt man einen Normalenvektor wie oben beschrieben und rechnet über die Punkt-Normalenform die Koordinatenform aus.

c) - d) Als Stützvektor bietet sich der Stützvektor der Geraden an. Als 1. Spannvektor benutzt man den Richtungsvektor der Geraden, als 2. Spannvektor nimmt man den Verbindungsvektor zwischen dem Punkt außerhalb der Geraden und dem «Stützpunkt» der Geraden.

e) - g) Bestimmen Sie zuerst den Stützvektor der Ebene. Bestimmen Sie dazu den Schnittpunkt der beiden Geraden. Der Ortsvektor des Schnittpunktes dient als Stützvektor, die beiden Richtungsvektoren der Geraden werden als Spannvektoren der Ebene genommen. (wichtig: Wenn man s und t mit Hilfe von zwei Gleichungen bestimmt hat, muss man s und t in der 3. Gleichung überprüfen).

h) - i) Wenn das Gleichungssystem zu einem Widerspruch wie z.B. $3 = 0$ führt, besitzt es keine Lösung. Die Geraden schneiden sich dann nicht. Untersuchen Sie die beiden Richtungsvektoren. Sind diese linear abhängig, dann sind die Geraden parallel.

j) Um die Ebenengleichung aufzustellen, brauchen Sie einen Punkt der Ebene und einen Normalenvektor. Die Spiegelebene befindet sich genau in der Mitte zwischen A und A*. Anhand einer Skizze kann man sich gut klarmachen, wie der Normalenvektor aussehen muss.

k) Wenn die Ebene E die Gerade g enthält, dann sind der Normalenvektor von E und der Richtungsvektor von g orthogonal. Damit ist das Skalarprodukt dieser beiden gleich Null. Gleiches gilt für den Normalenvektor von E und den Normalenvektor der bekannten Ebene F. Wenn man die beiden Skalarprodukte ausrechnet, erhält man zwei Gleichungen mit den 3 Unbekannten n_1, n_2 und n_3. Eine Unbekannte wird gesetzt, die anderen ausgerechnet. Auf diese Weise erhält man $\vec{n}$. Zum Schluss setzt man noch $\vec{n}$ und den «Stützpunkt» der Geraden in die Punkt-Normalenform ein und rechnet diese aus.

l) Drei der gegebenen Punkte benutzt man, um eine Ebene aufzustellen. Mit dem letzten macht man eine Punktprobe.

13.3 Ebenen im Koordinatensystem

Zuerst bestimmt man die Spurpunkte, dies sind die Schnittpunkte der Ebene mit den Koordinatenachsen. Überlegen Sie, welchen Wert die x_2- und die x_3-Koordinate für einen Schnittpunkt der Ebene mit der x_1-Achse besitzen. Man setzt ein und formt nach x_1 um. Ebenso verfährt man für die anderen Spurpunkte.

13.4 Bestimmen von Geraden und Ebenen in einem Quader

a) Der Punkt O des Quaders liegt im Ursprung des Koordinatensystems. Bestimmen Sie die übrigen Punkte, indem Sie die Ortsvektoren addieren.

b) Die Gleichung kann wie im vorherigen Kapitel rechnerisch bestimmt werden, oder durch Überlegung und Ablesen an der Zeichnung.

c) Um eine Geradengleichung aufzustellen, braucht man einen Stützvektor und einen Richtungsvektor.

d) Wählen Sie drei der angegebenen Punkte und stellen Sie die Ebenengleichung wie im vorangegangenen Kapitel auf.

13.5 Bestimmen von Geraden und Ebenen in einer Pyramide

a) Der Punkt P ist bekannt. Bestimmen Sie die Koordinaten der restlichen Punkte durch Symmetrieüberlegungen: Für den Punkt Q sind die x_1- und die x_3-Koordinate die gleichen wie für P, doch ist die x_2-Koordinate anders. Aus der Lage des Grundflächenmittelpunktes im Koordinatenursprung ergibt sich die x_2-Koordinate von Q.

b) Um eine Geradengleichung aufzustellen, braucht man einen Stützvektor und einen Richtungsvektor.

c) Benutzen Sie die drei angegebenen Punkte und stellen Sie die Ebenengleichung wie im vorangegangenen Kapitel auf.

14 Gegenseitige Lage von Geraden und Ebenen

14.1 Gegenseitige Lage

Eine Gerade und eine Ebene können auf drei verschiedene Arten zueinander liegen: g schneidet E, g ist parallel zu E oder g liegt in E.

Liegt die Ebene in Koordinatenform vor, wird die Gerade als «allgemeiner Punkt» geschrieben und in die Ebenengleichung eingesetzt. Anschließend wird der Parameter der Geraden bestimmt und gegebenenfalls in die Geradengleichung eingesetzt, um den Schnittpunkt zu bestimmen. Liegt die Ebene in der Parameterform vor, werden Ebenengleichung und Geradengleichung gleichgesetzt und zu einem Gleichungssystem mit 3 Unbekannten umgestellt.

Beim Lösen des Gleichungssystems bzw. der Gleichung können drei Fälle auftreten:

1. Es gibt eine eindeutige Lösung: Die Gerade schneidet die Ebene.
2. Es tritt ein Widerspruch auf (wie z.B. $3 = 0$): Die Gerade ist parallel zur Ebene.
3. Das Gleichungssystem bzw. die Gleichung hat unendlich viele Lösungen (beim Lösen ergibt sich z.B. $3 = 3$ oder $0 = 0$): Die Gerade liegt in der Ebene.

14.2 Ebene und Gerade parallel

Überlegen Sie, wie der Richtungsvektor der Geraden und der Normalenvektor der Ebene zueinander stehen müssen, damit die Gerade parallel zur Ebene liegt. Nehmen Sie das Skalarprodukt zu Hilfe. Wie kann man anschließend prüfen, ob die Gerade und die Ebene echt parallel sind oder ob g in E liegt?

14.3 Allgemeines Verständnis von Geraden und Ebenen

Veranschaulichen Sie sich die Beziehungen am besten mit Hilfe einer Skizze.

14.4 Vermischte Aufgaben

a) Wenn $g \parallel E$, so gilt: $\vec{r_g} \cdot \vec{n} = 0$. Für den Richtungsvektor $\vec{r_g}$ der Geraden gibt es unendlich viele Möglichkeiten.

b) Da $g \perp E$, so gilt: $\vec{r_g} = k \cdot \vec{n}$; $k \in \mathbb{R}$, d.h. der Richtungsvektor $\vec{r_g}$ ist linear abhängig zum Normalenvektor zu wählen.

c) Bestimmen Sie einen Punkt und einen Normalenvektor der Ebene mit Länge 1 LE. Mit diesen legen Sie einen weiteren Punkt außerhalb der Ebene mit Abstand 3 LE fest. Der Richtungsvektor $\vec{r_g}$ der Geraden muss so gewählt werden, dass $\vec{r_g} \cdot \vec{n} = 0$. Hierfür gibt es unendlich viele Möglichkeiten.

d) Bestimmen Sie einen Punkt der Geraden und einen zum Richtungsvektor $\vec{r_g}$ orthogonalen Vektor $\vec{n_0}$ mit Länge 1 LE. Mit diesen legen Sie einen Punkt außerhalb der Geraden mit Abstand 5 LE fest. Die gesuchte Ebene geht durch den Punkt außerhalb der Geraden und hat den Normalenvektor $\vec{n_0}$ bzw. $\vec{n}$.

15 Gegenseitige Lage zweier Ebenen

Zwei Ebenen können auf drei verschiedene Arten zueinander liegen: Die beiden Ebenen schneiden sich, sie liegen parallel zueinander oder sie sind identisch.

Auch hier gibt es verschiedene Lösungswege, abhängig davon, welche Art von Ebenengleichung vorliegt. Da der Weg über die Koordinatengleichung gut nachvollziehbar ist, werden die Aufgaben auf diese Weise gelöst.

Die beiden Ebenengleichungen bilden ein lineares Gleichungssystem mit zwei Gleichungen und drei Variablen.

Beim Lösen des Gleichungssystems bzw. der Gleichung können drei Fälle auftreten:

1. Es gibt eine Lösung, wenn man eine Variable als t einsetzt und nach den anderen Variablen auflöst: Die Ebenen schneiden sich in einer Schnittgerade.

2. Es tritt ein Widerspruch auf (wie z.B. $3 = 0$): Die beiden Ebenen sind parallel.

3. Die eine Gleichung ist ein Vielfaches der anderen Gleichung: Die beiden Ebenen sind identisch.

15.1 Schnitt von zwei Ebenen

Bestimmen Sie jeweils die Schnittgerade. Bei Aufgabe c) lässt sich x_2 direkt ablesen.

15.2 Parallele Ebenen

Beim Bestimmen von t muss man überlegen, wie die beiden Normalenvektoren zueinander stehen müssen, damit die Ebenen parallel sind.

15.3 Verschiedene Aufgaben zur Lage zweier Ebenen

Überlegen Sie anhand einer Skizze, wie die beiden Normalenvektoren zueinander stehen müssen, wenn die Ebenen senkrecht aufeinander stehen. Nehmen Sie das Skalarprodukt zu Hilfe.

16 Abstandsberechnungen

16.1 Abstand Punkt - Ebene

Bei einer Abstandsberechnung rechnet man immer die Länge eines Lots von einem Punkt auf die Ebene aus. Man benutzt in der Regel die Hessesche Normalenform der Ebenengleichung (HNF), in die der Punkt eingesetzt wird. Für den Punkt $\mathrm{P}(p_1 \mid p_2 \mid p_3)$ und die Ebene
$\mathrm{E}\colon\ n_1x_1 + n_2x_2 + n_3x_3 = b$ mit dem Normalenvektor $\vec{n}$ gilt

$$d = \frac{|n_1p_1 + n_2p_2 + n_3p_3 - b|}{\sqrt{n_1^2 + n_2^2 + n_3^2}},$$

wobei d der Abstand des Punktes P zur Ebene E ist.

16.2 Abstand Punkt - Gerade

Den Abstand eines Punktes P von einer Geraden g bestimmt man in drei Schritten:

1. Zuerst stellt man eine Hilfsebene $\mathrm{E_H}$ auf. Diese Hilfsebene enthält den Punkt P und ist orthogonal zu g, d.h. der Richtungsvektor von g dient als Normalenvektor der Ebene.
2. Die Hilfsebene wird mit g geschnitten, dies ergibt den Schnittpunkt L.
3. Der Verbindungsvektor $\overrightarrow{\mathrm{LP}}$ wird aufgestellt, sein Betrag (= seine Länge) ist der gesuchte Abstand.

16.3 Abstand paralleler Geraden

Zuerst muss bewiesen werden, dass die beiden Geraden echt parallel sind. Dies geschieht mit Hilfe der Richtungsvektoren und einer Punktprobe. Anschließend berechnet man den Abstand eines Punktes der Geraden h zur Geraden g wie in den vorangehenden Aufgaben.

16.4 Abstand windschiefer Geraden

a) - b) Um den Abstand von zwei windschiefen Geraden $g: \vec{x} = \vec{a} + s\cdot\vec{r}$ und $h: \vec{x} = \vec{b} + t\cdot\vec{v}$ zu berechnen, benötigt man einen Vektor $\vec{n}$, der auf den beiden Richtungsvektoren senkrecht steht. Für den Abstand d gilt dann

$$d(g;h) = \frac{\left|\left(\vec{a}-\vec{b}\right)\cdot\vec{n}\right|}{|\vec{n}|}.$$

Den Vektor $\vec{n}$ bestimmt man mit Hilfe des Vektorproduktes: $\vec{n} = \vec{r}\times\vec{v}$.

c) Der Verbindungsvektor der beiden Punkte G bzw. H auf g bzw. h, welche den kleinsten Abstand voneinander haben, steht jeweils senkrecht auf den Richtungsvektoren $\vec{r_g}$ bzw. $\vec{r_h}$ der Geraden. Benutzen Sie das Skalarprodukt.

16.5 Verschiedene Aufgaben

a) - b) Schreiben Sie die Gerade als «allgemeinen Punkt» A. Wenn dieser von P und Q gleich weit entfernt sein soll, muss gelten: $|\overrightarrow{PA}| = |\overrightarrow{QA}|$. Man setzt ein, löst nach t auf und setzt in die Geradengleichung ein.

c) Auch bei dieser Aufgabe wird die Gerade als «allgemeiner Punkt» geschrieben. Es gilt: $|\overrightarrow{AP}| = 3$. Setzen Sie ein und lösen Sie nach t auf.

d) Stellen Sie zuerst die Gleichung der Ebene durch ABC auf und berechnen Sie den Abstand des Punktes S mit Hilfe der Abstandsformel.

e) Setzen Sie in die Abstandsformel den Punkt, die Ebene und den Abstand ein. Anschließend wird nach b aufgelöst. Dabei muss eine Fallunterscheidung gemacht werden, wenn man die Betragsgleichung lösen will. Es ergeben sich zwei Werte für b.

f) - h) Schreiben Sie die Gerade als «allgemeinen Punkt». Anschließend wird dieser, der Abstand und die Ebene in die Abstandsformel eingesetzt und nach dem Parameter s der Geraden aufgelöst. Dabei muss eine Fallunterscheidung gemacht werden. Die Lösungen s_1 und s_2 werden zum Schluss in die Geradengleichung eingesetzt.

i) Zuerst ist zu zeigen, dass die Gerade parallel zur Ebene ist. Dazu benötigt man das Skalarprodukt. Anschließend setzt man einen Punkt der Geraden und die Ebene in die Abstandsformel ein und berechnet den Abstand.

j) Zuerst ist zu zeigen, dass die beiden Ebenen parallel sind. Anschließend bestimmt man einen Punkt in einer der Ebenen und setzt diesen und die andere Ebene in die Abstandsformel ein und berechnet den Abstand.

17 Winkelberechnungen

17.1 Winkel zwischen Vektoren und Geraden

a) Überlegen Sie, zwischen welchen Vektoren man den Winkel berechnet (Orts- oder Verbindungsvektoren). Wenn zwei Kosinuswerte gleich sind, was gilt dann für die entsprechenden Winkel? Machen Sie sich eine Skizze.

b) Auf welche Vektoren kommt es bei der Winkelberechnung zwischen zwei Geraden an?

17.2 Winkel zwischen Ebenen

Überlegen Sie, mit Hilfe welcher Vektoren man den Winkel zwischen den beiden Ebenen bestimmen könnte.

17.3 Winkel zwischen Gerade und Ebene

Welche Vektoren der Geraden und der Ebene kommen für die Winkelbestimmung in Betracht? Machen Sie eine Skizze. Wird in diesem Fall der Kosinus oder der Sinus des Winkels berechnet?

18 Spiegelungen

18.1 Punkt an Punkt

Machen Sie eine Skizze. Überlegen Sie, welche Vektoren man aneinanderhängen muss, um von P zum Spiegelpunkt P^* zu gelangen, wenn z.B. Q in der Mitte liegen soll.

18.2 Punkt an Ebene

Machen Sie eine Skizze. Der Punkt A wird an dem Punkt der Ebene, der A am nächsten ist, gespiegelt. Um diesen Punkt zu bestimmen, braucht man eine Hilfsgerade durch A, die senkrecht auf der Ebene steht.

18.3 Punkt an Gerade

Machen Sie auch hier eine Skizze. Der Punkt P wird an dem Punkt der Gerade gespiegelt, der den kleinsten Abstand zu P besitzt. Um diesen zu bestimmen, braucht man eine Hilfsebene. Diese geht durch P und steht senkrecht zur Geraden.

18.4 Allgemeine Spiegelungen

a) Machen Sie eine Skizze. Um die neue Gerade aufzustellen, braucht man einen Stützvektor und einen Richtungsvektor.

   I) Überlegen Sie, wie der Richtungsvektor aussieht, wenn die neue Gerade parallel zur alten Geraden sein soll. Wie erhält man den neuen «Stützpunkt»?

   II) Die Gerade schneidet die Ebene E. Den Schnittpunkt von g mit E haben Gerade und Spiegelgerade gemeinsam. Nun braucht man noch einen 2. Punkt, um den Richtungsvektor aufzustellen. Dazu muss man einen Punkt der Geraden an der Ebene spiegeln. Welcher Punkt bietet sich dazu an?

b) Machen Sie eine Skizze. Es gibt zwei verschiedene Fälle: Entweder beide Ebenen sind parallel, dann muss man nur einen Punkt von E_1 an E_2 spiegeln. Sind die Ebenen nicht parallel, so wird zuerst die Schnittgerade bestimmt. Überlegen Sie, wann die Normalenvektoren die gleichen bleiben und wann nicht.

Lösungen

Analysis

1 Von der Gleichung zur Kurve

1.1 Ganzrationale Funktionen

a) $f(x) = \frac{1}{2}x + 1$
Schnittpunkt mit der y-Achse: $f(0) = \frac{1}{2} \cdot 0 + 1 = 1 \Rightarrow S(0 \mid 1)$
Schnittpunkt mit der x-Achse: $f(x) = 0$ bzw. $\frac{1}{2}x + 1 = 0$ führt zu $x = -2 \Rightarrow N(-2 \mid 0)$
Es handelt sich um eine Gerade mit y-Achsenabschnitt $b = 1$ und Steigung $m = \frac{1}{2}$.

b) $f(x) = -\frac{3}{4}x$
Schnittpunkt mit der y-Achse: $f(0) = -\frac{3}{4} \cdot 0 = 0 \Rightarrow S(0 \mid 0)$
Schnittpunkt mit der x-Achse: $f(x) = 0$ bzw. $-\frac{3}{4}x = 0$ führt zu $x = 0 \Rightarrow N(0 \mid 0)$.
Es handelt sich um eine Ursprungsgerade (Gerade durch den Koordinatenursprung) mit y-Achsenabschnitt $b = 0$ und Steigung $m = -\frac{3}{4}$.

c) $f(x) = -x + 1$
Schnittpunkt mit der y-Achse: $f(0) = -1 \cdot 0 + 1 = 1 \Rightarrow S(0 \mid 1)$
Schnittpunkt mit der x-Achse: $f(x) = 0$ bzw. $-x + 1 = 0$ führt zu $x = 1 \Rightarrow N(1 \mid 0)$
Es handelt sich um eine Gerade mit y-Achsenabschnitt $b = 1$ und Steigung $m = -1$.

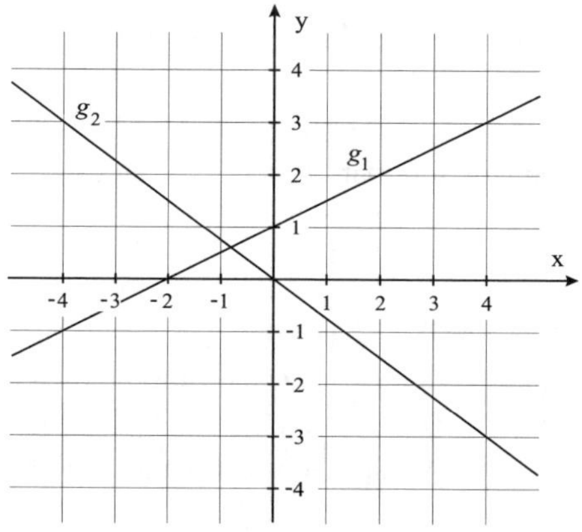

a) g_1: $f(x) = \frac{1}{2}x + 1$, b) g_2: $f(x) = -\frac{3}{4}x$

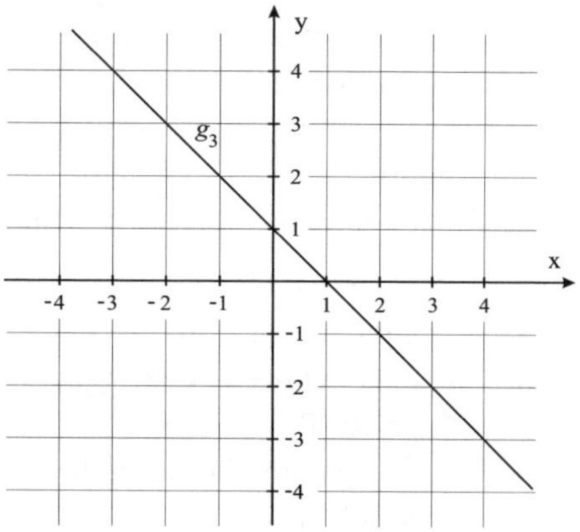

c) g_3: $f(x) = -x + 1$

d) $f(x) = (x-1)^2 - 4$
Schnittpunkt mit der y-Achse: $f(0) = (0-1)^2 - 4 = -3 \Rightarrow S(0 \mid -3)$
Schnittpunkt mit der x-Achse: $f(x) = 0$ bzw. $(x-1)^2 - 4 = 0$ führt zu $x_1 = 3$, $x_2 = -1 \Rightarrow N_1(3 \mid 0), N_2(-1 \mid 0)$. Es handelt sich um eine Normalparabel, die um eine LE nach rechts und 4 LE nach unten verschoben wurde, d.h. eine nach oben geöffnete Normalparabel mit Scheitel bei $(1 \mid -4)$.

e) $f(x) = -x^2 + 4$
Schnittpunkt mit der y-Achse: $f(0) = -0^2 + 4 = 4 \Rightarrow S(0 \mid 4)$
Schnittpunkt mit der x-Achse: $f(x) = 0$ bzw. $-x^2 + 4 = 0$ führt zu $x_1 = 2, x_2 = -2$
$\Rightarrow N_1(2 \mid 0), N_2(-2 \mid 0)$.
Es handelt sich um eine Normalparabel, die an der x-Achse gespiegelt und dann um vier LE nach oben verschoben wurde, d.h. eine nach unten geöffnete Normalparabel mit Scheitel $(0 \mid 4)$.

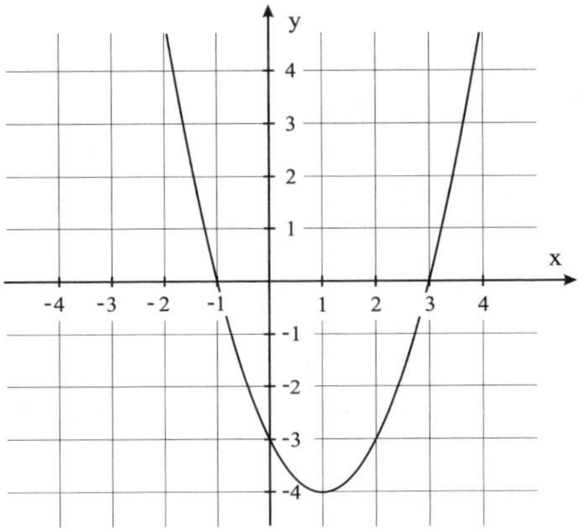

d) $f(x) = (x-1)^2 - 4$

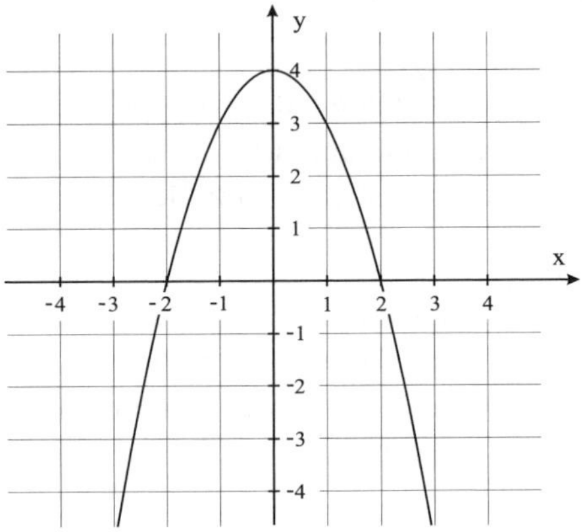

e) $f(x) = -x^2 + 4$

f) $f(x) = -(x+1)^2 + 1$
Schnittpunkt mit der y-Achse: $f(0) = -(0+1)^2 + 1 = 0 \Rightarrow S(0 \mid 0)$
Schnittpunkt mit der x-Achse: $f(x) = 0$ bzw. $f(x) = -(x+1)^2 + 1 = 0$ führt zu $x_1 = 0$, $x_2 = -2 \Rightarrow N_1(0 \mid 0), N_2(-2 \mid 0)$.
Es handelt sich um eine Normalparabel, die an der x-Achse gespiegelt und anschließend um eine LE nach links und eine LE nach oben verschoben wurde, d.h. eine nach unten geöffnete Normalparabel mit Scheitel $(-1 \mid 1)$.

g) $f(x) = (x-1)^3 + 1$
Schnittpunkt mit der y-Achse: $f(0) = (0-1)^3 + 1 = 0 \Rightarrow S(0 \mid 0)$
Schnittpunkt mit der x-Achse: $f(x) = 0$ bzw. $f(x) = (x-1)^3 + 1 = 0$ führt zu
$x = 0 \Rightarrow N(0 \mid 0)$.
Es handelt sich um eine kubische Parabel, die um eine LE nach rechts und eine LE nach oben verschoben wurde.

h) $f(x) = -(x+1)^3$
Schnittpunkt mit der y-Achse: $f(0) = -(0+1)^3 = -1 \Rightarrow S(0 \mid -1)$
Schnittpunkt mit der x-Achse: $f(x) = 0$ bzw. $f(x) = -(x+1)^3 = 0$ führt zu $x = -1$
$\Rightarrow N(-1 \mid 0)$.
Es handelt sich um eine kubische Parabel, die an der x-Achse gespiegelt und anschließend um eine LE nach links verschoben wurde.

i) $f(x) = 2x^3 - 2$
Schnittpunkt mit der y-Achse: $f(0) = 2 \cdot 0^3 - 2 = -2 \Rightarrow S(0 \mid -2)$.

Schnittpunkt mit der x-Achse: $f(x) = 0$ bzw. $f(x) = 2x^3 - 2 = 0$ führt zu $x = 1$
$\Rightarrow$ N$(1 \mid 0)$. Es handelt sich um eine kubische Parabel, die mit Faktor 2 in y-Richtung gestreckt und um zwei LE nach unten verschoben wurde.

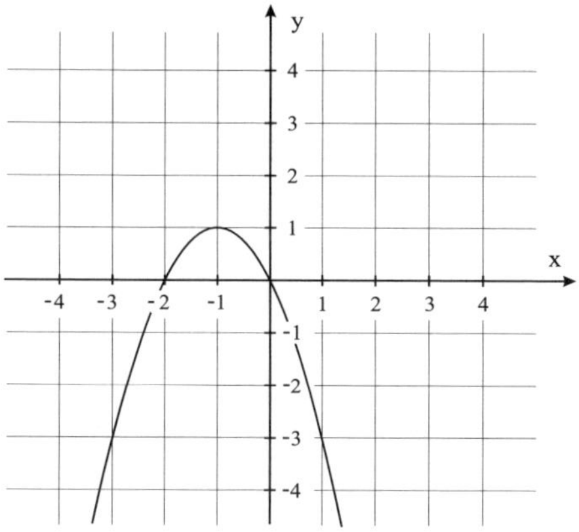

f) $f(x) = -(x+1)^2 + 1$

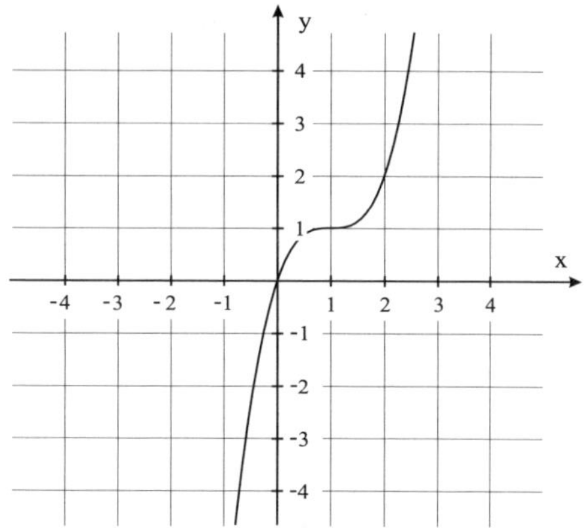

g) $f(x) = (x-1)^3 + 1$

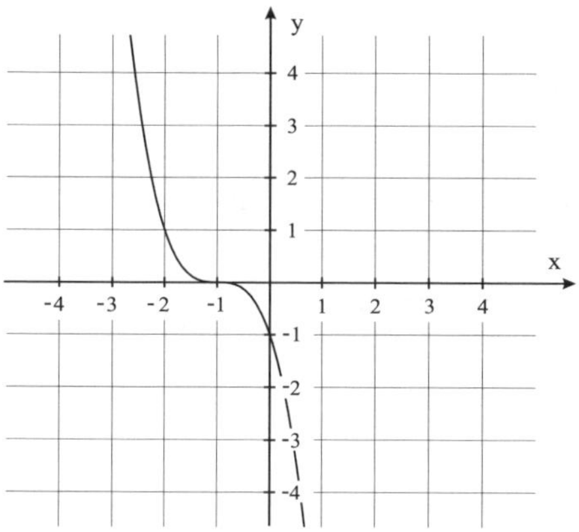

h) $f(x) = -(x+1)^3$

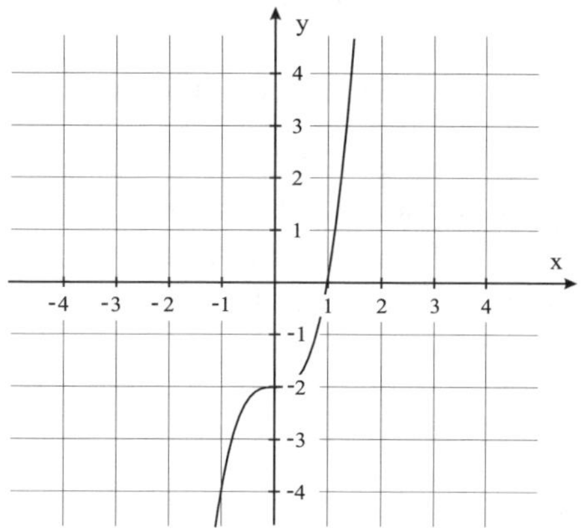

i) $f(x) = 2x^3 - 2$

1.2 Gebrochenrationale Funktionen

a) $f(x) = \frac{1}{x+1} + 2$
Asymptoten: $x + 1 = 0$ führt zu $x = -1$, senkrechte Asymptote (Pol); $x \to \pm\infty$ führt zu $y = 2$ (waagerechte Asymptote), da der Bruchterm gegen Null geht.
Das Schaubild von $g(x) = \frac{1}{x}$ wurde um eine LE nach links und zwei LE nach oben verschoben.

b) $f(x) = -\frac{1}{x-1}$
Asymptoten: $x - 1 = 0$ führt zu $x = 1$, senkrechte Asymptote (Pol); $x \to \pm\infty$ führt zu $y = 0$ (waagerechte Asymptote), da der Bruchterm gegen Null geht.
Das Schaubild der Funktion $g(x) = \frac{1}{x}$ wurde an der x-Achse gespiegelt und anschließend um eine LE nach rechts verschoben.

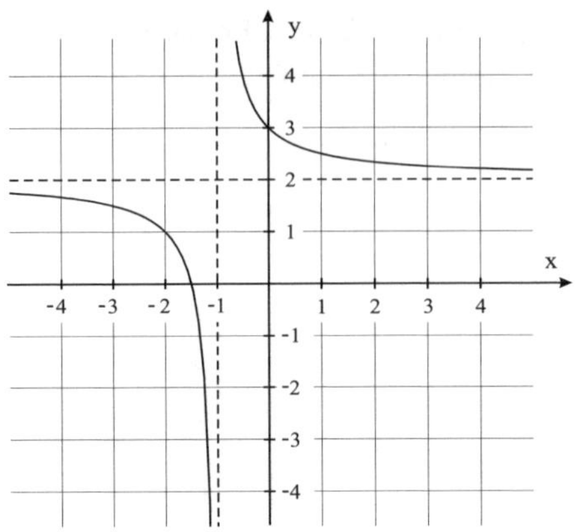

a) $f(x) = \frac{1}{x+1} + 2$

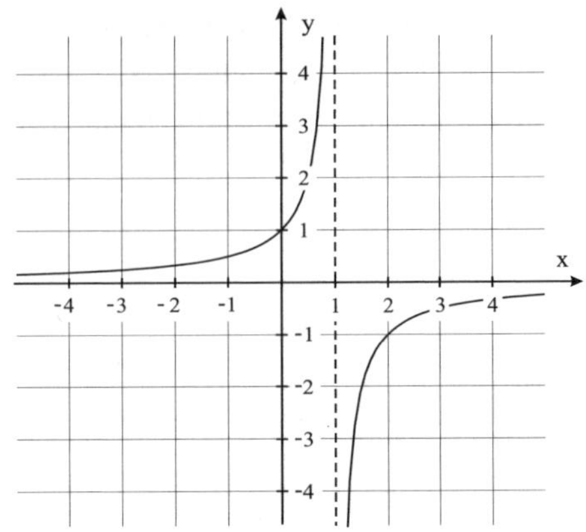

b) $f(x) = -\frac{1}{x-1}$

c) $f(x) = -\frac{1}{x-1} - 2$
Asymptoten: $x - 1 = 0$ führt zu $x = 1$, senkrechte Asymptote (Pol); $x \to \pm\infty$ führt zu $y = -2$ (waagerechte Asymptote), da der Bruchterm gegen Null geht.
Das Schaubild der Funktion $g(x) = \frac{1}{x}$ wurde an der x-Achse gespiegelt und anschließend um eine LE nach rechts und zwei LE nach unten verschoben.

d) $f(x) = \frac{1}{(x+1)^2} - 1$
Asymptoten: $x + 1 = 0$ führt zu $x = -1$, senkrechte Asymptote (Pol); $x \to \pm\infty$ führt zu $y = -1$ (waagerechte Asymptote), da der Bruchterm gegen Null geht.
Das Schaubild der Funktion $g(x) = \frac{1}{x^2}$ wurde um eine LE nach links und eine LE nach unten verschoben.

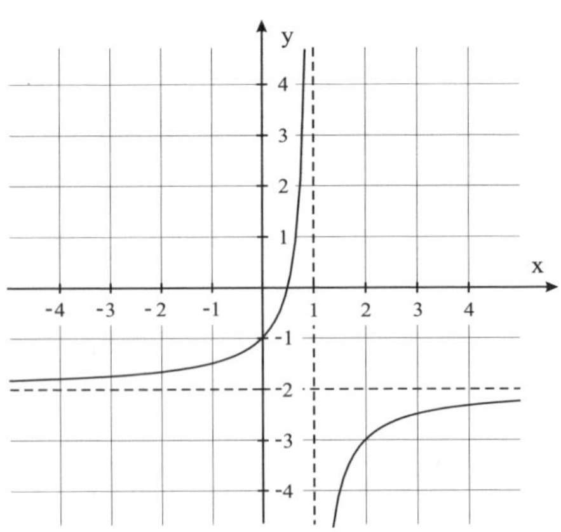

c) $f(x) = -\frac{1}{x-1} - 2$

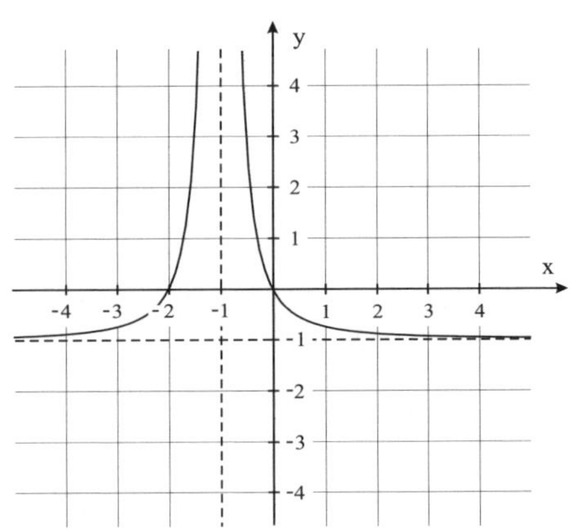

d) $f(x) = \frac{1}{(x+1)^2} - 1$

e) $f(x) = -\frac{1}{(x+1)^2}$
Asymptoten: $x + 1 = 0$ führt zu $x = -1$, senkrechte Asymptote (Pol); $x \to \pm\infty$ führt zu $y = 0$ (waagerechte Asymptote), da der Bruchterm gegen Null geht.
Das Schaubild der Funktion $g(x) = \frac{1}{x^2}$ wurde an der x-Achse gespiegelt und anschließend

um eine LE nach links verschoben.

f) $f(x) = -\frac{1}{(x-1)^2} + 2$
Asymptoten: $x - 1 = 0$ führt zu $x = 1$, senkrechte Asymptote (Pol); $x \to \pm\infty$ führt zu $y = 2$ (waagerechte Asymptote), da der Bruchterm gegen Null geht.
Das Schaubild der Funktion $g(x) = \frac{1}{x^2}$ wurde an der x-Achse gespiegelt und anschließend um eine LE nach rechts und zwei LE nach oben verschoben.

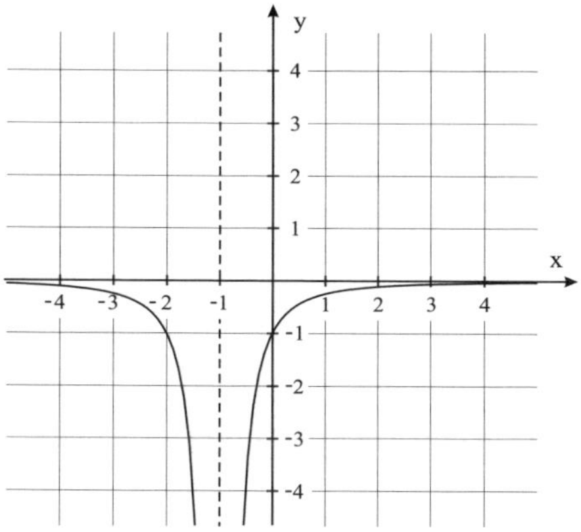

e) $f(x) = -\frac{1}{(x+1)^2}$

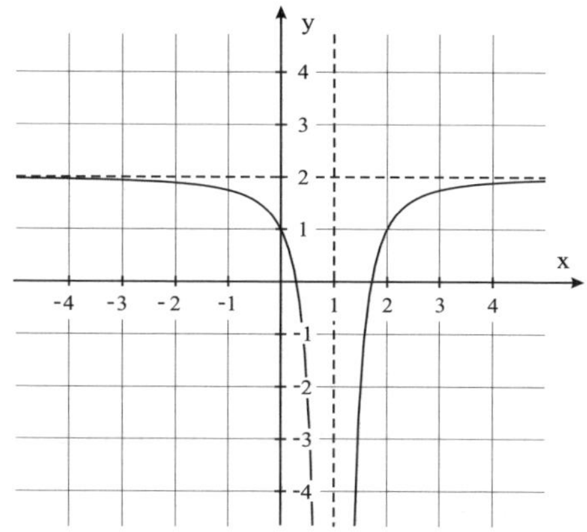

f) $f(x) = -\frac{1}{(x-1)^2} + 2$

1.3 Trigonometrische Funktionen

a) $f(x) = 2\sin x$
Periode: $p = \frac{2\pi}{1} = 2\pi$.
Das Schaubild der Funktion $g(x) = \sin x$ wurde mit Faktor 2 in y-Richtung gestreckt.

b) $f(x) = \frac{1}{2}\cos x$
Periode: $p = \frac{2\pi}{1} = 2\pi$.
Das Schaubild von $g(x) = \cos x$ wurde mit Faktor $\frac{1}{2}$ in y-Richtung gestaucht (bzw. gestreckt).

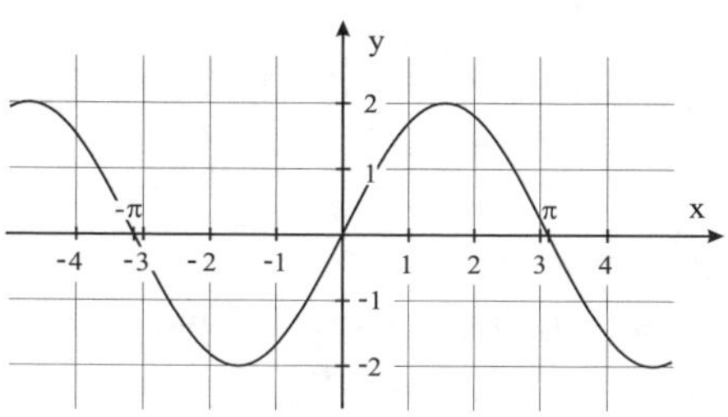

a) $f(x) = 2\sin x$

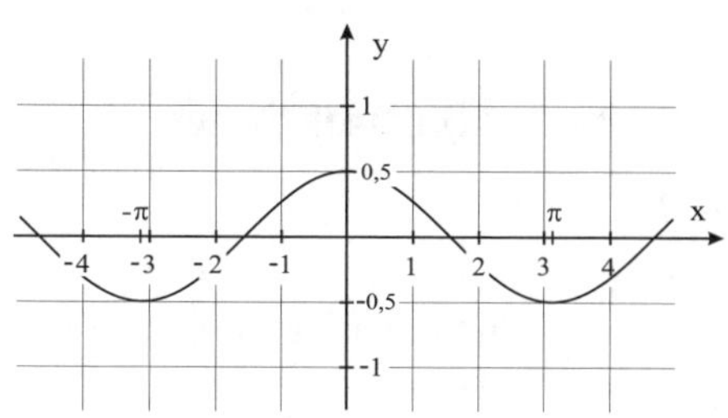

b) $f(x) = \frac{1}{2}\cos x$

c) $f(x) = \sin(2x)$
Periode: $p = \frac{2\pi}{2} = \pi$.
Das Schaubild der Funktion $g(x) = \sin x$ wurde mit Faktor 2 in x-Richtung gestaucht.

d) $f(x) = -\sin(2x) + 1$
Periode: $p = \frac{2\pi}{2} = \pi$.
Das Schaubild der Funktion $g(x) = \sin x$ wurde an der x-Achse gespiegelt, mit Faktor 2 in x-Richtung gestaucht und um eine LE nach oben verschoben.

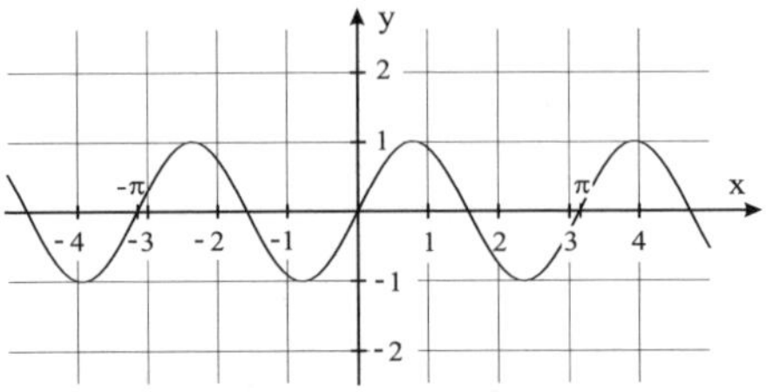

c) $f(x) = \sin(2x)$

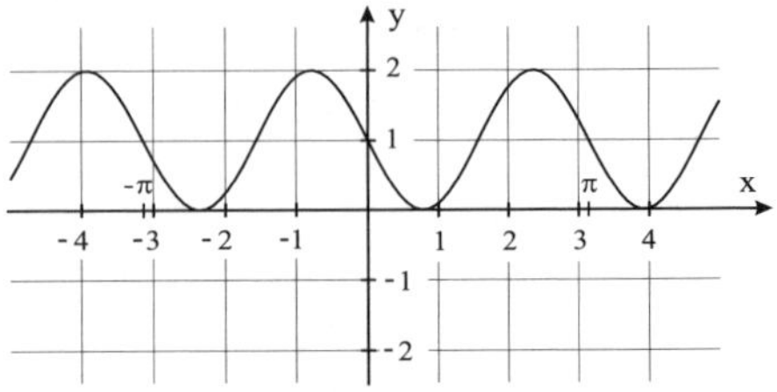

d) $f(x) = -\sin(2x) + 1$

e) $f(x) = \sin(x + 1)$
Periode: $p = \frac{2\pi}{1} = 2\pi$.
Das Schaubild der Funktion $g(x) = \sin x$ wurde um eine LE nach links verschoben.

f) $f(x) = \frac{1}{2}\sin(2x) + \frac{3}{2}$
Periode: $p = \frac{2\pi}{2} = \pi$.
Das Schaubild der Funktion $g(x) = \sin x$ wurde in x-Richtung mit Faktor 2 und in y-Richtung mit Faktor $\frac{1}{2}$ gestaucht, anschließend wurde es um $\frac{3}{2}$ LE nach oben verschoben.

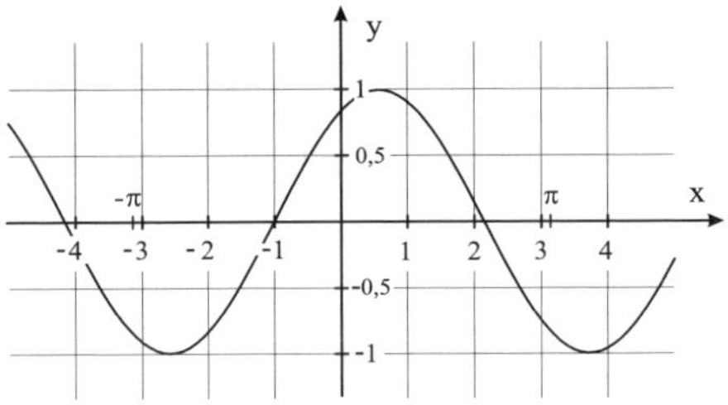

e) $f(x) = \sin(x + 1)$

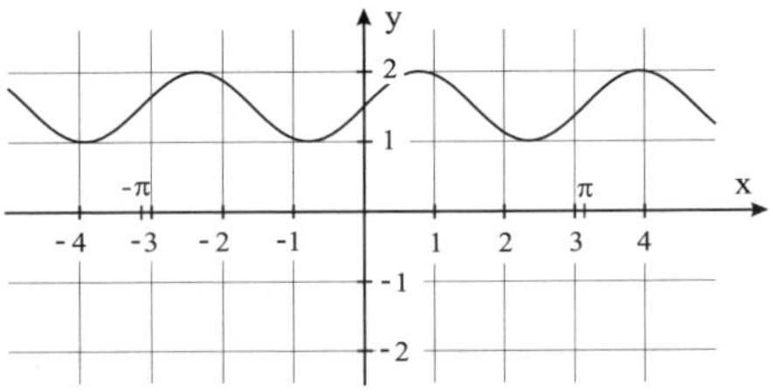

f) $f(x) = \frac{1}{2}\sin(2x) + \frac{3}{2}$

1.4 Exponentialfunktionen

a) $f(x) = e^{x-1} + 1$
Asymptote: $x \to -\infty$ führt zu $y = 1$ (waagerechte Asymptote).
Das Schaubild der Funktion $g(x) = e^x$ wurde um eine LE nach rechts und eine LE nach oben verschoben.

b) $f(x) = -e^{x-1} + 1$
Asymptote: $x \to -\infty$ führt zu $y = 1$ (waagerechte Asymptote).
Das Schaubild der Funktion $g(x) = e^x$ wurde an der x-Achse gespiegelt und anschließend um eine LE nach rechts und eine LE nach oben verschoben.

c) $f(x) = e^{-(x-1)} + 2$
Asymptote: $x \to \infty$ führt zu $y = 2$ (waagerechte Asymptote).
Das Schaubild der Funktion $g(x) = e^{-x}$ wurde um eine LE nach rechts und zwei LE nach oben verschoben.

d) $f(x) = -e^{-x+1} + 1 = -e^{-(x-1)} + 1$
Asymptote: $x \to \infty$ führt zu $y = 1$ (waagerechte Asymptote).
Das Schaubild der Funktion $g(x) = e^{-x}$ wurde an der x-Achse gespiegelt und anschließend um eine LE nach rechts und eine LE nach oben verschoben.

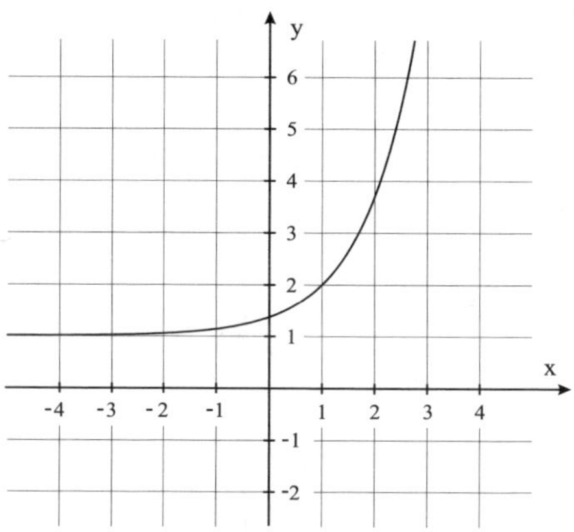

a) $f(x) = e^{x-1} + 1$

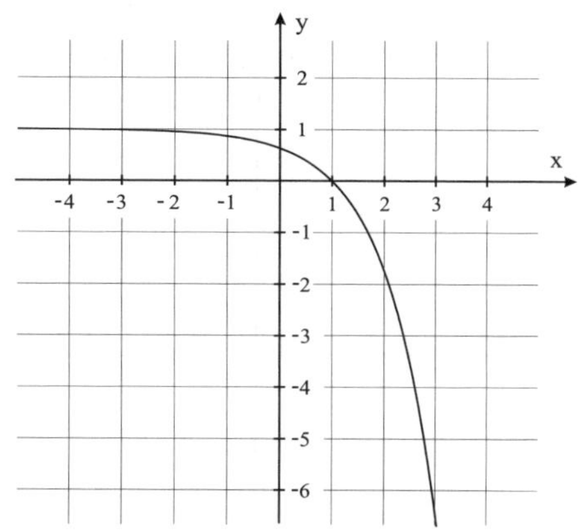

b) $f(x) = -e^{x-1} + 1$

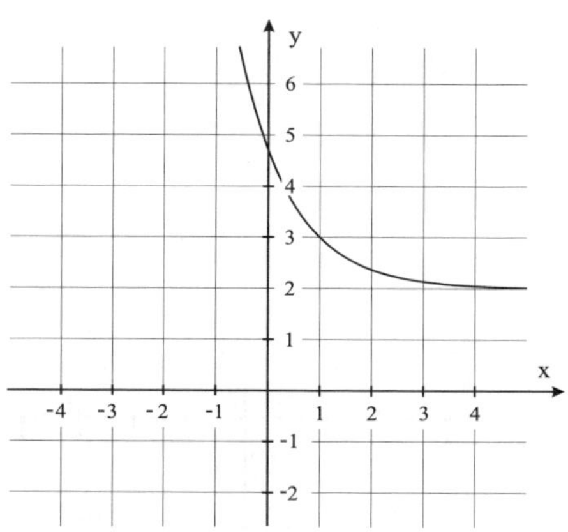

c) $f(x) = e^{-(x-1)} + 2$

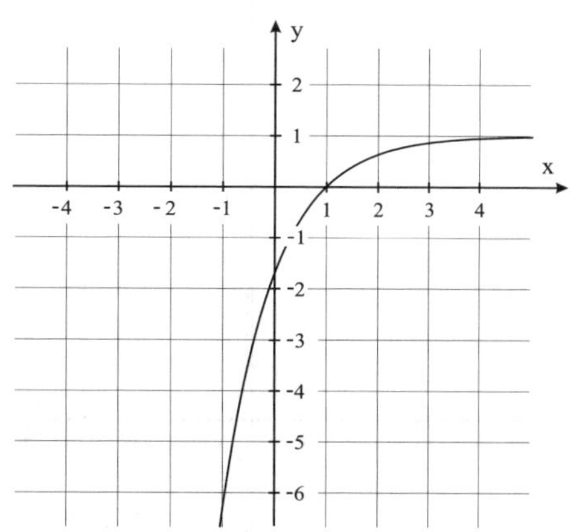

d) $f(x) = -e^{-x+1} + 1$

1.5 Logarithmusfunktionen

a) $f(x) = \ln x + 2$
Definitionsbereich: $x > 0$, senkrechte Asymptote: $x = 0$.
Das Schaubild der Funktion $g(x) = \ln x$ wurde um zwei LE nach oben verschoben.

b) $f(x) = \ln(x + 2)$
Definitionsbereich: $x + 2 > 0$ führt zu $x > -2$, senkrechte Asymptote: $x = -2$.

Das Schaubild der Funktion $g(x) = \ln x$ wurde um zwei LE nach links verschoben.

c) $f(x) = -\ln x - 1$
Definitionsbereich: $x > 0$, senkrechte Asymptote: $x = 0$.
Das Schaubild der Funktion $g(x) = \ln x$ wurde an der x-Achse gespiegelt und anschließend um eine LE nach unten verschoben.

d) $f(x) = -\ln(x-1) + 1$
Definitionsbereich: $x - 1 > 0$ führt zu $x > 1$, senkrechte Asymptote: $x = 1$
Das Schaubild der Funktion $g(x) = \ln x$ wurde an der x-Achse gespiegelt und anschließend um eine LE nach rechts und eine LE nach oben verschoben.

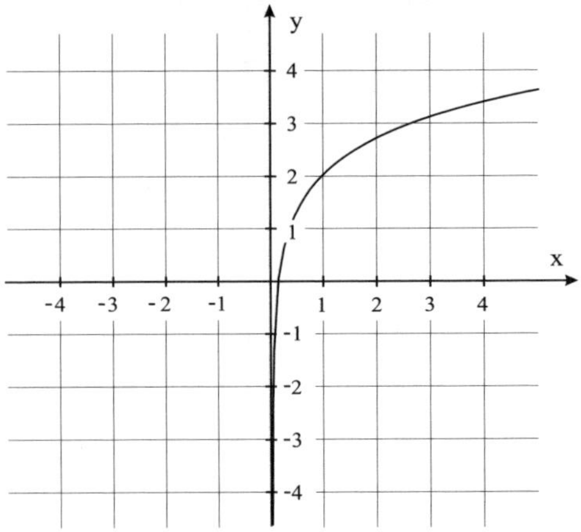

a) $f(x) = \ln x + 2$

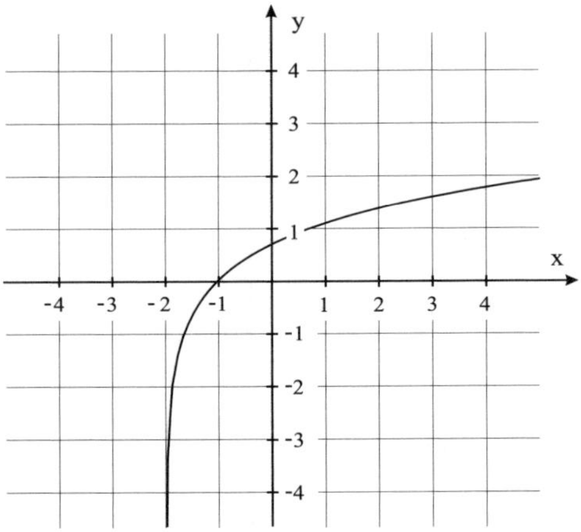

b) $f(x) = \ln(x+2)$

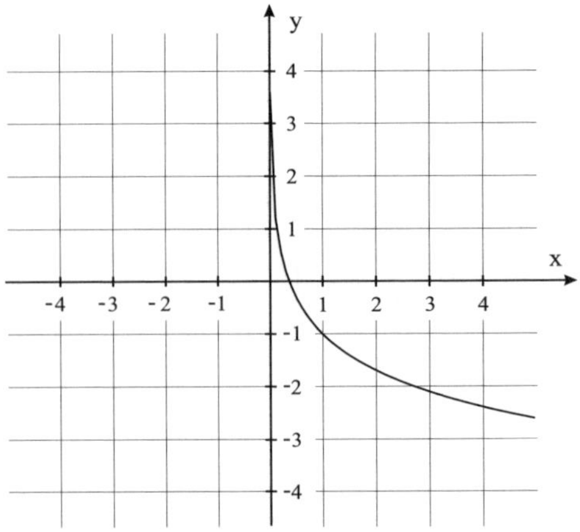

c) $f(x) = -\ln x - 1$

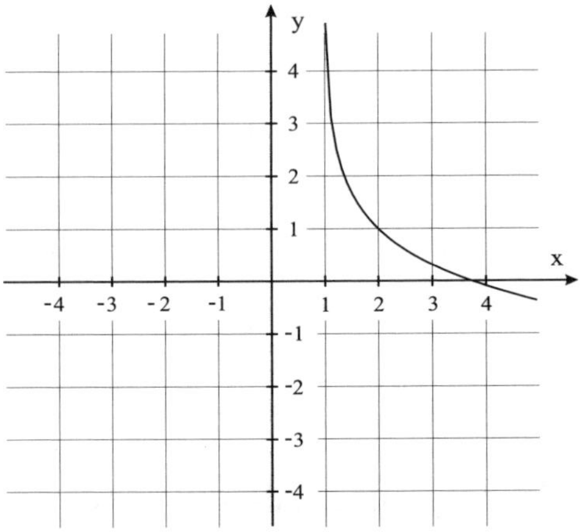

d) $f(x) = -\ln(x-1) + 1$

1.6 Wurzelfunktionen

a) $f(x) = \sqrt{x} + 1$
Definitionsbereich: $x \geqslant 0$
Das Schaubild der Funktion $g(x) = \sqrt{x}$ wurde um eine LE nach oben verschoben.

b) $f(x) = \sqrt{x-2} - 1$
Definitionsbereich: $x - 2 \geqslant 0$ führt zu $x \geqslant 2$
Das Schaubild der Funktion $g(x) = \sqrt{x}$ wurde um zwei LE nach rechts und eine LE nach unten verschoben.

c) $f(x) = -\sqrt{x} + 2$
Definitionsbereich: $x \geqslant 0$
Das Schaubild der Funktion $g(x) = \sqrt{x}$ wurde an der x-Achse gespiegelt und anschließend um zwei LE nach oben verschoben.

d) $f(x) = -\sqrt{x-2} + 3$
Definitionsbereich: $x - 2 \geqslant 0$ führt zu $x \geqslant 2$
Das Schaubild der Funktion $g(x) = \sqrt{x}$ wurde an der x-Achse gespiegelt und anschließend um zwei LE nach rechts und drei LE nach oben verschoben.

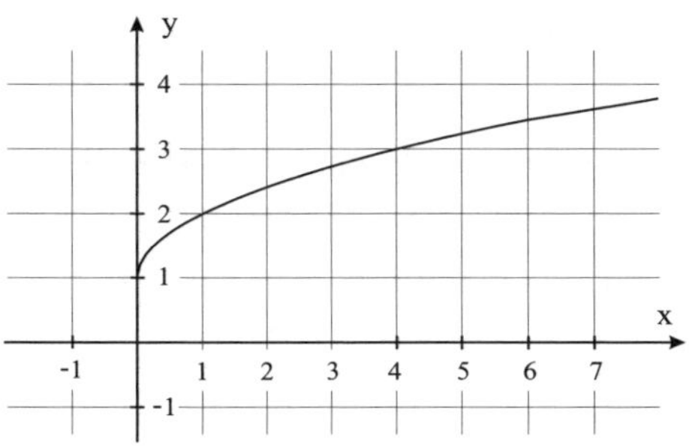

a) $f(x) = \sqrt{x} + 1$

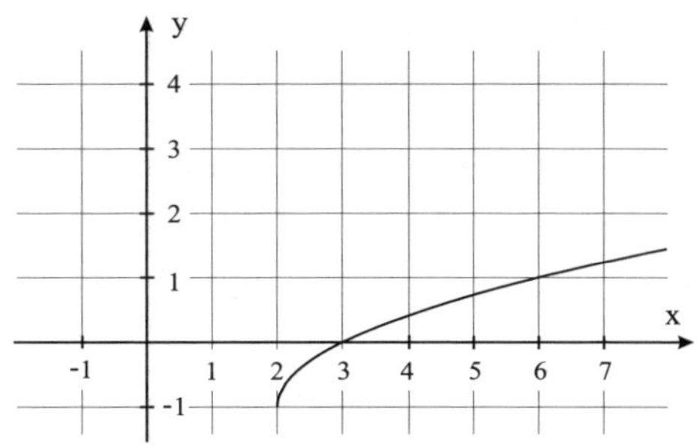

b) $f(x) = \sqrt{x-2} - 1$

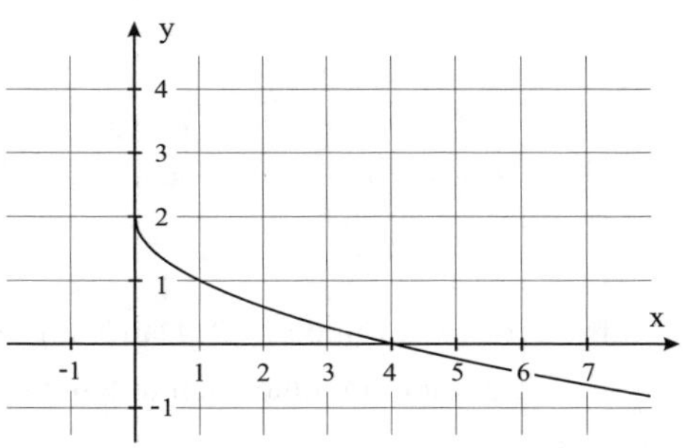

c) $f(x) = -\sqrt{x} + 2$

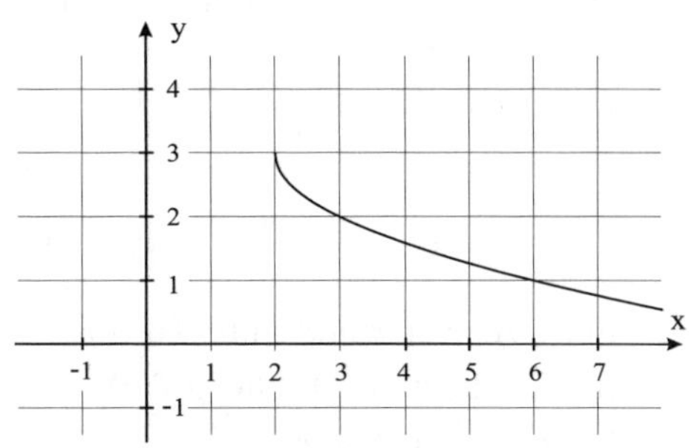

d) $f(x) = -\sqrt{x-2} + 3$

2 Aufstellen von Funktionen mit Randbedingungen

2.1 Ganzrationale Funktionen

a) Ansatz: $f(x) = ax^2 + bx + c$. Die drei Bedingungen ergeben

$$\begin{array}{lclclclcl} f(0)=4 & \Rightarrow & a\cdot 0^2 & + & b\cdot 0 & + & c & = & 4 \\ f(1)=0 & \Rightarrow & a\cdot 1^2 & + & b\cdot 1 & + & c & = & 0 \\ f(2)=18 & \Rightarrow & a\cdot 2^2 & + & b\cdot 2 & + & c & = & 18 \end{array}$$

Daraus ergibt sich das folgende Gleichungssystem:

$$\begin{array}{lccccccc} \text{I} & & & & & c & = & 4 \\ \text{II} & a & + & b & + & c & = & 0 \\ \text{III} & 4a & + & 2b & + & c & = & 18 \end{array}$$

Einsetzen von c und Auflösen von II und III führt auf $a = 11$ und $b = -15$. Damit ergibt sich für die Funktionsgleichung $f(x) = 11x^2 - 15x + 4$.

b) Ansatz: $f(x) = ax^2 + bx + c$ und $f'(x) = 2ax + b$. Die drei Bedingungen ergeben

$$\begin{array}{lclclclcl} f(0)=2 & \Rightarrow & a\cdot 0^2 & + & b\cdot 0 & + & c & = & 2 \\ f(1)=3 & \Rightarrow & a\cdot 1^2 & + & b\cdot 1 & + & c & = & 3 \\ f'(1)=0 & \Rightarrow & 2a\cdot 1 & + & b & & & = & 0 \end{array}$$

Daraus ergibt sich das folgende Gleichungssystem:

$$\begin{array}{lccccccc} \text{I} & & & & & c & = & 2 \\ \text{II} & a & + & b & + & c & = & 3 \\ \text{III} & 2a & + & b & & & = & 0 \end{array}$$

Einsetzen von c und Auflösen von II und III führt auf $a = -1$ und $b = 2$. Damit ergibt sich für die Funktionsgleichung $f(x) = -x^2 + 2x + 2$. Da es sich um eine nach unten geöffnete Parabel handelt, muss M$(1 \mid 3)$ ein Hochpunkt sein.

c) Ansatz: $f(x) = ax^2 + b$ und $f'(x) = 2ax$. Die zwei Bedingungen ergeben

$$\begin{array}{lclclcl} f(1)=6 & \Rightarrow & a\cdot 1^2 & + & b & = & 6 \\ f'(1)=2 & \Rightarrow & 2a\cdot 1 & & & = & 2 \end{array}$$

Daraus ergibt sich das folgende Gleichungssystem:

$$\begin{array}{rcrcr} a & + & b & = & 6 \\ 2a & & & = & 2 \end{array}$$

Auflösen führt auf $a = 1$ und $b = 5$. Damit ergibt sich für die Funktionsgleichung $f(x) = x^2 + 5$.

d) Ansatz: $f(x) = ax^2 + b$. Die zwei Bedingungen ergeben:

$$\begin{array}{lclcrcr} f(\sqrt{3}) = 0 & \Rightarrow & a \cdot \left(\sqrt{3}\right)^2 & + & b & = & 0 \\ f(0) = -3 & \Rightarrow & a \cdot 0 & + & b & = & -3 \end{array}$$

Daraus ergibt sich das folgende Gleichungssystem:

$$\begin{array}{rcrcr} 3a & + & b & = & 0 \\ & & b & = & -3 \end{array}$$

Auflösen führt auf $b = -3$ und $a = 1$. Damit ergibt sich für die Funktionsgleichung: $f(x) = x^2 - 3$.

e) Ansatz: $f(x) = ax^3 + bx^2 + cx + d$, $f'(x) = 3ax^2 + 2bx + c$, $f''(x) = 6ax + 2b$. Die vier Bedingungen ergeben

$$\begin{array}{lclcccccccr} f(0) = 0 & \Rightarrow & a \cdot 0^3 & + & b \cdot 0^2 & + & c \cdot 0 & + & d & = & 0 \\ f''(0) = 0 & \Rightarrow & 6a \cdot 0 & + & 2b & & & & & = & 0 \\ f(2) = 2 & \Rightarrow & a \cdot 2^3 & + & b \cdot 2^2 & + & c \cdot 2 & + & d & = & 2 \\ f'(2) = 0 & \Rightarrow & 3a \cdot 2^2 & + & 2b \cdot 2 & + & c & & & = & 0 \end{array}$$

Daraus ergibt sich das folgende Gleichungssystem:

$$\begin{array}{rcrcrcrcr} & & & & & & d & = & 0 \\ & & 2b & & & & & = & 0 \\ 8a & + & 4b & + & 2c & + & d & = & 2 \\ 12a & + & 4b & + & c & & & = & 0 \end{array}$$

Es ergeben sich $d = 0$, $b = 0$. Einsetzen in die beiden unteren Gleichungen und Auflösen nach a und c ergibt $a = -\frac{1}{8}$ und $c = \frac{3}{2} = 1,5$. Damit ergibt sich für die Funktionsgleichung $f(x) = -\frac{1}{8}x^3 + 1,5x$.

f) Ansatz: $f(x) = ax^3 + bx^2 + cx + d$, $f'(x) = 3ax^2 + 2bx + c$, $f''(x) = 6ax + 2b$. Die vier Bedingungen ergeben

$$\begin{array}{lcrcrcrcrcr} f(0) = 1 & \Rightarrow & a \cdot 0^3 & + & b \cdot 0^2 & + & c \cdot 0 & + & d & = & 1 \\ f'(0) = -1 & \Rightarrow & 3a \cdot 0^2 & + & 2b \cdot 0 & + & c & & & = & -1 \\ f(-1) = 4 & \Rightarrow & a \cdot (-1)^3 & + & b \cdot (-1)^2 & + & c \cdot (-1) & + & d & = & 4 \\ f''(-1) = 0 & \Rightarrow & 6a \cdot (-1) & + & 2b & + & & & & = & 0 \end{array}$$

Daraus ergibt sich das folgende Gleichungssystem:

$$\begin{array}{rcrcrcrcr} & & & & & & d & = & 1 \\ & & & & c & & & = & -1 \\ -a & + & b & - & c & + & d & = & 4 \\ -6a & + & 2b & & & & & = & 0 \end{array}$$

Es ergeben sich $a = 1$, $b = 3$, $c = -1$, $d = 1$. Damit ergibt sich für die Funktionsgleichung $f(x) = x^3 + 3x^2 - x + 1$.

g) Ansatz: $f(x) = ax^4 + bx^2$, $f'(x) = 4ax^3 + 2bx$, $f''(x) = 12ax^2 + 2b$. Die zwei Bedingungen ergeben

$$\begin{array}{lcrcrcr} f(1) = -2{,}5 & \Rightarrow & a \cdot 1^4 & + & b \cdot 1^2 & = & -2{,}5 \\ f''(1) = 0 & \Rightarrow & 12a \cdot 1^2 & + & 2b & = & 0 \end{array}$$

Daraus ergibt sich das folgende Gleichungssystem:

$$\begin{array}{rcrcr} a & + & b & = & -2{,}5 \\ 12a & + & 2b & = & 0 \end{array}$$

Auflösen führt auf $a = \frac{1}{2}$ und $b = -3$. Damit ergibt sich für die Funktionsgleichung $f(x) = \frac{1}{2}x^4 - 3x^2$.

2.2 Gebrochenrationale Funktionen

Die Funktionsgleichung einer gebrochenrationalen Funktion mit waagerechter/schiefer Asymptote oder Näherungskurve hat folgende mögliche Form:

$f(x) = g(x) + \frac{h(x)}{(x-p_1)^m \cdot (x-p_2)^n}$, wobei der Grad von h kleiner als $m + n$ sein muss. Bei einfachen Funktionen ist $h(x) = c$.

$g(x)$: Gleichung der waagerechten/ schiefen Asymptote oder Näherungskurve.

p_1, p_2: Polstellen

m, n: gerade Zahlen bei Pol ohne VZW; ungerade Zahlen bei Pol mit VZW

c: wird mit Hilfe eines gegebenen Punktes bestimmt, indem man diesen in den Ansatz einsetzt.

a) Ansatz: $f(x) = 4 + \frac{c}{(x-1)^1}$. Mit $f(2) = 6$ ergibt sich $4 + \frac{c}{(2-1)^1} = 6 \Rightarrow c = 2$, mögliche Lösung: $f(x) = 4 + \frac{2}{(x-1)}$.

b) Ansatz: $f(x) = x + 1 + \frac{c}{(x-2)^2}$. Mit $f(3) = 2$ ergibt sich $3 + 1 + \frac{c}{(3-2)^2} = 2 \Rightarrow c = -2$, mögliche Lösung: $f(x) = x + 1 - \frac{2}{(x-2)^2}$.

c) Ansatz: $f(x) = 2x - 3 + \frac{c}{(x-1)^1 \cdot (x+1)^1}$. Mit $f(2) = 3$ ergibt sich $2 \cdot 2 - 3 + \frac{c}{(2-1)^1 \cdot (2+1)^1} = 3 \Rightarrow c = 6$, mögliche Lösung: $f(x) = 2x - 3 + \frac{6}{(x+1)(x-1)}$.

d) Ansatz: $f(x) = 3x - 2 + \frac{c}{(x-1)^1 \cdot (x-2)^2}$. Mit $f(0) = 1$ ergibt sich $3 \cdot 0 - 2 + \frac{c}{(0-1)^1 \cdot (0-2)^2} = 1 \Rightarrow c = -12$, mögliche Lösung: $f(x) = 3x - 2 - \frac{12}{(x-1)(x-2)^2}$.

e) Ansatz: $f(x) = 0 + \frac{c}{(x-2)^2}$. Mit $f(0) = 4$ ergibt sich $0 + \frac{c}{(0-2)^2} = 4 \Rightarrow c = 16$, mögliche Lösung: $f(x) = \frac{16}{(x-2)^2}$.

2.3 Exponentialfunktionen

Der allgemeine Ansatz der e-Funktionen ist $f(x) = a \cdot e^{kx}$. Ihre Ableitung ist $f'(x) = k \cdot a \cdot e^{kx}$.

a) Zuerst wird a bestimmt: $f(0) = 2 \Rightarrow a \cdot e^{k \cdot 0} = 2 \Rightarrow a = 2$. Anschließend setzt man dies in die zweite Gleichung ein und bestimmt k: $f(4) = 2e^{12} \Rightarrow 2 \cdot e^{k \cdot 4} = 2 \cdot e^{12}$. Teilen durch 2 ergibt $e^{k \cdot 4} = e^{12}$. Logarithmieren mit ln führt zu $k \cdot 4 = 12 \Rightarrow k = 3$. Damit ist $f(x) = 2 \cdot e^{3x}$.

b) Zuerst wird a bestimmt: $f(0) = 3 \Rightarrow a \cdot e^{k \cdot 0} = 3 \Rightarrow a = 3$. Anschließend setzt man dies in die zweite Gleichung ein und bestimmt k: $f(2) = 3e^8 \Rightarrow 3 \cdot e^{k \cdot 2} = 3 \cdot e^8$. Teilen durch 3 ergibt $e^{k \cdot 2} = e^8$. Logarithmieren mit ln führt zu $k \cdot 2 = 8 \Rightarrow k = 4$. Damit ist $f(x) = 3 \cdot e^{4x}$

c) Zuerst wird wie in den vorangegangenen Aufgaben a bestimmt: $f(0) = 3 \Rightarrow a \cdot e^{k \cdot 0} = 3 \Rightarrow a = 3$. Dies setzt man in die zweite Aussage über die Ableitung ein, um k zu bestimmen: $f'(0) = 6 \Rightarrow k \cdot 3 \cdot e^{k \cdot 0} = 6 \Rightarrow k \cdot 3 = 6 \Rightarrow k = 2$. Damit ist $f(x) = 3 \cdot e^{2x}$.

d) Zuerst wird wie in den vorangegangenen Aufgaben a bestimmt: $f(0) = 2 \Rightarrow a \cdot e^{k \cdot 0} = 2 \Rightarrow a = 2$. Dies setzt man in die zweite Aussage über die Ableitung ein, um k zu bestimmen: $f'(0) = 4 \Rightarrow k \cdot 2 \cdot e^{k \cdot 0} = 4 \Rightarrow k \cdot 2 = 4 \Rightarrow k = 2$. Damit ist $f(x) = 2 \cdot e^{2x}$.

e) Zuerst wird wie in den vorangegangenen Aufgaben a bestimmt: $f(0) = 5 \Rightarrow a \cdot e^{k \cdot 0} = 5 \Rightarrow a = 5$. Dies setzt man in die zweite Aussage ein, um k zu bestimmen: $f'(0) = 10 \Rightarrow k \cdot 5 \cdot e^{k \cdot 0} = 10 \Rightarrow k \cdot 5 = 10 \Rightarrow k = 2$. Damit ist $f(x) = 5 \cdot e^{2x}$.

2.4 Trigonometrische Funktionen

Eine grundlegende Sinusfunktion hat die Gleichung $f(x) = a \cdot \sin(b \cdot (x-c)) + d$.

a) Verschiebung um 3 LE nach oben: $d = +3$
Periode $p = \pi \Rightarrow b = \frac{2\pi}{p} = \frac{2\pi}{\pi} = 2$
Keine Verschiebung nach links/ rechts: $c = 0$
Keine Streckung in y-Richtung: $a = 1$
Setzt man die Koeffizienten ein, erhält man als Lösung $f(x) = \sin(2x) + 3$.

b) Streckfaktor 2,5 in y-Richtung: $a = 2,5$
Periode $p = \frac{\pi}{2} \Rightarrow b = \frac{2\pi}{p} = \frac{2\pi}{\frac{\pi}{2}} = 4$
Verschiebung um 3 LE nach rechts: $c = +3$
Verschiebung um 1,5 LE nach unten: $d = -1,5$
Setzt man die Koeffizienten ein, erhält man als Lösung $f(x) = 2,5 \cdot \sin(4(x-3)) - 1,5$.

c) Verschiebung um 2 LE nach links: $c = -2$
Verschiebung um 4 LE nach oben: $d = +4$
Streckfaktor 0,8 in y-Richtung: $a = 0,8$
Abstand zwischen zwei Hochpunkten = Periodenlänge $\Rightarrow p = 3\pi \Rightarrow b = \frac{2\pi}{p} = \frac{2\pi}{3\pi} = \frac{2}{3}$
Setzt man die Koeffizienten ein, erhält man als Lösung $f(x) = 0,8\sin\left(\frac{2}{3} \cdot (x+2)\right) + 4$.

d) Verschiebung um 1 LE nach rechts: $c = +1$
Verschiebung um 2 LE nach unten: $d = -2$
Streckfaktor 1,7 in y-Richtung: $a = 1,7$
Abstand zwischen zwei Wendepunkten = halbe Periodenlänge $= \frac{\pi}{2} \Rightarrow p = 2 \cdot \frac{\pi}{2} = \pi$
$\Rightarrow b = \frac{2\pi}{p} = \frac{2\pi}{\pi} = 2$
Setzt man die Koeffizienten ein, erhält man als Lösung $f(x) = 1,7\sin(2 \cdot (x-1)) - 2$.

e) Streckfaktor 2 in y-Richtung: $a = 2$
Verschiebung um 3 LE nach unten: $d = -3$
Keine Verschiebung nach links/ rechts: $c = 0$
Ansatz: $f(x) = 2 \cdot \sin(b \cdot x) - 3$
Da $P(1 \mid -1)$ auf der Kurve liegt, gilt $f(1) = -1$ also $2 \cdot \sin(b \cdot 1) - 3 = -1 \Rightarrow \sin b = 1$.
Mögliche Lösung: $b = \frac{\pi}{2} \Rightarrow p = \frac{2\pi}{b} = \frac{2\pi}{\frac{\pi}{2}} = 4$.
Die gesuchte Periode ist $p = 4$.

3 Von der Kurve zur Gleichung

3.1 Ganzrationale Funktionen

Zu jeder Aufgabe gibt es verschiedene Lösungswege, diese sind bei den Tipps zu dieser Aufgabe ausführlich beschrieben.

a) 1. Ansatz als allgemeine symmetrische Parabel 2. Grades: $f(x) = ax^2 + b$. Aus der Zeichnung liest man ab: $f(0) = 1$ und $f(1) = 2$. Einsetzen in die allgemeine Funktion ergibt folgende Gleichungen:

$$\begin{array}{rcrcl} & & b & = & 1 \\ a & + & b & = & 2 \end{array}$$

Auflösen der beiden Gleichungen führt zu $a = 1$ und $b = 1 \Rightarrow f(x) = x^2 + 1$.

2. Linearfaktoransatz ist nicht möglich, da keine Nullstellen existieren.

3. Ansatz als verschobene Normalparabel: Es handelt sich um eine Normalparabel, die um 1 LE nach oben verschoben wurde. Daher wird $f(x) = x^2$ zu $f(x) = x^2 + 1$.

b) 1. Ansatz als symmetrische Parabel 3. Grades $f(x) = ax^3 + b$. Aus der Zeichnung liest man ab: $f(0) = -3$, $f(1) = -2$. Einsetzen in die allgemeine Funktion ergibt folgende Gleichungen:

$$\begin{array}{rcrcl} & & b & = & -3 \\ a & + & b & = & -2 \end{array}$$

Auflösen der beiden Gleichungen führt auf $b = -3$ und $a = 1 \Rightarrow f(x) = x^3 - 3$.

2. Ansatz mit Linearfaktoren lässt sich nicht durchführen, da die Nullstelle nicht genau ablesbar ist.

3. Ansatz als verschobene Parabel 3. Grades: Es handelt sich um eine Parabel, die um 3 LE nach unten verschoben wurde. Daher wird $f(x) = x^3$ zu $f(x) = x^3 - 3$.

c) 1. Ansatz als allgemeine Parabel 2. Grades $f(x) = ax^2 + bx + c$. Aus der Zeichnung liest man ab: $f(-2) = 0$, $f(-1) = 1$, $f(0) = 4$. Einsetzen in die allgemeine Funktion ergibt folgende Gleichungen:

$$\begin{array}{rcrcrcl} 4a & - & 2b & + & c & = & 0 \\ a & - & b & + & c & = & 1 \\ & & & & c & = & 4 \end{array}$$

Einsetzen von c und Auflösen der beiden oberen Gleichungen führt auf $a = 1$ und $b = 4$, damit ist $f(x) = x^2 + 4x + 4$.

2. Ansatz mit Linearfaktoren: Das Schaubild hat nur eine Nullstelle für $x = -2 \Rightarrow (x+2)\cdot(x+2) = 0 \Rightarrow x^2+4x+4 = 0$. Die Funktion könnte aber noch einen Faktor besitzen, der sie in y-Richtung stauchen oder strecken würde. Daher setzt man zur Kontrolle noch einen Wert (nicht die Nullstelle!) ein und liest an der Zeichnung ab, ob die Werte stimmen. Es bieten sich an: $x = -1$ oder $x = 0$. Vergleich mit der Zeichnung ergibt eine Übereinstimmung, damit ist $f(x) = x^2+4x+4$.
3. Ansatz als verschobene Normalparabel: Es handelt sich um eine um 2 LE nach links verschobene Normalparabel, daher wird $f(x) = x^2$ zu $f(x) = (x+2)^2$. Auch hier zur Kontrolle einsetzen: $f(0) = 4$, es herrscht Übereinstimmung. Ausmultiplizieren führt zu $f(x) = x^2+4x+4$.

d) 1. Ansatz als allgemeine Funktion 2. Grades $f(x) = ax^2+bx+c$. Aus der Zeichnung liest man ab: $f(-1) = -2$, $f(0) = -1$, $f(1) = 2$. Einsetzen in die allgemeine Funktion ergibt folgende Gleichungen:

$$\begin{array}{rcrcrcr} a & - & b & + & c & = & -2 \\ & & & & c & = & -1 \\ a & + & b & + & c & = & 2 \end{array}$$

Einsetzen von c und Auflösen der oberen und unteren Gleichung führt zu $a = 1$ und $b = 2$, damit ist $f(x) = x^2+2x-1$.

2. Ansatz mit Linearfaktoren ist nicht möglich, da sich die Nullstellen nicht genau bestimmen lassen.
3. Ansatz als verschobene Normalparabel: Es handelt sich um eine Normalparabel, die um 1 LE nach links und um 2 LE nach unten verschoben ist:
$f(x) = x^2$ wird zu $f(x) = (x+1)^2-2$. Kontrolle für $x = 0$: $f(0) = -1$, d.h. Übereinstimmung. Ausmultiplizieren führt zu $f(x) = x^2+2x-1$.

e) 1. Ansatz als allgemeine Funktion 2. Grades $f(x) = ax^2+bx+c$. Aus der Zeichnung liest man ab: $f(0) = -3$, $f(1) = 0$, $f(2) = 1$. Einsetzen in die allgemeine Funktion ergibt folgende Gleichungen:

$$\begin{array}{rcrcrcr} a & + & b & + & c & = & 0 \\ 4a & + & 2b & + & c & = & 1 \\ & & & & c & = & -3 \end{array}$$

Einsetzen von c und Auflösen der beiden oberen Gleichungen führt zu $a = -1$ und $b = 4$, damit ist $f(x) = -x^2+4x-3$.

2. Ansatz mit Linearfaktoren: Das Schaubild hat Nullstellen für $x = 1$ und $x = 3$, außerdem ist es eine nach unten geöffnete Parabel, daher muss ein Faktor -1 vor die

Gleichung gesetzt werden $\Rightarrow -1 \cdot (x-1) \cdot (x-3) = 0 \Rightarrow -x^2 + 4x - 3 = 0$. Kontrolle für $x = 2$: $f(2) = 1$, damit ist $f(x) = -x^2 + 4x - 3$.

3. Ansatz als verschobene Normalparabel: Es handelt sich um eine nach unten geöffnete Normalparabel, die um 2 LE nach rechts und um 1 LE nach oben verschoben ist: $f(x) = -x^2$ wird zu $f(x) = -(x-2)^2 + 1$. Auch hier Kontrolle für $x = 2$: $f(2) = 1$, es herrscht Übereinstimmung. Ausmultiplizieren führt zu $f(x) = -x^2 + 4x - 3$.

f) 1. Der Ansatz als allgemeine Funktion 3. Grades $f(x) = ax^3 + bx^2 + cx + d$ ist zwar möglich, aber etwas langwierig: Aus der Zeichnung liest man ab: $f(-1) = 0$, $f(0) = 3$, $f(1) = 0$ und $f(3) = 0$. Einsetzen in die allgemeine Funktion ergibt folgende Gleichungen:

$$\begin{array}{rcrcrcrcl} -a & + & b & - & c & + & d & = & 0 \\ & & & & & & d & = & 3 \\ a & + & b & + & c & + & d & = & 0 \\ 27a & + & 9b & + & 3c & + & d & = & 0 \end{array}$$

Einsetzen von d und Auflösen der oberen Gleichungen führt zu $a = 1$, $b = -3$ und $c = -1$, damit ist $f(x) = x^3 - 3x^2 - x + 3$.

2. Ansatz mit Linearfaktoren: Das Schaubild hat Nullstellen für $x = -1$, $x = 1$ und $x = 3$ und geht durch den Punkt $P(2 \mid -3)$.
Also ist $f(x) = a \cdot (x+1) \cdot (x-1) \cdot (x-3)$ und es gilt:
$f(2) = -3 \Rightarrow -3 = a \cdot (2+1) \cdot (2-1) \cdot (2-3) \Rightarrow a = 1$.
Damit ist die Lösung $f(x) = x^3 - 3x^2 - x + 3$.

g) 1. Der Ansatz als allgemeine Funktion 3. Grades $f(x) = ax^3 + bx^2 + cx + d$ ist möglich, aber etwas langwierig: Aus der Zeichnung liest man ab: $f(-4) = 0$, $f(-2) = 0$, $f(-1) = 3$ und $f(0) = 0$. Einsetzen in die allgemeine Funktion ergibt folgende Gleichungen:

$$\begin{array}{rcrcrcrcl} -64a & + & 16b & - & 4c & + & d & = & 0 \\ -8a & + & 4b & - & 2c & + & d & = & 0 \\ -a & + & b & - & c & + & d & = & 3 \\ & & & & & & d & = & 0 \end{array}$$

Einsetzen von d und Auflösen der oberen Gleichungen führt zu $a = -1$, $b = -6$ und $c = -8$, damit ist $f(x) = -x^3 - 6x^2 - 8x$.

2. Ansatz mit Linearfaktoren: Das Schaubild hat Nullstellen für $x = -4$, $x = -2$ und $x = 0$ und geht durch den Punkt $P(-1 \mid 3)$.
Also ist $f(x) = a \cdot (x+4) \cdot (x+2) \cdot (x-0)$ und es gilt:

$f(-1)=3 \Rightarrow 3=a\cdot(-1+4)\cdot(-1+2)\cdot(-1) \Rightarrow a=-1.$
Damit ist die Lösung $f(x)=-x^3-6x^2-8x$.

h) 1. Der Ansatz als allgemeine Funktion 4. Grades $f(x)=ax^4+bx^3+cx^2+dx+e$ ist möglich, aber langwierig: Aus der Zeichnung liest man ab: $f(-4)=0$, $f(-2)=0$, $f(0)=8$, $f(2)=0$ und $f(4)=0$. Einsetzen in die allg. Funktion und schrittweises Auflösen mit dem Gauß-Verfahren führt zu $a=\frac{1}{8}$, $b=0$, $c=-2{,}5$, $d=0$ und $e=8$, damit ist $f(x)=\frac{1}{8}x^4-2{,}5x^2+8$.

2. Ansatz mit Linearfaktoren: Das Schaubild hat Nullstellen für $x=-4$, $x=-2$, $x=2$ und $x=4$ und geht durch den Punkt $\mathrm{P}(0 \mid 8)$.
Also ist $f(x)=a\cdot(x+4)\cdot(x-4)\cdot(x+2)\cdot(x-2)$ und es gilt:
$f(0)=8 \Rightarrow 8=a\cdot 4\cdot(-4)\cdot 2\cdot(-2) \Rightarrow a=\frac{1}{8}.$
Damit ist die Lösung $f(x)=\frac{1}{8}\left(x^2-16\right)\left(x^2-4\right)=\frac{1}{8}x^4-2{,}5x^2+8$.

3.2 Gebrochenrationale Funktionen

Allgemein gilt, dass man zum Überprüfen der Funktionsterme (mindestens) einen der Punkte zum Schluss einsetzen sollte.

a) Grundfunktion $f(x)=\frac{1}{x}$ mit Polstelle $x=0$ mit VZW und waagerechter Asymptote $y=0$.

b) Grundfunktion $f(x)=\frac{1}{x^2}$ mit Polstelle $x=0$ ohne VZW und waagerechter Asymptote $y=0$.

c) Das Schaubild der Grundfunktion $y=\frac{1}{x}$ ist um 2 LE nach rechts verschoben, also steht im Nenner $x-2$. Die Punktprobe mit $\mathrm{P}(3 \mid 1)$ bestätigt die Funktionsgleichung $f(x)=\frac{1}{x-2}$.

d) Das Schaubild der Grundfunktion $y=\frac{1}{x^2}$ ist um 1 LE nach links verschoben, also steht im Nenner $(x+1)^2$. Die Punktprobe mit $\mathrm{P}(-2 \mid 1)$ bestätigt die Funktionsgleichung $f(x)=\frac{1}{(x+1)^2}$.

e) Das Schaubild der Grundfunktion $y=\frac{1}{x^2}$ ist um 1 LE nach rechts und um 1 LE nach oben verschoben. Die Punktprobe mit $\mathrm{P}(2 \mid 2)$ bestätigt die Funktionsgleichung $f(x)=\frac{1}{(x-1)^2}+1$.

f) Das Schaubild der Grundfunktion $y=\frac{1}{x}$ ist um 1 LE nach links und um 1 LE nach unten verschoben. Die Punktprobe mit $\mathrm{P}(0 \mid 0)$ bestätigt die Funktionsgleichung $f(x)=\frac{1}{x+1}-1$.

g) Polstelle: $x=0$ mit VZW, schiefe Asymptote $y=x$, abgelesener Punkt $\mathrm{P}(1 \mid 2)$.
Ansatz: $f(x)=x+\frac{c}{(x-0)^1}$. Setzt man den Punkt $\mathrm{P}(1 \mid 2)$ ein, so kann man c berechnen: $2=1+\frac{c}{(1-0)^1} \Rightarrow c=1$, also $f(x)=x+\frac{1}{x}$.

h) Polstellen: $x_1 = 2$ mit VZW und $x_2 = -2$ mit VZW, waagerechte Asymptote $y = 1$, abgelesener Punkt P$(0 \mid 0)$.
Ansatz: $f(x) = 1 + \frac{c}{(x-2)^1 \cdot (x+2)^1}$. Setzt man den Punkt P$(0 \mid 0)$ ein, so erhält man c:

$$0 = 1 + \frac{c}{(0-2)^1 \cdot (0+2)^1} \Rightarrow c = 4, \text{ also } f(x) = 1 + \frac{4}{(x-2)(x+2)} = \frac{x^2}{x^2-4}.$$

i) Polstelle: $x = 1$ ohne VZW, schiefe Asymptote: $y = \frac{1}{2}x - 1$, abgelesener Punkt P$(2 \mid 3)$.
Ansatz: $f(x) = \frac{1}{2}x - 1 + \frac{c}{(x-1)^2}$. Setzt man den Punkt P$(2 \mid 3)$ ein, so erhält man c:

$$3 = \frac{1}{2} \cdot 2 - 1 + \frac{c}{(2-1)^2} \Rightarrow c = 3, \text{ also } f(x) = \frac{1}{2}x - 1 + \frac{3}{(x-1)^2} = \frac{x^3 - 4x^2 + 5x + 4}{2x^2 - 4x + 2}.$$

j) Polstelle: $x = -1$ mit VZW, schiefe Asymptote: $y = 2x - 1$, abgelesener Punkt P$(0 \mid 1)$.
Ansatz: $f(x) = 2x - 1 + \frac{c}{(x+1)^1}$. Setzt man den Punkt P$(0 \mid 1)$ ein, so erhält man c:

$$1 = 2 \cdot 0 - 1 + \frac{c}{(0+1)^1} \Rightarrow c = 2, \text{ also } f(x) = 2x - 1 + \frac{2}{x+1} = \frac{2x^2 + x + 1}{x+1}.$$

3.3 Trigonometrische Funktionen

a) Für $x = 0$ besitzt das Schaubild der Funktion einen Wendepunkt. Daher ist der Ansatz als Sinusfunktion am einfachsten. Die «Mittelachse» der Funktion liegt genau auf der x-Achse, es gibt also kein absolutes Glied. Die einfachste Sinusfunktion $f(x) = \sin x$ besitzt als höchsten Funktionswert $f(\frac{\pi}{2}) = 1$. Da bei der vorliegenden Funktion $f(\frac{\pi}{2}) = 2$ ist, muss ein Faktor 2 vorangestellt werden. Eine mögliche Funktion ist damit $f(x) = 2 \cdot \sin x$.
Für die trigonometrischen Funktionen gilt: $\sin x = \cos\left(x - \frac{\pi}{2}\right)$. Daher könnte man auch eine Kosinusfunktion finden, die ein entsprechendes Schaubild besitzt.

b) An der Stelle $x = 0$ besitzt das Schaubild der Funktion weder Maximum noch Wendepunkt. Daher kann man die Funktion sowohl als Sinus- als auch als Kosinusfunktion ansetzen. Die «Mittelachse» des Schaubildes liegt genau auf der x-Achse, es gibt also kein absolutes Glied. Das Maximum liegt im Punkt H$(1 \mid 1{,}5)$, daher liegt es nahe, die Funktion als verschobene Kosinusfunktion anzusetzen: $f(x) = \cos(x-1)$. Da das Maximum den Wert $f(1) = 1{,}5$ besitzt, muss der Funktion noch ein Faktor 1,5 vorangestellt werden. Ein möglicher Funktionsterm ist damit $f(x) = 1{,}5 \cdot \cos(x-1)$.

c) Das Schaubild besitzt für $x = 0$ einen Wendepunkt, daher ist es am einfachsten, eine Sinusfunktion zu wählen. Die «Mittelachse» des Schaubilds liegt auf der Geraden $y = 1$, das absolute Glied ist also $= 1$. Da die Auslenkung des Schaubilds der Funktion 4 LE beträgt, besitzt die Funktion einen Faktor 2. Eine mögliche Funktion ist also $f(x) = 2 \cdot \sin x + 1$.

d) Die Funktion besitzt für $x = 0$ einen Wendepunkt, daher handelt es sich vermutlich um eine Sinusfunktion. Die «Mittelachse» des Schaubilds liegt genau auf der x-Achse, es gibt also kein absolutes Glied. Das Maximum der Funktion besitzt den Funktionswert $f(1{,}8) \approx 4{,}1$, also muss der Funktion ein Faktor 4,1 vorangestellt werden. Die Periodenlänge lässt sich an den Schnittpunkten mit der x-Achse ablesen, sie beträgt ca. $7,4$ LE, daher ist das Schaubild in x-Richtung gestreckt. Der Faktor ist $\frac{2\pi}{7,4} = \frac{6,28}{7,4} \approx 0,85$. Eine mögliche Funktion ist damit die Funktion $f(x) = 4,1 \cdot \sin(0,85 \cdot x)$.

Bemerkung: Diese Aussagen sind über diese Funktion nur möglich, weil vorher bekannt war, dass es sich um eine trigonometrische Funktion handelt. Wäre dies nicht bekannt, hätte es sich auch um eine Funktion der Gestalt $f(x) = ax^4 - bx^2$ handeln können.

4 Differenzieren

Bemerkung: Klammern und das Multiplikationszeichen werden bei den Lösungen dazu verwendet, die Ausdrücke übersichtlich zu machen (z.B. um bei der Quotientenregel zu zeigen, wo sich u' und v befinden).

4.1 Ganzrationale Funktionen

a) $f'(x) = 5 \cdot 4x^4 - 3 \cdot 2x^2 = 20x^4 - 6x^2$

b) $f'(x) = 2a \cdot 3x^2 - 6a^2 \cdot 2x = 6ax^2 - 12a^2x$

c) $f'(x) = t^2 \cdot 4x^3 - 3t^3 \cdot 2x + 0 = 4t^2x^3 - 6t^3x$

d) $f'(x) = 3 \cdot (4x+1)^2 \cdot 4 = 12 \cdot (4x+1)^2$

e) $f'(x) = 4 \cdot \left(2x^2+a\right)^3 \cdot 2 \cdot 2x = 16x \cdot \left(2x^2+a\right)^3$

f) $f'(x) = 3 \cdot \left(2ax^3+3\right)^2 \cdot 2a \cdot 3x^2 = 18ax^2 \cdot \left(2ax^3+3\right)^2$

g) $f'(x) = 1 \cdot (x-k)^2 + (x-1) \cdot 2 \cdot (x-k) \cdot 1 = (x-k)^2 + 2 \cdot (x-1) \cdot (x-k)$

h) $f'(x) = 2a \cdot (x-a)^2 + 2ax \cdot 2 \cdot (x-a) \cdot 1 = 2a \cdot (x-a)^2 + 4ax \cdot (x-a)$

4.2 Gebrochenrationale Funktionen

a) $f'(x) = \frac{0-4 \cdot 2 \cdot (2x+1) \cdot 2}{(2x+1)^4} = \frac{-16}{(2x+1)^3}$

b) $f'(x) = \frac{1 \cdot (3x+2)^2 - x \cdot 2 \cdot (3x+2) \cdot 3}{(3x+2)^4} = \frac{(3x+2) \cdot \left((3x+2)-6x\right)}{(3x+2)^4} = \frac{-3x+2}{(3x+2)^3}$

c) $f'(x) = \frac{2x \cdot (2x+1)^2 - x^2 \cdot 2 \cdot (2x+1) \cdot 2}{(2x+1)^4} = \frac{(2x+1) \cdot \left(2x \cdot (2x+1) - 4x^2\right)}{(2x+1)^4} = \frac{2x}{(2x+1)^3}$

d) $f'(x) = \frac{a \cdot \left(x^2+a\right) - ax \cdot 2x}{\left(x^2+a\right)^2} = \frac{-ax^2+a^2}{\left(x^2+a\right)^2}$

e) $f'(x) = \frac{(6x+2) \cdot \left(x^2-1\right) - \left(3x^2+2x-1\right) \cdot 2x}{\left(x^2-1\right)^2} = \frac{-2x^2-4x-2}{\left(x^2-1\right)^2} = \frac{-2 \cdot \left(x^2+2x+1\right)}{\left(x^2-1\right)^2}$

$$= \frac{-2 \cdot (x+1)^2}{((x+1) \cdot (x-1))^2} = \frac{-2 \cdot (x+1)^2}{(x+1)^2 \cdot (x-1)^2} = \frac{-2}{(x-1)^2}$$

f) $f'(x) = \frac{\left(3x^2-4x\right) \cdot \left(x^2+1\right) - \left(x^3-2x^2+2\right) \cdot 2x}{\left(x^2+1\right)^2} = \frac{x^4+3x^2-8x}{\left(x^2+1\right)^2}$

g) $f'(x) = \frac{(8x^3-3)\cdot(x^3+x)-(2x^4-3x+1)\cdot(3x^2+1)}{(x^3+x)^2}$

$= \frac{8x^6+8x^4-3x^3-3x-6x^6-2x^4+9x^3+3x-3x^2-1}{(x^3+x)^2} = \frac{2x^6+6x^4+6x^3-3x^2-1}{(x^3+x)^2}$

h) $f'(x) = \frac{2ax\cdot(x^2+a)-(ax^2+2)\cdot 2x}{(x^2+a)^2} = \frac{2a^2x-4x}{(x^2+a)^2}$

4.3 Exponentialfunktionen

a) $f'(x) = 6x\cdot e^{-4x} + 3x^2\cdot e^{-4x}\cdot(-4) = e^{-4x}\left(6x-12x^2\right) = 6xe^{-4x}(1-2x)$

b) $f'(x) = \frac{3}{2}x^2\cdot e^{2x} + \frac{1}{2}x^3\cdot e^{2x}\cdot 2 = e^{2x}\left(\frac{3}{2}x^2+x^3\right)$

c) $f'(x) = 2e^{-x} + (2x+5)\cdot e^{-x}\cdot(-1) = e^{-x}(-2x-3)$

d) $f'(x) = 1\cdot e^{-kx} + (x+k)\cdot e^{-kx}\cdot(-k) = e^{-kx}\left(1-kx-k^2\right)$

e) $f'(x) = 2\cdot(4x+e^{-x})\cdot(4+e^{-x}\cdot(-1)) = 2\cdot(4x+e^{-x})\cdot(4-e^{-x})$

f) $f'(x) = 2\cdot\left(x^2+e^{2x}\right)\cdot\left(2x+e^{2x}\cdot 2\right) = 2\cdot\left(x^2+e^{2x}\right)\cdot\left(2x+2e^{2x}\right)$
$= 4x^3 + \left(4x^2+4x\right)e^{2x} + 4e^{4x}$

g) $f'(x) = 2\cdot(e^x+e^{-x})\cdot(e^x-e^{-x}) = 2\cdot\left(e^{2x}-e^{-2x}\right)$

h) $f'(x) = 2\cdot\left(2k+e^{-2x}\right)\cdot e^{-2x}\cdot(-2) = -4e^{-2x}\cdot\left(2k+e^{-2x}\right)$

4.4 Trigonometrische Funktionen

a) $f'(x) = 2\cdot\cos\left(\frac{1}{2}x^2+4\right) + 2x\cdot\left(-\sin\left(\frac{1}{2}x^2+4\right)\right)\cdot x = 2\cdot\cos\left(\frac{1}{2}x^2+4\right) - 2x^2\cdot\sin\left(\frac{1}{2}x^2+4\right)$

b) $f'(x) = 2x\cdot\sin(4x+3) + x^2\cdot\cos(4x+3)\cdot 4 = 2x\cdot\sin(4x+3) + 4x^2\cdot\cos(4x+3)$

c) $f'(x) = 2x\cdot\sin\left(\frac{1}{3}x^2+2\right) + \left(x^2-4\right)\cdot\cos\left(\frac{1}{3}x^2+2\right)\cdot\frac{2}{3}x$
$= 2x\cdot\sin\left(\frac{1}{3}x^2+2\right) + \left(\frac{2}{3}x^3-\frac{8}{3}x\right)\cdot\cos\left(\frac{1}{3}x^2+2\right)$

d) $f'(x) = 2x\cdot\cos\left(\frac{1}{2}x-1\right) + x^2\cdot\left(-\sin\left(\frac{1}{2}x-1\right)\cdot\frac{1}{2}\right) = 2x\cdot\cos\left(\frac{1}{2}x-1\right) - \frac{1}{2}x^2\cdot\sin\left(\frac{1}{2}x-1\right)$

e) $f'(x) = 2\cdot(x+\cos x)\cdot(1-\sin x)$

f) $f'(x) = 2\cdot(\sin x+\cos x)\cdot(\cos x-\sin x) = 2\cdot\left(\cos^2 x-\sin^2 x\right)$

g) $f'(x) = 3\cdot\left(x^2-\sin x\right)^2\cdot(2x-\cos x)$

h) $f'(x) = 2\cdot(ax-\sin(ax))\cdot(a-a\cdot\cos(ax))$

4.5 Wurzelfunktionen

a) $f'(x) = \frac{1}{2} \cdot \left(x^2+4\right)^{-\frac{1}{2}} \cdot 2x = \frac{x}{\sqrt{x^2+4}}$

b) $f'(x) = \frac{1}{2} \cdot \left(\frac{1}{2}x^2 - 2x\right)^{-\frac{1}{2}} \cdot (x-2) = \frac{x-2}{2\sqrt{\frac{1}{2}x^2-2x}}$

c) $f'(x) = \frac{1}{2} \cdot \left(x^3 - x^2\right)^{-\frac{1}{2}} \cdot \left(3x^2 - 2x\right) = \frac{3x^2-2x}{2\sqrt{x^3-x^2}} = \frac{x\cdot(3x-2)}{2x\sqrt{x-1}} = \frac{3x-2}{2\sqrt{x-1}}$

d) $f'(x) = \frac{2ax-2a}{2\sqrt{ax^2-2ax}} = \frac{ax-a}{\sqrt{ax^2-2ax}}$

e) $f'(x) = 2 \cdot (\sqrt{x}+2) \cdot \frac{1}{2\sqrt{x}} = \frac{\sqrt{x}+2}{\sqrt{x}} = \frac{\sqrt{x}}{\sqrt{x}} + \frac{2}{\sqrt{x}} = 1 + \frac{2}{\sqrt{x}}$

f) $f'(x) = 2 \cdot \left(\sqrt{x+4} - x\right) \cdot \left(\frac{1}{2\sqrt{x+4}} - 1\right) = 1 - 2\sqrt{x+4} - \frac{x}{\sqrt{x+4}} + 2x$

g) $f'(x) = 2 \cdot \sqrt{x^2+4} + 2x \cdot \frac{x}{\sqrt{x^2+4}} = 2\sqrt{x^2+4} + \frac{2x^2}{\sqrt{x^2+4}} = \frac{2(x^2+4)}{\sqrt{x^2+4}} + \frac{2x^2}{\sqrt{x^2+4}} = \frac{2x^2+8+2x^2}{\sqrt{x^2+4}}$
$= 4\frac{x^2+2}{\sqrt{x^2+4}}$

h) $f'(x) = 2x \cdot \sqrt{x^2-4} + x^2 \cdot \frac{x}{\sqrt{x^2-4}} = 2x \cdot \sqrt{x^2-4} + \frac{x^3}{\sqrt{x^2-4}} = \frac{2x(x^2-4)}{\sqrt{x^2-4}} + \frac{x^3}{\sqrt{x^2-4}} = \frac{2x^3-8x+x^3}{\sqrt{x^2-4}}$
$= \frac{3x^3-8x}{\sqrt{x^2-4}}$

4.6 Logarithmusfunktionen

a) $f'(x) = \frac{1}{2+3x^2} \cdot 6x = \frac{6x}{2+3x^2}$

b) $f'(x) = \frac{4x+1}{2x^2+x}$

c) $f'(x) = \frac{8x-2}{4x^2-2x+1}$

d) $f'(x) = \frac{2ax+b}{ax^2+bx+c}$

e) $f'(x) = 2\ln(4+x) + \frac{2x}{4+x}$

f) $f'(x) = 2x\ln\left(x^2+1\right) + x^2 \cdot \frac{2x}{x^2+1} = 2x\ln\left(x^2+1\right) + \frac{2x^3}{x^2+1}$

g) $f'(x) = 2\ln(3x+2) + (2x-3)\frac{3}{3x+2} = 2\ln(3x+2) + \frac{6x-9}{3x+2}$

h) $f'(x) = (2x-2) \cdot \ln\left(x^2+1\right) + \left(x^2-2x\right)\frac{2x}{x^2+1} = (2x-2) \cdot \ln\left(x^2+1\right) + \frac{2x^3-4x^2}{x^2+1}$

i) $f'(x) = \frac{2x}{x^2+t}$

4.7 Gebrochene Exponentialfunktionen

a) $f'(x) = \frac{0-3\cdot e^x}{(1+e^x)^2} = \frac{-3e^x}{(1+e^x)^2}$

b) $f'(x) = \frac{0-4\left(-e^{-x}\right)\cdot(-1)}{(1-e^{-x})^2} = \frac{-4e^{-x}}{(1-e^{-x})^2}$

c) $f'(x) = \frac{1\cdot\left(2+e^{3x}\right)-x\cdot e^{3x}\cdot 3}{\left(2+e^{3x}\right)^2} = \frac{e^{3x}\cdot(1-3x)+2}{\left(2+e^{3x}\right)^2}$

d) $f'(x) = \frac{2x\cdot\left(1+e^{-x}\right)-x^2\cdot e^{-x}\cdot(-1)}{(1+e^{-x})^2} = \frac{e^{-x}\cdot\left(2x+x^2\right)+2x}{(1+e^{-x})^2}$

e) $f'(x) = \frac{e^x\cdot\left(2-e^{-x}\right)-e^x\cdot\left(-e^{-x}\cdot(-1)\right)}{(2-e^{-x})^2} = \frac{2e^x-1-1}{(2-e^{-x})^2} = \frac{2e^x-2}{(2-e^{-x})^2}$

f) $f'(x) = \frac{2e^{-x}\cdot(-1)\cdot(1+e^x)-2e^{-x}\cdot e^x}{(1+e^x)^2} = \frac{-2e^{-x}-2-2}{(1+e^x)^2} = \frac{-2e^{-x}-4}{(1+e^x)^2}$

g) $f'(x) = \frac{\left(e^x-e^{-x}\right)\cdot(1+e^x)-\left(e^x+e^{-x}\right)\cdot e^x}{(1+e^x)^2} = \frac{e^x+e^{2x}-e^{-x}-1-e^{2x}-1}{(1+e^x)^2} = \frac{e^x-e^{-x}-2}{(1+e^x)^2}$

4.8 Exponentialfunktionen und trigonometrische Funktionen

a) $f'(x) = \cos(e^x+1)\cdot e^x$

b) $f'(x) = -\sin(2e^{-x}+1)\cdot 2e^{-x}\cdot(-1) = 2e^{-x}\sin(2e^{-x}+1)$

c) $f'(x) = 2e^x\cdot\cos(2e^x+3)$

d) $f'(x) = e^x\cdot\sin x + e^x\cos x = e^x(\sin x+\cos x)$

e) $f'(x) = \frac{1}{2}e^{-x}\cdot(-1)\cdot\cos(2x)+\frac{1}{2}e^{-x}\cdot(-\sin(2x))\cdot 2 = e^{-x}\cdot\left(-\frac{1}{2}\cos(2x)-\sin(2x)\right)$

f) $f'(x) = e^{3x}\cdot 3\sin(e^{2x})+e^{3x}\cdot\cos(e^{2x})\cdot e^{2x}\cdot 2 = e^{3x}\cdot\left(3\sin(e^{2x})+2e^{2x}\cos(e^{2x})\right)$

4.9 Exponentialfunktionen und Wurzelfunktionen

a) $f'(x) = \frac{1}{2}(e^x)^{-\frac{1}{2}}\cdot e^x = \frac{e^x}{2\sqrt{e^x}} = \frac{\sqrt{e^x}\cdot\sqrt{e^x}}{2\sqrt{e^x}} = \frac{\sqrt{e^x}}{2} = \frac{1}{2}\sqrt{e^x}$

b) $f'(x) = \frac{3e^{3x}}{2\sqrt{e^{3x}+1}}$

c) $f'(x) = \frac{-e^{-x}+e^x}{2\sqrt{e^{-x}+e^x}}$

d) $f'(x) = \frac{1}{2\sqrt{x}}\cdot e^{-\frac{1}{2}x}+\sqrt{x}\cdot e^{-\frac{1}{2}x}\cdot\left(-\frac{1}{2}\right) = e^{-\frac{1}{2}x}\cdot\left(\frac{1}{2\sqrt{x}}-\frac{1}{2}\sqrt{x}\right) = e^{-\frac{1}{2}x}\cdot\left(\frac{1-x}{2\sqrt{x}}\right)$

e) $f'(x) = \frac{1\cdot 2}{2\sqrt{2x+1}}\cdot e^{-x}+\sqrt{2x+1}\cdot e^{-x}\cdot(-1) = e^{-x}\cdot\left(\frac{1}{\sqrt{2x+1}}-\sqrt{2x+1}\right)$
$= e^{-x}\cdot\left(\frac{-2x}{\sqrt{2x+1}}\right)$

f) $f'(x) = \frac{2x}{2\sqrt{x^2-4}} \cdot e^{2x+1} + \sqrt{x^2-4} \cdot e^{2x+1} \cdot 2 = e^{2x+1} \cdot \left(\frac{x}{\sqrt{x^2-4}} + 2\sqrt{x^2-4} \right)$
$= e^{2x+1} \cdot \left(\frac{2x^2+x-8}{\sqrt{x^2-4}} \right)$

4.10 Trigonometrische und ln-Funktionen

a) $f'(x) = \dfrac{\cos x}{\sin x} = \dfrac{1}{\frac{\sin x}{\cos x}} = \dfrac{1}{\tan x}$

b) $f'(x) = \dfrac{-\sin x}{\cos x + 2}$

c) $f'(x) = \dfrac{2x + 3\cos(3x)}{x^2 + \sin(3x)}$

d) $f'(x) = \cos(\ln(3x)) \cdot \frac{1}{3x} \cdot 3 = \frac{1}{x} \cdot \cos(\ln(3x))$

e) $f'(x) = -\sin(\ln(4x) + 1) \cdot \frac{4}{4x} = -\frac{1}{x} \cdot \sin(\ln(4x) + 1)$

f) $f'(x) = \cos\left(\ln(2x) + x^2\right) \cdot \left(\frac{2}{2x} + 2x\right) = \left(\frac{1}{x} + 2x\right) \cos\left(\ln(2x) + x^2\right)$

4.11 Wurzelfunktionen und ln-Funktionen

a) $f'(x) = \frac{1}{2\sqrt{\ln x}} \cdot \frac{1}{x} = \frac{1}{2x\sqrt{\ln x}}$

b) $f'(x) = \frac{1}{2\sqrt{2\ln(3x)}} \cdot 2 \cdot \frac{1}{3x} \cdot 3 = \frac{1}{x\sqrt{2\ln(3x)}}$

c) $f'(x) = \frac{1}{2\sqrt{3\ln(x^2)}} \cdot 3 \cdot \frac{1}{x^2} \cdot 2x = \frac{3}{x\sqrt{3\ln(x^2)}}$

d) $f'(x) = \frac{1}{\sqrt{x}} \cdot \frac{1}{2\sqrt{x}} = \frac{1}{2x}$

e) $f'(x) = \frac{2}{\sqrt{2x+1}} \cdot \frac{1}{2\sqrt{2x+1}} \cdot 2 = \frac{2}{2x+1}$

f) $f'(x) = \frac{3}{\sqrt{2x^2+x}} \cdot \frac{1}{2\sqrt{2x^2+x}} \cdot (4x+1) = \frac{12x+3}{4x^2+2x}$

4.12 Gebrochene trigonometrische, Wurzel- und ln-Funktionen

a) $f'(x) = \dfrac{0-2\cdot(\cos x)}{(1+\sin x)^2} = \dfrac{-2\cos x}{(1+\sin x)^2}$

b) $f'(x) = \dfrac{2\cdot(1-\sin x)-2x\cdot(-\cos x)}{(1-\sin x)^2} = \dfrac{2-2\sin x+2x\cos x}{(1-\sin x)^2}$

c) $f'(x) = \dfrac{2x\cdot(2+\cos x)-x^2\cdot(-\sin x)}{(2+\cos x)^2} = \dfrac{4x+2x\cos x+x^2\sin x}{(2+\cos x)^2}$

d) $f'(x) = \dfrac{4\cdot\sqrt{1+x^2}-4x\cdot\frac{2x}{2\sqrt{1+x^2}}}{\sqrt{1+x^2}^2} = \dfrac{\frac{4\cdot\left(1+x^2\right)}{\sqrt{1+x^2}} - \frac{4x^2}{\sqrt{1+x^2}}}{\sqrt{1+x^2}^2}$
$= \dfrac{4\cdot\left(1+x^2\right)-4x^2}{\sqrt{1+x^2}^3} = \dfrac{4}{\sqrt{1+x^2}^3}$

e) $$f'(x) = \frac{6\cdot\sqrt{x^2+36} - 6x\cdot\frac{2x}{2\sqrt{x^2+36}}}{\sqrt{x^2+36}^2} = \frac{\frac{6\cdot\left(x^2+36\right)}{\sqrt{x^2+36}} - \frac{6x^2}{\sqrt{x^2+36}}}{\sqrt{x^2+36}^2}$$
$$= \frac{6\cdot\left(x^2+36\right) - 6x^2}{\sqrt{x^2+36}^3} = \frac{216}{\sqrt{x^2+36}^3}$$

f) $$f'(x) = \frac{0 - 5\cdot\frac{2}{2\sqrt{2x+5}}}{\sqrt{2x+5}^2} = \frac{-5}{\sqrt{2x+5}^3}$$

g) $$f'(x) = \frac{1}{\frac{1+x}{1-x}}\cdot\left(\frac{1\cdot(1-x)-(1+x)\cdot(-1)}{(1-x)^2}\right) = \frac{1-x}{1+x}\cdot\frac{2}{(1-x)^2} = \frac{2}{(1+x)\cdot(1-x)} = \frac{2}{1-x^2}$$

h) $$f'(x) = \frac{\frac{1}{2x}\cdot 2\cdot x^2 - \ln(2x)\cdot 2x}{\left(x^2\right)^2} = \frac{x-2x\cdot\ln(2x)}{x^4} = \frac{1-2\ln(2x)}{x^3}$$

i) $$f'(x) = \frac{\frac{1}{ax}\cdot a\cdot(2x+1) - \ln(ax)\cdot 2}{(2x+1)^2} = \frac{2+\frac{1}{x}-2\ln(ax)}{(2x+1)^2}$$

5 Gleichungslehre

5.1 Quadratische, biquadratische und nichtlineare Gleichungen

Die quadratische Gleichung $x^2 + px + q = 0$ lässt sich mit der pq-Formel $x_{1,2} = -\frac{p}{2} \pm \sqrt{\frac{p^2}{4} - q}$, die quadratische Gleichung $ax^2 + bx + c = 0$ lässt sich mit der abc-Formel $x_{1,2} = \frac{-b \pm \sqrt{b^2 - 4ac}}{2a}$ lösen.

a) Die Gleichung lässt sich mit der pq- bzw. der abc-Formel lösen, z.B. durch

$$x_{1,2} = v - \frac{3}{2} \pm \sqrt{\frac{3^2}{4} - (-4)} = -\frac{3}{2} \pm \sqrt{\frac{9}{4} + \frac{16}{4}} = -\frac{3}{2} \pm \sqrt{\frac{25}{4}} = -\frac{3}{2} \pm \frac{5}{2}$$

Damit sind $x_1 = 1$ und $x_2 = -4$.
Die Gleichung hat damit die Lösungsmenge $\mathrm{L} = \{1; -4\}$.

b) Die Gleichung lässt sich mit der pq- bzw. der abc-Formel lösen: $x_1 = 7$, $x_2 = -8$.
Die Gleichung hat damit die Lösungsmenge $\mathrm{L} = \{7; -8\}$.

c) Die Gleichung lässt sich mit der pq- bzw. der abc-Formel lösen: $x_1 = \frac{3}{5}$, $x_2 = -1$.
Die Gleichung hat damit die Lösungsmenge $\mathrm{L} = \{\frac{3}{5}; -1\}$.

d) $(2x-5)\cdot(2x+5)+1 = (x-3)^2 + 2x\cdot(x-1)$ führt zu $4x^2 - 25 + 1 = x^2 - 6x + 9 + 2x^2 - 2x$ bzw. $x^2 + 8x - 33 = 0$. Diese Gleichung lässt sich mit der pq- bzw. der abc-Formel lösen: $x_{1,2} = -4 \pm \sqrt{16+33} \Rightarrow$ Lösungen: $x_1 = 3$, $x_2 = -11$. L= $\{-11; 3\}$.

e) $(x-2)\cdot(x+3) - 2\cdot(x-1)^2 = 2\cdot(2-x)$ führt zu $x^2 + 3x - 2x - 6 - 2\cdot(x^2 - 2x + 1) = 4 - 2x$ bzw. $x^2 - 7x + 12 = 0$. Diese Gleichung lässt sich mit der pq- bzw. der abc-Formel lösen: $x_{1,2} = \frac{7}{2} \pm \sqrt{\frac{49}{4} - 12} \Rightarrow$ Lösungen: $x_1 = 3$, $x_2 = 4$. L= $\{3; 4\}$.

f) $(x-1)\cdot(x-a)^2 = 0$ führt zu $x - 1 = 0$ mit der Lösung: $x_1 = 1$ und zu $(x-a)^2 = 0$ bzw. $x - a = 0$ mit der Lösung: $x_2 = a$. L= $\{1; a\}$.

g) $x^2\cdot(ax - 4a) = 0$ führt zu $x^2 = 0$ mit der Lösung: $x_1 = 0$ und zu $ax - 4a = 0$ bzw. $x - 4 = 0$ mit der Lösung: $x_2 = 4$. L= $\{0; 4\}$.

h) Ausklammern von x^3 führt zu $x^3\cdot(2x-3) = 0$. Dies führt zu $x^3 = 0$ mit der Lösung $x_1 = 0$ und zu $2x - 3 = 0$ mit der Lösung $x_2 = \frac{3}{2}$. Die Gleichung hat damit die Lösungsmenge $\mathrm{L} = \{0; \frac{3}{2}\}$.

i) Ausklammern von x^2 führt zu $x^2\cdot(x^2 - 3x + 2) = 0$. Dies führt zu $x^2 = 0$ mit der Lösung $x_1 = 0$ und zu $x^2 - 3x + 2 = 0$. Lösen mit Hilfe der pq- oder abc-Formel führt zu $x_2 = 1$ und $x_3 = 2$. Die Gleichung hat damit die Lösungsmenge $\mathrm{L} = \{0; 1; 2\}$.

j) x ausklammern führt zu $x \cdot (x^2 - 4) = 0$. Dies führt zu $x = 0$ mit der Lösung $x_1 = 0$ und zu $x^2 - 4 = 0$ mit den Lösungen $x_2 = 2$ und $x_3 = -2$. Die Gleichung hat damit die Lösungsmenge $\mathrm{L} = \{-2; 0; 2\}$.

k) x^2 ausklammern führt zu $x^2 \cdot (x^2 - 2) = 0 \Rightarrow x_1 = 0$. Die Gleichung $x^2 - 2 = 0$ führt zu $x_2 = \sqrt{2}$ und $x_3 = -\sqrt{2}$. Die Gleichung hat damit die Lösungsmenge $\mathrm{L} = \left\{-\sqrt{2}; 0; \sqrt{2}\right\}$.

l) x ausklammern führt zu $x \cdot \left(x^2 - 5x + 6\right) = 0$. Die erste Lösung ist damit $x_1 = 0$. Lösen von $x^2 - 5x + 6 = 0$ mit der pq- bzw. abc-Formel führt zu $x_2 = 2$ und $x_3 = 3$. Die Gleichung hat damit die Lösungsmenge $\mathrm{L} = \{0; 2; 3\}$.

m) Substitution $x^2 = v$: Die Gleichung wird zu $v^2 - 4v + 3 = 0$. Lösen mit Hilfe der pq- oder abc-Formel ergibt $v_1 = 1$ und $v_2 = 3$. Rücksubstitution: $x^2 = 1$ und $x^2 = 3$. Die Lösungen sind damit $x_{1,2} = \pm 1$ und $x_{3,4} = \pm\sqrt{3}$. Die Gleichung hat damit die Lösungsmenge $\mathrm{L} = \left\{-\sqrt{3}; -1; 1; \sqrt{3}\right\}$.

n) Die Substitution $x^2 = v$ führt zu $v^2 - 13v + 36 = 0$. Lösen mit Hilfe der pq- oder abc-Formel ergibt $v_1 = 9$ und $v_2 = 4$. Rücksubstitution: $x^2 = 9$ und $x^2 = 4$. Für die Lösungen ergibt sich damit: $x_{1,2} = \pm 3$ und $x_{3,4} = \pm 2$. Die Gleichung hat damit die Lösungsmenge $\mathrm{L} = \{-3; -2; 2; 3\}$.

5.2 Exponential- und Logarithmus-Gleichungen

a) $(2x - 5) \cdot e^{-x} = 0$ führt zu $2x - 5 = 0$ mit der Lösung: $x = \frac{5}{2}$. Der Term $e^{-x} = 0$ besitzt keine Lösung, also ist $\mathrm{L} = \left\{\frac{5}{2}\right\}$.

b) $\left(x^2 - 4\right) \cdot e^{0,5x} = 0$ führt zu $x^2 - 4 = 0$ mit den Lösungen: $x_1 = -2$, $x_2 = 2$. Der Term $e^{0,5x} = 0$ besitzt keine Lösung, also ist $\mathrm{L} = \{-2; 2\}$.

c) $x \cdot e^x = 0$ führt zu $x = 0$. Der Term $e^x = 0$ besitzt keine Lösung, also ist $\mathrm{L} = \{0\}$.

d) $(x - t) \cdot e^{-x} = 0$ führt zu $x - t = 0$ mit der Lösung: $x = t$. Der Term $e^{-x} = 0$ besitzt keine Lösung, also ist $\mathrm{L} = \{t\}$.

e) $(2x - 4k) \cdot e^{2kx} = 0$ führt zu $2x - 4k = 0$ mit der Lösung: $x = 2k$. Der Term $e^{2kx} = 0$ besitzt keine Lösung, also ist $\mathrm{L} = \{2k\}$.

f) $\left(kx^2 - k\right) \cdot e^{-kx} = 0$ führt zu $kx^2 - k = 0 \Rightarrow k \cdot (x^2 - 1) = 0$ bzw. $x^2 - 1 = 0$ mit den Lösungen: $x_1 = -1$, $x_2 = 1$. Der Term $e^{-kx} = 0$ besitzt keine Lösung, also ist $\mathrm{L} = \{-1; 1\}$.

g) Substitution $e^x = v$: Wegen $e^{2x} = (e^x)^2$ gilt $e^{2x} = v^2$. Die Gleichung $e^{2x} - 6e^x + 5 = 0$ wird damit zu $v^2 - 6v + 5 = 0$. Lösen mit pq- oder abc-Formel ergibt $v_1 = 5$ und $v_2 = 1$. Rücksubstitution: $e^{x_1} = 1$ und $e^{x_2} = 5$. Die Lösungen sind damit: $x_1 = \ln 1 = 0$ und $x_2 = \ln 5$. Die Gleichung hat damit die Lösungsmenge $\mathrm{L} = \{0; \ln 5\}$.

h) Substitution $e^{2x} = v$: Da $e^{4x} = \left(e^{2x}\right)^2$ gilt $e^{4x} = v^2$. Die Gleichung $e^{4x} - 5e^{2x} + 6 = 0$ wird damit zu $v^2 - 5v + 6 = 0$. Lösen mit Hilfe der pq- oder abc-Formel ergibt $v_1 = 2$ und $v_2 = 3$. Rücksubstitution führt auf $e^{2x_1} = 2$ und $e^{2x_2} = 3$. Die Lösungen sind damit $x_1 = \frac{1}{2}\ln 2$ und $x_2 = \frac{1}{2}\ln 3$. Die Gleichung hat damit die Lösungsmenge $\mathrm{L} = \left\{ \frac{1}{2}\ln 2; \frac{1}{2}\ln 3 \right\}$.

i) $2 \cdot (1 - \ln x) = 1$ führt zu $2 - 2\ln x = 1$ bzw. $\ln x = \frac{1}{2}$. Nimmt man beide Seiten «e-hoch», so erhält man: $e^{\ln x} = e^{\frac{1}{2}} \Rightarrow x = e^{\frac{1}{2}}$, also ist $\mathrm{L} = \left\{ e^{\frac{1}{2}} \right\}$.

j) Die Gleichung $\ln(3 - x) = 0$ kann man lösen, indem man beide Seiten «e-hoch» nimmt; man erhält: $e^{\ln(3-x)} = e^0 \Rightarrow 3 - x = 1 \Rightarrow x = 2$, also ist $\mathrm{L} = \{2\}$.

k) Die Gleichung $\ln(2x - 3) = 0$ kann man lösen, indem man beide Seiten «e-hoch» nimmt; man erhält: $e^{\ln(2x-3)} = e^0 \Rightarrow 2x - 3 = 1 \Rightarrow x = 2$, also ist $\mathrm{L} = \{2\}$.

5.3 Bruchgleichungen

a) $\frac{150x-50}{(x-50)^2} = 0$ führt zu $150x - 50 = 0$ mit der Lösung: $x = \frac{1}{3}$. Da der Nenner für $x = \frac{1}{3}$ nicht Null wird, gilt: $\mathrm{L} = \left\{ \frac{1}{3} \right\}$.

b) $\frac{x^2-4}{(x-3)^2} = 0$ führt zu $x^2 - 4 = 0$ mit den Lösungen: $x_1 = -2$, $x_2 = 2$. Da der Nenner für $x_1 = -2$ bzw. für $x_2 = 2$ nicht Null wird, gilt: $\mathrm{L} = \{-2; 2\}$.

c) $\frac{ax^2-4x}{(a+x)^2} = 0$ führt zu $ax^2 - 4x = 0 \Rightarrow x \cdot (ax - 4) = 0$ mit den Lösungen: $x_1 = 0$ und $x_2 = \frac{4}{a}$. Da der Nenner für $x_1 = 0$ bzw. für $x_2 = \frac{4}{a}$ nicht Null wird, gilt: $\mathrm{L} = \left\{ 0; \frac{4}{a} \right\}$.

d) Hauptnenner bestimmen: $x^2 - 4$, linke Seite entsprechend erweitern (3. binomische Formel), mit dem Nenner multiplizieren: Es bleibt $2x(x-2) + 4x(x+2) = 5x^2 + 4x + 9$. Ausmultiplizieren und Ordnen der Gleichung führt zu $x^2 = 9$, damit ist $x_{1,2} = \pm 3$. Überprüfen der Definitionsmenge der Ausgangsgleichung: $\mathrm{D} = \mathbb{R} \setminus \{\pm 2\}$. Damit sind die Lösungen $x_1 = 3$, $x_2 = -3$. Die Gleichung hat damit die Lösungsmenge $\mathrm{L} = \{3; -3\}$.

e) Hauptnenner bestimmen: $x^2 - 16$, linke Seite erweitern (3. binomische Formel), mit dem Nenner multiplizieren: Es bleibt $2x(x+4) + 3x(x-4) = 4\left(x^2 - x + 4\right)$. Ausmultiplizieren und Ordnen der Gleichung führt zu $x^2 = 16$, damit sind $x_{1,2} = \pm 4$. Überprüfen der Definitionsmenge der Ausgangsgleichung $\mathrm{D} = \mathbb{R} \setminus \{\pm 4\}$. Die Lösung ist nicht in D enthalten (da man sonst durch 0 teilen würde). Also gibt es keine Lösung für die ursprüngliche Gleichung. Die Lösungsmenge der Gleichung ist damit leer: $\mathrm{L} = \{\}$.

f) Hauptnenner bestimmen: $(3x - 1) \cdot (3x + 1)$, Brüche entsprechend erweitern und die Gleichung mit dem Hauptnenner multiplizieren führt zu $-6x^2 + 5x - 1 = 0$ mit den Lösungen $x_1 = \frac{1}{2}$ und $x_2 = \frac{1}{3}$. Überprüfen der Definitionsmenge $\mathrm{D} = \mathbb{R} \setminus \left\{ \frac{1}{3}; -\frac{1}{3} \right\}$ führt zur Lösungsmenge $\mathrm{L} = \left\{ \frac{1}{2} \right\}$.

g) Hauptnenner durch Ausklammern bestimmen: $(3x+1)\cdot(x-1)\cdot 2$, Brüche entsprechend erweitern und mit dem Hauptnenner multiplizieren führt zu $3x^2-2x-1=0$ mit den Lösungen $x_1=-\frac{1}{3}$ und $x_2=1$. Vergleich mit der Definitionsmenge $\mathrm{D}=\mathbb{R}\setminus\{-\frac{1}{3};1\}$ führt zur Lösungsmenge $\mathrm{L}=\{\}$.

h) Hauptnenner durch Ausklammern bestimmen: $2\cdot x\cdot(2x-3)$, Brüche entsprechend erweitern und die Gleichung mit dem Hauptnenner multiplizieren führt zu $2x^2-5x+3=0$ mit den Lösungen $x_1=1$ und $x_2=\frac{3}{2}$. Vergleich mit der Definitionsmenge $\mathrm{D}=\mathbb{R}\setminus\{0;\frac{3}{2}\}$ führt zur Lösungsmenge $\mathrm{L}=\{1\}$.

5.4 Wurzelgleichungen

a) Umformen der Gleichung führt zu $\sqrt{x}=12-x$, quadrieren auf $x=(12-x)^2$ bzw. $x=144-24x+x^2$. Daraus ergibt sich die quadratische Gleichung $x^2-25x+144=0$, die mit Hilfe der pq- oder abc-Formel gelöst wird. Es ergibt sich $x_1=16$ und $x_2=9$. Einsetzen von x_1 in die Ausgangsgleichung ergibt $\sqrt{16}+16\neq 12$ und für x_2: $\sqrt{9}+9=12$. Damit ist die Lösungsmenge $\mathrm{L}=\{9\}$.

b) Die Gleichung wird quadriert: $x+5=x^2+10x+25$. Umformen führt auf die quadratische Gleichung $x^2+9x+20=0$ mit den Lösungen $x_1=-4$ und $x_2=-5$. Einsetzen in die Ausgangsgleichung ergibt für beide Lösungen wahre Aussagen, damit ist die Lösungsmenge $\mathrm{L}=\{-4;-5\}$.

c) Zuerst wird der Nenner beseitigt: $x+5=\sqrt{x+5}$. Nun wird die Gleichung quadriert: $x+5=x^2+10x+25$. Umformen führt auf die quadratische Gleichung $x^2+9x+20=0$ mit den Lösungen $x_1=-4$ und $x_2=-5$. Einsetzen in die Ausgangsgleichung ergibt für x_2 (im Unterschied zur vorangehenden Aufgabe) keine Lösung. Die Lösungsmenge ist damit $\mathrm{L}=\{-4\}$.

d) Die Gleichung wird umgeformt und quadriert: $x+7=(x+5)^2$. Es ergibt sich die quadratische Gleichung $x^2+9x+18=0$ mit den Lösungen $x_1=-6$ und $x_2=-3$. Einsetzen in die Ausgangsgleichung ergibt für x_1 einen Widerspruch, damit ergibt sich für die Lösungsmenge $\mathrm{L}=\{-3\}$.

e) Die Gleichung wird zuerst umgeformt und dann quadriert: $2x-4=(x-1)^2$. Es ergibt sich $2x-4=x^2-2x+1$ bzw. $-5=x^2$. Da diese Gleichung keine (reelle) Lösung besitzt, besitzt die Ausgangsgleichung nur die Lösungsmenge $\mathrm{L}=\{\}$.

f) Die Gleichung wird zuerst umgeformt: $\frac{2}{\sqrt{x}}=\sqrt{x}-1$. Nun wird mit $\sqrt{x}$ multipliziert, um den Nenner zu beseitigen: $2=x-\sqrt{x}$. Umformen und quadrieren führt zu $x=x^2-4x+4$ bzw. $x^2-5x+4=0$ mit den Lösungen $x_1=4$ und $x_2=1$. Einsetzen in die Ausgangsgleichung ergibt für x_2 einen Widerspruch, damit ergibt sich für die Lösungsmenge $\mathrm{L}=\{4\}$.

5.5 Trigonometrische Gleichungen

a) Die Substitution $3x = z$ führt zu $\sin z = 1$ mit den Lösungen $z = \frac{\pi}{2} + k \cdot 2\pi;\ k \in \mathbb{Z}$, also sind $z_1 = \frac{\pi}{2}$, $z_2 = \frac{5}{2}\pi$, $z_3 = \frac{9}{2}\pi, \ldots$ mögliche Lösungen.
Die Resubstitution $z_1 = \frac{\pi}{2} = 3x_1$ ergibt $x_1 = \frac{\pi}{6}$, $z_2 = \frac{5}{2}\pi = 3x_2$ ergibt $x_2 = \frac{5}{6}\pi$, $z_3 = \frac{9}{2}\pi = 3x_3$ ergibt $x_3 = \frac{3}{2}\pi$, $z_4 = \frac{13}{2}\pi$ ergibt keine weitere Lösung.
Als Lösungsmenge erhält man $\mathrm{L} = \left\{ \frac{1}{6}\pi;\ \frac{5}{6}\pi;\ \frac{3}{2}\pi \right\}$.

b) Die Substitution $4x = z$ führt zu $\sin z = 0$ mit den Lösungen $z = k \cdot \pi;\ k \in \mathbb{Z}$, also sind $z_1 = 0$, $z_2 = \pi$, $z_3 = 2\pi, \ldots$ mögliche Lösungen.
Die Resubstitution $z_1 = 0 = 4x_1$ ergibt $x_1 = 0$, $z_2 = \pi = 4x_2$ ergibt $x_2 = \frac{\pi}{4}$, $z_3 = 2\pi = 4x_3$ ergibt $x_3 = \frac{\pi}{2}$, $z_4 = 3\pi = 4x_4$ ergibt $x_4 = \frac{3}{4}\pi$, $z_5 = 4\pi = 4x_5$ ergibt $x_5 = \pi$, $z_6 = 5\pi$ ergibt keine weitere Lösung.
Als Lösungsmenge erhält man $\mathrm{L} = \left\{ 0;\ \frac{1}{4}\pi;\ \frac{1}{2}\pi;\ \frac{3}{4}\pi;\ \pi \right\}$.

c) Die Substitution $2x = z$ führt zu $\cos z = -1$ mit den Lösungen $z = \pi + k \cdot 2\pi;\ k \in \mathbb{Z}$, also sind $z_1 = \pi$, $z_2 = 3\pi$, $z_3 = 5\pi, \ldots$ mögliche Lösungen.
Die Resubstitution $z_1 = \pi = 2x_1$ ergibt $x_1 = \frac{\pi}{2}$, $z_2 = 3\pi = 2x_2$ ergibt $x_2 = \frac{3}{2}\pi$, $z_3 = 5\pi$ ergibt keine weitere Lösung.
Als Lösungsmenge erhält man $\mathrm{L} = \left\{ \frac{1}{2}\pi;\ \frac{3}{2}\pi \right\}$.

d) Die Substitution $3x = z$ führt zu $\cos z = 0$ mit den Lösungen $z = \frac{\pi}{2} + k \cdot \pi;\ k \in \mathbb{Z}$, also sind $z_1 = \frac{\pi}{2}$, $z_2 = \frac{3}{2}\pi$, $z_3 = \frac{5}{2}\pi, \ldots$ mögliche Lösungen.
Die Resubstitution $z_1 = \frac{\pi}{2} = 3x_1$ ergibt $x_1 = \frac{\pi}{6}$, $z_2 = \frac{3}{2}\pi = 3x_2$ ergibt $x_2 = \frac{\pi}{2}$, $z_3 = \frac{5}{2}\pi = 3x_3$ ergibt $x_3 = \frac{5}{6}\pi$, $z_4 = \frac{7}{2}\pi$ ergibt keine weitere Lösung.
Als Lösungsmenge erhält man $\mathrm{L} = \left\{ \frac{1}{6}\pi;\ \frac{1}{2}\pi;\ \frac{5}{6}\pi \right\}$.

e) Die Substitution $x - \pi = z$ führt zu $\sin z = 0$ mit den Lösungen $z = k \cdot \pi;\ k \in \mathbb{Z}$, also sind $z_1 = 0$, $z_2 = \pi$, $z_3 = -\pi$, $z_4 = 2\pi$, $z_5 = -2\pi$
Die Resubstitution $z_1 = 0 = x_1 - \pi$ ergibt $x_1 = \pi$, $z_2 = \pi = x_2 - \pi$ ergibt $x_2 = 2\pi$, $z_3 = -\pi = x_3 - \pi$ ergibt $x_3 = 0$, $z_{4,5} = \pm 2\pi$ ergeben keine weiteren Lösungen.
Als Lösungsmenge erhält man $\mathrm{L} = \{ 0;\ \pi;\ 2\pi \}$.

f) Die Substitution $2x - \pi = z$ führt zu $\sin z = 1$ mit den Lösungen $z = \frac{\pi}{2} + k \cdot 2\pi;\ k \in \mathbb{Z}$, also sind $z_1 = \frac{\pi}{2}$, $z_2 = \frac{5}{2}\pi$, $z_3 = \frac{9}{2}\pi, \ldots$ mögliche Lösungen.
Die Resubstitution $z_1 = \frac{\pi}{2} = 2x_1 - \pi$ ergibt $x_1 = \frac{3}{4}\pi$, $z_2 = \frac{5}{2}\pi = 2x_2 - \pi$ ergibt $x_2 = \frac{7}{4}\pi$, $z_3 = \frac{9}{2}\pi$ ergibt keine weitere Lösung.
Als Lösungsmenge erhält man $\mathrm{L} = \left\{ \frac{3}{4}\pi;\ \frac{7}{4}\pi \right\}$.

g) Die Substitution $2x + \pi = z$ führt zu $\cos z = -1$ mit den Lösungen $z = \pi + k \cdot 2\pi;\ k \in \mathbb{Z}$, also $z_1 = \pi$, $z_2 = 3\pi$, $z_3 = 5\pi, \ldots$ mögliche Lösungen.
Die Resubstitution von $z_1 = \pi = 2x_1 + \pi$ ergibt $x_1 = 0$, $z_2 = 3\pi = 2x + \pi$ ergibt $x_2 = \pi$, $z_3 = 5\pi = 2x_3 + \pi$ ergibt $x_3 = 2\pi$, $z_4 = 7\pi$ ergibt keine weitere Lösung.
Als Lösungsmenge erhält man $\mathrm{L} = \{ 0;\ \pi;\ 2\pi \}$.

h) Die Substitution $2x+\pi = z$ führt zu $\cos z = 0$ mit den Lösungen $z = \frac{\pi}{2} + k \cdot \pi;\ k \in \mathbb{Z}$, also sind $z_1 = \frac{\pi}{2}$, $z_2 = \frac{3}{2}\pi$, $z_3 = \frac{5}{2}\pi, \ldots$ mögliche Lösungen.
Die Resubstitution $z_1 = \frac{\pi}{2} = 2x_1 + \pi$ ergibt keine mögliche Lösung, $z_2 = \frac{3}{2}\pi = 2x_2 + \pi$ ergibt $x_2 = \frac{\pi}{4}$, $z_3 = \frac{5}{2}\pi = 2x_3 + \pi$ ergibt $x_3 = \frac{3}{4}\pi$, $z_4 = \frac{7}{2}\pi$ ergibt keine weitere Lösung.
Als Lösungsmenge erhält man $\mathrm{L} = \left\{ \frac{1}{4}\pi ; \frac{3}{4}\pi \right\}$.

5.6 Lineare Gleichungssysteme

a) Gegeben ist das Gleichungssystem:

$$\begin{array}{lrcrcrcr} \text{I} & x_1 & + & 2x_2 & - & x_3 & = & 8 \\ \text{II} & -x_1 & + & x_2 & + & 2x_3 & = & 0 \\ \text{III} & -x_1 & - & 5x_2 & - & 4x_3 & = & -12 \end{array}$$

Addieren von I zu II und I zu III führt zu:

$$\begin{array}{lrcrcrcr} \text{I} & x_1 & + & 2x_2 & - & x_3 & = & 8 \\ \text{IIa} & & & 3x_2 & + & x_3 & = & 8 \\ \text{IIIa} & & - & 3x_2 & - & 5x_3 & = & -4 \end{array}$$

Addieren von IIa und IIIa führt zu:

$$\begin{array}{lrcrcrcr} \text{I} & x_1 & + & 2x_2 & - & x_3 & = & 8 \\ \text{IIa} & & & 3x_2 & + & x_3 & = & 8 \\ \text{IIIb} & & & & - & 4x_3 & = & 4 \end{array}$$

Aus IIIb folgt: $x_3 = -1$. Einsetzen in IIa ergibt: $3x_2 + (-1) = 8 \Rightarrow x_2 = 3$.
Einsetzen in I ergibt: $x_1 + 2 \cdot 3 - (-1) = 8 \Rightarrow x_1 = 1$.
Die Lösungsmenge ist damit: $\mathrm{L} = \{(1;3;-1)\}$.

b) Gegeben ist das Gleichungssystem:

$$\begin{array}{lrcrcrcr} \text{I} & x_1 & + & 2x_2 & - & 2x_3 & = & 7 \\ \text{II} & x_1 & - & x_2 & - & 4x_3 & = & -9 \\ \text{III} & x_1 & + & 4x_2 & + & 3x_3 & = & 25 \end{array}$$

Multiplikation von I mit (-1) und addieren zu II und III führt zu:
Multiplikation von IIa mit 2 und IIIa mit 3 und addieren führt zu:

$$\begin{array}{lrcrcrcr} \text{I} & x_1 & + & 2x_2 & - & 2x_3 & = & 7 \\ \text{IIb} & & - & 6x_2 & - & 4x_3 & = & -32 \\ \text{IIIb} & & & & & 11x_3 & = & 22 \end{array}$$

Aus IIIb folgt: $x_3 = 2$. Einsetzen in IIb ergibt: $-6x_2 - 4 \cdot 2 = -32 \Rightarrow x_2 = 4$.
Einsetzen in I ergibt: $x_1 + 2 \cdot 4 - 2 \cdot 2 = 7 \Rightarrow x_1 = 3$.
Die Lösungsmenge ist damit: $\mathrm{L} = \{(3;4;2)\}$.

c) Gegeben ist das Gleichungssystem:

$$\begin{array}{lrcrcrcr} \text{I} & x_1 & + & x_2 & + & 7x_3 & = & 2 \\ \text{II} & 2x_1 & - & x_2 & - & 3x_3 & = & -5 \\ \text{III} & 4x_1 & - & x_2 & + & 4x_3 & = & -7 \end{array}$$

Multiplikation von I mit (-2) und addieren zu II, sowie Multiplikation von I mit (-4) und addieren zu III führt zu:

$$\begin{array}{lrcrcrcr} \text{I} & x_1 & + & x_2 & + & 7x_3 & = & 2 \\ \text{IIa} & & - & 3x_2 & - & 17x_3 & = & -9 \\ \text{IIIa} & & - & 5x_2 & - & 24x_3 & = & -15 \end{array}$$

Multiplikation von IIa mit (-5) und von IIIa mit 3 und addieren führt zu:

$$\begin{array}{lrcrcrcr} \text{I} & x_1 & + & x_2 & + & 7x_3 & = & 2 \\ \text{IIb} & & & 15x_2 & + & 85x_3 & = & 45 \\ \text{IIIb} & & & & & 13x_3 & = & 0 \end{array}$$

Aus IIIb folgt: $x_3 = 0$. Einsetzen in IIb ergibt: $15x_2 + 0 = 45 \Rightarrow x_2 = 3$. Einsetzen in I ergibt: $x_1 + 3 + 7 \cdot 0 = 2 \Rightarrow x_1 = -1$.
Die Lösungsmenge ist damit: $\mathrm{L} = \{(-1;3;0)\}$.

d) Gegeben ist das Gleichungssystem

$$\begin{array}{rcrcrcr} x_1 & + & 2x_2 & - & x_3 & = & 4 \\ -x_1 & + & 2x_2 & - & 3x_3 & = & 6 \\ 2x_1 & + & 4x_2 & - & 2x_3 & = & 8 \end{array}$$

Der Vergleich der verschiedenen Gleichungen ergibt, dass die erste und die dritte Gleichung Vielfache voneinander sind, da die dritte Gleichung das Doppelte der ersten Gleichung ist. Es bleiben daher folgende Gleichungen übrig:

$$\begin{array}{lrcrcrcr} \text{I} & x_1 & + & 2x_2 & - & x_3 & = & 4 \\ \text{II} & -x_1 & + & 2x_2 & - & 3x_3 & = & 6 \end{array}$$

addieren von I zu II führt zu:

$$\begin{array}{lrcrcrcr} \text{I} & x_1 & + & 2x_2 & - & x_3 & = & 4 \\ \text{IIa} & & & 4x_2 & - & 4x_3 & = & 10 \end{array}$$

Man wählt nun z.B. $x_3 = t$ und setzt dies in Gleichung IIa ein:

$$\begin{array}{lrcrcrcr} \text{I} & x_1 & + & 2x_2 & - & x_3 & = & 4 \\ \text{IIb} & & & 4x_2 & - & 4t & = & 10 \end{array}$$

auflösen von IIb nach x_2 führt zu: $x_2 = t + 2,5$.
Nun wird in I eingesetzt und nach x_1 aufgelöst:
$x_1 + 2(t + 2,5) - t = 4 \Rightarrow x_1 = -t - 1$. Damit ist die Lösungsmenge:
$\mathrm{L} = \{(-t-1\,; t+2,5\,; t) \mid t \in \mathbb{R}\}$.

e) Gegeben ist das Gleichungssystem:

$$\begin{array}{lrcrcrcr} \text{I} & x & + & 2y & + & z & = & 4 \\ \text{II} & -x & - & 4y & + & z & = & 7 \\ \text{III} & 2x & + & 8y & - & 2z & = & 18 \end{array}$$

addieren von I zu II, sowie Multiplikation von I mit (-2) und addieren zu III führt zu:

$$\begin{array}{lrcrcrcr} \text{I} & x & + & 2y & + & z & = & 4 \\ \text{IIa} & & - & 2y & + & 2z & = & 11 \\ \text{IIIa} & & & 4y & - & 4z & = & 10 \end{array}$$

Multiplikation von IIa mit 2 und addieren zu IIIa führt zu:

$$\begin{array}{lrcrcrcr} \text{I} & x & + & 2y & + & z & = & 4 \\ \text{IIb} & & - & 4y & + & 4z & = & 22 \\ \text{IIIb} & & & & & 0 & = & 32 \end{array}$$

Gleichung IIIb ist ein Widerspruch. Damit ist das Gleichungssystem nicht lösbar und die Lösungsmenge ist leer: $\mathrm{L} = \{\,\}$.

f) Gegeben ist das Gleichungssystem

$$\begin{array}{lrcrcrcr} \text{I} & x & - & y & + & 2z & = & 6 \\ \text{II} & -2x & + & 2y & - & 4z & = & -12 \\ \text{III} & 2x & + & y & + & z & = & 3 \end{array}$$

Der Vergleich der verschiedenen Gleichungen ergibt, dass die erste und die zweite Gleichung ein Vielfaches voneinander sind, denn es ist $\text{II} = -2 \cdot \text{I}$. Die zweite Gleichung kann daher gestrichen werden. Es bleiben folgende Gleichungen:

$$\begin{array}{lrcrcrcr} \text{I} & x & - & y & + & 2z & = & 6 \\ \text{III} & 2x & + & y & + & z & = & 3 \end{array}$$

Addieren von I zu III führt zu:

$$\begin{array}{lrcrcrcr} \text{I} & x & - & y & + & 2z & = & 6 \\ \text{IIIa} & 3x & & & + & 3z & = & 9 \end{array}$$

Man wählt nun z.B. $z = t$ und setzt dies in die Gleichung IIIa ein:

$$\begin{array}{lrcrcrcr} \text{I} & x & - & y & + & 2z & = & 6 \\ \text{IIIb} & 3x & & & + & 3t & = & 9 \end{array}$$

Auflösen von IIIb nach x führt zu: $x = 3 - t$.
Nun wird in I eingesetzt und nach y aufgelöst: $(3-t) - y + 2t = 6 \Rightarrow y = t - 3$. Damit ist die Lösungsmenge: $\mathrm{L} = \{(3-t\,;t-3\,;t) \mid t \in \mathbb{R}\}$.

5.7 Polynomdivision

a) Die erste Nullstelle wird durch Ausprobieren bestimmt: $x_1 = 1$. Daher wird die Ausgangsgleichung durch $(x-1)$ geteilt:

$$\begin{array}{l} (x^3 - 2x^2 - 5x + 6) : (x-1) = x^2 - x - 6 \\ \underline{-(x^3 - x^2)} \\ \qquad -x^2 - 5x \\ \quad \underline{-(-x^2 + x)} \\ \qquad\qquad -6x + 6 \\ \qquad\quad \underline{-(-6x + 6)} \\ \qquad\qquad\qquad 0 \end{array}$$

Lösen der quadratischen Gleichung $x^2 - x - 6 = 0$ mit Hilfe der pq- oder abc-Formel ergibt: $x_2 = 3$ und $x_3 = -2$. Die Linearfaktorzerlegung der Ausgangsgleichung ist damit: $(x-1)\cdot(x-3)\cdot(x+2) = 0$. Die Lösungsmenge ist $L = \{-2; 1; 3\}$.

b) Die erste Nullstelle wird durch Ausprobieren bestimmt: $x_1 = -1$. Daher wird die Ausgangsgleichung durch $(x-(-1))$, also durch $(x+1)$ geteilt:

$$
\begin{array}{l}
\left(x^3 + 3x^2 - 6x - 8\right) : (x+1) = x^2 + 2x - 8 \\
\underline{-(x^3 + x^2)} \\
\qquad 2x^2 - 6x \\
\quad \underline{-(2x^2 + 2x)} \\
\qquad\qquad -8x - 8 \\
\qquad\quad \underline{-(-8x - 8)} \\
\qquad\qquad\qquad 0
\end{array}
$$

Lösen der quadratischen Gleichung $x^2 + 2x - 8 = 0$ mit Hilfe der pq- oder abc-Formel ergibt: $x_2 = 2$ und $x_3 = -4$. Die Linearfaktorzerlegung der Ausgangsgleichung ist damit: $(x+1)\cdot(x-2)\cdot(x+4) = 0$. Die Lösungsmenge ist damit: $L = \{-4; -1; 2\}$.

c) Die erste Nullstelle wird durch Ausprobieren bestimmt: $x_1 = -1$. Die Ausgangsgleichung wird daher durch $(x+1)$ geteilt:

$$
\begin{array}{l}
\left(x^3 + 0,5x^2 - 3,5x - 3\right) : (x+1) = x^2 - 0,5x - 3 \\
\underline{-(x^3 + x^2)} \\
\qquad -0,5x^2 - 3,5x \\
\quad \underline{-(-0,5x^2 - 0,5x)} \\
\qquad\qquad\qquad -3x - 3 \\
\qquad\qquad\quad \underline{-(-3x - 3)} \\
\qquad\qquad\qquad\qquad 0
\end{array}
$$

Lösen der Gleichung $x^2 - 0,5x - 3 = 0$ mit Hilfe der pq- oder abc-Formel ergibt: $x_2 = -1,5$ und $x_3 = 2$. Die Linearfaktorzerlegung der Ausgangsgleichung ist damit: $(x+1)\cdot(x+1,5)\cdot(x-2) = 0$. Die Lösungsmenge ist $L = \{-1,5; -1; 2\}$.

d) Die erste Nullstelle wird durch Ausprobieren bestimmt: $x_1 = 2$. Die Ausgangsgleichung wird daher durch $(x-2)$ geteilt:

$$
\begin{array}{l}
\left(x^3 - 4,5x^2 + 3,5x + 3\right) : (x-2) = x^2 - 2,5x - 1,5 \\
\underline{-(x^3 - 2x^2)} \\
\qquad -2,5x^2 + 3,5x \\
\quad \underline{-(-2,5x^2 + 5x)} \\
\qquad\qquad\qquad -1,5x + 3 \\
\qquad\qquad \underline{-(-1,5x + 3)} \\
\qquad\qquad\qquad\qquad 0
\end{array}
$$

Lösen der Gleichung $x^2 - 2,5x - 1,5 = 0$ mit Hilfe der pq- oder abc-Formel ergibt: $x_2 = 3$

und $x_3 = -0,5$. Die Linearfaktorzerlegung der Ausgangsgleichung ist damit: $(x-2)\cdot(x-3)\cdot(x+0,5)=0$. Die Lösungsmenge ist $\mathrm{L} = \{-0,5;2;3\}$.

e) Die erste Nullstelle wird durch Ausprobieren bestimmt: $x_1 = 1$. Daher wird die Ausgangsgleichung durch $(x-1)$ geteilt:

$$\begin{array}{l}
\left(x^4 - x^3 - 13x^2 + x + 12\right) : (x-1) = x^3 - 13x - 12 \\
\underline{-(x^4 - x^3)} \\
\qquad -13x^2 + x \\
\qquad \underline{-(-13x^2 + 13x)} \\
\qquad\qquad -12x + 12 \\
\qquad\qquad \underline{-(-12x + 12)} \\
\qquad\qquad\qquad 0
\end{array}$$

Da nun eine Gleichung 3. Ordnung vorliegt, wird eine weitere Polynomdivision durchgeführt: Ausprobieren führt zu $x_2 = -1$ als weitere Nullstelle. Daher wird die Gleichung durch $(x+1)$ geteilt, wobei der Ausdruck $0x^2$ in die Ausgangsgleichung $x^3 - 13x - 12 = 0$ eingefügt wird, um die Übersichtlichkeit zu erhalten.

$$\begin{array}{l}
\left(x^3 + 0x^2 - 13x - 12\right) : (x+1) = x^2 - x - 12 \\
\underline{-(x^3 + \ \ x^2)} \\
\qquad -x^2 - 13x \\
\quad \underline{-(-x^2 - \quad x)} \\
\qquad\quad -12x - 12 \\
\qquad \underline{-(-12x - 12)} \\
\qquad\qquad\quad 0
\end{array}$$

Lösen der quadratischen Gleichung $x^2 - x - 12 = 0$ mit Hilfe der pq- oder abc-Formel ergibt: $x_3 = 4$ und $x_4 = -3$. Die Linearfaktorzerlegung der Ausgangsgleichung ist damit: $(x-1)\cdot(x+1)\cdot(x-4)\cdot(x+3)=0$. Die Lösungsmenge ist $\mathrm{L} = \{-3;-1;1;4\}$.

6 Eigenschaften von Kurven

6.1 Schaubild der Ableitungsfunktion, Aussagen bewerten

6.1.1 f_1 bis f_4

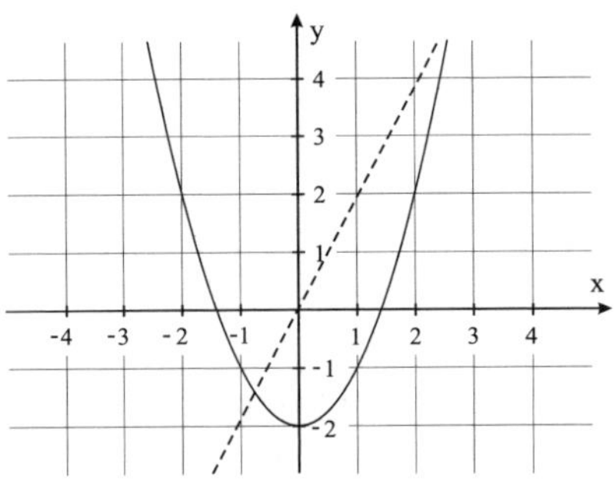

f_1

Extremwert: $x = 0$ $\Rightarrow f'(0) = 0$

Punkt 1 $x = 1$ $\Rightarrow f'(1) = 2$

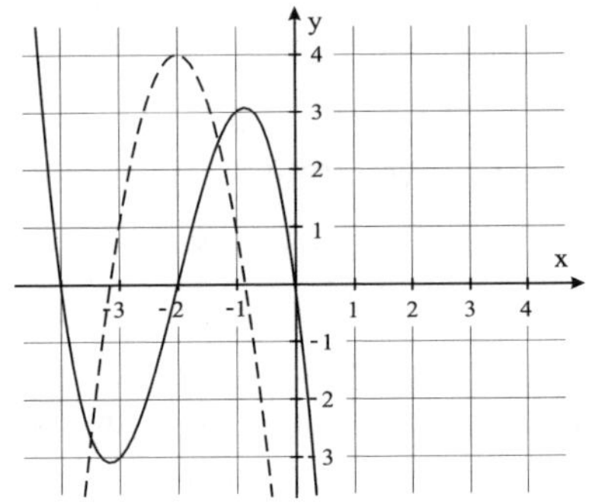

f_2

Extremwert: $x \approx -3,1$ $\Rightarrow f'(-3,1) = 0$

Wendepunkt: $x = -2$ $\Rightarrow f'(-2) \approx 4$

Extremwert: $x \approx -0,8$ $\Rightarrow f'(-0,8) = 0$

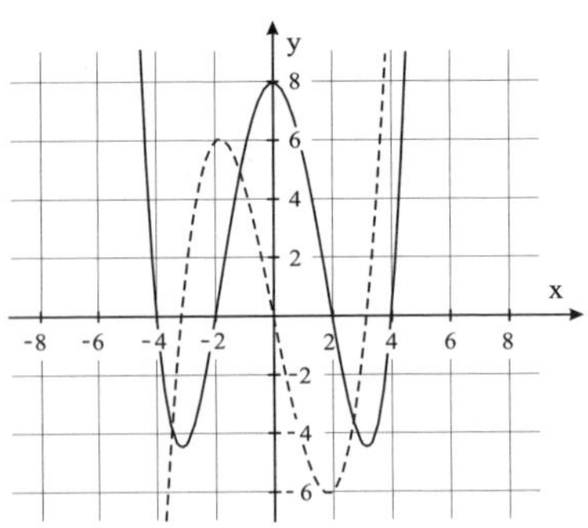

f_3

Extremwert: $x \approx -3,2$ $\Rightarrow f'(-3,2) = 0$

Wendepunkt: $x \approx -1,8$ $\Rightarrow f'(-1,8) \approx 6$

Extremwert: $x = 0$ $\Rightarrow f'(0) = 0$

Wendepunkt: $x \approx 1,8$ $\Rightarrow f'(1,8) \approx -6$

Extremwert: $x \approx 3,2$ $\Rightarrow f'(3,2) = 0$

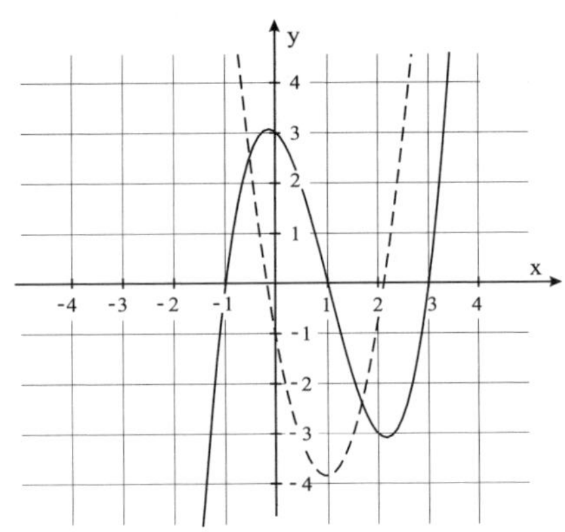

f_4

Extremwert: $x \approx -0,1$ $\Rightarrow f'(-0,1) = 0$

Wendepunkt: $x = 1$ $\Rightarrow f'(1) \approx -4$

Extremwert: $x \approx 2,2$ $\Rightarrow f'(2,2) = 0$

Bewertung der Aussagen:	$f'(1) \geqslant 0$	f_1	~~f_2~~	~~f_3~~	~~f_4~~
	$f'(0) = 0$	f_1	~~f_2~~	f_3	~~f_4~~
	$f''(1) = 0$	~~f_1~~	~~f_2~~	~~f_3~~	f_4

6.1.2 f_5 bis f_8

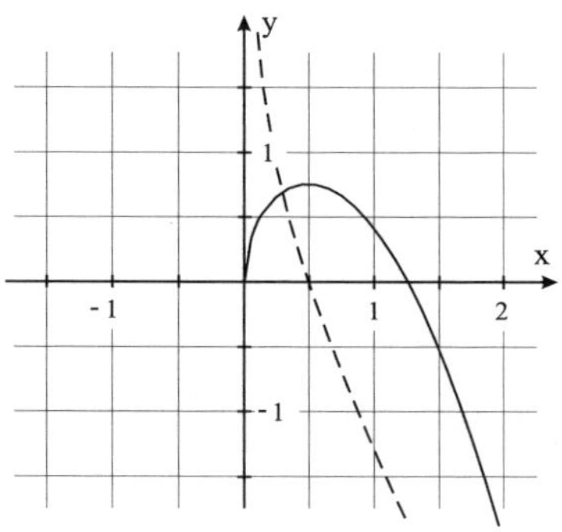

f_5

Extremwert:	$x = 0,5$	$\Rightarrow f'(0,5) \approx 0$
Punkt 1:	$x = 0,75$	$\Rightarrow f'(0,75) \approx -\frac{1}{2}$
Punkt 2:	$x = 1,5$	$\Rightarrow f'(1,5) \approx -2$

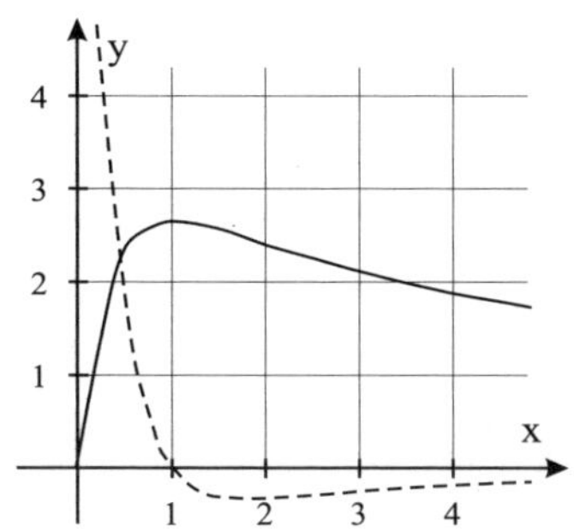

f_6

Punkt 1:	$x = 0,5$	$\Rightarrow f'(0,5) \approx 2$
Extremwert:	$x \approx 1$	$\Rightarrow f'(1) = 0$
Wendepunkt:	$x \approx 2,2$	$\Rightarrow f'(2,2) \approx -\frac{1}{3}$

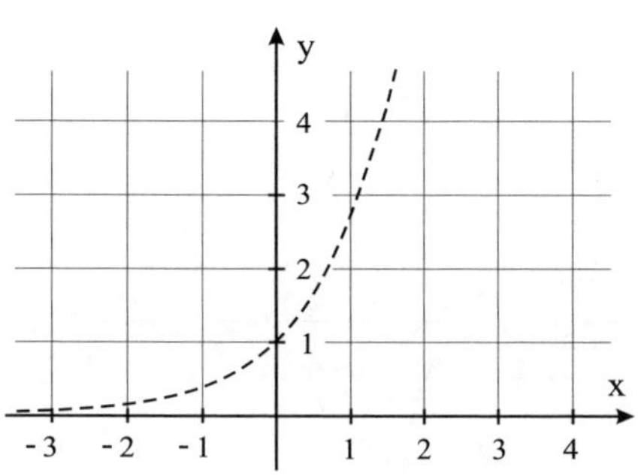

f_7

Punkt 1:	$x = -1$	$\Rightarrow f'(-1) \approx \frac{1}{3}$
Punkt 2:	$x = 0$	$\Rightarrow f'(0) \approx 1$
Punkt 3:	$x = 1$	$\Rightarrow f'(1) \approx 3$

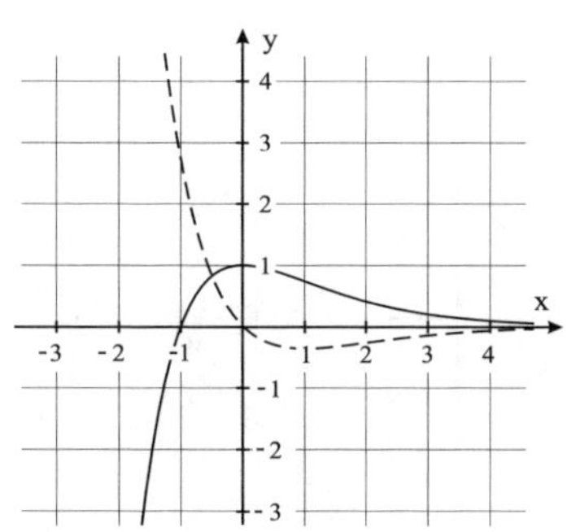

f_8

Punkt 1:	$x = -1$	$\Rightarrow f'(-1) \approx 2$
Extremwert:	$x = 0$	$\Rightarrow f'(0) = 0$
Wendepunkt:	$x \approx 1$	$\Rightarrow f'(1) \approx -\frac{1}{3}$

Bemerkung: Bei f_7 handelt es sich um die Funktion $f(x) = e^x$, daher sind Kurve und Ableitungskurve identisch.

Bewertung der Aussagen:	f' hat bei $x = 1$ ein relatives Maximum	~~f_5~~	~~f_6~~	~~f_7~~	~~f_8~~
	f' ist für $x > 0$ monoton fallend	f_5	~~f_6~~	~~f_7~~	~~f_8~~
	f' ist für $x > 0$ monoton steigend	~~f_5~~	~~f_6~~	f_7	~~f_8~~
	f' ist für $x > 1$ negativ	f_5	f_6	~~f_7~~	f_8

6.1.3 f_9 bis f_{12}

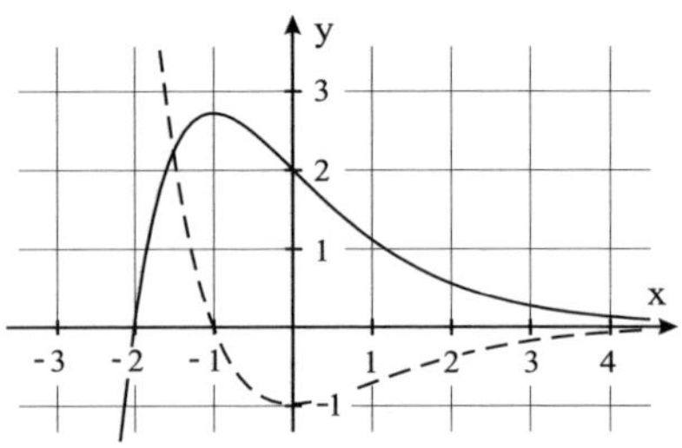

f_9

Punkt 1: $x = -2$ $\Rightarrow f'(-2) \approx 4,5$

Extremwert: $x = -1$ $\Rightarrow f'(-1) = 0$

Wendepunkt: $x = 0$ $\Rightarrow f'(0) \approx -1$

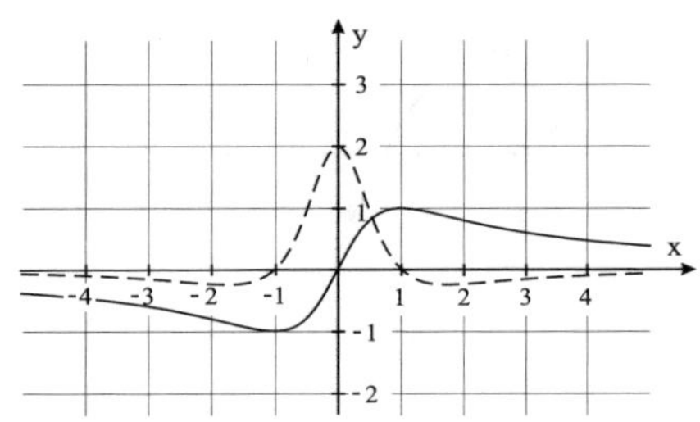

f_{10}

Wendepunkte: $x = \pm 2$ $\Rightarrow f'(\pm 2) \approx -\frac{1}{3}$

Extremwerte: $x = \pm 1$ $\Rightarrow f'(\pm 1) = 0$

Wendepunkt: $x = 0$ $\Rightarrow f'(0) \approx 2$

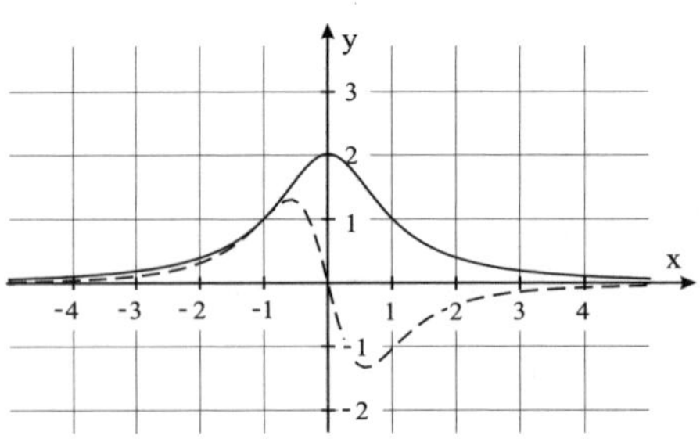

f_{11}

Wendepunkt: $x = -1$ $\Rightarrow f'(-1) \approx 1$

Extrempunkt: $x = 0$ $\Rightarrow f'(0) = 0$

Wendepunkt: $x = 1$ $\Rightarrow f'(1) \approx -1$

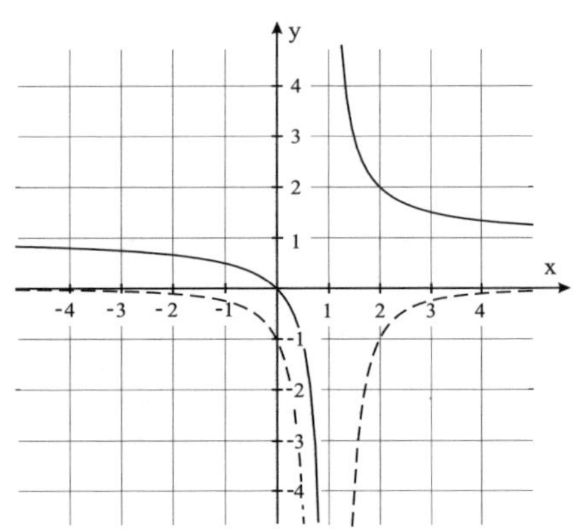

f_{12}

Punkt 1: $x = -1$ $\Rightarrow f'(-1) \approx -\frac{1}{4}$

Punkt 2: $x = 0$ $\Rightarrow f'(0) = -1$

Punkt 3: $x = 1,5$ $\Rightarrow f'(1,5) \approx -4$

Bewertung der Aussagen:					
	$f'(x) < 0$	~~f_9~~	~~f_{10}~~	~~f_{11}~~	f_{12}
	$f''(0) = 0$	f_9	f_{10}	~~f_{11}~~	~~f_{12}~~
	$f'(1) = f'(-1)$	~~f_9~~	f_{10}	~~f_{11}~~	~~f_{12}~~

6.1.4 f_{13} bis f_{16}

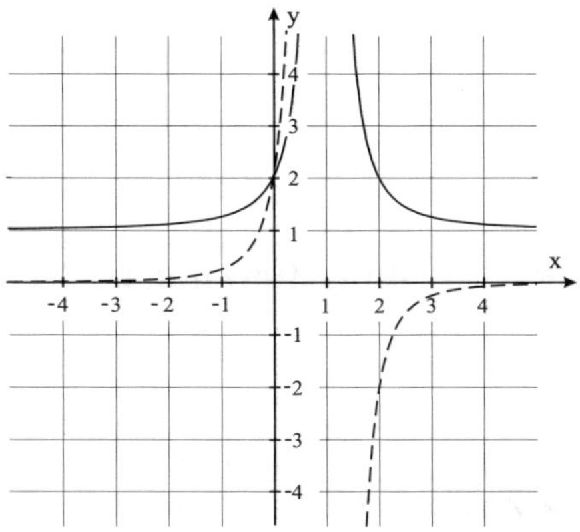

f_{13}

Punkt 1:	$x = -1$	$\Rightarrow f'(-1) \approx \frac{1}{4}$
Punkt 2:	$x = 0$	$\Rightarrow f'(0) \approx 2$
Punkt 3:	$x = 2$	$\Rightarrow f'(2) \approx -2$
Punkt 4:	$x = 3$	$\Rightarrow f'(3) \approx -\frac{1}{4}$

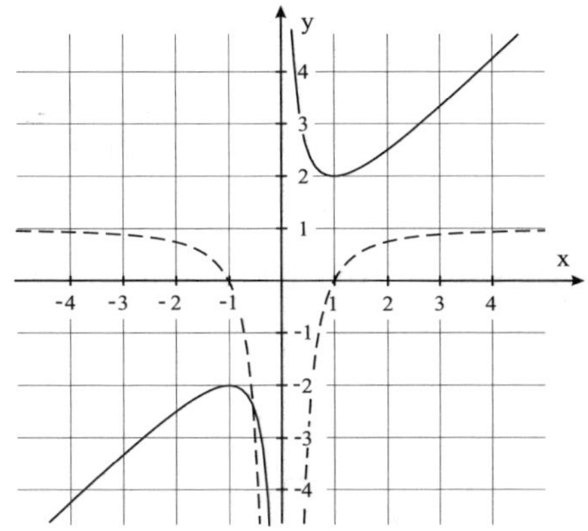

f_{14}

Punkt 1:	$x = -4$	$\Rightarrow f'(-4) \approx 1$
Extrempunkt:	$x = -1$	$\Rightarrow f'(-1) = 0$
Extrempunkt:	$x = 1$	$\Rightarrow f'(1) = 0$
Punkt 2:	$x = 2$	$\Rightarrow f'(2) \approx \frac{3}{4}$

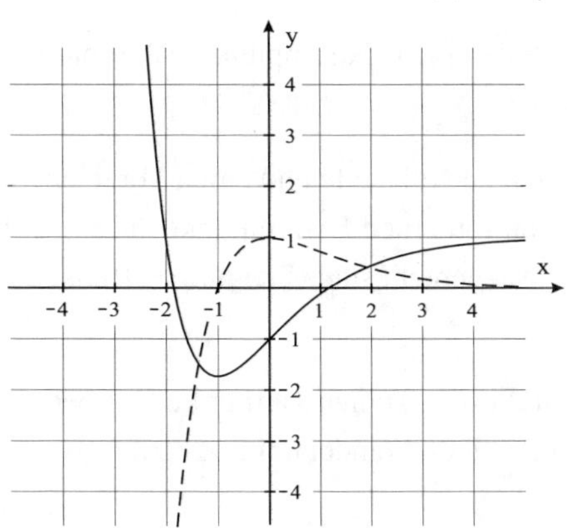

f_{15}

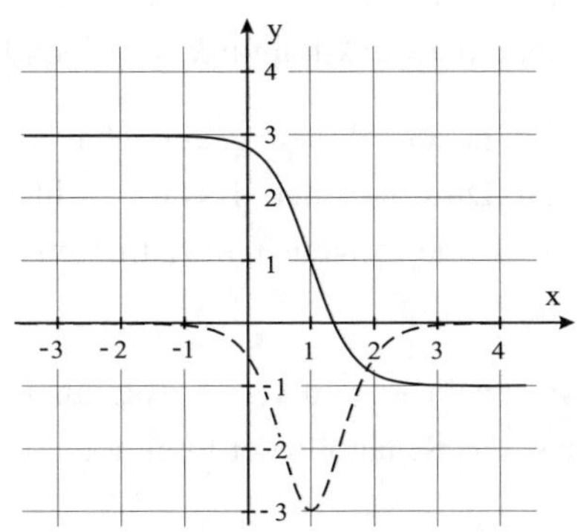

f_{16}

Punkt 1:	$x=-2$	$\Rightarrow f'(-2)\approx -6$
Extrempunkt:	$x=-1$	$\Rightarrow f'(-1)=0$
Wendepunkt:	$x=0$	$\Rightarrow f'(0)\approx 1$
Punkt 2:	$x=2$	$\Rightarrow f'(2)\approx \frac{1}{2}$

Punkt 1:	$x=-2$	$\Rightarrow f'(-2)\approx 0$
Punkt 2:	$x=0$	$\Rightarrow f'(0)\approx -\frac{1}{2}$
Wendepunkt:	$x=1$	$\Rightarrow f'(1)\approx -3$
Punkt 3:	$x=4$	$\Rightarrow f'(4)\approx 0$

Bewertung der Aussagen:

	$f(0)=f(2)$	f_{13}	$\not{f}_{14}$	$\not{f}_{15}$	$\not{f}_{16}$
	$f'(0)=f'(2)$	$\not{f}_{13}$	$\not{f}_{14}$	$\not{f}_{15}$	f_{16}
	Es gibt kein x, für das gilt: $f''(x)=0$	f_{13}	f_{14}	$\not{f}_{15}$	$\not{f}_{16}$

6.2 Aussagen über die Funktion bei gegebener Ableitungsfunktion treffen

Aufgabe I

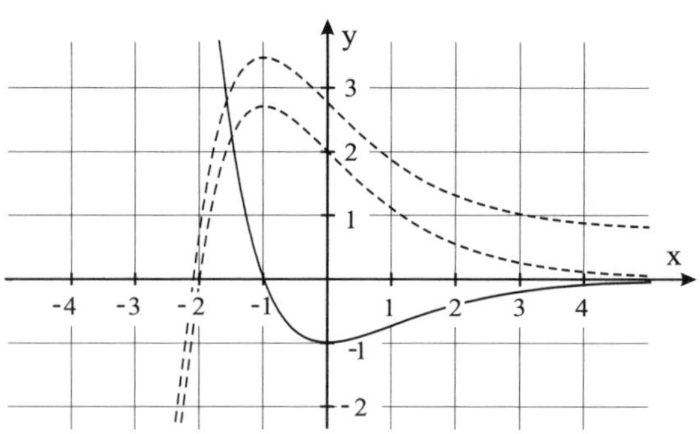

- Ableitung $f'(x)$: ——
- Mögliche Funktionen $f(x)$: - - -
- Die Funktion ist in Bezug auf Verschiebungen in y-Richtung nicht festgelegt.

a) Antwort: nein, die Ableitungskurve hat an dieser Stelle einen Extrempunkt, daher hat das Schaubild der Funktion für $x=0$ einen Wendepunkt.

b) Antwort: ja, die Ableitungskurve hat an dieser Stelle eine Nullstelle und einen Vorzeichenwechsel. Dies bedeutet, dass das Schaubild der Funktion einen Extrempunkt für $x=-1$ besitzt. Da die Tangenten in Extrempunkten immer waagerecht sind (Steigung $=0$), ist die Aussage richtig.

c) Antwort: nein, die Kurve der Ableitung hat an der Stelle $x=0$ einen Tiefpunkt. Das bedeutet, dass das Schaubild der Funktion f an dieser Stelle einen Wendepunkt besitzt.

Aufgabe II

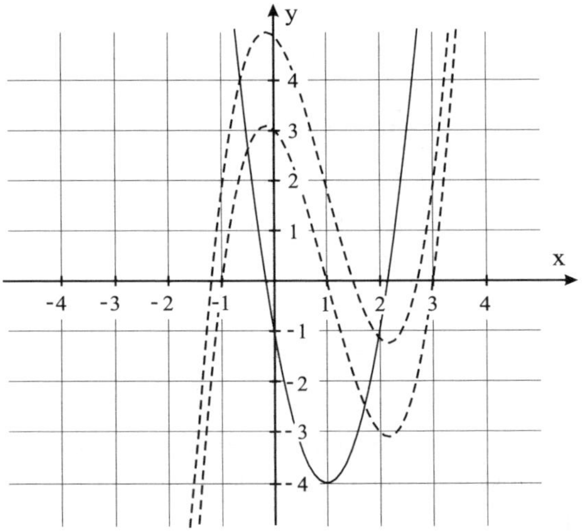

- Ableitung $f'(x)$: ——
- Mögliche Funktionen $f(x)$: - - -
- Die Funktion ist in Bezug auf Verschiebungen in y-Richtung nicht festgelegt.

a) Antwort: nein, das Schaubild der angegebenen Ableitungsfunktion f' hat an dieser Stelle einen Tiefpunkt. Das bedeutet, dass das Schaubild der Funktion f für $x = 1$ einen Wendepunkt besitzt.

b) Antwort: ja, das Schaubild der Ableitungsfunktion hat für $x \approx -0,2$ eine Nullstelle. Zusätzlich wechselt das Vorzeichen von f' von $+$ nach $-$ (die Steigung war erst positiv und ist nun negativ): Es liegt ein Hochpunkt vor.

c) Antwort: ja, da es sich bei der Ableitungsfunktion um eine ganzrationale Funktion 2. Grades handelt, muss die Funktion f eine ganzrationale Funktion genau 3. Grades sein.

d) Antwort: ja, die Gerade $y = 2x$ hat die Steigung zwei. Die Funktionswerte der angegebenen Ableitungsfunktion f' geben in jedem Punkt die Steigung der Funktion f an. Die Ableitungsfunktion hat für $x \approx 2,4$ den Wert $f'(2,4) = 2$. Daher ist die Tangente parallel zur Geraden $y = 2x$.

Aufgabe III

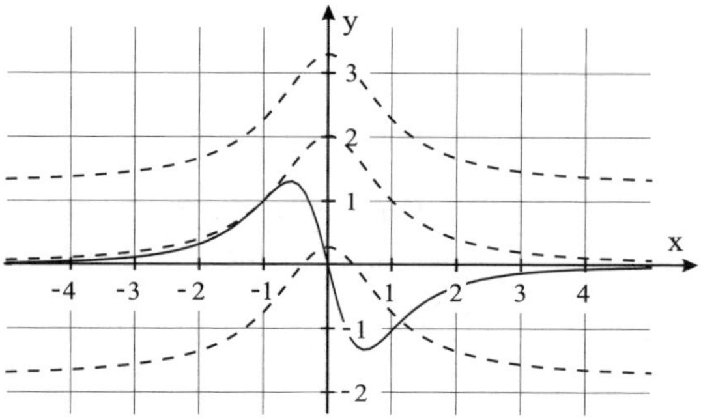

- Ableitung $f'(x)$: ——
- Mögliche Funktionen $f(x)$: - - -
- Die Funktion ist in Bezug auf Verschiebungen in y-Richtung nicht festgelegt.

a) Antwort: ja, bei $x = 0$ wechselt f' das Vorzeichen von $+$ nach $-$ $\Rightarrow$ Das Schaubild von f hat bei $x = 0$ einen Hochpunkt. Das gezeichnete Schaubild der Ableitungsfunktion ist ursprungssymmetrisch, damit unterscheiden sich die Steigungswerte rechts und links der y-Achse nur durch ihr Vorzeichen und das Schaubild von f ist y-achsensymmetrisch.

b) Antwort: nein, die angegebene Ableitungsfunktion f' hat für $x = 0$ zwar eine Nullstelle, es handelt sich aber um einen Hochpunkt des Schaubilds von f, da an der Nullstelle ein Vorzeichenwechsel von $+$ nach $-$ stattfindet.

c) Antwort: nein, die gezeichnete Ableitungsfunktion f' hat nur eine Nullstelle mit Vorzeichenwechsel. Daher besitzt das Schaubild von f genau einen Extrempunkt.

6.3 Stamm- und Ableitungsfunktionen

Die Stammfunktion

Aufgabe I

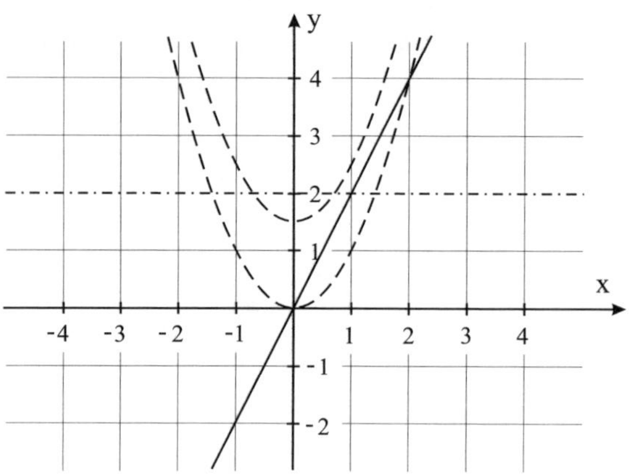

- Funktion $f(x)$: ——
- Mögliche Stammfunktionen $F(x)$: - - -
- Ableitung $f'(x)$: -·-·
- Die eingezeichneten Stammfunktionen sind nur einige von vielen möglichen Stammfunktionen, da diese in Bezug auf eine Verschiebung in y-Richtung nicht festgelegt sind.

a) Antwort: ja, die Ableitung einer Geraden ist immer eine waagerechte Gerade, da die Steigung einer Geraden konstant ist. Daher ist das Schaubild der Ableitungsfunktion parallel zur Geraden $y = 1$.

b) Antwort: unentscheidbar, die Lage einer allgemeinen Stammfunktion ist in Bezug auf Verschiebung in y-Richtung (nach «oben» und «unten») nicht bestimmt.

c) Antwort: nein, streng monoton wachsend bedeutet für das Schaubild, dass die y-Werte für zunehmende x-Werte auch immer größer werden. Mathematisch heißt das: $f'(x) > 0$, die Steigung ist an jedem Punkt des Schaubildes positiv. Dies gilt zwar für f, nicht aber für f'.

d) Antwort: ja, das Schaubild der Ableitungsfunktion ist eine waagerechte Gerade. Diese erfüllt die Bedingung $f'(-x) = f'(x) = 2$.

Aufgabe II

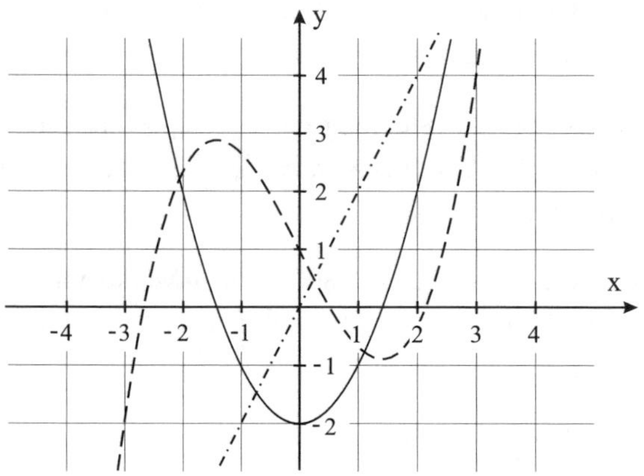

- Funktion $f(x)$: ——
- Mögliche Stammfunktionen $\mathrm{F}(x)$: – – –
- Ableitung $f'(x)$: –·–·
- Die eingezeichnete Stammfunktion ist nur eine von vielen möglichen Stammfunktionen, da diese in Bezug auf eine Verschiebung in y-Richtung nicht festgelegt sind.

a) Antwort: ja, die Ableitungskurve einer Parabel ist eine Gerade mit einer Steigung ungleich Null. Diese besitzt genau eine Nullstelle am Extrempunkt der Parabel. Da die Parabel diesen für $x = 0$ hat, liegt die Nullstelle auch im fraglichen Intervall.

b) Antwort: unentscheidbar, die Lage einer allgemeinen Stammfunktion ist in Bezug auf Verschiebung in y-Richtung (nach «oben» und «unten») nicht bestimmt.

c) Antwort: ja, die Extremstellen einer Funktion sind Nullstellen der 1. Ableitung. Da die Funktion f die Ableitung von F ist, besitzt F genau 2 Extremstellen im Intervall. Da die Nullstellen von f an den Stellen $x \approx \pm 1{,}4$ liegen, befinden sich die Extrempunkte an den Punkten $(1{,}4 \mid (\mathrm{F}(1{,}4))$ bzw. $(-1{,}4 \mid (\mathrm{F}(-1{,}4))$.

6.4 Interpretation von Schaubildern

Aufgabe I

a) Besondere Punkte im Schaubild sind alle Punkte, an denen sich die Steigung der Kurve stark ändert. Dies ist zuerst am Anfang ($t = 0$), dann nach ca. 10 Tagen der Fall, wenn die Kurve waagerecht wird. Der nächste besondere Punkt ist nach ca. 40 Tagen: die Kurve steigt wieder an. Der letzte wichtige Punkt kommt bei ca. 60 Tagen: Die Anzahl der verkauften Artikel steigt fast nicht mehr an.

b) Keine! Die y-Achse gibt die Absolutanzahl der verkauften Artikel an (und nicht die verkauften Artikel pro Tag). Da die Kurve in der Zeit zwischen der 3. und 4. Woche waagerecht verläuft, sind keine Artikel verkauft worden.

c) Nach 40 Tagen hat die Firma ca. 150 Artikel verkauft, nach 60 Tagen ca. 680. Um die durchschnittliche Verkaufszahl zu ermitteln, berechnet man den Durchschnitt: $\frac{680-150}{60-40} = \frac{530}{20} = 26,5$. Soweit sich die Zahlen an der Kurve genau ablesen lassen, hat die Firma in der Zeit vom 40. bis zum 60. Tag durchschnittlich 27 Artikel pro Tag verkauft.

d) Man legt eine Hilfsgerade durch die Kurve, die der Steigung des 50. Tages entspricht. Die Steigung dieser Gerade ermittelt man durch «Abzählen»: $m \approx \frac{780}{20} = 39$. Also ist die Verkaufsrate am 50. Tag ca. 39 Artikel pro Tag.

e) Die Zukunftsprognose ist eher schlecht, da die Kurve sich der 800-Artikel-Marke nur sehr langsam annähert. In der Zeit zwischen dem 65. und dem 130. Tag wurden fast keine Artikel mehr verkauft.

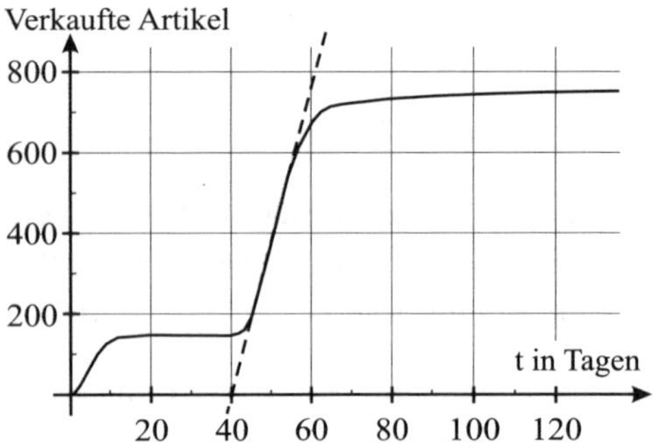

Aufgabe I

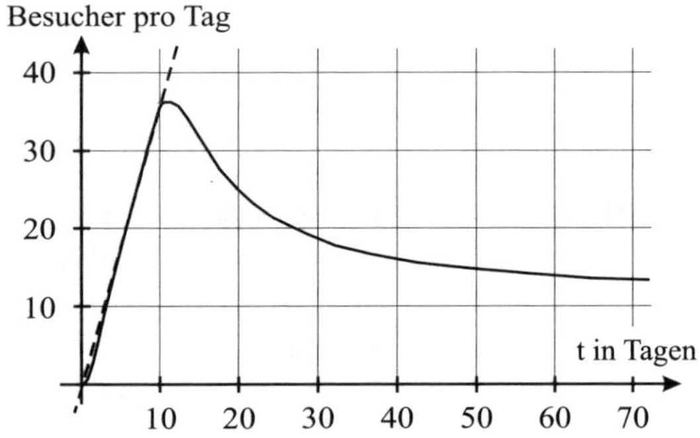

Aufgabe II

Aufgabe II

a) Besondere Punkte im Schaubild der Funktion sind die Punkte, an denen sich die Steigung der Kurve stark ändert. In dieser Aufgabe betrifft dies vor allem den Bereich zwischen 10

und 12 Tagen, da hier die Anzahl der Besucher pro Tag nicht mehr zunimmt, sondern kurz stagniert, um dann abzunehmen.
Auch die Punkte zwischen 12 und 60 Tagen könnten als «besondere» Punkte bezeichnet werden: Die Steigung verändert sich auch hier, die Abnahme der Besucherzahlen ist nicht mehr so stark wie am Anfang, sondern langsamer.

b) Der Bereich um $t = 11$ sind die Tage, an denen die Ausstellung am besten besucht war.

c) Um genau herauszufinden, wie viele Besucher die Ausstellung in den ersten 10 Tagen besucht haben, müsste man die Kurve integrieren. Ohne eine Kenntnis des Funktionsterms ist dies aber nicht ohne weiteres möglich. Da die Kurve am Anfang aber fast gerade verläuft, kann man sie durch eine Gerade mit der Steigung $m = \frac{35}{10} \approx 3,5$ annähern. Die Gesamtbesucherzahl entspricht der Fläche unter dieser Geraden. Diese Fläche kann man mit der Dreiecksflächenformel ausrechnen: $\mathrm{A} = \frac{1}{2} \cdot 10 \cdot 35 = 175$ FE. Das bedeutet, dass in den ersten 10 Tagen ca. 175 Besucher die Ausstellung gesehen haben (alternativ könnte man auch die Gleichung der Gerade aufstellen: $y = 3,5x$ und diese in den Grenzen $t = 0$ und $t = 10$ integrieren).

d) Nach 80 Tagen kann man ca. 12 Besucher pro Tag erwarten. Die tägliche Besucherzahl nähert sich dem Wert 10 asymptotisch an.

Aufgabe III

a) Die Werbeaktion mit den Flyern wurde wahrscheinlich in der 1. Woche durchgeführt, die Fernsehspots ab Anfang der 3. Woche gesendet (diese Werte müssen Schätzungen bleiben, da nicht bekannt ist, wie lange die Werbeaktionen durchgeführt wurden).

b) Das Schaubild der Funktion besitzt für $t = 1$ eine lokale Extremstelle (ein lokales Maximum). Ein lokales Maximum ist nur auf eine Umgebung um t bezogen ein Maximum. Das Maximum für $t = 4$ hingegen ist ein globales Maximum. An der Stelle $t = 2$ besitzt die Funktion ein lokales Mimimum. Auch dieses Minimum ist nur in Bezug auf die Umgebung von t ein Minimum. Der Punkt $\mathrm{P}(0 \mid 0)$ ist ein Randminimum, da er am Rand des in der Zeichnung angegebenen Intervalls liegt.

c) Funktionen, die keine lokalen Extremstellen besitzen, sind Geraden wie $f(x) = x$ oder $f(x) = 2x + 1$. Auch die e-Funktion $f(x) = e^x$ oder einige gebrochenrationale Funktionen wie $f(x) = \frac{1}{x}$ besitzen keine lokalen Extremstellen.

6.5 Allgemeines Verständnis von Schaubildern

a) Das Schaubild der Stammfunktion hat im Punkt $\mathrm{P}(x_0 \mid \mathrm{F}(x_0))$ einen Wendepunkt. Begründung: Die erste Ableitung von $\mathrm{F}(x)$ hat für $x = x_0$ eine Extremstelle und die dritte Ableitung von F (zweite Ableitung von f) ist ungleich Null.

b) Das Schaubild der Funktion hat in W(1 | 3) einen Wendepunkt, da die 2. Ableitung im fraglichen Punkt gleich Null und die 3. Ableitung ungleich Null ist.

c) Das Schaubild hat im Punkt (3 | 4) einen Hochpunkt, da die 1. Ableitung gleich Null und die 2. Ableitung im entsprechenden Punkt kleiner als Null ist.

d) Das Schaubild hat im Punkt (2 | 1) einen Sattelpunkt, da dort sowohl die 1. als auch die 2. Ableitung gleich Null und die 3. Ableitung von f ungleich Null sind.

7 Kurvendiskussion

7.1 Elemente der Kurvendiskussion

a) $f(x) = x^2 \cdot e^x$, Ableiten (Produktregel) und Ausklammern ergibt $f'(x) = (x^2 + 2x) \cdot e^x$. Erneutes Ableiten (Produktregel) und Ausklammern ergibt $f''(x) = \left(x^2 + 4x + 2\right) \cdot e^x$. Einsetzen von $x = 0$: $f'(0) = (0^2 + 2 \cdot 0)e^0 = 0 \Rightarrow$ die Funktion hat einen Extremwert für $x = 0$. Überprüfen in $f''(x) : f''(0) = (0^2 + 4 \cdot 0 + 2)e^0 = 2$, es ist $2 > 0 \Rightarrow$ Es handelt sich um ein Minimum.

b) Nein, die Kurve berührt die x-Achse nur, da es sich bei dem Punkt $\mathrm{P}(x_0 \mid 0)$ um einen Hochpunkt handelt.

c) Die Steigung ist kleiner als Null für x-Werte, die etwas kleiner sind als x_0 («links» von x_0) und größer als Null für x-Werte, die größer sind als x_0 («rechts» von x_0). Der nächstfolgende Extremwert (falls existent) einer ganzrationalen Funktion muss ein Maximum sein.

d) Das Schaubild der Stammfunktion von f hat an der Stelle x_0 einen Extrempunkt oder einen Sattelpunkt. (Ausnahme: $f(x) = 0$.) In diesem Fall wäre $\mathrm{F}(x) = 3$ eine mögliche Stammfunktion. Es ist $f(2) = 0$, $(2 \mid 3)$ ist aber kein Extrempunkt und kein Sattelpunkt.)

e) $f(x) = 3x^3 + 4$, Ableiten ergibt $f'(x) = 9x^2$, $f''(x) = 18x$, $f'''(x) = 18$. Einsetzen von $x = 0$: $f'(0) = 0$. Außerdem hat $f'(x)$ bei $x = 0$ keinen Vorzeichenwechsel $\Rightarrow$ das Schaubild der Funktion besitzt einen Sattelpunkt in $(0 \mid 4)$.

f) $\lim\limits_{x\to\infty} \left(x^2 \cdot e^{-x} + 1\right) = \lim\limits_{x\to\infty} x^2 \cdot e^{-x} + \lim\limits_{x\to\infty} 1$.
Es ist $\lim\limits_{x\to\infty} x^2 \cdot e^{-x} = 0$ und $\lim\limits_{x\to\infty} 1 = 1$.
Damit ist $y = 1$ die Asymptote der Funktion für $x \to \infty$.

g) Es ist $f(x) = \frac{1}{4}x^4 - x^3 + 4x - 2$, $f'(x) = x^3 - 3x^2 + 4$, $f''(x) = 3x^2 - 6x$, $f'''(x) = 6x - 6$ Einsetzen von $x = 2$: $f'(2) = 0$, $f''(2) = 0$, $f'''(2) = 6 \neq 0$. Der Punkt $(2 \mid 2)$ ist daher ein Sattelpunkt und kein Tiefpunkt.

h) Eine Polstelle bei einer gebrochenrationalen Funktion ist eine Nullstelle des Nenners, die (nach Kürzung aller Linearfaktoren) nicht gleichzeitig Nullstelle des Zählers ist. Der Nenner besitzt eine Nullstelle für $x = 1$. An dieser Stelle ist der Zähler ungleich Null. Also handelt es sich um eine Polstelle.

i) Es ist $f'(x) = 2xe^{-x} + x^2 \cdot e^{-x} \cdot (-1) = \left(2x - x^2\right) e^{-x}$.
Bei Punkten mit waagerechter Tangente ist $f'(x) = 0$, also $\left(2x - x^2\right) e^{-x} = 0 \Rightarrow x_1 = 0$ und $x_2 = 2$. Um die y-Werte zu erhalten, setzt man die x-Werte in $f(x)$ ein: $y_1 = 0^2 e^{-0} = 0$ und $y_2 = 2^2 e^{-2} = 4e^{-2} \Rightarrow \mathrm{P}_1\,(0 \mid 0)$ und $\mathrm{P}_2\left(2 \mid 4e^{-2}\right)$. Die Steigung zwischen den zwei Punkten ist $m = \frac{y_2 - y_1}{x_2 - x_1} = \frac{4e^{-2} - 0}{2 - 0} = 2 \cdot e^{-2}$. Eingesetzt in die Punkt-Steigungsform

$y - y_1 = m \cdot (x - x_1)$ ergibt sich $y - 0 = 2e^{-2} \cdot (x - 0)$, also hat die Gerade die Gleichung $y = 2e^{-2} \cdot x$.

j) Es ist $f'(x) = 1e^{-x} + x \cdot e^{-x} \cdot (-1) = (1-x)e^{-x}$,
$f''(x) = -1e^{-x} + (1-x)e^{-x} \cdot (-1) = (x-2)e^{-x}$,
$f'''(x) = 1e^{-x} + (x-2)e^{-x} \cdot (-1) = (3-x)e^{-x}$.
Setzt man $f''(x) = 0$, so erhält man $(x-2)e^{-x} = 0 \Rightarrow x = 2$.
Setzt man $x = 2$ in $f'''(x)$ ein, so ergibt sich $f'''(2) = (3-2)e^{-2} \neq 0$, also existiert genau ein Wendepunkt $W\left(2 \mid 2e^{-2}\right)$.

k) Es ist $f'(x) = g'(x)e^{-x} + g(x)e^{-x} \cdot (-1) = (g'(x) - g(x))e^{-x}$.
Bei Punkten mit waagerechter Tangente ist $f'(x) = 0$, also $(g'(x) - g(x))e^{-x} = 0$ bzw. $g'(x) - g(x) = 0$. Dies ist eine quadratische Gleichung, da $g'(x)$ 1. Grades und $g(x)$ 2. Grades ist. (Somit ist $g'(x) - g(x)$ 2. Grades.) Eine quadratische Gleichung hat maximal zwei Lösungen, also hat das Schaubild von f maximal zwei Punkte mit waagerechter Tangente.

l) Es ist $f'(x) = (x-2)^3$.
Da $f'(2) = (2-2)^3 = 0$, ist die notwendige Bedingung für einen lokalen Tiefpunkt erfüllt.
Zur Ermittlung des Vorzeichenwechsels betrachtet man $x-$Werte, die kleiner bzw. größer als 2 sind:
$x < 2 \Rightarrow f'(x) < 0$, da der Term in der Klammer kleiner als Null ist und «hoch 3» das Vorzeichen beibehält.
$x > 2 \Rightarrow f'(x) > 0$, da der Term in der Klammer größer als Null ist und «hoch 3» das Vorzeichen beibehält.
Somit wechselt f' das Vorzeichen an der Stelle $x = 2$ von $-$ nach $+$.
Also hat das Schaubild von f bei $x = 2$ einen Tiefpunkt.

m) Es ist $f(x) = 2 \cdot \sin\left(x - \frac{\pi}{2}\right)$. P liegt auf dem Schaubild von f, da $f(\pi) = 2 \cdot \sin\left(\pi - \frac{\pi}{2}\right) = 2 \cdot \sin\left(\frac{\pi}{2}\right) = 2$.
Es ist $f'(x) = 2 \cdot \cos\left(x - \frac{\pi}{2}\right)$. Die Steigung im Punkt $P(\pi \mid 2)$ erhält man durch Einsetzen von $x = \pi$ in $f'(x)$:
$f'(\pi) = 2 \cdot \cos\left(\pi - \frac{\pi}{2}\right) = 2 \cdot \cos\left(\frac{\pi}{2}\right) = 0$, also liegt im Punkt P eine waagrechte Tangente vor.

n) Es ist $f(x) = \frac{1}{2} \cdot \sin(2x - \pi)$,
$f'(x) = \frac{1}{2} \cdot \cos(2x - \pi) \cdot 2 = \cos(2x - \pi)$,
$f''(x) = -\sin(2x - \pi) \cdot 2 = -2 \cdot \sin(2x - \pi)$,
$f'''(x) = -2 \cdot \cos(2x - \pi) \cdot 2 = -4 \cdot \cos(2x - \pi)$.
Da $f''(\pi) = -2 \cdot \sin(2\pi - \pi) = -2 \cdot \sin(\pi) = -2 \cdot 0 = 0$ und $f'''(\pi) = -4 \cdot \cos(2\pi - \pi) = -4 \cdot \cos(\pi) = 4 \neq 0$, hat das Schaubild von f bei $x = \pi$ einen Wendepunkt.

7.2 Funktionenscharen/ Funktionen mit Parameter

a) I) Es handelt sich bei den Schaubildern von f_t um parallele Geraden mit der Steigung $m = \frac{1}{2}$, die je nach Wert von t entlang der y-Achse verschoben werden (siehe Zeichnung).

II) Der Punkt $P_1(2 \mid 3)$ wird in die Gleichung eingesetzt und liefert $3 = \frac{1}{2} \cdot 2 + t$. Umstellen nach t ergibt $t = 2$. Die Funktion ist damit $f_2(x) = \frac{1}{2}x + 2$.
Der Punkt $P_2(1 \mid 2)$ wird in die Gleichung eingesetzt und liefert $2 = \frac{1}{2} \cdot 1 + t$. Umstellen nach t ergibt $t = \frac{3}{2}$. Die Funktion ist damit $f_{\frac{3}{2}}(x) = \frac{1}{2}x + \frac{3}{2}$.

b) I) Es handelt sich bei den Schaubildern von f_t um Geraden, die alle durch den Punkt $(0 \mid 2)$ gehen (siehe Zeichnung), bei Variation von t verändert sich die Steigung der Geraden.

II) Der Punkt $P_1(1 \mid 5)$ wird in die Gleichung eingesetzt und liefert $5 = t \cdot 1 + 2$. Umstellen nach t ergibt $t = 3$. Die Funktion ist damit $f_3(x) = 3x + 2$.
Der Punkt $P_2(1 \mid 1,5)$ wird in die Gleichung eingesetzt und liefert $1,5 = t \cdot 1 + 2$. Umstellen nach t ergibt $t = -\frac{1}{2}$. Die Funktion ist damit $f_{-\frac{1}{2}}(x) = -\frac{1}{2}x + 2$.

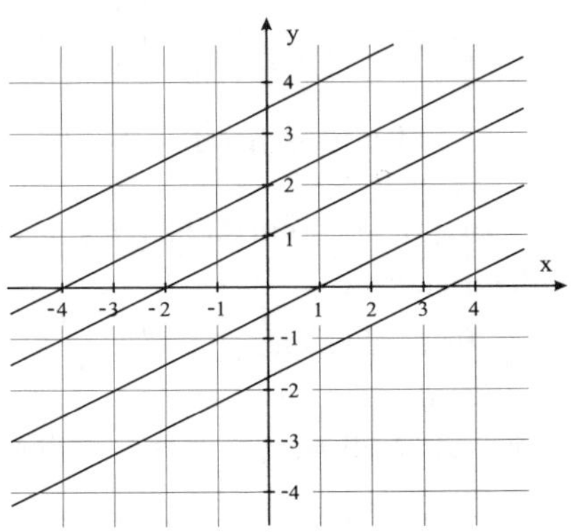

Kurvenschar a)

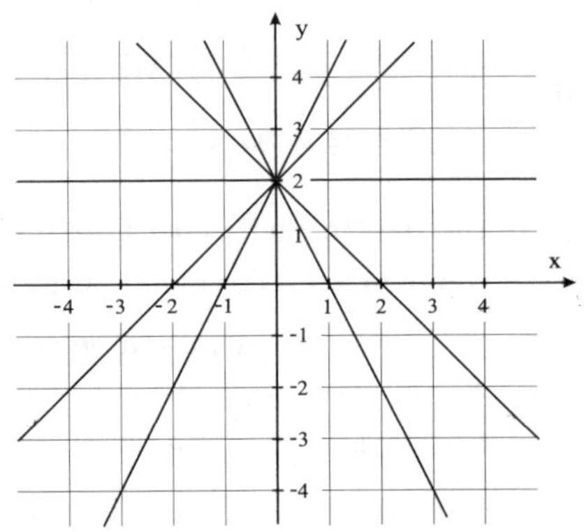

Kurvenschar b)

c) I) Es handelt sich bei den Schaubildern von f_t um Geraden, die alle durch den Punkt $(2 \mid 0)$ gehen. Man kann dies an der Funktion sehen, wenn man t ausklammert: $f_t(x) = tx - 2t = t(x-2)$. Es handelt sich um eine gegenüber der Geraden $y = t \cdot x$ um 2 LE nach rechts verschobene Gerade (siehe Zeichnung).

II) Der Punkt $P_1(3 \mid 2)$ wird in die Gleichung eingesetzt und liefert $2 = t \cdot 3 - 2 \cdot t$. Umstellen nach t ergibt $t = 2$. Die Funktion ist damit $f_2(x) = 2x - 4$.
Der Punkt $P_2(1 \mid \frac{1}{2})$ wird in die Gleichung eingesetzt und liefert $\frac{1}{2} = t \cdot 1 - 2 \cdot t$. Umstellen nach t ergibt $t = -\frac{1}{2}$. Die Funktion ist damit $f_{-\frac{1}{2}}(x) = -\frac{1}{2}x + 1$.

d) I) Es handelt sich bei den Schaubildern von f_t um Parabeln, die symmetrisch zur y-Achse sind. Je nach Wert von t sind die Parabeln «gestreckt» oder «gestaucht». Für positive Werte von t sind die Parabeln nach oben geöffnet, für negative Werte sind sie nach unten geöffnet (siehe Zeichnung).

II) Der Punkt $P_1(2 \mid 2)$ wird in die Gleichung eingesetzt und liefert $2 = t \cdot 2^2$. Umstellen nach t ergibt $t = \frac{1}{2}$. Die Funktion damit $f_{\frac{1}{2}}(x) = \frac{1}{2}x^2$.
Der Punkt $P_2(-1 \mid -2)$ wird in die Gleichung eingesetzt und liefert $-2 = t \cdot (-1)^2$. Umstellen nach t ergibt $t = -2$. Die Funktion ist damit $f_{-2}(x) = -2x^2$.

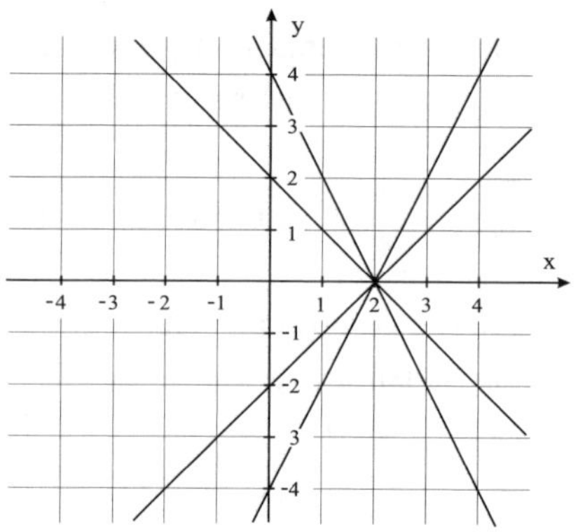

Kurvenschar c)

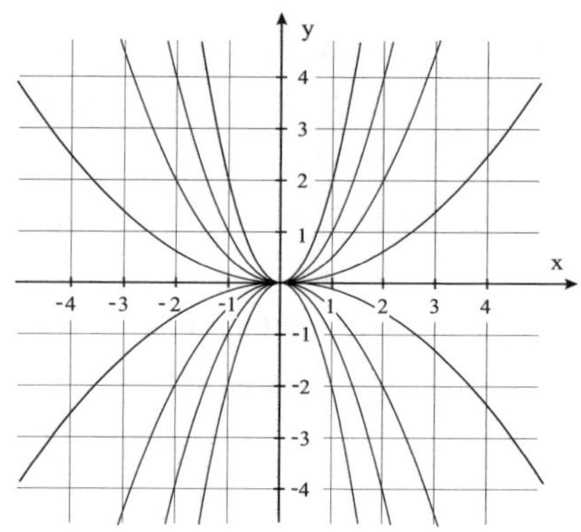

Kurvenschar d)

e) Um die Nullstellen der Funktion $f(x) = x^2 - ax + 1$; $a > 0$ in Abhängigkeit von a zu bestimmen, wird der Funktionsterm gleich Null gesetzt:
$x^2 - ax + 1 = 0$ wird mit de pq-Formel gelöst. Es ergibt sich $x_{1,2} = \frac{a}{2} \pm \sqrt{\frac{a^2}{4} - 1}$. Für die Anzahl der Lösungen ist der Term unter der Wurzel – die Diskriminante – verantwortlich. Je nachdem, ob sie größer, gleich oder kleiner als Null ist gibt es zwei, eine oder keine Lösung:

- Für $\frac{a^2}{4} - 1 > 0$ d.h. $a > 2$ gibt es zwei Lösungen
- Für $\frac{a^2}{4} - 1 = 0$ d.h. $a = 2$ gibt es eine Lösung
- Für $\frac{a^2}{4} - 1 < 0$ d.h. $a < 2$ gibt es keine Lösung.

f) Die Ableitungen der Funktionen sind
$f(x) = -x^2 + 2 \Rightarrow f'(x) = -2x$
$g_t(x) = tx^2 - 1 \Rightarrow g_t{}'(x) = 2tx$
Damit die Schaubilder der Funktionen im Schnittpunkt aufeinander senkrecht stehen, müssen folgende Gleichungen gelten:

$$\begin{array}{lrcl} \text{I} & f(x) & = & g_t(x) \\ \text{II} & f'(x) \cdot g_t'(x) & = & -1 \end{array}$$

Dabei ist Gleichung I die Gleichung für den Schnittpunkt und Gleichung II die Orthogonalitätsbedingung. Setzt man die Funktionen bzw. die Ableitungen ein, führt dies zu

$$\begin{array}{llcllcllcl} \text{Ia} & -x^2+2 & = & tx^2-1 & \Rightarrow & 3 & = & x^2\cdot(t+1) & \Rightarrow & x^2 = \frac{3}{t+1} \\ \text{IIa} & -2x\cdot 2tx & = & -1 & \Rightarrow & & & & & -4tx^2 = -1 \end{array}$$

Nun setzt man Gleichung Ia in Gleichung IIa ein: $-4t\cdot\frac{3}{t+1}=-1$. Auflösen nach t ergibt $t=\frac{1}{11}$. Die beiden Kurven stehen also für $t=\frac{1}{11}$ im Schnittpunkt senkrecht aufeinander.

g) Die Ableitungen sind
$f(x)=2x^2 \Rightarrow f'(x)=4x$
$g_t(x)=-tx^2+4 \Rightarrow g_t{}'(x)=-2tx$
Damit die Schaubilder der Funktionen im Schnittpunkt aufeinander senkrecht stehen, müssen folgende Gleichungen gelten:

$$\begin{array}{lrcl} \text{I} & f(x) & = & g_t(x) \\ \text{II} & f'(x)\cdot g_t{}'(x) & = & -1 \end{array}$$

Dabei ist Gleichung I die Gleichung für den Schnittpunkt und Gleichung II die Orthogonalitätsbedingung. Setzt man die Funktionen bzw. die Ableitungen ein, führt dies zu

$$\begin{array}{lrclcrcl} \text{Ia} & 2x^2 & = & -tx^2+4 & \Rightarrow & x^2 & = & \frac{4}{t+2} \\ \text{IIa} & 4x\cdot(-2)tx & = & -1 & \Rightarrow & -8tx^2 & = & -1 \end{array}$$

Nun setzt man Gleichung Ia in Gleichung IIa ein: $-8t\cdot\frac{4}{t+2}=-1$. Auflösen nach t ergibt $t=\frac{2}{31}$. Die beiden Kurven stehen also für $t=\frac{2}{31}$ im Schnittpunkt senkrecht aufeinander.

h) Es ist $f_t(x)=(2x+t)\cdot e^{-x}$; $x\in\mathbb{R}$; $t\geqslant 0$. Um den abgebildeten Schaubildern der Funktionenschar f_t den jeweiligen Parameter t zuzuordnen, kann man die Nullstellen der Schaubilder betrachten. Die Nullstelle von f_t erhält man rechnerisch, indem man die Funktionsgleichung gleich Null setzt:
$f_t(x)=0$ führt zu $(2x+t)\cdot e^{-x}=0$ bzw. $2x+t=0 \Rightarrow x=-\frac{t}{2}$ ist einzige Nullstelle.
Das Schaubild G hat als einzige Nullstelle $x=-2$, somit gilt: $-\frac{t}{2}=-2 \Rightarrow t=4$.
Das Schaubild G* hat als einzige Nullstelle $x=-1$, somit gilt: $-\frac{t}{2}=-1 \Rightarrow t=2$.
Das Schaubild G** hat als einzige Nullstelle $x=0$, somit gilt: $-\frac{t}{2}=0 \Rightarrow t=0$.
Damit gehört zu G der Parameter $t=4$, zu G* der Parameter $t=2$ und zu G** der Parameter $t=0$.

Alternativ kann man auch den Schnittpunkt mit der y-Achse untersuchen. Für $x=0$ ergibt sich: $f_t(0)=(2\cdot 0+t)\cdot e^{-0}=t\cdot 1=t$. Anhand der Schaubilder kommt man zu den gleichen Lösungen wie oben angegeben.

i) Man erhält Extremstellen von $f_a(x)=\sin(ax)$; $x\in\mathbb{R}$; $0<a<\frac{\pi}{2}$, indem man die 1. Ableitung von $f_a(x)$, die man mit Hilfe der Kettenregel bestimmt, gleich Null setzt:
$f_a{}'(x)=\cos(ax)\cdot a=0$ führt wegen $a>0$ zu $\cos(ax)=0 \Rightarrow ax=\frac{\pi}{2}+k\cdot\pi$; $k\in\mathbb{Z}$.

Da $x = 3$ Extremstelle sein soll, muss gelten: $a \cdot 3 = \frac{\pi}{2} + k \cdot \pi$ bzw. $a = \frac{\pi}{6} + k \cdot \frac{\pi}{3}$.
Wegen $0 < a < \frac{\pi}{2}$ ist $a = \frac{\pi}{6}$ die einzige Lösung.
Für $a = \frac{\pi}{6}$ hat das Schaubild von f_a bei $x = 3$ eine Extremstelle.
Alternativ hätte man sich auch direkt, d.h. aufgrund des Verlaufs der Sinuskurve, überlegen können, dass das Schaubild von $f_a(x) = \sin(ax)$ für $ax = \frac{\pi}{2} + k \cdot \pi$; $k \in \mathbb{Z}$ Extremstellen hat, so dass man zum gleichen Ergebnis kommt.

j) Die Steigung m_k im Ursprung des Schaubilds von f_k mit $f_k(x) = k \cdot \sin(kx)$; $x \in \mathbb{R}$; $k > 0$ erhält man, indem man $x = 0$ in die 1. Ableitung von f_k (Kettenregel) einsetzt:
$f_k{}'(x) = k \cdot \cos(kx) \cdot k = k^2 \cdot \cos(kx)$, d.h. $m_k = f_k{}'(0) = k^2 \cdot \cos(k \cdot 0) = k^2$.
Die Steigung m im Ursprung des Schaubilds von g mit $g(x) = 2x^3 + 4x$ erhält man, indem man $x = 0$ in die 1. Ableitung von g einsetzt:
$g'(x) = 6x^2 + 4$, d.h. $m = g'(0) = 6 \cdot 0^2 + 4 = 4$.
Da die beiden Steigungen gleich sein sollen, muss gelten: $m_k = m$ bzw. $k^2 = 4$ mit den Lösungen $k_1 = -2$ und $k_2 = 2$.
Wegen $k > 0$ haben die beiden Schaubilder im Ursprung nur für $k = 2$ die gleiche Steigung.

k) Man erhält die Extremstellen von $f_t(x) = x \cdot e^{tx}$; $x \in \mathbb{R}$; $t < 0$, indem man die 1. Ableitung (Produkt- und Kettenregel) gleich Null setzt:
$f_t{}'(x) = 1 \cdot e^{tx} + x \cdot e^{tx} \cdot t = (1 + tx) \cdot e^{tx} = 0$ führt zu $1 + tx = 0$ bzw. $x = -\frac{1}{t}$.
Setzt man $x = -\frac{1}{t}$ in die 2. Ableitung $f_t{}''(x) = t \cdot e^{tx} + (1 + tx) \cdot e^{tx} \cdot t = \left(2t + t^2 x\right) \cdot e^{tx}$ ein, so erhält man:
$f_t{}''\left(-\frac{1}{t}\right) = \left(2t + t^2 \cdot \left(-\frac{1}{t}\right)\right) \cdot e^{t \cdot \left(-\frac{1}{t}\right)} = t \cdot e^{-1} \neq 0 \Rightarrow x = -\frac{1}{t}$ ist die einzige Extremstelle von $f_t(x)$.
Da $x = 2$ Extremstelle sein soll, muss gelten: $2 = -\frac{1}{t} \Rightarrow t = -\frac{1}{2}$.
Für $t = -\frac{1}{2}$ hat das Schaubild von f_t bei $x = 2$ eine Extremstelle.

7.3 Symmetrie

a) Da die Funktion f mit $f(x) = \frac{1}{x^2} + 3$ nur gerade Exponenten enthält, erfüllt sie das Kriterium für y-Achsensymmetrie: $f(-x) = \frac{1}{(-x)^2} + 3 = \frac{1}{x^2} + 3 = f(x)$.

b) Da die Funktion f mit $f(x) = 3x^5 - 7{,}2x^3 + x$ nur ungerade Exponenten enthält, erfüllt sie das Kriterium für Punktsymmetrie zum Ursprung: $f(-x) = 3 \cdot (-x)^5 - 7{,}2 \cdot (-x)^3 + (-x)$ $= -3x^5 + 7{,}2x^3 - x = -\left(3x^5 - 7{,}2x^3 + x\right) = -f(x)$.

c) Um zu zeigen, dass das Schaubild der Funktion f mit $f(x) = 2 \cdot (x-1)^3 + 4$ punktsymmetrisch zum Punkt $\mathrm{P}(1 \mid 4)$ ist, muss für jedes $h \neq 0$ gelten: $\frac{f(1+h)+f(1-h)}{2} = 4$.
Es ist $f(1+h) = 2 \cdot (1+h-1)^3 + 4 = 2h^3 + 4$ und $f(1-h) = 2 \cdot (1-h-1)^3 + 4 = -2h^3 + 4$.
Damit ist $\frac{f(1+h)+f(1-h)}{2} = \frac{2h^3+4+(-2h^3+4)}{2} = \frac{8}{2} = 4$ und die Punktsymmetrie ist nachgewiesen.

d) Wenn das Schaubild der Funktion f mit $f(x) = \frac{4}{(x-2)^2}$ achsensymmetrisch zu $x = 2$ ist, muss für beliebige $h \neq 0$ gelten: $f(2+h) = f(2-h)$.
Es ist $f(2+h) = \frac{4}{(2+h-2)^2} = \frac{4}{h^2}$ und $f(2-h) = \frac{4}{(2-h-2)^2} = \frac{4}{(-h)^2} = \frac{4}{h^2}$.
Da $f(2+h) = f(2-h)$, ist das Schaubild von f achsensymmetrisch zu $x = 2$.

7.4 Tangenten und Normalen

a) Aus $f(x) = x^2 - 4x + 2$ folgt $f'(x) = 2x - 4$. Für die Steigung m_t der Tangente im Punkt x_0 gilt $m_t = f'(x_0)$. Damit ist die Tangente in $\mathrm{P}(1 \mid -1)$: $m_t = f'(1) = 2 \cdot 1 - 4 = -2$. Setzt man $\mathrm{P}(1 \mid -1)$ und $m_t = -2$ in die Punkt-Steigungsform $y - y_1 = m \cdot (x - x_1)$ einer Geraden ein, so erhält man $y - (-1) = -2 \cdot (x - 1)$ und damit die Tangentengleichung $t: \; y = -2x + 1$. Für die Normalensteigung m_n gilt $m_n = -\frac{1}{m_t} = -\frac{1}{-2} = \frac{1}{2}$. Setzt man P und m_n in die Punkt-Steigungsform ein, so erhält man $y - (-1) = \frac{1}{2} \cdot (x - 1)$ und damit die Normalengleichung $n: \; y = \frac{1}{2}x - \frac{3}{2}$.

b) Aus $f(x) = x^3 + x + 1$ folgt $f'(x) = 3x^2 + 1$, $f''(x) = 6x$ und $f'''(x) = 6$. Um den Wendepunkt zu bestimmen, wird die 2. Ableitung gleich Null gesetzt: $f''(x) = 6x = 0 \Rightarrow x_{\mathrm{W}} = 0$. Probe in f''' ergibt $f'''(0) = 6 \neq 0$, es handelt sich also um einen Wendepunkt. Der y-Wert wird bestimmt, indem man $x_{\mathrm{W}} = 0$ in $f(x)$ einsetzt, was zu $\mathrm{W}(0 \mid 1)$ führt.
Die Tangentensteigung in W ist $m_t = f'(0) = 1$. Setzt man $\mathrm{W}(0 \mid 1)$ und $m_t = 1$ in die Punkt-Steigungsform ein, so erhält man $y - 1 = 1 \cdot (x - 0)$ und damit die Tangentengleichung $t: \; y = x + 1$. Für die Normalensteigung m_n gilt $m_n = -\frac{1}{m_t} = -\frac{1}{1} = -1$. Setzt man $\mathrm{W}(0 \mid 1)$ und $m_n = -1$ in die Punkt-Steigungsform ein, so erhält man $y - 1 = -1 \cdot (x - 0)$ und damit die Normalengleichung $n: \; y = -x + 1$.

c) I) Da die Steigung der Tangente schon angegeben ist, muss zuerst der Punkt P bestimmt werden, in dem die Tangente die Kurve berührt. In diesem Punkt soll die Steigung der Kurve gleich -2 sein. Daher setzt man die 1. Ableitung gleich -2. Es ist $f(x) = x^2 + 4x - 3$ und $f'(x) = 2x + 4$. Gleichsetzen der 1. Ableitung: $f'(x) = 2x + 4 = -2 \Rightarrow x_{\mathrm{P}} = -3$. Durch Einsetzen in $f(x)$ wird die y-Koordinate des Punktes bestimmt. Damit ist der gesuchte Punkt $\mathrm{P}(-3 \mid -6)$. Setzt man $\mathrm{P}(-3 \mid -6)$ und $m_t = -2$ in die Punkt-Steigungsform ein, so erhält man $y - (-6) = -2 \cdot (x - (-3))$ und damit die Tangentengleichung $t: \; y = -2x - 12$.

II) Da die Tangente orthogonal zu der angegebenen Geraden g ist, gilt für ihre Steigung $m_t = -\frac{1}{m_g}$, die Steigung der Tangente ist damit $m_t = -\frac{1}{-\frac{1}{3}} = 3$. Nun muss der Punkt P bestimmt werden, in dem die Tangente die Kurve berührt: Da in diesem Punkt die Steigung der Kurve gleich 3 sein muss, setzt man die 1. Ableitung gleich 3 und löst nach x auf: $f'(x) = 2x + 4 = 3 \Rightarrow x_{\mathrm{P}} = -\frac{1}{2}$. Durch Einsetzen in $f(x)$ wird die y-Koordinate des Punktes bestimmt. Damit ist der gesuchte Punkt $\mathrm{P}\left(-\frac{1}{2} \mid -\frac{19}{4}\right)$. Setzt man $\mathrm{P}\left(-\frac{1}{2} \mid -\frac{19}{4}\right)$ und $m_t = 3$ in die Punkt-Steigungsform ein, so erhält man $y - \left(-\frac{19}{4}\right) = 3 \cdot \left(x - \left(-\frac{1}{2}\right)\right)$ und damit die Tangentengleichung $t: \; y = 3x - \frac{13}{4}$.

III) Da die Tangente parallel zur angegebenen Geraden ist und die Tangentensteigung damit gleich groß ist wie die Geradensteigung, muss zuerst der Punkt P bestimmt werden, in dem die Tangente die Kurve berührt: In diesem Punkt ist die Steigung gleich 4. Daher setzt man die 1. Ableitung gleich 4: $f'(x) = 2x+4 = 4 \Rightarrow x_P = 0$. Durch Einsetzen in $f(x)$ wird der y-Wert des Punktes bestimmt. Damit ist der gesuchte Punkt $P(0 \mid -3)$. Setzt man $P(0 \mid -3)$ und $m_t = 4$ in die Punkt-Steigungsform ein, so erhält man $y-(-3) = 4 \cdot (x-0)$ und damit die Tangentengleichung $t:\ y = 4x-3$.

d) I) Da die Tangente parallel zur angegebenen Gerade ist, ist die Tangentensteigung m_t genauso groß wie die Geradensteigung, welche man mit Hilfe der Punkte $A(0 \mid 3)$ und $B(-4 \mid 7)$ bestimmt: $m_g = \frac{y_2-y_1}{x_2-x_1} = \frac{7-3}{-4-0} = \frac{4}{-4} = -1$.
Als nächstes muss der Punkt P bestimmt werden, in dem die Tangente die Kurve berührt: In diesem Punkt soll die Steigung der Kurve gleich -1 sein. Daher setzt man die 1. Ableitung gleich -1. Es ist $f(x) = 2x^2-5x+1$ und $f'(x) = 4x-5$. Gleichsetzen der 1. Ableitung: $f'(x) = 4x-5 = -1 \Rightarrow x_P = 1$.
Durch Einsetzen in $f(x)$ wird die y-Koordinate des Punktes bestimmt. Damit ist der gesuchte Punkt: $P(1 \mid -2)$. Setzt man $P(1 \mid -2)$ und $m_t = -1$ in die Punkt-Steigungsform ein, so erhält man $y-(-2) = -1 \cdot (x-1)$ und damit die Tangentengleichung $t:\ y = -x-1$.

II) Da die Normale parallel zur angegebenen Geraden ist, ist die Normalensteigung m_n genauso groß wie die Geradensteigung, also $m_n = -\frac{1}{3}$. Da Tangente und Normale senkrecht aufeinander stehen, gilt $m_t = -\frac{1}{m_n} = -\frac{1}{-\frac{1}{3}} = 3$.
Als nächstes muss der Punkt P bestimmt werden, in dem die Tangente die Kurve berührt: In diesem Punkt soll die Steigung der Kurve gleich 3 sein. Daher setzt man die 1. Ableitung gleich 3. Es ist $f(x) = 2x^2-5x+1$ und $f'(x) = 4x-5$. Gleichsetzen der 1. Ableitung: $f'(x) = 4x-5 = 3 \Rightarrow x_P = 2$.
Durch Einsetzen in $f(x)$ wird die y-Koordinate des Punktes bestimmt. Damit ist der gesuchte Punkt $P(2 \mid -1)$. Setzt man $P(2 \mid -1)$ und $m_n = -\frac{1}{3}$ in die Punkt-Steigungsform ein, so erhält man $y-(-1) = -\frac{1}{3} \cdot (x-2)$ und damit die Normalengleichung $n:\ y = -\frac{1}{3}x - \frac{1}{3}$.

III) Da die Normale zur angegebenen Geraden und auch zur Tangente t orthogonal ist, ist t parallel zur angegebenen Geraden, damit ist die Tangentensteigung m_t genauso groß wie die Geradensteigung $m_g = 7$. Als nächstes muss der Punkt P bestimmt werden, in dem t die die Kurve berührt: In diesem Punkt soll die Steigung der Kurve gleich 7 sein. Daher setzt man die 1. Ableitung gleich 7. Es ist $f(x) = 2x^2-5x+1$ und $f'(x) = 4x-5$. Gleichsetzen der 1. Ableitung: $f'(x) = 4x-5 = 7 \Rightarrow x_P = 3$.
Durch Einsetzen in $f(x)$ wird die y-Koordinate des Punktes bestimmt. Damit ist der gesuchte Punkt $P(3 \mid 4)$. Setzt man $P(3 \mid 4)$ und $m_n = -\frac{1}{7}$ in die Punkt-Steigungsform ein, so erhält man $y-4 = -\frac{1}{7} \cdot (x-3)$ und damit die Normalengleichung
n: $y = -\frac{1}{7}x + \frac{31}{7}$.

e) I) Die Tangente berührt die Kurve in einem noch unbekannten Punkt $B\,(u \mid f(u))$ bzw. $B\,\left(u \mid u^2-2u+3\right)$. Die Tangentensteigung in diesem Punkt bestimmt man mit Hilfe der 1. Ableitung und Einsetzen von u: Es ist $f(x)=x^2-2x+3$ und $f'(x)=2x-2$. Somit gilt $m_t=f'(u)=2u-2$. Setzt man $B\,(u \mid f(u))$ und $m_t=f'(u)$ in die Punkt-Steigungsform ein, so erhält man als Tangentengleichung in Abhängigkeit von u:
$y-f(u)=f'(u)\cdot(x-u)$ bzw. $t:\ y-\left(u^2-2u+3\right)=(2u-2)\cdot(x-u)$.
Da $P(0 \mid -6)$ auf der Tangente liegt, kann man diesen in die Tangentengleichung einsetzen: $-6-\left(u^2-2u+3\right)=(2u-2)\cdot(0-u)$ bzw. $u^2=9 \Rightarrow u_1=3 \quad u_2=-3$.
Setzt man u_1 bzw. u_2 in $B\,(u \mid f(u))$ ein, so erhält man $B_1\,(3 \mid 6)$ und $B_2\,(-3 \mid 18)$.
Setzt man u_1 bzw. u_2 in die Tangentengleichung ein, so erhält man $y-\left(3^2-2\cdot 3+3\right)$ $=(2\cdot 3-2)\cdot(x-3)$ bzw. $y-\left((-3)^2-2\cdot(-3)+3\right)=(2\cdot(-3)-2)\cdot(x-(-3))$.
Somit ergeben sich als Tangentengleichungen $t_1:\ y=4x-6$ und $t_2:\ y=-8x-6$.

II) Die Tangente berührt die Kurve in einem noch unbekannten Punkt $B\,(u \mid f(u))$ bzw. $B\,\left(u \mid u^2-2u+3\right)$. Die Tangentensteigung in diesem Punkt bestimmt man mit Hilfe der 1. Ableitung und Einsetzen von u: Es ist $f(x)=x^2-2x+3$ und $f'(x)=2x-2$. Somit gilt $m_t=f'(u)=2u-2$. Setzt man $B\,(u \mid f(u))$ und $m_t=f'(u)$ in die Punkt-Steigungsform ein, so erhält man als Tangentengleichung in Abhängigkeit von u:
$y-f(u)=f'(u)\cdot(x-u)$ bzw. $t:\ y-\left(u^2-2u+3\right)=(2u-2)\cdot(x-u)$.
Da $Q\,(1 \mid -7)$ auf der Tangente liegt, kann man diesen in die Tangentengleichung einsetzen: $-7-\left(u^2-2u+3\right)=(2u-2)\cdot(1-u)$ und man erhält $u^2-2u-8=0$.
Diese quadratische Gleichung hat die Lösungen $u_1=4$ und $u_2=-2$.
Setzt man u_1 bzw. u_2 in $B\,(u \mid f(u))$ ein, so erhält man die Koordinaten der Berührpunkte $B_1\,(4 \mid 11)$ und $B_2\,(-2 \mid 11)$.

7.5 Berührpunkte zweier Kurven

Wenn sich zwei Schaubilder K_f und K_g in einem Punkt $B\,(x_B \mid y_B)$ berühren, gelten folgende zwei Bedingungen:

1. Da B gemeinsamer Punkt ist, gilt $f\,(x_B)=g\,(x_B)$.
2. Da in B eine gemeinsame Tangente vorhanden ist, gilt $f'\,(x_B)=g'\,(x_B)$.

a) Es genügt zu zeigen, dass im Punkt $B\,(0 \mid 3)$ die beiden Bedingungen $f(x)=g(x)$ und $f'\,(x)=g'\,(x)$ erfüllt sind:
Es ist $f(0)=\frac{1}{5}\cdot 0^3-2\cdot 0^2+5\cdot 0+3=3$ und $g(0)=-0^2+5\cdot 0+3=3$, also $f(0)=g(0)$, d.h. $B\,(0 \mid 3)$ ist gemeinsamer Punkt.
Ferner gilt $f'(x)=\frac{3}{5}x^2-4x+5$ und $g'(x)=-2x+5$.
Es ist $f'(0)=\frac{3}{5}\cdot 0^2-4\cdot 0+5=5$ und $g'(0)=-2\cdot 0+5=5$,
also $f'(0)=g'(0)$, d.h. in $B\,(0 \mid 3)$ existiert eine gemeinsame Tangente. Somit berühren sich die beiden Kurven in $B\,(0 \mid 3)$.

b) Es genügt zu zeigen, dass im Punkt B $\left(\frac{1}{2} \mid \frac{3}{4}\right)$ die beiden Bedingungen $f(x) = g(x)$ und $f'(x) = g'(x)$ erfüllt sind:
Es ist $f\left(\frac{1}{2}\right) = \left(\frac{1}{2}\right)^2 + \frac{1}{2} = \frac{1}{4} + \frac{1}{2} = \frac{3}{4}$ und $g\left(\frac{1}{2}\right) = -4 \cdot \left(\frac{1}{2}\right)^4 + 4 \cdot \left(\frac{1}{2}\right)^3 + \frac{1}{2} = \frac{3}{4}$, also $f\left(\frac{1}{2}\right) = g\left(\frac{1}{2}\right)$, d.h. B $\left(\frac{1}{2} \mid \frac{3}{4}\right)$ ist gemeinsamer Punkt.
Ferner gilt $f'(x) = 2x$ und $g'(x) = -16x^3 + 12x^2$.
Es ist $f'\left(\frac{1}{2}\right) = 2 \cdot \frac{1}{2} = 1$ und $g'\left(\frac{1}{2}\right) = -16 \cdot \left(\frac{1}{2}\right)^3 + 12 \cdot \left(\frac{1}{2}\right)^2 = -\frac{16}{8} + \frac{12}{4} = 1$, also $f'\left(\frac{1}{2}\right) = g'\left(\frac{1}{2}\right)$, d.h. in B $\left(\frac{1}{2} \mid \frac{3}{4}\right)$ existiert eine gemeinsame Tangente. Somit berühren sich die beiden Kurven in B $\left(\frac{1}{2} \mid \frac{3}{4}\right)$.

c) Um mögliche Berührpunkte zu berechnen, kann man entweder die Funktionsgleichungen oder die Tangentensteigungen gleichsetzen. Anschließend muss die jeweils andere Bedingung überprüft werden.
Es ist $f'(x) = x^2 - 4x + 3$ und $g'(x) = -2x + 3$.
Gleichsetzen der Tangentensteigungen führt auf $x^2 - 4x + 3 = -2x + 3$ bzw. $x^2 - 2x = 0$ mit den Lösungen $x_1 = 2$ und $x_2 = 0$.
Setzt man $x_1 = 2$ in $f(x)$ bzw. $g(x)$ ein, so ergibt sich $f(2) = \frac{1}{3} \cdot 2^3 - 2 \cdot 2^2 + 3 \cdot 2 + 4 = 4\frac{2}{3}$ und $g(2) = -2^2 + 3 \cdot 2 + 4 = 6$, d.h. $f(2) \neq g(2)$, also liegt kein gemeinsamer Punkt vor.
Setzt man $x_2 = 0$ in $f(x)$ bzw. $g(x)$ ein, so ergibt sich $f(0) = \frac{1}{3} \cdot 0^3 - 2 \cdot 0^2 + 3 \cdot 0 + 4 = 4$ und $g(0) = -0^2 + 3 \cdot 0 + 4 = 4$, also ist auch $f(0) = g(0)$, d.h. B $(0 \mid 4)$ ist ein Berührpunkt.

d) Um mögliche Berührpunkte zu berechnen, kann man entweder die Funktionsgleichungen oder die Tangentensteigungen gleichsetzen. Anschließend muss die jeweils andere Bedingung überprüft werden.
Es ist $f'(x) = 2x$ und $g'(x) = -x^3 + 3x^2$.
Gleichsetzen der Tangentensteigungen führt auf $2x = -x^3 + 3x^2$ bzw. $x^3 - 3x^2 + 2x = 0$ bzw. $x \cdot \left(x^2 - 3x + 2\right) = 0$ mit den Lösungen $x_1 = 0$, $x_2 = 1$ und $x_3 = 2$.
Setzt man $x_1 = 0$ in $f(x)$ bzw. $g(x)$ ein, so ergibt sich $f(0) = 0^2 + 1 = 1$ und $g(0) = -\frac{1}{4} \cdot 0^4 + 0^3 + 1 = 1$, also ist $f(0) = g(0)$, und somit B_1 $(0 \mid 1)$ ein Berührpunkt.
Setzt man $x_2 = 1$ in $f(x)$ bzw. $g(x)$ ein, so ergibt sich $f(1) = 1^2 + 1 = 2$ und $g(1) = -\frac{1}{4} \cdot 1^4 + 1^3 + 1 = \frac{7}{4}$, also $f(1) \neq g(1) \Rightarrow$ kein Berührpunkt.
Setzt man $x_3 = 2$ in $f(x)$ bzw. $g(x)$ ein, so ergibt sich $f(2) = 2^2 + 1 = 5$ und $g(2) = -\frac{1}{4} \cdot 2^4 + 2^3 + 1 = 5$, also ist $f(2) = g(2)$, und somit B_2 $(2 \mid 5)$ ein Berührpunkt.
Ergebnis: B_1 $(0 \mid 1)$ und B_2 $(2 \mid 5)$ sind Berührpunkte.

7.6 Ortskurven

Um die Gleichung der Ortskurve zu erhalten, wird der x-Wert so umgeformt, dass der Parameter alleine steht. Der Parameter wird dann in den y-Wert eingesetzt und man erhält die Gleichung der Ortskurve durch Ausrechnen.

a) Es ist E $\left(\frac{2}{3}t \mid \frac{2}{9}t^3\right)$; zuerst wird der x-Wert $x = \frac{2}{3}t$ nach t aufgelöst: $t = \frac{3}{2}x$. In den y-Wert $y = \frac{2}{9}t^3$ wird für $t = \frac{3}{2}x$ eingesetzt $y = \frac{2}{9} \cdot \left(\frac{3}{2}x\right)^3$.

Ausrechnen ergibt $y = \frac{2}{9} \cdot \frac{3^3}{2^3}x^3 = \frac{3}{4}x^3$.
Die Gleichung der Ortskurve lautet $y = \frac{3}{4}x^3$.

b) Es ist $\mathrm{H}\left(\frac{2}{3}t \mid \frac{9}{2t}\right)$; zuerst wird der x-Wert $x = \frac{2}{3}t$ nach t aufgelöst: $t = \frac{3}{2}x$.
In den y-Wert $y = \frac{9}{2t}$ wird für $t = \frac{3}{2}x$ eingesetzt $y = \frac{9}{2\cdot\left(\frac{3}{2}x\right)}$.
Ausrechnen ergibt $y = \frac{9}{3x} = \frac{3}{x}$.
Die Gleichung der Ortskurve lautet $y = \frac{3}{x}$.

c) Es ist $\mathrm{H}\left(\sqrt{\frac{a}{3}} \mid -\frac{2}{3}a\sqrt{\frac{a}{3}}\right)$, zuerst wird der x-Wert $x = \sqrt{\frac{a}{3}}$ nach a durch Quadrieren aufgelöst: $x^2 = \frac{a}{3}$ bzw. $a = 3x^2$.
In den y-Wert $y = -\frac{2}{3}a\sqrt{\frac{a}{3}}$ wird für $a = 3x^2$ eingesetzt: $y = -\frac{2}{3} \cdot 3x^2 \cdot \sqrt{\frac{3x^2}{3}}$.
Ausrechnen ergibt $y = -2x^2\sqrt{x^2} = -2x^3$.
Die Gleichung der Ortskurve lautet: $y = -2x^3$.

d) Es ist $\mathrm{W}\left(\ln\left(\frac{t}{2}\right) \mid \frac{t^2}{4}\right)$; zuerst wird der x-Wert $x = \ln\left(\frac{t}{2}\right)$ nach t durch beidseitiges Potenzieren («e hoch») aufgelöst: $e^x = e^{\ln\left(\frac{t}{2}\right)}$ bzw. $e^x = \frac{t}{2} \Rightarrow t = 2 \cdot e^x$.
In den y-Wert $y = \frac{t^2}{4}$ wird für $t = 2 \cdot e^x$ eingesetzt $y = \frac{(2\cdot e^x)^2}{4}$.
Ausrechnen ergibt $y = \frac{2^2(e^x)^2}{4} = (e^x)^2 = e^{2x}$.
Die Gleichung der Ortskurve lautet $y = e^{2x}$.

e) Es ist $\mathrm{H}\left(\frac{t}{2} \mid \frac{t^3}{4} - t\right)$; zuerst wird der x-Wert $x = \frac{t}{2}$ nach t aufgelöst: $t = 2x$.
In den y-Wert $y = \frac{t^3}{4} - t$ wird für $t = 2x$ eingesetzt $y = \frac{(2x)^3}{4} - 2x$.
Ausrechnen ergibt $y = \frac{2^3 \cdot x^3}{4} - 2x = 2x^3 - 2x$.
Die Gleichung der Ortskurve lautet $y = 2x^3 - 2x$.

f) Es ist $f_t(x) = x^3 - 3tx^2; t > 0$,
Ableiten ergibt $f_t{}'(x) = 3x^2 - 6tx$ und $f_t{}''(x) = 6x - 6t$.
Setzt man $f_t{}'(x) = 0$, so erhält man $3x^2 - 6tx = 0$ bzw. $x \cdot (3x - 6t) = 0 \Rightarrow x_1 = 0$ und $x_2 = 2t$.
Für den Parameter t gilt $t > 0$, also ist t eine beliebige positive Zahl.
Setzt man $x_1 = 0$ in $f_t{}''(x)$ ein, so ergibt sich $f_t{}''(0) = 6 \cdot 0 - 6t = -6t < 0 \Rightarrow$ Hochpunkt.
Setzt man $x_2 = 2t$ in $f_t{}''(x)$ ein, so ergibt sich $f_t{}''(2t) = 6 \cdot 2t - 6t = 6t > 0 \Rightarrow$ Tiefpunkt.
Den y-Wert von T erhält man durch Einsetzen von $x = 2t$ in $f_t(x)$:
$f_t(2t) = (2t)^3 - 3t \cdot (2t)^2 = 8t^3 - 12t^3 = -4t^3$.
Somit haben die Tiefpunkte der Kurvenschar die Koordinaten $\mathrm{T}_t\left(2t \mid -4t^3\right)$.
Um die Gleichung der Ortskurve aller Tiefpunkte zu erhalten, wird zuerst der x-Wert $x = 2t$ nach t aufgelöst: $t = \frac{x}{2}$.
In den y-Wert $y = -4t^3$ wird für $t = \frac{x}{2}$ eingesetzt: $y = -4\left(\frac{x}{2}\right)^3$.
Ausrechnen ergibt $y = -4 \cdot \frac{x^3}{8} = -\frac{1}{2}x^3$.
Die Gleichung der Ortskurve lautet $y = -\frac{1}{2}x^3$.

g) Es ist $f_a(x) = (x-a) \cdot e^x$, mit der Produktregel erhält man:
$f_a{}'(x) = 1 \cdot e^x + (x-a) \cdot e^x = (x+1-a) \cdot e^x$
$f_a{}''(x) = 1 \cdot e^x + (x+1-a) \cdot e^x = (x+2-a) \cdot e^x$
$f_a{}'''(x) = 1 \cdot e^x + (x+2-a) \cdot e^x = (x+3-a) \cdot e^x$.
Setzt man $f_a{}''(x) = 0$, so erhält man $(x+2-a) \cdot e^x = 0 \Rightarrow x+2-a = 0 \Rightarrow x = a-2$.
Setzt man $x = a-2$ in $f_a{}'''(x)$ ein, so ergibt sich:
$f_a{}'''(a-2) = (a-2+3-a) \cdot e^{a-2} = e^{a-2} \neq 0 \Rightarrow$ Wendepunkt.
Den y-Wert des Wendepunktes erhält man durch Einsetzen von $x = a-2$ in $f_a(x)$:
$f_a(a-2) = (a-2-a) \cdot e^{a-2} = -2 \cdot e^{a-2}$.
Somit haben die Wendepunkte der Kurvenschar die Koordinaten $\mathrm{W}_a\left(a-2 \mid -2 \cdot e^{a-2}\right)$.
Um die Gleichung der Ortskurve aller Wendepunkte zu erhalten, wird zuerst wird der x-Wert $x = a-2$ nach a aufgelöst: $a = x+2$.
In den y-Wert $y = -2 \cdot e^{a-2}$ wird für $a = x+2$ eingesetzt: $y = -2 \cdot e^{x+2-2}$.
Ausrechnen ergibt $y = -2 \cdot e^x$.
Die Gleichung der Ortskurve lautet damit $y = -2 \cdot e^x$.

7.7 Verständnis von gebrochenrationalen Funktionen

a) Bei einer gebrochenrationalen Funktion bezeichnet eine Definitionslücke eine Stelle, an der das Nennerpolynom gleich Null ist.

b) Eine Polstelle an der Stelle x_0 einer gebrochenrationalen Funktion liegt vor, wenn (nach Kürzung aller überzähligen Linearfaktoren) für eine Zahl x_0 das Zählerpolynom ungleich Null ist und das Nennerpolynom gleich Null. Dabei werden die Funktionswerte beliebig groß, wenn man sich x_0 nähert.
Es gibt Polstellen mit und ohne Vorzeichenwechsel (VZW).
Bei einer Polstelle mit VZW wechselt das Vorzeichen der Funktionswerte, je nachdem, ob man sich von links oder von rechts der Funktion annähert (der eine Ast des Schaubilds geht «nach oben», der andere «nach unten»).
Bei einer Polstelle ohne VZW streben die Funktionswerte links und rechts der Polstelle beide nach $+\infty$ bzw. $-\infty$.

c) Der Begriff «Definitionslücke» ist der Überbegriff, eine Polstelle ist eine spezielle Definitionslücke.

d) Es kann der Fall auftreten, dass sowohl das Zählerpolynom als auch das Nennerpolynom bei x_0 eine Nullstelle haben. Das Schaubild zeigt dann kein Verhalten wie an Polstellen, sondern hat ein «Loch» an der Stelle x_0. Man kann durch Kürzen eine neue Funktion definieren, die diese Lücke nicht mehr enthält, sie ist dann «gehoben» worden.
Beispiel: die Funktion $f(x) = \frac{2x(x-3)}{(x-3)}$ besitzt für $x = 3$ eine hebbare Lücke. Diese kann man heben, indem man festlegt $h(x) = 2x$ mit $x \in \mathbb{R}$.

e) Welche Art einer waagerechten bzw. schrägen Asymptote das Schaubild einer gebrochenrationalen Funktion hat, hängt vom Grad des Zähler- und Nennerpolynoms ab (der Grad ist der höchste Exponent eines Polynoms).
Es sind verschiedene Fälle möglich:

- Grad des Zählerpolynoms $<$ Grad des Nennerp. $\Rightarrow$ Asymptote: $y = 0$ (x-Achse)
- Grad des Zählerpolynoms $=$ Grad des Nennerp. $\Rightarrow$ waagerechte Asymptote
- Grad des Zählerpolynoms $=$ Grad des Nennerp.$+1$ $\Rightarrow$ schräge Asymptote
- Grad des Zählerpolynoms $>$ Grad des Nennerp.$+1$ $\Rightarrow$ Näherungskurve

Der Grad der Näherungskurve ist die Differenz zwischen dem Grad des Zählerpolynoms und dem Grad des Nennerpolynoms.

Die Position der waagerechten Asymptote wird durch die Koeffizienten im Zähler und Nenner vor den beiden x mit den höchsten Exponenten bestimmt, sofern die Funktion die Gestalt $f(x) = \frac{\mathrm{Z}(x)}{\mathrm{N}(x)}$ besitzt.

Beispiel: $f(x) = \dfrac{2x^3 + x^2 + 7x}{x^3 - 3}$.
Für $x \to \infty$ geht $f(x) \to \dfrac{2x^3}{x^3} = 2$, da alle Terme mit niedrigeren Exponenten vernachlässigt werden können.
Damit eine schräge Asymptote wie $y = 2x - 1$ entsteht, muss die Funktion z.B. folgende Form haben:

$$f(x) = \frac{2x^2 + x + 3}{x + 1}$$

Polynomdivision des Zählers durch den Nenner:
$(2x^2 + x + 3) : (x + 1) = 2x - 1 + \frac{4}{x+1}$. Für $x \to \infty$ geht der Bruchterm gegen Null, also ist die Gerade $y = 2x - 1$ die schräge Asymptote.

8 Allgemeines Verständnis von Funktionen

8.1 Definitionsbereich

a) **Gebrochenrationale Funktionen**

I) Nullstelle des Nenners: $x-4=0 \Rightarrow x=4$ also $D=\mathbb{R}\setminus\{4\}$

II) Nullstellen des Nenners: $x^2-5x+6=0 \Rightarrow x_1=2$ und $x_2=3$. $D=\mathbb{R}\setminus\{2;3\}$

III) Nullstelle des Nenners: $x^2+1=0$ hat keine reelle Lösung, also können für x alle reellen Zahlen eingesetzt werden: $D=\mathbb{R}$

b) **Wurzelfunktionen**

I) Radikand: $8-4x \geqslant 0 \Rightarrow 8 \geqslant 4x \Rightarrow 2 \geqslant x$. Es dürfen alle reellen Zahlen, die kleiner oder gleich 2 sind, eingesetzt werden:
$D=\{x\in\mathbb{R} \mid x\leqslant 2\}$

II) Radikand: $7x+5\geqslant 0 \Rightarrow 7x\geqslant -5 \Rightarrow x\geqslant -\frac{5}{7} \Rightarrow D=\left\{x\in\mathbb{R} \mid x\geqslant -\frac{5}{7}\right\}$

III) Radikand: $x^2-9\geqslant 0 \Rightarrow x^2\geqslant 9 \Rightarrow x\geqslant 3$ oder $x\leqslant -3$
$\Rightarrow D=\{x\in\mathbb{R} \mid x\leqslant -3 \text{ oder} x\geqslant 3\}$

IV) Radikand: $16-x^2\geqslant 0 \Rightarrow 16\geqslant x^2 \Rightarrow x$ liegt zwischen -4 und 4: $-4\leqslant x\leqslant 4 \Rightarrow$
$D=\{x\in\mathbb{R} \mid -4\leqslant x\leqslant 4\}$

V) Radikand: $x^2+3\geqslant 0$ gilt für alle $x \Rightarrow D=\mathbb{R}$

VI) Radikand: $x^2-7x+12\geqslant 0$. Zuerst bestimmt man $x^2-7x+12=0 \Rightarrow x_1=3, x_2=4$.
Diese beiden Lösungen sind Grenzen für die Ungleichung: $x\leqslant 3$ oder $x\geqslant 4 \Rightarrow$
$D=\{x\in\mathbb{R} \mid x\leqslant 3 \text{ oder } x\geqslant 4\}$

c) **Logarithmusfunktionen**

I) Argument: $2x+3>0 \Rightarrow 2x>-3 \Rightarrow x>-\frac{3}{2} \Rightarrow D=\left\{x\in\mathbb{R} \mid x>-\frac{3}{2}\right\}$

II) Argument: $3-2x>0 \Rightarrow 3>2x \Rightarrow \frac{3}{2}>x \Rightarrow D=\left\{x\in\mathbb{R} \mid x<\frac{3}{2}\right\}$

III) Argument: $x^2-9>0 \Rightarrow x^2>9 \Rightarrow x>3$ oder $x<-3$
$\Rightarrow D=\{x\in\mathbb{R} \mid x<-3 \text{ oder } x>3\}$

d) **Vermischte Aufgaben**

I) Nullstelle des Nenners: $e^{3x}-2=0 \Rightarrow x=\frac{\ln 2}{3} \Rightarrow D=\mathbb{R}\setminus\left\{\frac{\ln 2}{3}\right\}$

II) Nullstelle des Nenners: $3-x=0 \Rightarrow x=3$. Radikand: $4x-9\geqslant 0 \Rightarrow 4x\geqslant 9 \Rightarrow x\geqslant \frac{9}{4}$.
Es sind alle Zahlen, die größer oder gleich $\frac{9}{4}$ sind, außer der Zahl 3 für x einsetzbar:
$D=\left\{x\in\mathbb{R} \mid x\geqslant \frac{9}{4}\right\}\setminus\{3\}=\left\{x\in\mathbb{R} \mid x\geqslant \frac{9}{4}; x\neq 3\right\}$

III) Radikand im Zähler: $5-x \geqslant 0 \Rightarrow 5 \geqslant x$
Radikand im Nenner: $x+2>0 \Rightarrow x>-2$ ($x+2>0$ und nicht $x+2 \geqslant 0$, weil man nicht durch Null teilen darf) $\Rightarrow \mathrm{D}=\{x \in \mathbb{R} \mid -2<x \leqslant 5\}$

IV) Nullstelle des Nenners: $x-4=0 \Rightarrow x=4$. Argument: $5x-3>0 \Rightarrow 5x>3$
$\Rightarrow x>\frac{3}{5} \Rightarrow \mathrm{D}=\left\{x \in \mathbb{R} \mid x>\frac{3}{5}\right\} \setminus \{4\}$

V) Radikand: $5-x \geqslant 0 \Rightarrow 5 \geqslant x$. Argument: $2x-4>0 \Rightarrow 2x>4 \Rightarrow x>2$.
Nullstelle des Nenners: $\ln(2x-4)=0 \Rightarrow e^{\ln(2x-4)}=e^0 \Rightarrow 2x-4=1 \Rightarrow x=\frac{5}{2}$
$\Rightarrow \mathrm{D}=\{x \in \mathbb{R} \mid 2<x \leqslant 5\} \setminus \left\{\frac{5}{2}\right\}$

8.2 Stetigkeit und Differenzierbarkeit

a) I) Die Funktion ist stetig, da für $x=3$ gilt: $\frac{1}{3} \cdot 3=1$ und $7-2 \cdot 3=1$.

II) Funktion ist nicht stetig, da für $x=1$ gilt: $\frac{1}{4} \cdot 1=\frac{1}{4}$, aber $\frac{1}{4} \cdot 1+1=\frac{5}{4}$. Das Schaubild hat einen Sprung bei $x=1$.

b) Damit eine Funktion differenzierbar ist, muss sie stetig sein, außerdem darf das Schaubild keinen «Knick» enthalten, denn dort ließe sich keine Steigung finden (bzw. der rechtsseitige und der linksseitige Grenzwert der 1. Ableitung wären unterschiedlich).

c) Nein. Wenn die Funktion einen Knick besitzt, kann sie zwar stetig sein (wie die Betragsfunktion), ist aber nicht differenzierbar, da der rechtsseitige und der linksseitige Grenzwert der Steigung, d.h. der 1. Ableitung, bei dem «Knick» verschieden sind.

d) Die Funktion ist unendlich oft differenzierbar. Allerdings sind alle Ableitungen ab der 4. Ableitung konstant gleich 0.

e) Ist $f(x)=2x^2+3$, so ist $f(x+h)=2(x+h)^2+3$.
Setzt man diese in die h-Definition des Differentialquotienten ein, so erhält man $f'(x)$:

$$\begin{aligned}
f'(x) &= \lim_{h\to 0} \frac{f(x+h)-f(x)}{h} \\
&= \lim_{h\to 0} \frac{2(x+h)^2+3-(2x^2+3)}{h} \\
&= \lim_{h\to 0} \frac{2(x^2+2xh+h^2)+3-(2x^2+3)}{h} \\
&= \lim_{h\to 0} \frac{2x^2+4xh+2h^2+3-2x^2-3}{h} \\
&= \lim_{h\to 0} \frac{4xh+2h^2}{h} \\
&= \lim_{h\to 0} \frac{h(4x+2h)}{h} \\
&= \lim_{h\to 0} (4x+2h) \\
&= 4x+2\cdot 0 \\
&= 4x
\end{aligned}$$

Die 1. Ableitung von $f(x)=2x^2+3$ ist somit $f'(x)=4x$.

f) Ist $f(x) = \frac{3}{x}$, so ist $f(x+h) = \frac{3}{x+h}$.
Setzt man diese in die h-Definition des Differentialquotienten ein, so erhält man $f'(x)$:

$$\begin{aligned} f'(x) &= \lim_{h\to 0} \frac{f(x+h)-f(x)}{h} \\ &= \lim_{h\to 0} \frac{\frac{3}{x+h}-\frac{3}{x}}{h} \\ &= \lim_{h\to 0} \frac{\frac{3x}{(x+h)x}-\frac{3(x+h)}{x(x+h)}}{h} \\ &= \lim_{h\to 0} \frac{\frac{3x-3(x+h)}{x(x+h)}}{h} \\ &= \lim_{h\to 0} \frac{\frac{3x-3x-3h}{x(x+h)}}{h} \\ &= \lim_{h\to 0} \frac{\frac{-3h}{x(x+h)}}{h} \\ &= \lim_{h\to 0} \frac{-3}{x(x+h)} \\ &= \frac{-3}{x(x+0)} \\ &= \frac{-3}{x^2} \end{aligned}$$

Die 1. Ableitung von $f(x) = \frac{3}{x}$ ist somit $f'(x) = -\frac{3}{x^2}$

g) Im Punkt mit $x = 2$ müssen sowohl der Funktionswert von $h_1(x)$ und $h_2(x)$ sowie die Ableitungen von h_1 und h_2 übereinstimmen. Um s und t zu bestimmen, werden h_2 und $h_2{}'$ an der Stelle $x = 2$ ausgerechnet und die Ergebnisse mit $h_1$und $h_1{}'$ gleichgesetzt:

1. Ableiten der beiden Funktionsterme:
$h_1(x) = x^2 + s\cdot x + t \qquad \Rightarrow h_1{}'(x) = 2x + s$
$h_2(x) = \frac{1}{2}x + 1 \qquad \Rightarrow h_2{}'(x) = \frac{1}{2}$

2. Für $x = 2$ werden $h_2(x)$ und $h_2{}'(x)$ bestimmt:
$h_2(2) = \frac{1}{2}\cdot 2 + 1 = 2, \qquad h_2{}'(2) = \frac{1}{2}$

3. Die Ergebnisse werden mit $h_1(2)$ und $h_1{}'(2)$ gleichgesetzt:
$h_1(2) = 2^2 + s\cdot 2 + t = 2 \qquad \Rightarrow 2s + t = -2$
$h_1'(2) = 2\cdot 2 + s = \frac{1}{2} \qquad \Rightarrow s = -3,5$

4. Zum Schluss wird t ausgerechnet:
$2\cdot(-3,5) + t = -2 \qquad \Rightarrow t = 5$

h) 1. Ableiten der beiden Funktionsterme:
$h_1(x) = -x^2 + s\cdot x + t \qquad \Rightarrow h_1{}'(x) = -2x + s$
$h_2(x) = x^2 + 3 \qquad \Rightarrow h_2{}'(x) = 2x$

2. Für $x = 3$ werden $h_2(x)$ und $h_2{}'(x)$ bestimmt:

$h_2(3) = 3^2 + 3 = 12, \qquad h_2{}'(3) = 2 \cdot 3 = 6$

3. Die Ergebnisse werden mit $h_1(3)$ und $h_1{}'(3)$ gleichgesetzt:
   $h_1(3) = -3^2 + s \cdot 3 + t = 12 \qquad \Rightarrow 3s + t = 21$
   $h_1'(3) = -2 \cdot 3 + s = 6 \qquad \Rightarrow s = 12$

4. Zum Schluss wird t ausgerechnet:
   $3 \cdot 12 + t = 21 \qquad \Rightarrow t = -15$

8.3 Allgemeines zur Ableitung, Näherungsverfahren

a) Die mathematische Definition der Ableitung geschieht über den Grenzwert des Differenzenquotienten:
Der Grenzwert des Differenzenquotienten einer Funktion f an der Stelle x_0 wird als Ableitung bezeichnet:

$$f'(x_0) = \lim_{x \to x_0} \frac{f(x) - f(x_0)}{x - x_0}$$

Voraussetzung ist, dass dieser Grenzwert an der Stelle x_0 auch existiert, die Funktion auf dem in Frage kommenden Intervall I definiert ist und $x_0 \in \mathrm{I}$.
Die geometrische Deutung der Ableitung geschieht über die Sekante und die Tangente in einem Punkt des Schaubildes einer Funktion. Es wird eine Sekante durch die Punkte $\mathrm{P}(x_0 \mid f(x_0))$ und $\mathrm{Q}(x \mid f(x))$ gelegt. Die Steigung dieser Sekante ist zunächst nur die Steigung einer durch zwei Punkte bestimmten Gerade.
Lässt man nun $x \to x_0$ gehen, so wird die Sekante zur Tangente. Ihre Steigung gibt genau die Steigung der Kurve im Punkt $(x_0 \mid f(x_0))$ an.
Die Ableitung lässt sich aber auch anders deuten: Wenn man die Funktion $f(x)$ als Funktion auffasst, die z.B. ein Volumen beschreibt (z.B. $f(x) = x^3$), ist die Ableitung die Änderungsrate der Funktion. Sie gibt an, um wieviel sich das Volumen ändert, wenn man x um ein infinitesimal (winzig) kleines Stückchen variiert.

b) Es sei I ein Intervall, in dem sich die gesuchte Nullstelle der Funktion befindet. Zuerst wird der Funktionswert für die linke Grenze des Intervalls bestimmt, anschließend für die rechte Grenze. Es sei der Funktionswert für die linke Grenze < 0, der Funktionswert für die rechte Grenze > 0. Anschließend wird der Funktionswert für die Mitte des Intervalls bestimmt. Dieser sei in unserem Beispiel > 0. Daraus schließt man, dass sich die gesuchte Nullstelle in der «linken» Hälfte des Intervalls zwischen der Mitte und der linken Grenze befindet. Nun wird diese Hälfte als neues Intervall bestimmt und der Funktionswert wird wieder für die Mitte des Intervalls bestimmt. Dieses Verfahren kann beliebig lange fortgesetzt werden, es ist aber etwas langwierig.

c) Das Newtonsche Näherungsverfahren ist eine Methode, mit der man numerisch Nullstellen bestimmen kann:

Man startet bei x_0 und legt mit Hilfe der Steigung $f'(x_0)$ eine Tangente t an die Kurve im Punkt $P(x_0 \mid f(x_0))$: $t: y - f(x_0) = f'(x_0) \cdot (x - x_0)$. Dann schneidet man diese Tangente mit der x-Achse; diese Schnittstelle ist x_1. Für x_1 legt man wieder eine Tangente an die Kurve in $(x_1 \mid f(x_1))$. Diese Tangente schneidet die x-Achse an der Stelle x_2. Dieses Verfahren setzt man beliebig lange fort und nähert sich so der Nullstelle im Allgemeinen relativ rasch. Beispiele für die Anwendung des Newtonschen Näherungsverfahrens sind: Nullstellenbestimmung, Bestimmung von Schnittpunkten von Kurven, Bestimmung von bestimmten Funktionswerten einer Funktion.

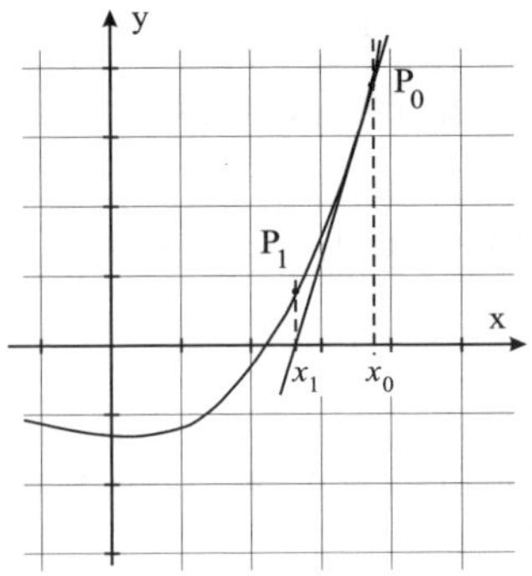

Voraussetzungen und mögliche Fehler

- $f'(x_0)$ muss existieren.
- x_1 kann außerhalb des Definitionsbereichs liegen (z.B. wenn es sich um eine Funktion handelt, die nur für $x > 0$ definiert ist, wie die Wurzelfunktion).
- Die Werte laufen gegen die falsche Nullstelle, weil man die erste Tangente jenseits eines Maximums oder eines Wendepunktes angesetzt hat.

d) Die Idee der Keplerschen Fassregel ist es, jedes Integral, das sich nicht (oder nur sehr schwer) ausrechnen lässt, näherungsweise zu bestimmen.

1. Historische Idee: Kepler ging ursprünglich von einem Fass aus, bei dem 3 Flächen bekannt sind: Die Fläche am Boden A_B, die Fläche in der Mitte des Fasses A_M, die Deckelfläche A_D und die Höhe h. Mit der Formel

$$V = \frac{1}{6} \cdot h(A_B + 4 \cdot A_M + A_D)$$

lässt sich das Volumen gut näherungsweise bestimmen. Der Klammerausdruck $(\ldots) \cdot \frac{1}{6}$ stellt so etwas wie die «gemittelte Fläche» des Fasses dar. Die Fläche in der Mitte ist allerdings durch den Faktor 4 stärker gewichtet als die beiden anderen Flächen. (Bei gleichmäßiger Gewichtung wäre die gemittelte Fläche $A_{\text{gemittelt}} = \frac{A_B + A_M + A_D}{3}$.)

2. Die Idee Keplers lässt sich auch auf die Berechnung einer Fläche zwischen einer Kurve und der x-Achse anwenden: In diesem Fall geht es darum, dass man die Kurve durch eine Parabel, von der drei Punkte bekannt sind, annähert und dann integriert. Man erhält die Gleichung der Parabel mit Hilfe der beiden Randpunkte $(a \mid f((a))$ und $(b \mid f((b))$ sowie einem Punkt zwischen den beiden Randpunkten, dessen x-Wert der Mittelwert von a und b ist. (Die Parabelgleichung mit dem Ansatz $g(x) = rx^2 + sx + t$ würde man durch Aufstellen von drei Gleichungen mit drei Unbekannten erhalten.) Der Flächeninhalt zwischen Parabel und x-Achse ist dann näherungsweise so groß

wie der Flächeninhalt zwischen der ursprünglichen Kurve und der x-Achse. Wenn man die Parabel und die Kurve allgemein betrachtet, erhält man folgende Formel zur Berechnung von Flächen bzw. Integralen:

$$\int_a^b f(x)dx \approx (b-a)\cdot\frac{1}{6}\cdot\left(f(a)+4f\left(\frac{a+b}{2}\right)+f(b)\right)$$

Die Keplersche Fassregel lässt sich aber nicht nur zur Flächenberechnung, sondern zur Berechnung «beliebiger» Integrale, also auch zur näherungsweisen Berechnung von Rotationskörpervolumina verwenden.

3. Beispiel für die Anwendung der Keplerschen Fassregel: Es sei $f(x)=\frac{4}{1+x^2}$.
Gesucht ist ein Näherungswert von $\int_0^2 f(x)\,dx$. Es ist $f(0)=4$, $f\left(\frac{0+2}{2}\right)=f(1)=2$ und $f(2)=\frac{4}{5}$. Damit ist

$$\int_0^2 \frac{4}{1+x^2}\,dx \approx (2-0)\cdot\frac{1}{6}\cdot\left(4+4\cdot 2+\frac{4}{5}\right)=\frac{1}{3}\cdot\frac{64}{5}=\frac{64}{15}.$$

e) Herleitung der Quotientenregel mit Hilfe der Produkt- und der Kettenregel:
Umschreiben des Ausdrucks: $f=\frac{g}{h}=g\cdot\frac{1}{h}=g\cdot h^{-1}$.
Für die Ableitung der beiden Faktoren wird die Produktregel benutzt: $(u\cdot v)'=u'\cdot v+u\cdot v'$ mit:
$u=g \Rightarrow u'=g'$, $v=h^{-1}\Rightarrow v'=h'\cdot(-1)\cdot h^{-2}$ (Anwenden der Kettenregel: innere Ableitung · äußere Ableitung).
Eingesetzt in die Produktregel ergibt sich damit
$f'=\left(g\cdot h^{-1}\right)'=g'\cdot h^{-1}+g\cdot(-1)\cdot h'\cdot h^{-2}=\frac{g'}{h}-\frac{g\cdot h'}{h^2}$.
Erweitern mit h führt zu
$f'=\frac{g'\cdot h}{h^2}-\frac{g\cdot h'}{h^2}=\frac{g'h-gh'}{h^2}$.

9 Integralrechnung

9.1 Stammfunktionen

9.1.1 Ganzrationale Funktionen

a) $\mathrm{F}(x) = \frac{2}{4}x^4 - \frac{\frac{4}{3}}{3}x^3 + 2x = \frac{1}{2}x^4 - \frac{4}{9}x^3 + 2x$

b) $\mathrm{F}(x) = \frac{a}{5}x^5 + \frac{2a}{4}x^4 - \frac{1}{2}x^2 = \frac{a}{5}x^5 + \frac{a}{2}x^4 - \frac{1}{2}x^2$

c) $\mathrm{F}(x) = \frac{t^2}{4}x^4 - \frac{t}{3}x^3$

d) $\mathrm{F}(x) = \frac{4}{5}x^5 - \frac{2t}{3}x^3 + \frac{t}{2}x^2$

Für verkettete (verschachtelte) Funktionen mit innerem *linearem* Audruck gilt die Integrationsregel für lineare Substitution:
«Äußere Stammfunktion geteilt durch innere Ableitung»

e) Lineare Substitution: $\mathrm{F}(x) = -12 \cdot \frac{\frac{1}{3}(2x-3)^3}{2} = -2\,(2x-3)^3$

f) Lineare Substitution: $\mathrm{F}(x) = 6 \cdot \frac{\frac{1}{4}(3x-1)^4}{3} = \frac{1}{2}\,(3x-1)^4$

g) Lineare Substitution: $\mathrm{F}(x) = 5 \cdot \frac{\frac{1}{5}(ax-4)^5}{a} = \frac{1}{a}\,(ax-4)^5$

9.1.2 Exponentialfunktionen

a) $\mathrm{F}(x) = 3e^x$

b) Lineare Substitution: $\mathrm{F}(x) = 4 \cdot \frac{e^{-x}}{-1} = -4e^{-x}$

c) Lineare Substitution: $\mathrm{F}(x) = t \cdot \frac{e^{-tx}}{-t} = -e^{-tx}$

d) Lineare Substitution: $\mathrm{F}(x) = a \cdot \frac{e^{3x+2}}{3} = \frac{a}{3}e^{3x+2}$

e) Zuerst wird die Klammer aufgelöst: $f(x) = 2x^2 - 12e^{3x}$, daraus folgt:
$\mathrm{F}(x) = 2 \cdot \frac{1}{3} \cdot x^3 - 12 \cdot \frac{1}{3} \cdot e^{3x} = \frac{2}{3}x^3 - 4e^{3x}$

f) Zuerst wird die Klammer aufgelöst: $f(x) = ax^2 - 4ae^{4x}$, daraus folgt:
$\mathrm{F}(x) = a \cdot \frac{1}{3} \cdot x^3 - 4 \cdot a \cdot \frac{1}{4} \cdot e^{4x} = \frac{a}{3}x^3 - ae^{4x}$

9.1.3 Gebrochenrationale Funktionen

a) Umschreiben des Bruchs in einen Ausdruck mit negativem Exponenten: $f(x) = 4\,(2x-3)^{-2}$
Lineare Substitution: $\mathrm{F}(x) = 4\,\frac{\frac{1}{-1}(2x-3)^{-1}}{2} = -2\,(2x-3)^{-1} = -\frac{2}{(2x-3)}$

b) Umschreiben des Bruchs in einen Ausdruck mit negativem Exponenten: $f(x) = 12\,(4x-2)^{-4}$
Lineare Substitution: $\mathrm{F}(x) = 12\,\frac{\frac{1}{-3}(4x-2)^{-3}}{4} = -1\,(4x-2)^{-3} = -\frac{1}{(4x-2)^3}$

c) Umschreiben des Bruchs in einen Ausdruck mit negativem Exponenten ergibt:
$f(x) = 3 \cdot x^{-2}$. Daraus folgt: $\mathrm{F}(x) = \frac{3}{-1} \cdot x^{-1} = -\frac{3}{x}$

d) Umschreiben des Bruchs in einen Ausdruck mit negativem Exponenten ergibt:
$f(x) = -a \cdot x^{-3} + 2a \cdot x^3$. Daraus folgt: $\mathrm{F}(x) = -\frac{a}{-2} \cdot x^{-2} + \frac{2a}{4} \cdot x^4 = \frac{a}{2x^2} + \frac{a}{2}x^4 = \frac{a}{2}\left(x^4 + \frac{1}{x^2}\right)$

e) Umschreiben des Bruchs in einen Ausdruck mit negativem Exponenten ergibt:
$f(x) = t^2 \cdot x^{-4} - tx^2$. Daraus folgt: $\mathrm{F}(x) = \frac{t^2}{-3}x^{-3} - \frac{t}{3}x^3 = -\frac{t^2}{3x^3} - \frac{t}{3}x^3 = -\frac{t}{3}\left(x^3 + \frac{t}{x^3}\right)$

9.1.4 Logarithmusfunktionen

a) Lineare Substitution: $\mathrm{F}(x) = 6 \cdot \frac{\ln|x-2|}{1} = 6 \cdot \ln|x-2|$.

b) Lineare Substitution: $\mathrm{F}(x) = 3 \cdot \frac{\ln|2x|}{2} = \frac{3}{2} \cdot \ln|2x|$.

c) Lineare Substitution: $\mathrm{F}(x) = 4 \cdot \frac{\ln|2x-1|}{2} = 2 \cdot \ln|2x-1|$.

9.1.5 Wurzelfunktionen

a) Umschreiben der Wurzel in einen Ausdruck mit gebrochenem Exponenten: $f(x) = (2x+1)^{\frac{1}{2}}$
Lineare Substitution: $\mathrm{F}(x) = \frac{\frac{1}{\frac{3}{2}}(2x+1)^{\frac{3}{2}}}{2} = \frac{2}{6}\,(2x+1)^{\frac{3}{2}} = \frac{1}{3}\sqrt{(2x+1)^3}$

b) Umschreiben der Wurzel in einen Ausdruck mit gebrochenem Exponenten: $f(x) = (4x+2)^{\frac{1}{3}}$
Lineare Substitution: $\mathrm{F}(x) = \frac{\frac{1}{\frac{4}{3}}(4x+2)^{\frac{4}{3}}}{4} = \frac{3}{16}\,(4x+2)^{\frac{4}{3}} = \frac{3}{16}\sqrt[3]{(4x+2)^4}$

c) Umschreiben der Wurzel in einen Ausdruck mit gebrochenem Exponenten: $f(x) = (ax+b)^{\frac{1}{4}}$
Lineare Substitution: $\mathrm{F}(x) = \frac{\frac{1}{\frac{5}{4}}(ax+b)^{\frac{5}{4}}}{a} = \frac{4}{5a}\,(ax+b)^{\frac{5}{4}} = \frac{4}{5a}\sqrt[4]{(ax+b)^5}$

9.1.6 Trigonometrische Funktion

a) Lineare Substitution: $\mathrm{F}(x) = 3 \cdot \frac{\sin(2x+1)}{2} = \frac{3}{2}\sin(2x+1)$

b) Lineare Substitution: $\mathrm{F}(x) = 4 \cdot \frac{-\cos(-3x+2)}{-3} = \frac{4}{3}\cos(-3x+2)$

c) Lineare Substitution: $F(x) = \frac{2}{3} \cdot \frac{\sin(\pi x)}{\pi} = \frac{2}{3\pi} \sin(\pi x)$

d) Lineare Substitution: $F(x) = t \cdot \frac{\sin(tx+t)}{t} = \sin(tx+t)$

e) Lineare Substitution: $F(x) = a \cdot \frac{-\cos(ax-a^2)}{a} = -\cos(ax-a^2)$

f) Lineare Substitution: $F(x) = k^2 \cdot \frac{\sin(kx)}{k} = k\sin(kx)$

9.2 Flächeninhalt zwischen zwei Kurven

a) Bestimmen der Schnittstellen durch Gleichsetzen und Lösen der quadratischen Gleichung: $x_1 = -2$, $x_2 = 1$. Obere Kurve durch Abschätzen bestimmen (z.B. Einsetzen von $x = 0$): $f(x)$ ist die obere Kurve. Für den Flächeninhalt ergibt sich damit

$$A = \int_{-2}^{1} (-x+2-x^2)\,dx = \int_{-2}^{1} (-x^2-x+2)\,dx = \left[-\tfrac{1}{3}x^3 - \tfrac{1}{2}x^2 + 2x\right]_{-2}^{1} = 4{,}5 \text{ FE}.$$

b) Schnittstellen bestimmen durch Gleichsetzen und Ausrechnen: $x_1 = -2$, $x_2 = 2$.
Obere Kurve: $f(x)$ (nach unten geöffnete Parabel).

$$A = \int_{-2}^{2} (4-x^2-(x^2-4))\,dx = \int_{-2}^{2} (-2x^2+8)\,dx = \left[-\tfrac{2}{3}x^3 + 8x\right]_{-2}^{2}$$
$$= -\tfrac{16}{3} + 16 - \left(+\tfrac{16}{3} - 16\right) = 32 - \tfrac{32}{3} = \tfrac{64}{3} = 21{,}33 \text{ FE}.$$

c) Schnittstellen bestimmen durch Gleichsetzen und Ausklammern: $x_1 = 0$, $x_2 = 1$.
Obere Kurve: $g(x)$ (z.B. durch Einsetzen für $x = \frac{1}{2}$).

$$A = \int_{0}^{1} (x+1-(x^2+1))\,dx = \int_{0}^{1} (-x^2+x)\,dx = \left[-\tfrac{1}{3}x^3 + \tfrac{1}{2}x^2\right]_{0}^{1} = -\tfrac{1}{3} + \tfrac{1}{2} - 0 = \tfrac{1}{6} \text{ FE}.$$

d) Überlegung am Anfang: Bei der Integralberechnung entfällt der e^x-Term. Schnittstellen bestimmen: $e^x - \frac{1}{2}x^2 = e^x - x \Rightarrow \frac{1}{2}x^2 = x \Rightarrow x^2 - 2x = 0 \Rightarrow x_1 = 0$, $x_2 = 2$.
Obere Kurve: $f(x)$ (z.B. durch Einsetzen für $x = \frac{1}{2}$).

$$A = \int_{0}^{2} \left(e^x - \tfrac{1}{2}x^2 - (e^x - x)\right)dx = \int_{0}^{2} \left(-\tfrac{1}{2}x^2 + x\right)dx = \left[-\tfrac{1}{6}x^3 + \tfrac{1}{2}x^2\right]_{0}^{2} = -\tfrac{8}{6} + 2 - 0$$
$$= \tfrac{2}{3} \text{ FE}.$$

e) Gesucht ist die Fläche im Intervall I $[0;\pi]$. Schnittstellen bestimmen durch Gleichsetzen: $2 \cdot \sin x = -\sin x \Rightarrow 3 \cdot \sin x = 0 \Rightarrow x_1 = 0$, $x_2 = \pi$.
Obere Kurve: $f(x)$, (da $2\sin x \geqslant 0$ und $-\sin x \leqslant 0$ im Intervall I gilt)

$$A = \int_{0}^{\pi} (2 \cdot \sin x - (-\sin x))\,dx = \int_{0}^{\pi} (3 \cdot \sin x)\,dx = \left[-3 \cdot \cos x\right]_{0}^{\pi}$$
$$= -3 \cdot \cos\pi - (-3 \cdot \cos 0) = -3 \cdot (-1) + 3 \cdot 1 = 6 \text{ FE}.$$

9.3 Ins Unendliche reichende Flächen

a) I) Gesucht ist die Fläche zwischen der x-Achse, y-Achse und der Kurve mit der unteren Grenze $x = 0$. Für $z > 0$ ist

$\mathrm{A}(z) = \int_0^z e^{-x}dx = \left[-e^{-x}\right]_0^z = -e^{-z} - (-1) = 1 - e^{-z}.$

Geht nun $z \longrightarrow \infty$, so geht $\mathrm{A}(z) = 1 - e^{-z} \rightarrow 1$.

Es ist also $\lim\limits_{z\longrightarrow\infty} \mathrm{A}(z) = 1$, damit ist der Flächeninhalt 1 FE.

II) Gesucht ist die Fläche zwischen der x-Achse, y-Achse und der Kurve mit der unteren Grenze $x = 0$. Für $z > 0$ ist

$\mathrm{A}(z) = \int_0^z e^{-3x+1}dx = \left[-\frac{1}{3}e^{-3x+1}\right]_0^z = -\frac{1}{3}e^{-3z+1} + \frac{1}{3}e.$

Für $z \longrightarrow \infty$ geht $\mathrm{A}(z) = -\frac{1}{3}e^{-3z+1} + \frac{1}{3}e \rightarrow \frac{1}{3}e$.

Es ist also $\lim\limits_{z\longrightarrow\infty} \mathrm{A}(z) = \frac{1}{3}e$, damit ist der Flächeninhalt $\frac{1}{3}e$ FE.

III) Gesucht ist die Fläche zwischen der x-Achse, y-Achse und der Kurve mit der unteren Grenze $x = 0$. Für $z > 0$ ist

$\mathrm{A}(z) = \int_0^z 2e^{-4x-2}dx = \left[-\frac{1}{4} \cdot 2e^{-4x-2}\right]_0^z = -\frac{1}{2}e^{-4z-2} + \frac{1}{2}e^{-2}.$

Für $z \longrightarrow \infty$ geht $\mathrm{A}(z) = -\frac{1}{2}e^{-4z-2} + \frac{1}{2}e^{-2} \rightarrow \frac{1}{2}e^{-2}$.

Es ist also $\lim\limits_{z\longrightarrow\infty} \mathrm{A}(z) = \frac{1}{2}e^{-2}$, damit ist der Flächeninhalt $\frac{1}{2}e^{-2}$ FE.

b) Es ist zu prüfen, ob sich für die angegebene Funktion eine ins Unendliche reichende Fläche bestimmen lässt. Dazu ist zu untersuchen, ob die Integralfunktion für $z \longrightarrow \infty$ einen Grenzwert besitzt. Für $z > 1$ ist

$\mathrm{A}(z) = \int_1^z \frac{1}{\sqrt{x}}dx = \int_1^z x^{-\frac{1}{2}}dx = \left[\frac{1}{\frac{1}{2}}x^{\frac{1}{2}}\right]_1^z = \left[2\sqrt{x}\right]_1^z = 2\sqrt{z} - 2.$

Für $z \longrightarrow \infty$ geht $\mathrm{A}(z) = 2\sqrt{z} - 2 \longrightarrow \infty$, $\mathrm{A}(z)$ besitzt also keinen Grenzwert, daher kann man dem Integral $\mathrm{A}(z)$ keinen endlichen Flächeninhalt zuordnen.

c) I) Um die obere Grenze zu bestimmen, wird zuerst die Nullstelle der Funktion bestimmt: $e - e^x = 0 \Rightarrow e = e^x \Rightarrow x = 1$. Der Inhalt des gesuchten Flächenstücks wird also durch eine Integration in den Grenzen von 0 bis 1 berechnet:

$$\int_0^1 (e - e^x)\,dx = \left[e \cdot x - e^x\right]_0^1 = e - e - (-1) = 1 \text{ FE}.$$

II) Um die Asymptote zu bestimmen, betrachtet man den Grenzwert für $x \longrightarrow -\infty$. Es ist $\lim\limits_{x\longrightarrow-\infty} f(x) = e$, da der zweite Term für kleine Werte von x gegen Null geht. Die Asymptote ist daher die Gerade mit der Gleichung $y = e$.

III) Um die ins Unendliche reichende Fläche zwischen der Asymptoten und der Kurve zu berechnen, muss man die Differenz zwischen der Geradengleichung und der Funktion integrieren:

$A(z) = \int_z^0 (e - (e - e^x))\,dx = \left[e^x\right]_z^0 = 1 - e^z$

Für den Grenzwert gilt $\lim_{z \to -\infty} A(z) = 1$ FE. Also sind beide Flächenstücke gleich groß.

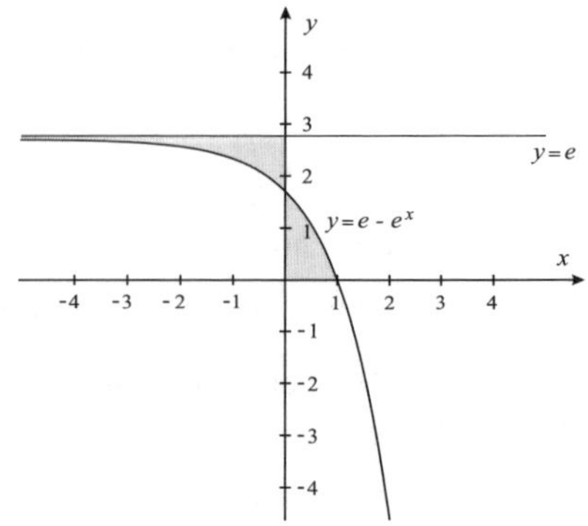

9.4 Angewandte Integrale

a) Um die Gesamtkosten für die Herstellung der ersten 50 Werkstücken zu ermitteln, wird die Funktion von 0 bis 50 integriert:

$$\int_0^{50} \left(\tfrac{20}{(x+2)^2} + 4\right) dx = \int_0^{50} \left(20 \cdot (x+2)^{-2} + 4\right) dx = \left[-1 \cdot 20(x+2)^{-1} + 4x\right]_0^{50}$$

$$= \left[4x - \tfrac{20}{x+2}\right]_0^{50} = 4 \cdot 50 - \tfrac{20}{50+2} - \left(4 \cdot 0 - \tfrac{20}{0+2}\right) = 209,62$$

Die Herstellung von 50 Werkstücken kostet also 209,62 €.

Die durchschnittlichen Kosten pro Werkstück erhält man, indem man die Gesamtkosten durch 50 teilt: $\frac{209,62}{50} = 4,19$ €.

b) Da $f(t) = -0,5t + 3\ ;\ t \geqslant 0$ die Zu- und Abflussrate beschreibt, muss man eine Stammfunktion F bestimmen, die die Menge des im Becken vorhandenen Wassers beschreibt:

$F(t) = -0,25t^2 + 3t + c.$

Die Konstante c wird mit Hilfe des Anfangswerts bestimmt. Am Anfang befinden sich 10 Liter Wasser im Becken, daher gilt: $F(0) = -0,25 \cdot 0^2 + 3 \cdot 0 + c = 10 \Rightarrow c = 10.$
Also ist $F(t) = -0,25 \cdot t^2 + 3t + 10.$
Um zu berechnen, wieviel Wasser das Becken nach 9 Stunden enthält, wird $t = 9$ in $F(t)$ eingesetzt: $F(9) = -0,25 \cdot 9^2 + 3 \cdot 9 + 10 = 16,75.$
Das Becken enthält nach 9 Stunden 16,75 Liter Wasser.

9.5 Rotationskörper

a) Es ist $f(x) = \frac{1}{4}e^{2x}$ über dem Intervall $[0;1]$. Für das Volumen des Rotationskörpers gilt:

$$V_{rot} = \pi \cdot \int_0^1 \left(\tfrac{1}{4}e^{2x}\right)^2 dx = \pi \cdot \int_0^1 \tfrac{1}{16}e^{4x} dx = \pi \cdot \left[\tfrac{1}{4 \cdot 16}e^{4x}\right]_0^1 = \pi \cdot \left(\tfrac{1}{64}e^4 - \tfrac{1}{64}e^0\right) = \tfrac{\pi}{64} \cdot (e^4 - 1)$$

b) Es ist $f(x) = x^2 + 1$ über dem Intervall $[0;2]$. Für das Volumen des Rotationskörpers gilt:

$$V_{rot} = \pi \cdot \int_0^2 (x^2+1)^2 dx = \pi \cdot \int_0^2 (x^4 + 2x^2 + 1)\, dx = \pi \cdot \left[\tfrac{1}{5}x^5 + \tfrac{2}{3}x^3 + x\right]_0^2$$

$$= \pi \cdot \left(\tfrac{1}{5}2^5 + \tfrac{2}{3} \cdot 2^3 + 2^1 - 0\right) = \pi \cdot \left(\tfrac{32}{5} + \tfrac{16}{3} + 2\right) = \pi \cdot \tfrac{206}{15}$$

c) Es ist $f(x) = \frac{2}{x}$ über dem Intervall $[1;2]$. Für das Volumen des Rotationskörpers gilt:

$$V_{rot} = \pi \cdot \int_1^2 \left(\tfrac{2}{x}\right)^2 dx = \pi \cdot \int_1^2 \tfrac{4}{x^2}\, dx = \pi \cdot \int_1^2 4x^{-2} dx = \pi \cdot \left[\tfrac{4}{-1} \cdot x^{-1}\right]_1^2 = \pi \cdot (-2-(-4))$$
$$= 2\pi$$

d) Der entstandene Rotationskörper wird in unendlich viele unendlich kleine Teilzylinder zerlegt. Die Grundfläche eines Teilzylinders ist $G = \pi \cdot r^2$, wobei $r = f(x)$ ist. Die Höhe eines Zylinders ist das Differential $h = dx$ (unendlich kleine Länge). Das Volumen eines Teilzylinders ist $dV = G \cdot h = \pi \cdot r^2 \cdot h = \pi \cdot f(x)^2 \cdot dx$. Das gesamte Volumen des Rotationskörpers erhält man durch Summieren (= Integrieren) aller Teilzylinder:

$$V_{rot} = \int_a^b dV = \int_a^b \pi \cdot \left(f(x)^2\right) dx = \pi \cdot \int_a^b \left(f(x)^2\right) dx$$

9.6 Vermischte Aufgaben

a) Ansatz: $F(x) = 4x^2 - 3e^{-x} + c$. Durch Einsetzen des Punktes $P(0 \mid 5)$ erhält man $5 = 4 \cdot 0^2 - 3 \cdot e^{-0} + c \Rightarrow c = 8$. Die gesuchte Stammfunktion ist $F(x) = 4x^2 - 3e^{-x} + 8$.

b) Ansatz: $F(x) = \frac{-1}{(2x-1)^2} + c$. Durch Einsetzen des Punktes $Q(1 \mid 3)$ erhält man $3 = \frac{-1}{(2\cdot 1-1)^2} + c \Rightarrow c = 4$. Die gesuchte Stammfunktion ist $F(x) = \frac{-1}{(2x-1)^2} + 4$.

c) Ansatz: $F(x) = \frac{1}{4} \cdot \sin(2x) + c$. Durch Einsetzen des Punktes $R\left(\frac{\pi}{4} \mid 1\right)$ erhält man $1 = \frac{1}{4} \cdot \sin(2 \cdot \frac{\pi}{4}) + c \Rightarrow 1 = \frac{1}{4} \cdot \sin(\frac{\pi}{2}) + c$. Da $\sin(\frac{\pi}{2}) = 1$, gilt: $1 = \frac{1}{4} \cdot 1 + c \Rightarrow c = \frac{3}{4}$. Die gesuchte Stammfunktion ist $F(x) = \frac{1}{4} \cdot \sin(2x) + \frac{3}{4}$.

d) Durch Anwendung des Hauptsatzes der Differential- und Integralrechnung ergibt sich
$$\int_1^x (t^2 - 2t + 3)\, dt = \left[\tfrac{1}{3}t^3 - t^2 + 3t\right]_1^x = \tfrac{1}{3}x^3 - x^2 + 3x - \left(\tfrac{1}{3}1^3 - 1^2 + 3\right) = \tfrac{1}{3}x^3 - x^2 + 3x - \tfrac{7}{3}.$$

e) Durch Anwendung des Hauptsatzes der Differential- und Integralrechnung ergibt sich
$$\int_2^x \left(2t + 4e^{-\frac{1}{2}t}\right) dt = \left[t^2 - 8e^{-\frac{1}{2}t}\right]_2^x = x^2 - 8e^{-\frac{1}{2}x} - \left(2^2 - 8e^{-\frac{1}{2}\cdot 2}\right)$$
$$= x^2 - 8e^{-\frac{1}{2}x} - 4 + 8e^{-1}.$$

10 Extremwertaufgaben / Wachstumsprozesse

10.1 Extremwertaufgaben

a) Die gesuchte Größe ist die Fläche eines Rechtecks mit maximalem Flächeninhalt. Die Seiten des Rechtecks seien x und y. Dann gilt für die Fläche: $\mathrm{A} = x \cdot y$. Die Nebenbedingung ist die festgelegte Gesamtlänge des Drahtes, diese entspricht dem Umfang des Rechtecks: $\mathrm{U} = 2x + 2y = 20$. Auflösen der Nebenbedingung nach y ergibt: $y = 10 - x$. Einsetzen in den Ausdruck für die Fläche ergibt: $\mathrm{A} = x \cdot (10 - x)$. Damit ist die Zielfunktion eine Funktion in Abhängigkeit von x: $\mathrm{A}(x) = x \cdot (10 - x) = 10x - x^2$ mit $0 \leqslant x \leqslant 10$. Ableiten führt zu $\mathrm{A}'(x) = 10 - 2x$ und $\mathrm{A}''(x) = -2$. Die 1. Ableitung wird nun gleich Null gesetzt, nach x aufgelöst und liefert $x_{\mathrm{E}} = 5$. Einsetzen in A'' ergibt $\mathrm{A}''(5) = -2 < 0$. Da die Zielfunktion eine quadratische Funktion ist, handelt es sich um ein globales Maximum. Ein Überprüfen der Fläche für die Randstellen des Intervalles ist daher nicht nötig. Zum Schluss wird y mit Hilfe der Nebenbedingung bestimmt: $y = 10 - 5 \Rightarrow y = 5$. Die beiden Rechteckseiten müssen also je 5 cm lang sein: Das Rechteck mit maximalem Flächeninhalt ist also ein Quadrat.

b) Die gesuchten Größen sind die Breite und die Länge des Spielplatzes. Da die Fläche maximal groß sein soll, stellt man für diese die Funktion auf. Die eine Seite des Spielplatzes sei x, die andere y. Für die Fläche gilt $\mathrm{A} = x \cdot y$. Die Nebenbedingung ist die festgelegte Gesamtlänge des Zauns, von der 2 m für die Einfahrt abgezogen werden: $2x + 2y - 2 = 40$. Auflösen der Nebenbedingung nach y ergibt: $y = 21 - x$. Einsetzen des Ausdrucks für die Fläche ergibt: $\mathrm{A} = x \cdot (21 - x)$. Damit ist die Zielfunktion: $\mathrm{A}(x) = x \cdot (21 - x) = 21x - x^2$ mit $0 \leqslant x \leqslant 21$. Ableiten führt zu $\mathrm{A}'(x) = 21 - 2x$ und $\mathrm{A}''(x) = -2$. Die 1. Ableitung wird nun gleich Null gesetzt, nach x aufgelöst und liefert $x_{\mathrm{E}} = 10{,}5$. Einsetzen in A'' ergibt: $\mathrm{A}''(10{,}5) = -2 < 0$. Da die Zielfunktion eine quadratische Funktion ist, handelt es sich um ein globales Maximum. Ein Überprüfen der Fläche für die Randstellen des Intervalles ist daher nicht nötig. Zum Schluss wird y mit Hilfe der Nebenbedingung bestimmt: $y = 21 - 10{,}5 \Rightarrow y = 10{,}5$. Die beiden Rechteckseiten müssen also je 10,5 m lang sein, es handelt sich also wie in Aufgabe a) um ein Quadrat. (Dies verwundert vielleicht zunächst, aber ein Quadrat hat bei vorgegebenem Umfang immer die größte Fläche. Wäre das Tor nicht vorhanden, dann wäre die Seitenlänge des Quadrats $\frac{40\,\mathrm{m}}{4} = 10$ m.)

c) I) Es ist $f(x) = 6 - \frac{1}{4}x^2$. Gesucht ist ein Rechteck mit maximalem Umfang, das der angegebenen Kurve einbeschrieben werden soll. Nebenbedingung: Zwei Eckpunkte des Rechtecks müssen auf der Kurve, die anderen beiden auf der x-Achse liegen. Der Punkt auf der Kurve im 1. Quadranten sei $\mathrm{P}(u \mid v)$ mit $v = f(u)$. Damit gilt für die Höhe $h = f(u)$. Für das Rechteck ist die Grundseite $2u$, mit $0 \leqslant u \leqslant \sqrt{24}$. ($x = \pm\sqrt{24}$ sind die Nullstellen von f.) Durch Einsetzen der Nebenbedingung ergibt sich als Zielfunktion für den Umfang: $\mathrm{U}(u) = 4 \cdot u + 2 \cdot f(u) \Rightarrow \mathrm{U}(u) = 4u + 2 \cdot \left(6 - \frac{1}{4}u^2\right) =$

$4u + 12 - \frac{1}{2}u^2$. Ableiten führt auf: $U'(u) = 4 - u$. Die Ableitung wird gleich Null gesetzt, um die Extremstelle zu bestimmen: $u = 4$. Einsetzen in die 2. Ableitung $U''(u) = -1$ ergibt: $U''(4) = -1 < 0$, daraus folgt, dass es sich um ein globales Maximum handelt. Die Randstellen müssen daher nicht mehr überprüft werden. Eingesetzt in die Zielfunktion ergibt sich für den gesuchten Umfang:
$U(4) = 4 \cdot 4 + 2 \cdot f(4) = 16 + 2 \cdot 2 = 20$ LE.

II) Gesucht ist ein Rechteck mit maximaler Fläche, das der angegebenen Kurve einbeschrieben werden soll. Nebenbedingung: Zwei Eckpunkte des Rechtecks müssen auf der Kurve, die anderen beiden auf der x-Achse liegen. Der Punkt auf der Kurve im 1. Quadranten sei $P(u \mid v)$ mit $v = f(u)$. Damit gilt für die Höhe $h = f(u)$. Für dieses Rechteck ist die Grundseite $2u$, mit $0 \leqslant u \leqslant \sqrt{24}$. (Es sind $x = \pm\sqrt{24}$ Schnittstellen der Kurve mit der x-Achse.) Durch Einsetzen der Nebenbedingung ergibt sich als Zielfunktion für die Fläche: $A(u) = 2 \cdot u \cdot f(u) \Rightarrow A(u) = 2u \cdot \left(6 - \frac{1}{4}u^2\right) = 12u - \frac{1}{2}u^3$. Ableiten führt auf: $A'(u) = 12 - \frac{3}{2}u^2$. Die Ableitung wird gleich Null gesetzt, um die Extremstelle zu bestimmen: $\frac{3}{2}u^2 = 12 \Rightarrow u_{1,2} = \pm\sqrt{8} = \pm 2{,}83$. Der Wert $-\sqrt{8}$ scheidet aus, da es sich bei u um eine Länge handelt, daher muss u positiv sein. Also ist $u = \sqrt{8}$. Einsetzen in die 2. Ableitung $A''(u) = -3u$ ergibt: $A''(\sqrt{8}) = -3\sqrt{8} < 0$. Daraus folgt, dass es sich um ein lokales Maximum handelt. Es muss noch überprüft werden, ob die Randstellen eventuell größere Funktionswerte liefern. Es ist $A(0) = 0$ und $A(\sqrt{24}) = 0$, damit existieren keine Randextremwerte und $u = \sqrt{8}$ ist ein globales Maximum. Eingesetzt in die Zielfunktion ergibt sich für die gesuchte Fläche: $A(\sqrt{8}) = 2 \cdot \sqrt{8} \cdot f(\sqrt{8}) = 2 \cdot \sqrt{8} \cdot 4 = 8 \cdot \sqrt{8}$ FE.

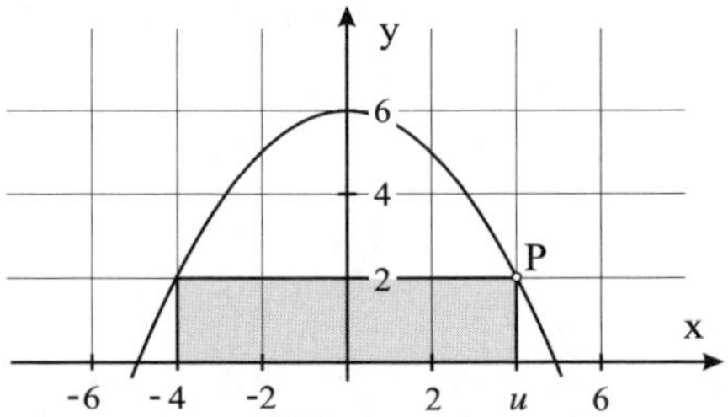

Aufgabe c) I)

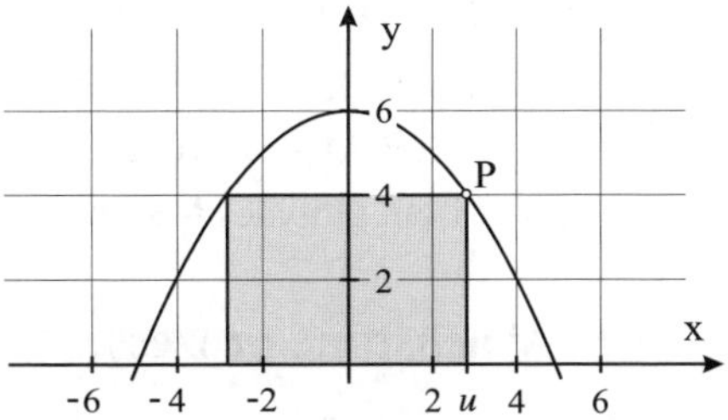

Aufgabe c) II)

d) Es ist $f(x) = -(x+2)e^{-x}$. Zuerst werden f' und f'' bestimmt. Mit der Produktregel folgt:

$f(x) = -(x+2)e^{-x}$

$f'(x) = e^{-x}(x+1)$

$f''(x) = -x \cdot e^{-x}$.

Gesucht ist die Normale in W$(0 \mid -2)$. Es ist $m_n = -\frac{1}{f'(0)} = -\frac{1}{1} = -1$. Damit folgt für die Gleichung der Normale: $y = -x - 2$.

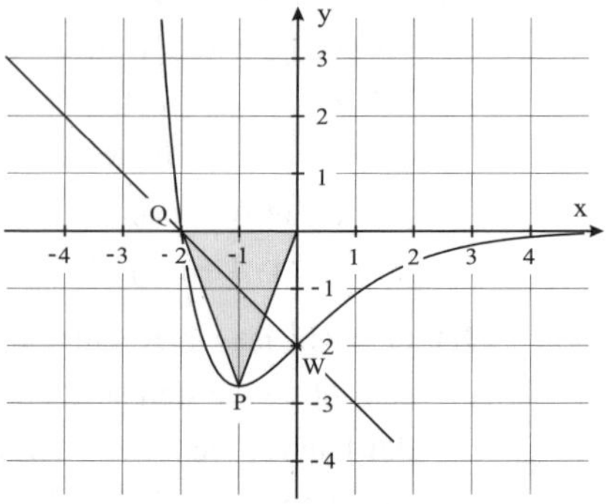

Bestimmung des zweiten Schnittpunktes Q der Normalen mit der Kurve K:
$-(x+2)e^{-x} = -x-2 \Rightarrow (x+2)-(x+2)e^{-x} = 0$. Ausklammern von $(x+2)$ führt nun zu: $(x+2)(1-e^{-x}) = 0$. Damit ergibt sich $x_1 = -2$ und aus dem zweiten Faktor $x_2 = 0$. Die Lösung $x_1 = -2$ führt zum gesuchten Schnittpunkt Q$(-2 \mid 0)$. Für den Punkt P gilt: P$(u \mid -(u+2) \cdot e^{-u})$ mit $-2 < u < 0$.

Die Grundseite des Dreiecks OPQ ist $|\overline{QO}| = 2$, die Höhe beträgt $-f(u)$. (Für $-2 < u < 0$ ist $f(u)$ negativ, die Höhe des Dreiecks muss aber eine positive Größe sein.)

Damit ergibt sich für den Flächeninhalt des Dreiecks OPQ:

$A(u) = \frac{1}{2} \cdot g \cdot h = \frac{1}{2} \cdot 2 \cdot (-f(u)) = (u+2) \cdot e^{-u}$

$A'(u) = 1 \cdot e^{-u} + (u+2) \cdot (-e^{-u}) = e^{-u}(1-u-2) = e^{-u} \cdot (-u-1)$

$A''(u) = -e^{-u} \cdot (-u-1) + e^{-u} \cdot (-1) = e^{-u}(u+1-1) = e^{-u} \cdot u$

Für die Extremstelle ergibt sich damit $e^{-u} \cdot (-u-1) = 0 \Rightarrow -u-1 = 0 \Rightarrow u_1 = -1$.

Einsetzen in $A''(u)$: $A''(-1) < 0 \Rightarrow$ es liegt ein lokales Maximum vor. Um zu prüfen, ob ein globales Maximum vorliegt, wird $A(-1) = (-1+2) \cdot e^1 = e$ mit den Randwerten verglichen: $A(-2) = 0$ und $A(0) = 2$. Da $A(-1) = e > 2$ ist, nimmt der Flächeninhalt für $u = -1$ ein globales Maximum an.

10.2 Wachstumsprozesse

a) I) Das Zerfallsgesetz ist $B(t) = a \cdot e^{k \cdot t}$, $t = 0$ wird auf den Zeitpunkt vor 2 Jahren gesetzt. Daraus ergibt sich: $B(0) = 90000 \cdot e^{k \cdot 0} \Rightarrow a = 90000$. Nun ist noch k zu bestimmen: Aus $B(2) = 30000$ folgt $B(2) = 90000 \cdot e^{k \cdot 2} = 30000 \Rightarrow e^{k \cdot 2} = \frac{30000}{90000} = \frac{1}{3} \Rightarrow k \cdot 2 = \ln\left(\frac{1}{3}\right)$, dies lässt sich unter Verwendung der Logarithmusgesetze umschreiben zu $k \cdot 2 = \ln 1 - \ln 3$, da $\ln 1 = 0$ ist, folgt: $k = \frac{-\ln 3}{2}$. Das Zerfallsgesetz ist damit: $B(t) = 90000 \cdot e^{\frac{-\ln 3}{2} \cdot t}$

II) Gesucht ist der Zeitpunkt t_E, an dem vom Anfangsbestand a nur noch 10% übrig sind. Die Population enthält dann noch $\frac{1}{10} \cdot a$ Individuen. Eingesetzt in die Funktion ergibt sich: $\frac{1}{10} \cdot a = a \cdot e^{k \cdot t_E}$. Teilen durch a führt auf: $\frac{1}{10} = e^{k \cdot t_E}$, anwenden von ln führt zu: $\ln\left(\frac{1}{10}\right) = k \cdot t_E \Rightarrow \ln 1 - \ln 10 = k \cdot t_E$ bzw. $\frac{-\ln 10}{k} = t_E$.
Wenn man noch k aus dem Aufgabenteil I) einsetzt, ergibt sich: $t_E = 2 \cdot \frac{\ln 10}{\ln 3}$.

b) I) Die Temperatur der Probe wird durch folgende Gleichung bestimmt:
$T(t) = 80 - 60e^{-0,1 \cdot t}$. Um die Asymptote zu bestimmen, betrachtet man den Grenzwert für $t \to \infty$. Es ist $\lim\limits_{t \to \infty} T(t) = 80$, da der hintere Term für größer werdende Werte von t immer kleiner wird. Die Asymptote ist also die Gerade mit der Gleichung $T = 80$.
Die Asymptote kennzeichnet die Temperatur, die die Probe erreicht, wenn sie lange erwärmt wurde. Dies ist die Temperatur der Umgebung, in der sich die Probe beim Erwärmen befindet. (Im streng mathematischen Sinne erreicht die Kurve nie den Wert der Asymptote, physikalisch wird sie diese Temperatur aber nach einer gewissen Zeit erreicht haben.)

II) Die Geschwindigkeit, mit der sich die Probe erwärmt, ist am größten, wenn die Temperaturänderung am größten ist. Diese Temperaturänderung wird durch die 1. Ableitung der Temperaturfunktion $T(t)$ beschrieben. Es ist $T'(t) = 6 \cdot e^{-0,1t}$. Diese Funktion ist streng monoton fallend, da für ihre Ableitung $(T')' = -0,6 \cdot e^{-0,1t}$ gilt: $(T')' < 0$. Die größte Temperaturänderung findet also für $t = 0$, d.h. am Anfang der Erwärmung statt.

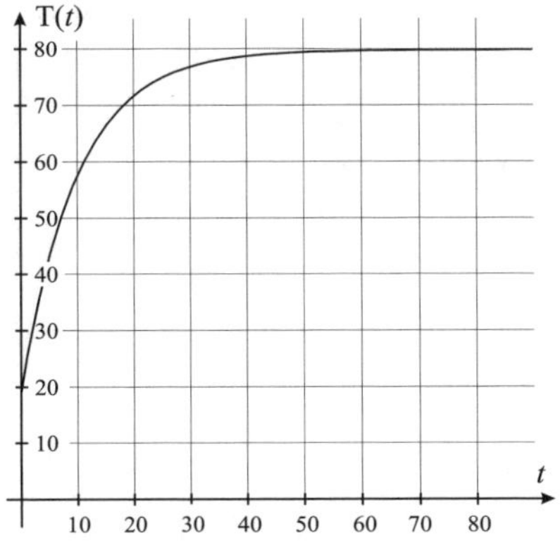

Aufgabe 10.2 b)

Geometrie

11 Rechnen mit Vektoren

11.1 Addition und Subtraktion von Vektoren

Gegeben sind die Vektoren $\vec{a} = \begin{pmatrix} -1 \\ 2 \\ 4 \end{pmatrix}$ und $\vec{b} = \begin{pmatrix} 3 \\ 1 \\ 2 \end{pmatrix}$.

a) $\vec{a} + \vec{b} = \begin{pmatrix} 2 \\ 3 \\ 6 \end{pmatrix}$ b) $\vec{a} - \vec{b} = \begin{pmatrix} -4 \\ 1 \\ 2 \end{pmatrix}$ c) $2 \cdot \vec{a} = \begin{pmatrix} -2 \\ 4 \\ 8 \end{pmatrix}$

d) $-\vec{a} = \begin{pmatrix} 1 \\ -2 \\ -4 \end{pmatrix}$ e) $2\vec{a} + 3\vec{b} = \begin{pmatrix} 7 \\ 7 \\ 14 \end{pmatrix}$

f) $\vec{a} \cdot \vec{b} = (-1) \cdot 3 + 2 \cdot 1 + 4 \cdot 2 = 7$

g) $|\vec{a}| = \sqrt{(-1)^2 + 2^2 + 4^2} = \sqrt{1 + 4 + 16} = \sqrt{21}$

h) $|\vec{b}| = \sqrt{3^2 + 1^2 + 2^2} = \sqrt{14}$

i) $|\vec{a} + \vec{b}| = \left| \begin{pmatrix} 2 \\ 3 \\ 6 \end{pmatrix} \right| = \sqrt{2^2 + 3^2 + 6^2} = \sqrt{49} = 7$

11.2 Orthogonalität von Vektoren

a) $\vec{a} \cdot \vec{b} = \begin{pmatrix} -1 \\ 0 \\ 1 \end{pmatrix} \cdot \begin{pmatrix} 2 \\ 2 \\ 0 \end{pmatrix} = (-1) \cdot 2 + 0 \cdot 2 + 1 \cdot 0 = -2 \Rightarrow \vec{a}$ steht nicht orthogonal auf $\vec{b}$.

b) $\vec{r} \cdot \vec{n} = \begin{pmatrix} 5 \\ -1 \\ 3 \end{pmatrix} \cdot \begin{pmatrix} 2 \\ 1 \\ -3 \end{pmatrix} = 5 \cdot 2 + (-1) \cdot 1 + 3 \cdot (-3) = 0 \Rightarrow \vec{r}$ steht orthogonal auf $\vec{n}$.

c) $\vec{z} \cdot \vec{w} = \begin{pmatrix} 2 \\ -2 \\ 4 \end{pmatrix} \cdot \begin{pmatrix} 1 \\ 3 \\ 1 \end{pmatrix} = 2 \cdot 1 + (-2) \cdot 3 + 4 \cdot 1 = 0 \Rightarrow \vec{z}$ steht orthogonal auf $\vec{w}$.

11.3 Auffinden von orthogonalen Vektoren

Es sind Vektoren zu bestimmen, deren Skalarprodukt mit $\vec{n}$ Null ergibt. Dazu kann man zwei Komponenten des Vektors frei wählen, die dritte ergibt sich dann, z.B.:

$$\vec{a} = \begin{pmatrix} 4 \\ -2 \\ 0 \end{pmatrix}, \text{ denn } \vec{a} \cdot \vec{n} = \begin{pmatrix} 4 \\ -2 \\ 0 \end{pmatrix} \cdot \begin{pmatrix} 1 \\ 2 \\ -3 \end{pmatrix} = 4 \cdot 1 + (-2) \cdot 2 + 0 \cdot (-3) = 4 - 4 = 0$$

$$\vec{b} = \begin{pmatrix} 0 \\ 3 \\ 2 \end{pmatrix}, \text{ denn } \vec{b} \cdot \vec{n} = \begin{pmatrix} 0 \\ 3 \\ 2 \end{pmatrix} \cdot \begin{pmatrix} 1 \\ 2 \\ -3 \end{pmatrix} = 0 \cdot 1 + 3 \cdot 2 + 2 \cdot (-3) = 6 - 6 = 0$$

$$\vec{c} = \begin{pmatrix} 5 \\ -1 \\ 1 \end{pmatrix}, \text{ denn } \vec{c} \cdot \vec{n} = \begin{pmatrix} 5 \\ -1 \\ 1 \end{pmatrix} \cdot \begin{pmatrix} 1 \\ 2 \\ -3 \end{pmatrix} = 5 \cdot 1 + (-1) \cdot 2 + 1 \cdot (-3) = 5 - 2 - 3 = 0$$

11.4 Orts- und Verbindungsvektoren

Gegeben sind die Punkte A (2 | 3 | 2), B (7 | 4 | 3) und C (1 | 5 | −2).

a) $\vec{a} = \begin{pmatrix} 2 \\ 3 \\ 2 \end{pmatrix}, \vec{b} = \begin{pmatrix} 7 \\ 4 \\ 3 \end{pmatrix}, \vec{c} = \begin{pmatrix} 1 \\ 5 \\ -2 \end{pmatrix}$

b) $\overrightarrow{AB} = \vec{b} - \vec{a} = \begin{pmatrix} 7 \\ 4 \\ 3 \end{pmatrix} - \begin{pmatrix} 2 \\ 3 \\ 2 \end{pmatrix} = \begin{pmatrix} 5 \\ 1 \\ 1 \end{pmatrix}$

$$\overrightarrow{AC} = \vec{c} - \vec{a} = \begin{pmatrix} 1 \\ 5 \\ -2 \end{pmatrix} - \begin{pmatrix} 2 \\ 3 \\ 2 \end{pmatrix} = \begin{pmatrix} -1 \\ 2 \\ -4 \end{pmatrix}$$

$$\overrightarrow{BC} = \vec{c} - \vec{b} = \begin{pmatrix} 1 \\ 5 \\ -2 \end{pmatrix} - \begin{pmatrix} 7 \\ 4 \\ 3 \end{pmatrix} = \begin{pmatrix} -6 \\ 1 \\ -5 \end{pmatrix}$$

c) Nein, ein Verbindungsvektor verbindet zwei beliebige Punkte. Ein Ortsvektor geht immer vom Ursprung zu einem Punkt.

11.5 Verschiedene Aufgaben

a) I) $\overrightarrow{AB} = \begin{pmatrix} -4 \\ -2 \\ -1 \end{pmatrix}, \overrightarrow{AC} = \begin{pmatrix} -1 \\ -4 \\ -2 \end{pmatrix}, \overrightarrow{BC} = \begin{pmatrix} 3 \\ -2 \\ -1 \end{pmatrix}$, es ist $\overline{AB} = \overline{AC} = \sqrt{21}$,

damit ist das Dreieck gleichschenklig.

II) $\overrightarrow{AB} = \begin{pmatrix} 5 \\ 3 \\ -2 \end{pmatrix}, \overrightarrow{AC} = \begin{pmatrix} 4 \\ 4 \\ -2 \end{pmatrix}, \overrightarrow{BC} = \begin{pmatrix} -1 \\ 1 \\ 0 \end{pmatrix}$, es ist $\overline{AB} = \sqrt{38}$, $\overline{AC} = 6$

und $\overline{BC} = \sqrt{2}$, damit ist das Dreieck nicht gleichschenklig.

b) $\overrightarrow{AB} = \begin{pmatrix} -4 \\ 4 \\ 2 \end{pmatrix}, \overrightarrow{AC} = \begin{pmatrix} -6 \\ 0 \\ 6 \end{pmatrix}, \overrightarrow{BC} = \begin{pmatrix} -2 \\ -4 \\ 4 \end{pmatrix}$

$$\overrightarrow{AB} \cdot \overrightarrow{AC} = \begin{pmatrix} -4 \\ 4 \\ 2 \end{pmatrix} \cdot \begin{pmatrix} -6 \\ 0 \\ 6 \end{pmatrix} = 24 + 0 + 12 = 36$$

$$\overrightarrow{AB} \cdot \overrightarrow{BC} = \begin{pmatrix} -4 \\ 4 \\ 2 \end{pmatrix} \cdot \begin{pmatrix} -2 \\ -4 \\ 4 \end{pmatrix} = 8 - 16 + 8 = 0$$

$$\overrightarrow{AC} \cdot \overrightarrow{BC} = \begin{pmatrix} -6 \\ 0 \\ 6 \end{pmatrix} \cdot \begin{pmatrix} -2 \\ -4 \\ 4 \end{pmatrix} = 12 + 0 + 24 = 36$$

Da das Skalarprodukt von $\overrightarrow{AB}$ und $\overrightarrow{BC}$ gleich Null ist, stehen diese beiden Vektoren senkrecht aufeinander, d.h. das Dreieck ABC hat bei B einen rechten Winkel.

c) I)

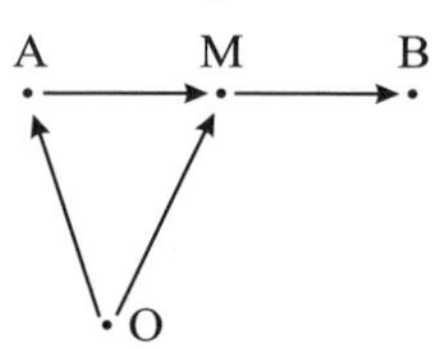

$$\overrightarrow{OM} = \overrightarrow{OA} + \tfrac{1}{2}\overrightarrow{AB} = \begin{pmatrix} 4 \\ 1 \\ 3 \end{pmatrix} + \tfrac{1}{2} \cdot \begin{pmatrix} -6 \\ 4 \\ -8 \end{pmatrix} = \begin{pmatrix} 1 \\ 3 \\ -1 \end{pmatrix}$$

$\Rightarrow M(1 \mid 3 \mid -1)$

II)

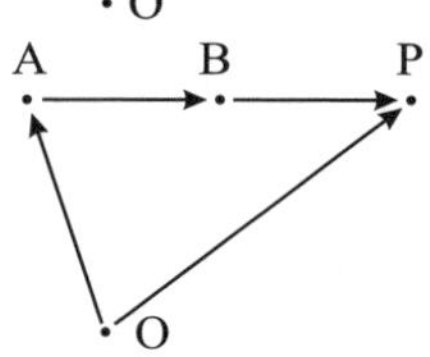

$$\overrightarrow{OP} = \overrightarrow{OA} + 2 \cdot \overrightarrow{AB} = \begin{pmatrix} 3 \\ -1 \\ -4 \end{pmatrix} + 2 \cdot \begin{pmatrix} 1 \\ 3 \\ 9 \end{pmatrix} = \begin{pmatrix} 5 \\ 5 \\ 14 \end{pmatrix}$$

$\Rightarrow P(5 \mid 5 \mid 14)$

d) I) Den Schwerpunkt S des Dreiecks ABC mit A (4 | 1 | 2), B (5 | 3 | 0) und C (0 | 2 | 1) erhalten Sie mit der Formel

$$\vec{s} = \tfrac{1}{3} \cdot \left(\vec{a} + \vec{b} + \vec{c}\right) = \tfrac{1}{3} \cdot \left(\begin{pmatrix} 4 \\ 1 \\ 2 \end{pmatrix} + \begin{pmatrix} 5 \\ 3 \\ 0 \end{pmatrix} + \begin{pmatrix} 0 \\ 2 \\ 1 \end{pmatrix} \right) = \tfrac{1}{3} \cdot \begin{pmatrix} 9 \\ 6 \\ 3 \end{pmatrix} = \begin{pmatrix} 3 \\ 2 \\ 1 \end{pmatrix}$$

$\Rightarrow$ S (3 | 2 | 1).

II) Den Schwerpunkt S des Dreiecks PQR mit P (−3 | 2 | 4), Q (5 | 1 | 2) und R (−5 | 3 | 6) erhalten Sie mit der Formel

$$\vec{s} = \tfrac{1}{3} \cdot \left(\vec{p} + \vec{q} + \vec{r}\right) = \tfrac{1}{3} \cdot \left(\begin{pmatrix} -3 \\ 2 \\ 4 \end{pmatrix} + \begin{pmatrix} 5 \\ 1 \\ 2 \end{pmatrix} + \begin{pmatrix} -5 \\ 3 \\ 6 \end{pmatrix} \right) = \tfrac{1}{3} \cdot \begin{pmatrix} -3 \\ 6 \\ 12 \end{pmatrix} = \begin{pmatrix} -1 \\ 2 \\ 4 \end{pmatrix}$$

$\Rightarrow$ S (−1 | 2 | 4).

e) I)

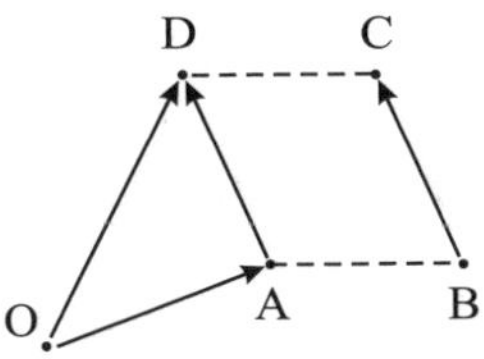

$$\overrightarrow{OD} = \overrightarrow{OA} + \overrightarrow{BC} = \begin{pmatrix} 4 \\ 2 \\ 3 \end{pmatrix} + \begin{pmatrix} -3 \\ -7 \\ -8 \end{pmatrix} = \begin{pmatrix} 1 \\ -5 \\ -5 \end{pmatrix}$$

$\Rightarrow$ D (1 | −5 | −5)

II)

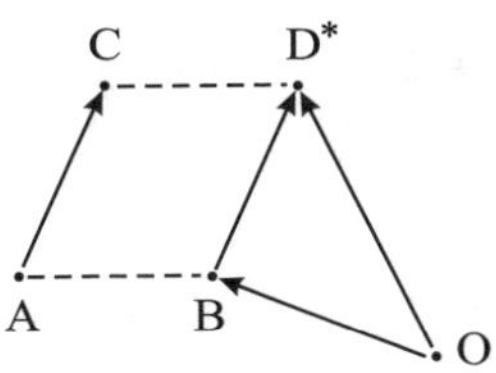

$$\overrightarrow{OD^*} = \overrightarrow{OB} + \overrightarrow{AC} = \begin{pmatrix} 1 \\ 8 \\ 5 \end{pmatrix} + \begin{pmatrix} -6 \\ -1 \\ -6 \end{pmatrix} = \begin{pmatrix} -5 \\ 7 \\ -1 \end{pmatrix}$$

$\Rightarrow$ D* (−5 | 7 | −1)

III)

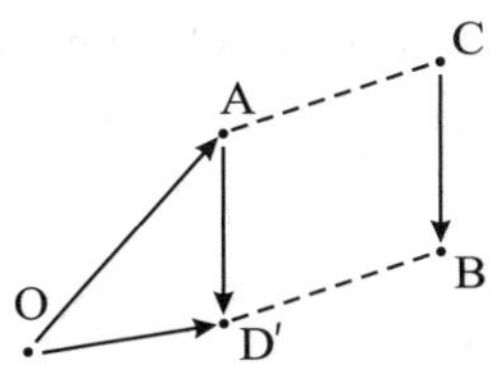

$$\overrightarrow{OD'} = \overrightarrow{OA} + \overrightarrow{CB} = \begin{pmatrix} 4 \\ 2 \\ 3 \end{pmatrix} + \begin{pmatrix} 3 \\ 7 \\ 8 \end{pmatrix} = \begin{pmatrix} 7 \\ 9 \\ 11 \end{pmatrix}$$

$\Rightarrow$ D′ (7 | 9 | 11)

f) I) Es ergeben sich folgende mögliche Vektorketten:

$$\overrightarrow{OD} = \overrightarrow{OA} + \overrightarrow{BC} = \begin{pmatrix} 3 \\ 1 \\ 4 \end{pmatrix} + \begin{pmatrix} 7 \\ -3 \\ 6 \end{pmatrix} = \begin{pmatrix} 10 \\ -2 \\ 10 \end{pmatrix} \Rightarrow \text{D}(10 \mid -2 \mid 10)$$

$$\overrightarrow{OE} = \overrightarrow{OA} + \overrightarrow{BF} = \begin{pmatrix} 3 \\ 1 \\ 4 \end{pmatrix} + \begin{pmatrix} 11 \\ 1 \\ 9 \end{pmatrix} = \begin{pmatrix} 14 \\ 2 \\ 13 \end{pmatrix} \Rightarrow \text{E}(14 \mid 2 \mid 13)$$

$$\overrightarrow{OG} = \overrightarrow{OC} + \overrightarrow{BF} = \begin{pmatrix} 5 \\ -2 \\ 3 \end{pmatrix} + \begin{pmatrix} 11 \\ 1 \\ 9 \end{pmatrix} = \begin{pmatrix} 16 \\ -1 \\ 12 \end{pmatrix} \Rightarrow \text{G}(16 \mid -1 \mid 12)$$

$$\overrightarrow{OH}=\overrightarrow{OD}+\overrightarrow{BF}=\begin{pmatrix}10\\-2\\10\end{pmatrix}+\begin{pmatrix}11\\1\\9\end{pmatrix}=\begin{pmatrix}21\\-1\\19\end{pmatrix}\Rightarrow \mathrm{H}(21\,|\,-1\,|\,19)$$

II) Die Länge der Raumdiagonalen AG ist die Länge des Verbindungsvektors $\overrightarrow{AG}$:

$$\mathrm{AG}=|\overrightarrow{AG}|=\left|\begin{pmatrix}13\\-2\\8\end{pmatrix}\right|=\sqrt{169+4+64}=\sqrt{237}\,\mathrm{LE}.$$

g) Bei einem schiefen Dreiecksprisma sind folgende 3 Kanten parallel: AD, BE und CF $\Rightarrow$

$\overrightarrow{AD}=\overrightarrow{BE}=\overrightarrow{CF}$. Daher gilt: $\overrightarrow{OE}=\overrightarrow{OB}+\overrightarrow{AD}=\begin{pmatrix}5\\-2\\-1\end{pmatrix}+\begin{pmatrix}3\\3\\5\end{pmatrix}=\begin{pmatrix}8\\1\\4\end{pmatrix}$

$\Rightarrow \mathrm{E}(8\,|\,1\,|\,4)$

$$\overrightarrow{OF}=\overrightarrow{OC}+\overrightarrow{AD}=\begin{pmatrix}-1\\3\\-2\end{pmatrix}+\begin{pmatrix}3\\3\\5\end{pmatrix}=\begin{pmatrix}2\\6\\3\end{pmatrix}\Rightarrow \mathrm{F}(2\,|\,6\,|\,3)$$

Die Länge der Kante EF ist $|\overrightarrow{EF}|=\left|\begin{pmatrix}-6\\5\\-1\end{pmatrix}\right|=\sqrt{36+25+1}=\sqrt{62}\,\mathrm{LE}.$

11.6 Teilverhältnisse

a)

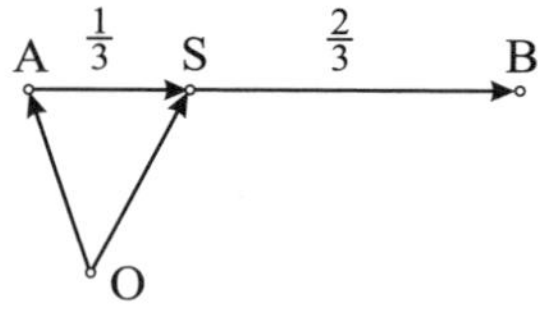

Um die Koordinaten von S zu bestimmen, stellt man eine Vektorkette auf. Es ist:

$$\overrightarrow{OS}=\overrightarrow{OA}+\tfrac{1}{3}\overrightarrow{AB}=\begin{pmatrix}3\\-1\\2\end{pmatrix}+\tfrac{1}{3}\cdot\begin{pmatrix}2\\-1\\-2\end{pmatrix}=\begin{pmatrix}\frac{11}{3}\\-\frac{4}{3}\\\frac{4}{3}\end{pmatrix}\Rightarrow \mathrm{S}\left(\tfrac{11}{3}\,\middle|\,-\tfrac{4}{3}\,\middle|\,\tfrac{4}{3}\right).$$

b)

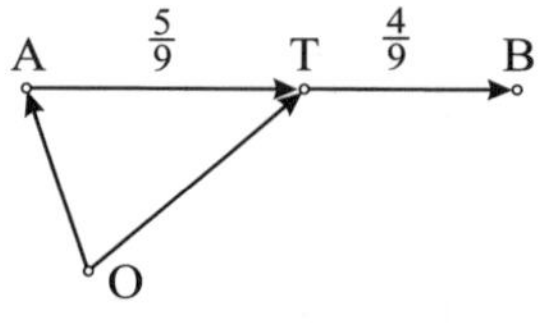

Um die Koordinaten von T zu bestimmen, stellt man eine Vektorkette auf. Es ist:

$$\overrightarrow{OT}=\overrightarrow{OA}+\tfrac{5}{9}\overrightarrow{AB}=\begin{pmatrix}3\\-1\\2\end{pmatrix}+\tfrac{5}{9}\cdot\begin{pmatrix}2\\-1\\-2\end{pmatrix}=\begin{pmatrix}\frac{37}{9}\\-\frac{14}{9}\\\frac{8}{9}\end{pmatrix}\Rightarrow \mathrm{T}\left(\tfrac{37}{9}\,\middle|\,-\tfrac{14}{9}\,\middle|\,\tfrac{8}{9}\right).$$

c) Der Punkt U liegt zwischen A und B, was anhand der einzelnen Koordinaten erkennbar ist.

Um das Teilverhältnis zu bestimmen, berechnet man die Längen der Vektoren $\overrightarrow{AU}$ und $\overrightarrow{UB}$ und teilt diese durcheinander. Es gilt:

$$\overline{AU} = |\overrightarrow{AU}| = \left| \begin{pmatrix} 1,5 \\ -0,75 \\ -1,5 \end{pmatrix} \right| = \sqrt{1,5^2 + (-0,75)^2 + (-1,5)^2} = 2,25$$

$$\overline{UB} = |\overrightarrow{UB}| = \left| \begin{pmatrix} 0,5 \\ -0,25 \\ -0,5 \end{pmatrix} \right| = \sqrt{0,5^2 + (-0,25)^2 + (-0,5)^2} = 0,75$$

Somit gilt für das Teilverhältnis: $\frac{\overline{AU}}{\overline{UB}} = \frac{2,25}{0,75} = 3 = \frac{3}{1}$

Der Punkt U teilt die Strecke AB im Verhältnis 3 : 1.

11.7 Lineare Abhängigkeit / Unabhängigkeit

a) I) Der Ansatz $k \cdot \begin{pmatrix} 2 \\ 1 \\ -3 \end{pmatrix} = \begin{pmatrix} -4 \\ -2 \\ 6 \end{pmatrix}$ führt zu $\begin{aligned} 2k &= -4 \\ k &= -2 \\ -3k &= 6 \end{aligned}$ und damit zu $k = -2$,

d.h. $\vec{a}$ und $\vec{b}$ sind linear abhängig.

II) Der Ansatz $k \cdot \begin{pmatrix} 2 \\ 0 \\ 3 \end{pmatrix} = \begin{pmatrix} -2 \\ 1 \\ -3 \end{pmatrix}$ führt zu $\begin{aligned} 2k &= -2 \\ 0 &= 1 \\ 3k &= -3 \end{aligned}$ und damit zu einem

Widerspruch, d.h. $\vec{a}$ und $\vec{b}$ sind linear unabhängig.

III) Der Ansatz $k \cdot \begin{pmatrix} 6 \\ 3 \\ -9 \end{pmatrix} = \begin{pmatrix} 2 \\ 1 \\ -3 \end{pmatrix}$ führt zu $\begin{aligned} 6k &= 2 \\ 3k &= 1 \\ -9k &= -3 \end{aligned}$ und damit zu $k = \frac{1}{3}$,

d.h. $\vec{a}$ und $\vec{b}$ sind linear abhängig.

IV) Der Ansatz $k \cdot \begin{pmatrix} 4 \\ -2 \\ 3 \end{pmatrix} = \begin{pmatrix} 5 \\ 1 \\ 9 \end{pmatrix}$ führt zu $\begin{aligned} 4k &= 5 \\ -2k &= 1 \\ 3k &= 9 \end{aligned}$ und damit zu verschiedenen Werten für k, also sind $\vec{a}$ und $\vec{b}$ linear unabhängig.

b) I) Der Ansatz $r \cdot \begin{pmatrix} 2 \\ 1 \\ -3 \end{pmatrix} + s \cdot \begin{pmatrix} 4 \\ -2 \\ 1 \end{pmatrix} + t \cdot \begin{pmatrix} 3 \\ 5 \\ 0 \end{pmatrix} = \begin{pmatrix} 0 \\ 0 \\ 0 \end{pmatrix}$ führt zu

$$\begin{array}{lrcrcrcl} \text{I} & 2r & + & 4s & + & 3t & = & 0 \\ \text{II} & r & - & 2s & + & 5t & = & 0 \\ \text{III} & -3r & + & s & & & = & 0 \end{array}$$

Löst man das Gleichungssystem entsprechend Kapitel 5, so erhält man $s = 0$, $r = 0$ und $t = 0$, d.h. $\vec{a}$, $\vec{b}$, und $\vec{c}$ sind linear unabhängig.

II) Der Ansatz $r \cdot \begin{pmatrix} 4 \\ 0 \\ -2 \end{pmatrix} + s \cdot \begin{pmatrix} 1 \\ 3 \\ -1 \end{pmatrix} + t \cdot \begin{pmatrix} 6 \\ 6 \\ -4 \end{pmatrix} = \begin{pmatrix} 0 \\ 0 \\ 0 \end{pmatrix}$ führt zu

$$\begin{array}{lrcrcrcl} \text{I} & 4r & + & s & + & 6t & = & 0 \\ \text{II} & & & 3s & + & 6t & = & 0 \\ \text{III} & -2r & - & s & - & 4t & = & 0 \end{array}$$

Addiert man Gleichung I zum Zweifachen von Gleichung III, so ergibt sich

$$\begin{array}{lrcrcrcl} \text{I} & 4r & + & s & + & 6t & = & 0 \\ \text{II} & & & 3s & + & 6t & = & 0 \\ \text{IIIa} & & & -s & - & 2t & = & 0 \end{array}$$

Nun erkennt man, dass Gleichung II das (-3)-fache von Gleichung IIIa ist, d.h. es gibt unendlich viele Lösungen, z.B. kann man $t = 1$ wählen, so ergibt sich $s = -2$ und $r = -1$. Damit gibt es Lösungen mit $r \neq 0$, $s \neq 0$ und $t \neq 0$, d.h. $\vec{a}$, $\vec{b}$, und $\vec{c}$ sind linear abhängig.

III) Der Ansatz $r \cdot \begin{pmatrix} -1 \\ 3 \\ -2 \end{pmatrix} + s \cdot \begin{pmatrix} 5 \\ 2 \\ 1 \end{pmatrix} + t \cdot \begin{pmatrix} 3 \\ -4 \\ -3 \end{pmatrix} = \begin{pmatrix} 0 \\ 0 \\ 0 \end{pmatrix}$ führt zu

$$\begin{array}{lrcrcrcl} \text{I} & -r & + & 5s & + & 3t & = & 0 \\ \text{II} & 3r & + & 2s & - & 4t & = & 0 \\ \text{III} & -2r & + & s & - & 3t & = & 0 \end{array}$$

Löst man das Gleichungssystem entsprechend Kapitel 5, so erhält man $r = 0$, $s = 0$ und $t = 0$, d.h. $\vec{a}$, $\vec{b}$, und $\vec{c}$ sind linear unabhängig.

12 Geraden

12.1 Aufstellen von Geradengleichungen

Der Ortsvektor des einen Punktes wird als Stützvektor für die Gerade benutzt. Einen Richtungsvektor erhält man, indem man einen Verbindungsvektor zwischen den beiden Punkten aufstellt. Da es beliebig ist, welcher Punkt als «Stützpunkt» genommen wird bzw. in welche Richtung man den Richtungsvektor aufstellt, gibt es mehrere Lösungen. Für Aufgabe a) sind alle vier Lösungen dargestellt, für die Aufgaben b) und c) ist eine mögliche Lösung aufgeführt.

a) I) $g:\ \vec{x}=\begin{pmatrix}1\\0\\2\end{pmatrix}+r\cdot\begin{pmatrix}2\\1\\1\end{pmatrix}$ II) $g:\ \vec{x}=\begin{pmatrix}3\\1\\3\end{pmatrix}+r\cdot\begin{pmatrix}2\\1\\1\end{pmatrix}$

III) $g:\ \vec{x}=\begin{pmatrix}1\\0\\2\end{pmatrix}+r\cdot\begin{pmatrix}-2\\-1\\-1\end{pmatrix}$ IV) $g:\ \vec{x}=\begin{pmatrix}3\\1\\3\end{pmatrix}+r\cdot\begin{pmatrix}-2\\-1\\-1\end{pmatrix}$

b) $g:\ \vec{x}=\begin{pmatrix}2\\1\\-4\end{pmatrix}+s\cdot\begin{pmatrix}2\\-1\\5\end{pmatrix}$ c) $g:\ \vec{x}=\begin{pmatrix}1\\1\\0\end{pmatrix}+t\cdot\begin{pmatrix}1\\1\\-1\end{pmatrix}$

12.2 Punktprobe

Die Ortsvektoren der Punkte werden in die Geradengleichung eingesetzt. Dann ermittelt man den Parameter mit Hilfe der Gleichungen des dazugehörigen Gleichungssystems. Es muss sich für alle drei Gleichungen der gleiche Parameter ergeben.

a) Einsetzen ergibt

$$\begin{array}{lrcrcr} \text{I} & 2 & = & 1 & + & r \\ \text{II} & 7 & = & 3 & + & 4r \\ \text{III} & 0 & = & -2 & + & 2r \end{array}$$

Lösen der Gleichungen I, II und III führt zu $r=1$. Also liegt der Punkt A auf der Geraden.

b) Einsetzen ergibt

$$\begin{array}{lrcrcr} \text{I} & 3 & = & 1 & + & r \\ \text{II} & 11 & = & 3 & + & 4r \\ \text{III} & 3 & = & -2 & + & 2r \end{array}$$

Lösen der Gleichungen I und II führt zu $r=2$. Lösen von Gleichung III ergibt $r=2,5$. Dies ist ein Widerspruch. Der Punkt liegt also nicht auf der Geraden.

c) Lösen der Gleichungen I, II und III führt zu $r=-3$. Also liegt der Punkt C auf der Geraden.

12.3 Projektion von Geraden

a) Die x_1x_2-Ebene hat die Gleichung $x_3 = 0$, daher müssen die x_3-Komponenten der Geraden gleich Null gesetzt werden. Damit ist die Projektionsgerade

$$g^*: \vec{x} = \begin{pmatrix} 3 \\ 1 \\ 0 \end{pmatrix} + r \cdot \begin{pmatrix} 4 \\ 6 \\ 0 \end{pmatrix}.$$

b) Die x_2x_3-Ebene hat die Gleichung $x_1 = 0$, daher müssen die x_1-Komponenten der Geraden gleich Null gesetzt werden. Damit ist die Projektionsgerade

$$h^*: \vec{x} = \begin{pmatrix} 0 \\ 3 \\ 4 \end{pmatrix} + t \cdot \begin{pmatrix} 0 \\ 4 \\ -1 \end{pmatrix}.$$

12.4 Parallele Geraden

Wenn die Geraden parallel sind, müssen die Richtungsvektoren linear abhängig sein. Außerdem darf kein «Stützpunkt» einer Geraden in einer anderen enthalten sein.

Da $r \cdot \begin{pmatrix} 2 \\ -1 \\ -3 \end{pmatrix} = \begin{pmatrix} 4 \\ -2 \\ -6 \end{pmatrix}$ für $r = 2$ und $r \cdot \begin{pmatrix} 2 \\ -1 \\ -3 \end{pmatrix} = \begin{pmatrix} -6 \\ 3 \\ 9 \end{pmatrix}$ für $r = -3$ gilt, sind die Richtungsvektoren linear abhängig. Punktproben der Stützvektoren in den jeweils anderen Geraden ergeben, dass die Geraden nicht identisch sind. Also sind alle Geraden echt parallel zueinander.

12.5 Gegenseitige Lage von Geraden

Für einige Aufgaben ist die Lösung ausführlich dargestellt, ansonsten sind Zwischenergebnisse und das Endergebnis angegeben.

a) Die Richtungsvektoren der Geraden sind kein Vielfaches voneinander, da es kein k gibt, so dass gilt: $k \cdot \begin{pmatrix} 1 \\ 1 \\ 2 \end{pmatrix} = \begin{pmatrix} 2 \\ 0 \\ 1 \end{pmatrix}$, also können sich die Geraden schneiden oder windschief sein.

Gleichsetzen der Geraden führt zu

$$\begin{array}{lcccccc} \text{I} & 4 & + & t & = & 2r \\ \text{II} & 2 & + & t & = & 0 \\ \text{III} & 5 & + & 2t & = & r \end{array}$$

Gleichung II ergibt $t = -2$. Eingesetzt in I ergibt sich $r = 1$. t und r müssen noch in Gl. III überprüft werden: $5 + 2 \cdot (-2) = 1$. Nun setzt man r in die Gleichung von g_2 ein, es ergibt sich der Schnittpunkt S mit $S(2 \mid 0 \mid 1)$.

b) Die Richtungsvektoren der Geraden sind kein Vielfaches voneinander, da es kein k gibt, so dass gilt: $k \cdot \begin{pmatrix} 1 \\ 1 \\ 1 \end{pmatrix} = \begin{pmatrix} 3 \\ 4 \\ 5 \end{pmatrix}$, also können sich die Geraden schneiden oder windschief sein.

Gleichsetzen der Geraden führt zu

$$\begin{array}{lrcrcrcr} \text{I} & 2 & + & r & = & 3 & + & 3t \\ \text{II} & & & r & = & 2 & + & 4t \\ \text{III} & & & r & = & 3 & + & 5t \end{array}$$

Gleichung I − Gleichung II ergibt $t = -1$. Eingesetzt in Gleichung II ergibt sich $r = -2$. t und r müssen noch in III überprüft werden: $-2 = 3 + 5 \cdot (-1)$. Einsetzen von r in g_1 ergibt den Schnittpunkt S mit $S\,(0 \mid -2 \mid -2)$.

c) Die Richtungsvektoren der Geraden sind kein Vielfaches voneinander, da es kein k gibt, so dass gilt: $k \cdot \begin{pmatrix} 2 \\ 1 \\ -3 \end{pmatrix} = \begin{pmatrix} 4 \\ -5 \\ -1 \end{pmatrix}$.

Gleichsetzen der Geraden führt zu

$$\begin{array}{lrcrcrcr} \text{I} & 1 & + & 2s & = & 5 & + & 4t \\ \text{II} & -3 & + & s & = & 1 & - & 5t \\ \text{III} & 5 & - & 3s & = & -3 & - & t \end{array}$$

Gleichung I − 2· Gleichung II ergibt $t = \frac{2}{7}$. Eingesetzt in II ergibt sich $s = \frac{18}{7}$. Es müssen s und t noch in Gleichung III überprüft werden, es ergibt sich $\frac{4}{7} = 0$. Dies ist ein Widerspruch, also sind die Geraden windschief.

d) Die Richtungsvektoren der Geraden sind kein Vielfaches voneinander, da es kein k gibt, so dass gilt: $k \cdot \begin{pmatrix} 2 \\ 0 \\ 1 \end{pmatrix} = \begin{pmatrix} 0 \\ 1 \\ -1 \end{pmatrix}$. Gleichsetzen der Geradengleichungen und Berechnen von t und r mit Gleichung I und II ergibt $t = \frac{1}{2}$ und $r = -1$. Prüfen in Gleichung III führt auf einen Widerspruch, also sind die Geraden windschief.

e) Prüfung der Richtungsvektoren:

$k \cdot \begin{pmatrix} 2 \\ -1 \\ 3 \end{pmatrix} = \begin{pmatrix} -2 \\ 1 \\ -3 \end{pmatrix} \Rightarrow k = -1$, d.h. die Richtungsvektoren sind ein Vielfaches voneinander (linear abhängig), also können die Geraden parallel oder identisch sein.

Man prüft nun, ob $P(4 \mid 0 \mid 1)$ der Geraden g auch auf der Geraden h liegt:

$$\begin{pmatrix} 4 \\ 0 \\ 1 \end{pmatrix} = \begin{pmatrix} 6 \\ -1 \\ 4 \end{pmatrix} + t \cdot \begin{pmatrix} -2 \\ 1 \\ -3 \end{pmatrix}$$

$4 = 6 - 2t \Rightarrow t = 1$
$0 = -1 + t \Rightarrow t = 1$
$1 = 4 - 3t \Rightarrow t = 1$, positive Punktprobe, also sind die Geraden identisch.

f) Prüfung der Richtungsvektoren:

$k \cdot \begin{pmatrix} 1 \\ -1 \\ 2 \end{pmatrix} = \begin{pmatrix} -3 \\ 3 \\ -6 \end{pmatrix} \Rightarrow k = -3$, d.h. die Richtungsvektoren sind ein Vielfaches voneinander (linear abhängig), also können die Geraden parallel oder identisch sein.
Man prüft nun, ob $P(1 \mid 2 \mid 3)$ der Geraden g auch auf der Geraden h liegt:

$$\begin{pmatrix} 1 \\ 2 \\ 3 \end{pmatrix} = \begin{pmatrix} -1 \\ 4 \\ -1 \end{pmatrix} + s \cdot \begin{pmatrix} -3 \\ 3 \\ -6 \end{pmatrix}$$

$1 = -1 - 3s \Rightarrow s = -\frac{2}{3}$
$2 = 4 + 3s \Rightarrow s = -\frac{2}{3}$
$3 = -1 - 6s \Rightarrow s = -\frac{2}{3}$, positive Punktprobe, also sind die Geraden identisch.

g) Prüfung der Richtungsvektoren:

$k \cdot \begin{pmatrix} -2 \\ -1 \\ 3 \end{pmatrix} = \begin{pmatrix} 4 \\ 2 \\ -6 \end{pmatrix} \Rightarrow k = -2$, d.h. die Richtungsvektoren sind ein Vielfaches voneinander (linear abhängig), also können die Geraden parallel oder identisch sein.
Man prüft nun, ob $P(1 \mid 4 \mid -2)$ der Geraden g auch auf der Geraden h liegt:

$$\begin{pmatrix} 1 \\ 4 \\ -2 \end{pmatrix} = \begin{pmatrix} -1 \\ 3 \\ -1 \end{pmatrix} + r \cdot \begin{pmatrix} 4 \\ 2 \\ -6 \end{pmatrix}$$

$1 = -1 + 4r \Rightarrow r = \frac{1}{2}$
$4 = 3 + 2r \Rightarrow r = \frac{1}{2}$
$-2 = -1 - 6r \Rightarrow r = \frac{1}{6}$, dies ist ein Widerspruch, d.h. negative Punktprobe, also sind die Geraden parallel.

h) Prüfung der Richtungsvektoren:

$k \cdot \begin{pmatrix} 4 \\ 6 \\ -8 \end{pmatrix} = \begin{pmatrix} 2 \\ 3 \\ -4 \end{pmatrix} \Rightarrow k = \frac{1}{2}$, d.h. die Richtungsvektoren sind ein Vielfaches voneinander (linear abhängig), also können die Geraden parallel oder identisch sein.

Man prüft nun, ob P$(0 \mid 1 \mid 4)$ der Geraden g auch auf der Geraden h liegt:

$$\begin{pmatrix} 0 \\ 1 \\ 4 \end{pmatrix} = \begin{pmatrix} 4 \\ 8 \\ -4 \end{pmatrix} + t \cdot \begin{pmatrix} 2 \\ 3 \\ -4 \end{pmatrix}$$

$0 = 4 + 2t \Rightarrow t = -2$

$1 = 8 + 3t \Rightarrow t = -\frac{7}{3}$

$4 = -4 - 4t \Rightarrow t = -2$, Widerspruch, d.h. negative Punktprobe, also sind die Geraden parallel.

12.6 Parallele Geraden mit Parameter

Wenn die beiden Geraden parallel sein sollen, müssen die beiden Richtungsvektoren linear abhängig sein. Dazu bestimmt man t so, dass der eine Vektor ein Vielfaches des anderen ist.

a) Gesucht ist t, so dass gilt $\begin{pmatrix} 0 \\ 2 \\ 2t \end{pmatrix} = r \cdot \begin{pmatrix} 0 \\ 4 \\ 4 \end{pmatrix}$. Es ergibt sich

$$\begin{array}{lrcl} \text{I} & 0 & = & 0 \\ \text{II} & 2 & = & 4r \\ \text{III} & 2t & = & 4r \end{array}$$

Lösen führt zu $r = \frac{1}{2}$ und $t = 1$. Es muss noch sichergestellt sein, dass die Geraden nicht identisch sind, also macht man die Punktprobe:

$$\begin{array}{lrcrcr} \text{I} & 1 & = & 4 & & \\ \text{II} & 1 & = & 1 & + & 4r \\ \text{III} & 1 & = & 7 & + & 4r \end{array}$$

Für I ergibt sich unmittelbar ein Widerspruch, also sind die Geraden echt parallel (da sie keinen Schnittpunkt besitzen).

b) Gesucht ist t, so dass gilt $\begin{pmatrix} 0,5t \\ t \\ 4 \end{pmatrix} = r \cdot \begin{pmatrix} 1 \\ 2 \\ -2 \end{pmatrix}$. Es ergibt sich

$$\begin{array}{lrcr} \text{I} & 0,5t & = & r \\ \text{II} & t & = & 2r \\ \text{III} & 4 & = & -2r \end{array}$$

Aus III ergibt sich $r = -2$. Einsetzen in II führt zu $t = -4$. Überprüfen in I ergibt eine wahre Aussage. Es muss noch sichergestellt sein, dass die Geraden nicht identisch sind, also macht man die Punktprobe. Dies führt zu einem Widerspruch, also sind die Geraden echt parallel.

c) Gesucht ist t, so dass gilt $\begin{pmatrix} t \\ 2t \\ -3 \end{pmatrix} = s \cdot \begin{pmatrix} 3 \\ 6 \\ -t \end{pmatrix}$. Es ergibt sich

$$\begin{array}{lrcr} \text{I} & t & = & 3s \\ \text{II} & 2t & = & 6s \\ \text{III} & -3 & = & -t \cdot s \end{array}$$

I und II sind ein Vielfaches voneinander, daher benutzt man die Gleichungen I und III. Einsetzen von I in III führt zu $s = \pm 1$. Lösen führt auf $t_1 = 3$ und $t_2 = -3$. Es gibt also zwei Werte von t, für die die Geraden parallel sind. Macht man jeweils die Punktprobe, führt dies auf einen Widerspruch, damit sind die Geraden echt parallel.

12.7 Allgemeines Verständnis von Geraden

a) I) Die Richtungsvektoren $\vec{r}$ und $\vec{v}$ müssen linear abhängig (ein Vielfaches voneinander) sein. Für die Stützvektoren muss gelten: $\vec{a} \neq \vec{b}$. Außerdem darf der zu $\vec{b}$ gehörende Punkt B nicht auf g liegen, das heißt $\vec{b} \neq \vec{a} + s \cdot \vec{r}$ (bzw. der zu $\vec{a}$ gehörende Punkt A darf nicht auf h liegen).

II) Die Stützvektoren müssen nicht unbedingt gleich sein, aber jeder «Stützpunkt» muss ein Punkt der anderen Gerade sein (Nachweis durch Punktprobe). Die Richtungsvektoren $\vec{r}$ und $\vec{v}$ müssen linear abhängig sein.

III) Die Stützvektoren müssen nicht unbedingt gleich sein, aber die Geraden müssen sich schneiden. Die Richtungsvektoren müssen orthogonal sein: $\vec{r} \cdot \vec{v} = 0$.

b) Für die Winkelbestimmung braucht man die beiden Richtungsvektoren $\vec{r}$ und $\vec{v}$.
Für den spitzen Winkel δ gilt dann:

$$\cos \delta = \frac{|\vec{r} \cdot \vec{v}|}{|\vec{r}| \cdot |\vec{v}|}$$

c) Zur Bestimmung der gegenseitigen Lage prüft man zuerst die Richtungsvektoren auf lineare Abhängigkeit bzw. Unabhängigkeit:

1. Sind die Richtungsvektoren ein Vielfaches voneinander (linear abhängig), können die Geraden parallel oder identisch sein.
   Sie sind identisch, wenn ein Punkt der einen Geraden auf der anderen Geraden liegt (positive Punktprobe), sonst sind sie parallel (negative Punktprobe).

2. Sind die Richtungsvektoren kein Vielfaches voneinander (linear unabhängig), können die Geraden sich schneiden oder windschief sein.
   Durch Gleichsetzen erhält man den Schnittpunkt oder einen Widerspruch, welcher angibt, dass die Geraden windschief sind.

12.8 Verschiedene Aufgaben

a) Es ist $g\colon\ \vec{x} = \begin{pmatrix} 2 \\ -1 \\ 3 \end{pmatrix} + r \cdot \begin{pmatrix} 2 \\ 5 \\ 3 \end{pmatrix}$. Gesucht ist eine Gerade h, die parallel zu g sein soll und durch A$(2 \mid 1 \mid 4)$ geht. Dazu wird A als Stützpunkt genommen, während der Richtungsvektor von g übernommen werden kann. Damit ist $h\colon\ \vec{x} = \begin{pmatrix} 2 \\ 1 \\ 4 \end{pmatrix} + r \cdot \begin{pmatrix} 2 \\ 5 \\ 3 \end{pmatrix}$.

b) Es sind $g\colon \vec{x} = \begin{pmatrix} 1 \\ 4 \\ 2 \end{pmatrix} + r \cdot \begin{pmatrix} 1 \\ 0 \\ 2 \end{pmatrix}$ und $h\colon \vec{x} = \begin{pmatrix} 11{,}5 \\ 9 \\ 3 \end{pmatrix} + s \cdot \vec{v}$; $s,\ t \in \mathbb{R}$.

I) Gesucht ist ein Richtungsvektor $\vec{v}$, so dass sich g und h in S$(4 \mid 4 \mid 8)$ schneiden. Dazu wird zuerst mit Hilfe einer Punktprobe nachgewiesen, dass S auf der Geraden g liegt (dies trifft für $r = 3$ zu). Nun wird $\vec{v}$ bestimmt, indem man einen Verbindungsvektor vom Stützpunkt H$(11{,}5 \mid 9 \mid 3)$ der Geraden h zum Punkt S aufstellt:

$$\overrightarrow{\mathrm{HS}} = \begin{pmatrix} 4 \\ 4 \\ 8 \end{pmatrix} - \begin{pmatrix} 11{,}5 \\ 9 \\ 3 \end{pmatrix} = \begin{pmatrix} -7{,}5 \\ -5 \\ 5 \end{pmatrix} \Rightarrow \vec{v} = \begin{pmatrix} 7{,}5 \\ 5 \\ -5 \end{pmatrix} \text{oder } \vec{v} = \begin{pmatrix} 3 \\ 2 \\ -2 \end{pmatrix}.$$

II) Damit g und h windschief sind, dürfen die beiden Geraden nicht parallel sein und keinen Schnittpunkt haben. Man kann z.B. $\vec{v} = \begin{pmatrix} 1 \\ 0 \\ 0 \end{pmatrix}$ wählen. Da die beiden Richtungsvektoren nicht linear abhängig sind, sind g und h nicht parallel. Folglich ist nur noch zu prüfen, ob sich die beiden Geraden schneiden. Gleichsetzen von g und h ergibt:

$$\begin{array}{rcrcrcl} 1 & + & r & = & 11{,}5 & + & t \\ 4 & & & = & 9 & & \\ 2 & + & 2r & = & 3 & & \end{array}$$

Da in der zweiten Zeile ein Widerspruch auftritt, haben die beiden Geraden keinen gemeinsamen Punkt, sind also windschief.

III) Um den Punkt zu bestimmen, in dem sich die beiden Geraden g und h orthogonal schneiden, stellt man eine Hilfsebene $\mathrm{E_H}$ auf, die senkrecht auf g steht und den Stützpunkt H von h enthält. Als Normalenvektor verwendet man den Richtungsvektor von g. Nun bestimmt man den Schnittpunkt L von E_H und g. Der Verbindungsvektor $\overrightarrow{LH}$ kann direkt als Richtungsvektor $\vec{v}$ von h genommen werden. Die beiden Geraden schneiden sich damit orthogonal in L.

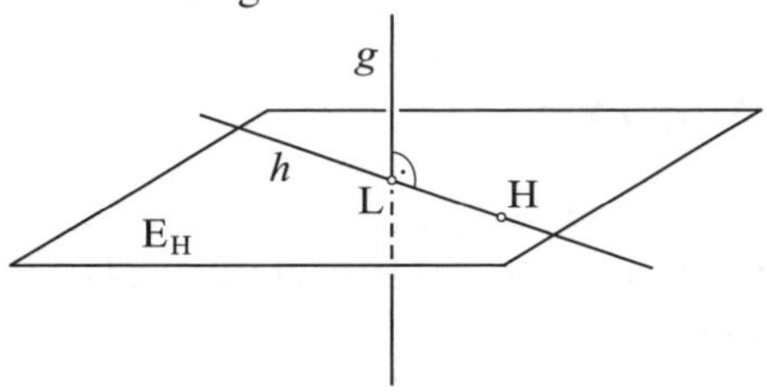

Einsetzen von $H(11,5 \mid 9 \mid 3)$ und $\begin{pmatrix} 1 \\ 0 \\ 2 \end{pmatrix}$ in die Punkt-Normalenform ergibt:

$E_H: x_1 + 2x_3 = 17,5$.

Zur Berechnung des Schnittpunkts von E_H und g wird g als «allgemeiner Punkt» geschrieben und in E_H eingesetzt: $1 + r + 2 \cdot (2 + 2r) = 17,5 \Rightarrow r = 2,5$.

Einsetzen von $r = 2,5$ in g ergibt $L(3,5 \mid 4 \mid 7)$.

Der Verbindungsvektor $\overrightarrow{LH}$ ist damit $\begin{pmatrix} 8 \\ 5 \\ -4 \end{pmatrix}$. Also ist $\vec{v} = \begin{pmatrix} 8 \\ 5 \\ -4 \end{pmatrix}$.

13 Ebenen

13.1 Parameterform der Ebenengleichung

a) Einer der angegebenen Punkte, z.B. A, wird als «Stützpunkt» genommen; die Verbindungsvektoren $\overrightarrow{AB}$ und $\overrightarrow{AC}$ sind dann die Spannvektoren der Ebene. Konkret ergibt sich damit:

$$E\colon \vec{x} = \begin{pmatrix} 1 \\ 4 \\ 3 \end{pmatrix} + r \cdot \begin{pmatrix} 1 \\ 3 \\ -6 \end{pmatrix} + s \cdot \begin{pmatrix} 2 \\ 1 \\ -2 \end{pmatrix}$$

b) Auch hier wird einer der angegebenen Punkte als Stützpunkt genommen, die Verbindungsvektoren $\overrightarrow{PQ}$ und $\overrightarrow{PR}$ ermittelt und als Spannvektoren genommen. Damit gilt:

$$E\colon \vec{x} = \begin{pmatrix} 3 \\ 1 \\ 2 \end{pmatrix} + r \cdot \begin{pmatrix} 1 \\ 6 \\ 1 \end{pmatrix} + s \cdot \begin{pmatrix} 1 \\ -1 \\ -3 \end{pmatrix}$$

c) Der «Stützpunkt» und der erste Spannvektor können direkt von der Geraden g übernommen werden. Den zweiten Spannvektor erhält man, indem man den Verbindungsvektor zwischen dem Stützpunkt und dem angegebenen Punkt aufstellt. Damit gilt:

$$E\colon \vec{x} = \begin{pmatrix} -1 \\ 2 \\ 4 \end{pmatrix} + r \cdot \begin{pmatrix} 3 \\ 6 \\ -1 \end{pmatrix} + s \cdot \begin{pmatrix} 2 \\ 1 \\ 2 \end{pmatrix}$$

d) Auch hier können der «Stützpunkt» und der erste Spannvektor direkt von der Geraden g übernommen werden. Den zweiten Spannvektor erhält man, indem man den Verbindungsvektor zwischen dem angegebenen Punkt und dem Stützpunkt aufstellt. Damit gilt:

$$E\colon \vec{x} = \begin{pmatrix} 7 \\ 3 \\ 2 \end{pmatrix} + r \cdot \begin{pmatrix} 1 \\ 2 \\ 1 \end{pmatrix} + s \cdot \begin{pmatrix} 7 \\ 2 \\ 0 \end{pmatrix}$$

13.2 Koordinatengleichung einer Ebene

Es gibt verschiedene Wege, die Koordinatenform der Ebenengleichung zu bestimmen. In der Lösung ist der Weg über die Punkt-Normalenform gewählt, weil er der anschaulichste ist. Es ist aber z.B. auch möglich, die Koordinatenform zu bestimmen, indem man ein Gleichungssystem bildet und dieses ausrechnet.

a) Zuerst legt man fest, welcher Ortsvektor als Stützvektor benutzt wird, dann bildet man zwei Spannvektoren und errechnet mit diesen den Normalenvektor $\vec{n}$. Dieser wird in die Punkt-Normalenform eingesetzt und ausgerechnet:

Als Stützvektor wird $\vec{a}$ gewählt, damit ergibt sich für die Spannvektoren $\overrightarrow{AB} = \begin{pmatrix} 2 \\ -1 \\ 1 \end{pmatrix}$

und $\overrightarrow{AC} = \begin{pmatrix} 6 \\ 2 \\ 3 \end{pmatrix}$. Das Vektorprodukt (siehe Seite 64) der Spannvektoren ergibt $\begin{pmatrix} -5 \\ 0 \\ 10 \end{pmatrix}$.

Ausklammern von 5 führt zu $\vec{n} = \begin{pmatrix} -1 \\ 0 \\ 2 \end{pmatrix}$. Einsetzen in die Punkt-Normalenform und Ausrechnen ergibt

$\begin{pmatrix} -1 \\ 0 \\ 2 \end{pmatrix} \cdot \left(\begin{pmatrix} x_1 \\ x_2 \\ x_3 \end{pmatrix} - \begin{pmatrix} 2 \\ 2 \\ 2 \end{pmatrix} \right) = 0 \Rightarrow -x_1 + 2 + 2x_3 - 4 = 0$. Ordnen der Gleichung führt auf: $x_1 - 2x_3 = -2$.

b) Stützvektor $= \vec{p}$, Spannvektoren $\overrightarrow{PQ} = \begin{pmatrix} 1 \\ 4 \\ -2 \end{pmatrix}$ und $\overrightarrow{PR} = \begin{pmatrix} 4 \\ -2 \\ -2 \end{pmatrix}$. Das Vektorprodukt (siehe Seite 64) der Spannvektoren ergibt $\begin{pmatrix} -12 \\ -6 \\ -18 \end{pmatrix}$. Ausklammern von (-6) führt zu $\vec{n} = \begin{pmatrix} 2 \\ 1 \\ 3 \end{pmatrix}$. Einsetzen von $\vec{p}$ und $\vec{n}$ in die Punkt-Normalenform und Ausrechnen führt zu $2x_1 + x_2 + 3x_3 = 20$.

c) Lösungsweg: Der Stützvektor der Geraden wird als Punkt der Ebene in der Punkt-Normalenform benutzt. Der erste Spannvektor ist der Richtungsvektor der Geraden, der zweite Spannvektor ergibt sich als Verbindungsvektor des «Stützpunktes» der Geraden zu dem gegebenen Punkt. Mit den beiden Spannvektoren wird $\vec{n}$ berechnet und über die Punkt-Normalenform die Koordinatengleichung ausgerechnet.
Stützvektor $= \vec{s} = \begin{pmatrix} 3 \\ 5 \\ 7 \end{pmatrix}$, Spannvektoren $\begin{pmatrix} 1 \\ 1 \\ 1 \end{pmatrix}$ und $\begin{pmatrix} 1 \\ -4 \\ -5 \end{pmatrix}$. Das Vektorprodukt (siehe Seite 64) der Spannvektoren und Ausklammern von (-1) führt zu $\vec{n} = \begin{pmatrix} 1 \\ -6 \\ 5 \end{pmatrix}$. Einsetzen von $\vec{s}$ und $\vec{n}$ in die Punkt-Normalenform und Ausrechnen führt zu $x_1 - 6x_2 + 5x_3 = 8$.

d) Stützvektor $= \vec{s} = \begin{pmatrix} 7 \\ 2 \\ 3 \end{pmatrix}$, Spannvektoren $\begin{pmatrix} 1 \\ -3 \\ -3 \end{pmatrix}$ und $\begin{pmatrix} -3 \\ 1 \\ 1 \end{pmatrix}$. Das Vektorprodukt (siehe Seite 64) der Spannvektoren und Ausklammern von 8 führt zu $\vec{n} = \begin{pmatrix} 0 \\ 1 \\ -1 \end{pmatrix}$. Einsetzen von $\vec{s}$ und $\vec{n}$ in die Punkt-Normalenform und Ausrechnen führt zu $x_2 - x_3 = -1$.

e) Lösungsweg: Zuerst wird der Schnittpunkt der Geraden ermittelt. Bevor man die Gleichungen gleichsetzt, überprüft man, ob sie den gleichen Stützvektor besitzen. Der eine Richtungsvektor bildet einen Spannvektor, der andere Richtungsvektor den anderen. Mit den beiden Spannvektoren wird $\vec{n}$ berechnet und über die Punkt-Normalenform die Koordinatengleichung ausgerechnet.

Beide Geraden besitzen den gleichen Stützvektor $\vec{s} = \begin{pmatrix} 1 \\ 2 \\ 3 \end{pmatrix}$, die Spannvektoren sind $\begin{pmatrix} 1 \\ 3 \\ 4 \end{pmatrix}$ und $\begin{pmatrix} 2 \\ -1 \\ 3 \end{pmatrix}$. Damit ist $\vec{n} = \begin{pmatrix} 13 \\ 5 \\ -7 \end{pmatrix}$. Einsetzen von $\vec{s}$ und $\vec{n}$ in die Punkt-Normalenform und Ausrechnen führt zu $13x_1 + 5x_2 - 7x_3 = 2$.

f) Die Geraden besitzen nicht den gleichen Stützvektor, daher wird zuerst der Schnittpunkt der Geraden durch Gleichsetzen der dazugehörigen Gleichungen bestimmt:

$$\begin{array}{lcccccccc} \text{I} & 1 & + & s & = & 3 & + & 2t \\ \text{II} & 2 & + & 3s & = & 3 & + & t \\ \text{III} & 4 & + & 2s & = & 7 & + & 3t \end{array}$$

Die Gleichung II wird mit -2 multipliziert und zu I addiert. Auflösen nach s ergibt: $s = 0$. Einsetzen in I führt auf $t = -1$. Beide Variablen müssen noch in III überprüft werden. Um den Schnittpunkt zu bestimmen, setzt man s oder t in eine der beiden Geradengleichungen ein. Der Schnittpunkt S ist damit $S\,(1 \mid 2 \mid 4)$. Nun wählt man wieder die beiden Richtungsvektoren als Spannvektoren und bestimmt $\vec{n}$: Damit ist $\vec{n} = \begin{pmatrix} 7 \\ 1 \\ -5 \end{pmatrix}$. Einsetzen von $\vec{s}$ und $\vec{n}$ in die Punkt-Normalenform und Ausrechnen führt zu $7x_1 + x_2 - 5x_3 = -11$.

g) Zuerst wird der Schnittpunkt durch Gleichsetzen der Gleichungen bestimmt: $s = -1$ und $t = 2$. Der Schnittpunkt S ist damit $S\,(1 \mid 0 \mid 2)$. Nun wählt man wieder die beiden Richtungsvektoren als Spannvektoren und bestimmt $\vec{n}$: $\vec{n} = \begin{pmatrix} -17 \\ 6 \\ 7 \end{pmatrix}$. Einsetzen von $\vec{s}$ und $\vec{n}$ in die Punkt-Normalenform und Ausrechnen führt zu $-17x_1 + 6x_2 + 7x_3 = -3$.

h) Zuerst wird der Schnittpunkt durch Gleichsetzen der dazugehörigen Gleichungen bestimmt:

$$\begin{array}{lrcrcrcr} \text{I} & 1 & + & 3s & = & 4 & + & 6t \\ \text{II} & & & s & = & 1 & + & 2t \\ \text{III} & 2 & + & 2s & = & 1 & + & 4t \end{array}$$

Die Gleichung II wird mit -2 multipliziert zu III addiert. Es ergibt sich der Ausdruck $3 = 0$. Dies ist ein Widerspruch. Die Gleichung hat damit keine Lösung, d.h. die Geraden schneiden sich nicht. Da die Richtungsvektoren linear abhängig sind, sind die Geraden parallel. Der «Stützpunkt» der einen Geraden wird als Punkt in der Punkt-Normalenform benutzt. Der erste Spannvektor der Ebene ist der Richtungsvektor der Geraden, der zweite Spannvektor ergibt sich aus dem Verbindungsvektor zwischen dem «Stützpunkt» der ersten Geraden und dem des «Stützpunktes» der zweiten Geraden. Mit den beiden Spannvektoren wird $\vec{n}$ berechnet und über die Punkt-Normalenform die Koordinatengleichung ausgerechnet.

Stützvektor $\vec{s} = \begin{pmatrix} 1 \\ 0 \\ 2 \end{pmatrix}$, die Spannvektoren sind $\begin{pmatrix} 3 \\ 1 \\ 2 \end{pmatrix}$ und $\begin{pmatrix} 3 \\ 1 \\ -1 \end{pmatrix}$. Das Vektorprodukt (siehe Seite 64) der Spannvektoren und Ausklammern von (-3) führt zu $\vec{n} = \begin{pmatrix} 1 \\ -3 \\ 0 \end{pmatrix}$.

Einsetzen von $\vec{s}$ und $\vec{n}$ in die Punkt-Normalenform und Ausrechnen führt zu $x_1 - 3x_2 = 1$.

i) Zuerst wird der Schnittpunkt durch Gleichsetzen bestimmt. Das Lösen des Gleichungssystems führt zu einem Widerspruch, daher schneiden sich die Geraden nicht. Die Richtungsvektoren sind linear abhängig $\Rightarrow$ die Geraden sind parallel. Die Ebene wird wie in der vorangehenden Aufgabe aufgestellt, die Spannvektoren sind $\begin{pmatrix} 2 \\ 1 \\ 2 \end{pmatrix}$ und $\begin{pmatrix} 2 \\ -1 \\ 2 \end{pmatrix}$.

Das Vektorprodukt (siehe Seite 64) der Spannvektoren und Ausklammern von 4 führt zu $\vec{n} = \begin{pmatrix} 1 \\ 0 \\ -1 \end{pmatrix}$.

Einsetzen in die Punkt-Normalenform und Ausrechnen führt zu $x_1 - x_3 = 0$.

j) Der Verbindungsvektor $\overrightarrow{AA^*}$ ist orthogonal zur Spiegelebene. Damit kann man ihn als Normalenvektor der Ebene benutzen. Dann wird der Punkt P in der Mitte der beiden Punkte ausgerechnet.

Es ist $\overrightarrow{AA^*} = \begin{pmatrix} 2 \\ -2 \\ -4 \end{pmatrix}$. Ausklammern von 2 ergibt $\vec{n} = \begin{pmatrix} 1 \\ -1 \\ -2 \end{pmatrix}$. Für $\vec{p}$ ergibt sich

$\vec{p} = \overrightarrow{OA} + \frac{1}{2} \cdot \overrightarrow{AA^*} = \begin{pmatrix} 2 \\ 3 \\ 5 \end{pmatrix}$. Einsetzen in die Punkt-Normalenform ergibt die Koordinatengleichung $x_1 - x_2 - 2x_3 = -11$.

k) Da E die Gerade g enthalten soll, muss der Normalenvektor $\vec{n}$ senkrecht auf dem Richtungsvektor der Geraden stehen: $\begin{pmatrix} n_1 \\ n_2 \\ n_3 \end{pmatrix} \cdot \begin{pmatrix} 2 \\ 0 \\ -1 \end{pmatrix} = 0$. Außerdem soll die Ebene auch auf der angegebenen Ebene F mit $\vec{n_F} = \begin{pmatrix} -1 \\ 1 \\ 2 \end{pmatrix}$ senkrecht stehen. Damit gilt $\begin{pmatrix} n_1 \\ n_2 \\ n_3 \end{pmatrix} \cdot \begin{pmatrix} -1 \\ 1 \\ 2 \end{pmatrix} = 0$. Die beiden Skalarprodukte werden ausgerechnet, es ergibt sich das folgende Gleichungssystem:

$$\begin{array}{lrcrcrcl} \text{I} & 2n_1 & & & - & n_3 & = & 0 \\ \text{II} & -n_1 & + & n_2 & + & 2n_3 & = & 0 \end{array}$$

Aus I ergibt sich $n_3 = 2n_1$. Da es sich um zwei Gleichungen mit drei Unbekannten handelt, wählt man eine Unbekannte und setzt ein: $n_1 = 1$, damit ist $n_3 = 2$ und $n_2 = -3$. Der so bestimmte Normalenvektor und der Stützvektor von g werden in die Punkt-Normalenform eingesetzt und diese ausgerechnet. Damit ist die Koordinatenform: $x_1 - 3x_2 + 2x_3 = 4$.

l) Lösungsweg: Mit drei Punkten wird eine Ebene aufgestellt. Anschließend prüft man, ob der 4. Punkt in der Ebene liegt. Da eine Punktprobe in der Parameterform relativ aufwändig ist, lohnt es sich, die Koordinatenform aufzustellen.

Als Stützvektor wird $\vec{a}$ gewählt, damit ergibt sich für die Spannvektoren $\overrightarrow{AB} = \begin{pmatrix} 2 \\ 2 \\ 2 \end{pmatrix}$ und $\overrightarrow{AC} = \begin{pmatrix} 5 \\ 1 \\ 1 \end{pmatrix}$. Das Vektorprodukt (siehe Seite 64) der Spannvektoren und Ausklammern von 8 führt zu $\vec{n} = \begin{pmatrix} 0 \\ 1 \\ -1 \end{pmatrix}$. Einsetzen in die Punkt-Normalenform und Ausrechnen ergibt: $x_2 - x_3 = -1$. Einsetzen von $D(8 \mid -1 \mid 0)$ ergibt $-1 = -1$, damit liegen alle vier Punkte in einer Ebene.

13.3 Ebenen im Koordinatensystem

Die Spurpunkte einer Ebene liegen auf den Koordinatenachsen. Für den Spurpunkt auf der x_1-Achse sind die x_2- und die x_3-Komponente des Punktes gleich Null. Also setzt man in der Koordinatengleichung für diese 0 ein und stellt nach x_1 um. Die Spurgeraden sind die Verbindungsgeraden der entsprechenden Spurpunkte.

a) Koordinatengleichung von E: $3x_1 + 4x_2 + 3x_3 = 12$. Spurpunkt auf der x_1-Achse: Für x_2 und x_3 wird 0 eingesetzt, man erhält $3x_1 = 12 \Rightarrow x_1 = 4 \Rightarrow$ Spurpunkt $S_1\,(4\,|\,0\,|\,0)$. Entsprechend verfährt man für die anderen Punkte: $4x_2 = 12 \Rightarrow x_2 = 3 \Rightarrow S_2\,(0\,|\,3\,|\,0)$ und $3x_3 = 12 \Rightarrow x_3 = 4 \Rightarrow S_3\,(0\,|\,0\,|\,4)$.

b) $E: 4x_1 - 8x_2 + 4x_3 = 16$. Spurpunkte: $4x_1 = 16, \Rightarrow S_1\,(4\,|\,0\,|\,0)$, $-8x_2 = 16 \Rightarrow S_2\,(0\,|\,-2\,|\,0)$ und $4x_3 = 16 \Rightarrow S_3\,(0\,|\,0\,|\,4)$.

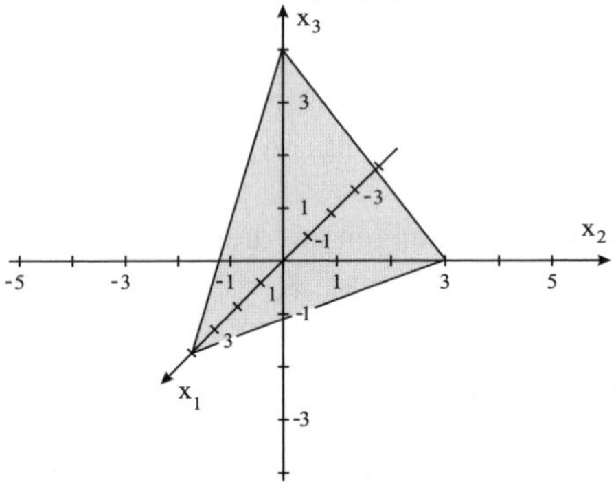

Aufgabe a)

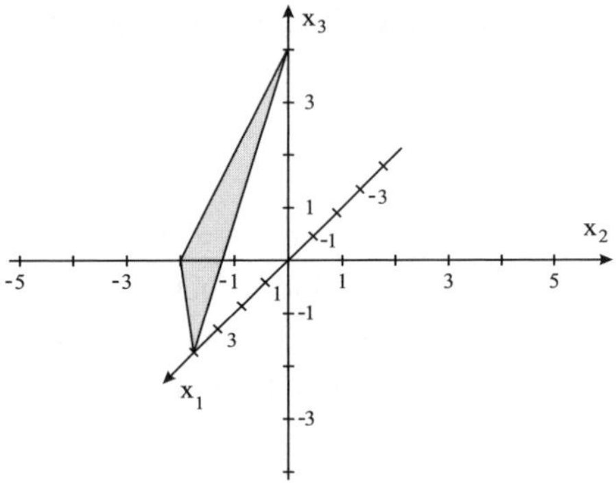

Aufgabe b)

c) $E: 3x_1 - 3x_2 - 3x_3 = 9$. Spurpunkte: $3x_1 = 9 \Rightarrow S_1\,(3\,|\,0\,|\,0)$, $-3x_2 = 9 \Rightarrow S_2\,(0\,|\,-3\,|\,0)$ und $-3x_3 = 9 \Rightarrow S_3\,(0\,|\,0\,|\,-3)$.

d) $E: 2x_1 + 4x_2 = 8$. Spurpunkte: $2x_1 = 8 \Rightarrow S_1\,(4\,|\,0\,|\,0)$ und $4x_2 = 8 \Rightarrow S_2\,(0\,|\,2\,|\,0)$. Da es keinen Spurpunkt auf der x_3-Achse gibt, bedeutet dies, dass die Ebene parallel zur x_3-Achse ist.

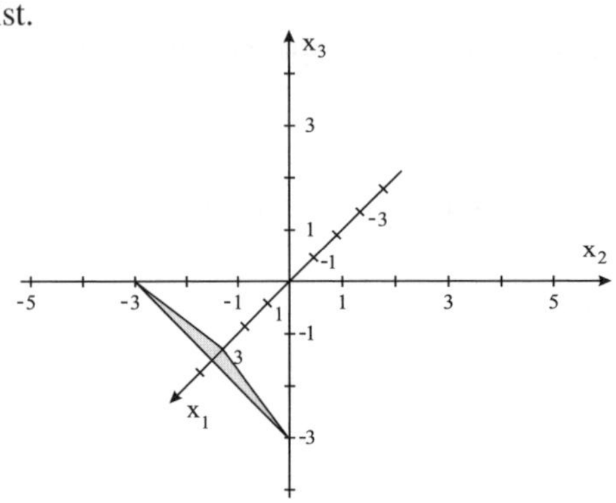

Aufgabe c)

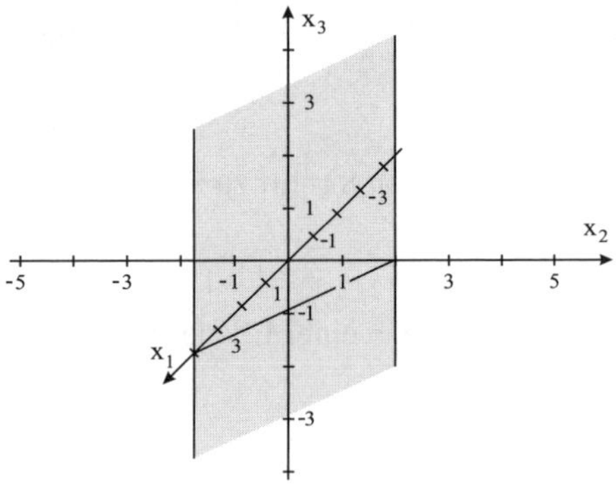

Aufgabe d)

e) E : $x_1 + 2x_3 = 4$. Spurpunkte: $x_1 = 4 \Rightarrow S_1\,(4\,|\,0\,|\,0)$ und $2x_3 = 4 \Rightarrow S_3\,(0\,|\,0\,|\,2)$. Da es keinen Spurpunkt auf der x_2-Achse gibt, bedeutet dies, dass die Ebene parallel zur x_2-Achse ist.

f) E : $3x_2 + x_3 = 3$. Spurpunkte: $3x_2 = 3 \Rightarrow S_2\,(0\,|\,1\,|\,0)$ und $x_3 = 3 \Rightarrow S_3\,(0\,|\,0\,|\,3)$. Da es keinen Spurpunkt auf der x_1-Achse gibt, bedeutet dies, dass die Ebene parallel zur x_1-Achse ist.

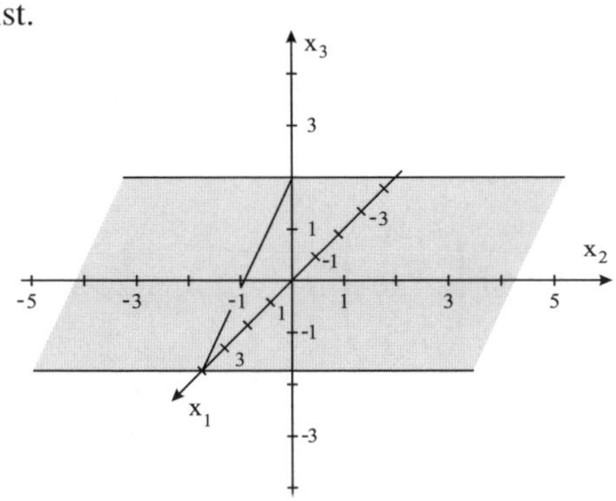

Aufgabe e)

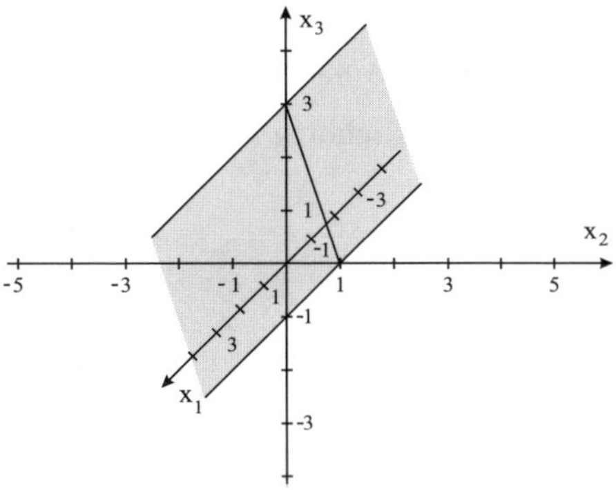

Aufgabe f)

g) E : $x_2 = 3$. Spurpunkt: $x_2 = 3 \Rightarrow S_2\,(0\,|\,3\,|\,0)$. Da es keinen Spurpunkt auf der x_1- und der x_3-Achse gibt, bedeutet dies, dass die Ebene parallel zur x_1x_3-Ebene ist.

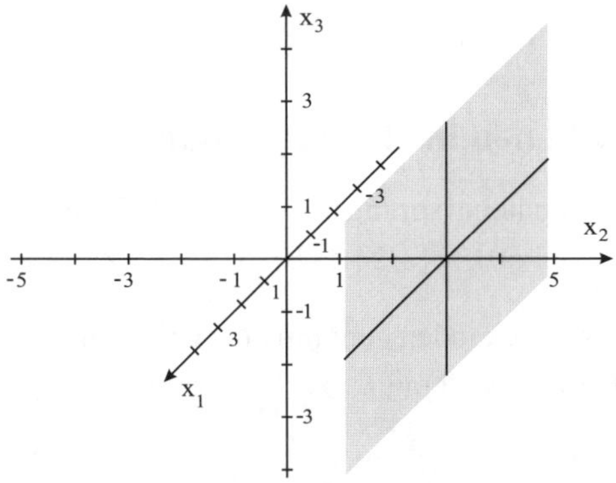

Aufgabe g)

13.4 Bestimmen von Geraden und Ebenen in einem Quader

a) $\overrightarrow{OB} = \overrightarrow{OA} + \overrightarrow{OC} \Rightarrow \overrightarrow{OB} = \begin{pmatrix} 4 \\ 6 \\ 0 \end{pmatrix} \Rightarrow B\,(4\,|\,6\,|\,0)$

$\overrightarrow{OD} = \overrightarrow{OA} + \overrightarrow{OG} \Rightarrow D\,(4\,|\,0\,|\,5)$

$\overrightarrow{OE} = \overrightarrow{OB} + \overrightarrow{OG} \Rightarrow E\,(4\,|\,6\,|\,5)$

$\overrightarrow{OF} = \overrightarrow{OC} + \overrightarrow{OG} \Rightarrow F\,(0\,|\,6\,|\,5)$

$\overrightarrow{OM} = \overrightarrow{OB} + \frac{1}{2} \cdot \overrightarrow{OG} \Rightarrow M\,(4\,|\,6\,|\,2{,}5)$

$\overrightarrow{ON} = \overrightarrow{OC} + \frac{1}{2} \cdot \overrightarrow{OG} \Rightarrow N\,(0\,|\,6\,|\,2{,}5)$

b) Wenn man ein kartesisches Koordinatensystem zugrundelegt, ergibt sich aus der Zeichnung für den Normalenvektor $\vec{n} = \begin{pmatrix} 0 \\ 1 \\ 0 \end{pmatrix}$. Einsetzen von $\vec{b}$ in die Punkt-Normalenform ergibt für die Koordinatengleichung $x_2 = 6$.

c) Der Ortsvektor von A wird als Stützvektor genommen, der Verbindungsvektor von A zu N ist der Richtungsvektor. Die Gerade ist damit

$$g: \vec{x} = \begin{pmatrix} 4 \\ 0 \\ 0 \end{pmatrix} + r \cdot \begin{pmatrix} -4 \\ 6 \\ 2,5 \end{pmatrix}$$

Für die zweite Gerade verfährt man analog:

$$h: \vec{x} = \begin{pmatrix} 0 \\ 0 \\ 5 \end{pmatrix} + r \cdot \begin{pmatrix} 4 \\ 6 \\ -2,5 \end{pmatrix}$$

d) Da die Ebene durch den Nullpunkt geht, muss man nur den Normalenvektor bestimmen: $\overrightarrow{OE}$ und $\overrightarrow{OF}$ dienen als Spannvektoren. Damit ergibt sich für die Ebene $-5x_2 + 6x_3 = 0$. Zum Schluss wird noch eine Punktprobe mit A gemacht.

13.5 Bestimmen von Geraden und Ebenen in einer Pyramide

a) Da der Mittelpunkt der Pyramide der Koordinatenursprung ist, lassen sich die Punkte durch Symmetriebetrachtungen bestimmen: Q $(2 \mid 2 \mid 0)$, R $(-2 \mid 2 \mid 0)$, S $(-2 \mid -2 \mid 0)$.

b) Der Ortsvektor von P wird als Stützvektor der Geraden genommen, der Verbindungsvektor von P nach T als Richtungsvektor: Die Gerade ist damit

$$g: \vec{x} = \begin{pmatrix} 2 \\ -2 \\ 0 \end{pmatrix} + r \cdot \begin{pmatrix} -2 \\ 2 \\ 6 \end{pmatrix}.$$

c) Der Ortsvektor von T dient als Stützvektor der Ebene, die Vektoren $\overrightarrow{TQ}$ und $\overrightarrow{TR}$ sind die Spannvektoren. Bestimmen des Normalenvektors und Einsetzen in die Punkt-Normalenform führt zu $3x_2 + x_3 = 6$.

14 Gegenseitige Lage von Geraden und Ebenen

14.1 Gegenseitige Lage

a) Für die Gerade gilt:

$$\begin{array}{rcrcr} x_1 & = & 4 & + & t \\ x_2 & = & 6 & + & 2t \\ x_3 & = & 2 & + & 3t \end{array}$$

Die Werte für x_1, x_2 und x_3 setzt man in die Ebenengleichung ein und löst nach t auf (die Gerade wird als «allgemeiner Punkt» $P_t\,(4+t \mid 6+2t \mid 2+3t)$ in die Ebenengleichung eingesetzt):

$2\cdot(4+t)+4\cdot(6+2t)+6\cdot(2+3t)+12=0$. Auflösen der Klammern führt zu: $28t+56=0$ bzw. zu $t=-2$. Dies wird in die Geradengleichung eingesetzt, damit ist der Schnittpunkt $S\,(2 \mid 2 \mid -4)$.

b) Die Gerade wird als «allgemeiner Punkt» geschrieben und in die Ebenengleichung eingesetzt: $2\cdot(3+2s)+1\cdot(2+5s)-3\cdot(2+7s)=4$. Auflösen der Klammern führt zu: $s=-\frac{1}{6}$. In die Geradengleichung eingesetzt ergibt sich der Schnittpunkt $S\left(\frac{8}{3} \mid \frac{7}{6} \mid \frac{5}{6}\right)$.

c) Die Gerade und die Ebene werden gleichgesetzt:

$$\begin{pmatrix} 1 \\ -2 \\ -2 \end{pmatrix} + r\cdot\begin{pmatrix} 3 \\ 6 \\ -3 \end{pmatrix} + s\cdot\begin{pmatrix} 8 \\ -4 \\ 4 \end{pmatrix} = \begin{pmatrix} 4 \\ 1 \\ 3 \end{pmatrix} + t\cdot\begin{pmatrix} 2 \\ -1 \\ 1 \end{pmatrix}$$

daraus ergibt sich folgendes Gleichungssystem:

$$\begin{array}{rcrcrcr} 3r & + & 8s & - & 2t & = & 3 \\ 6r & - & 4s & + & t & = & 3 \\ -3r & + & 4s & - & t & = & 5 \end{array}$$

Löst man dieses Gleichungssystem mit dem Gaußschen Lösungsverfahren, ergibt sich ein Widerspruch, d.h. es gibt keine Lösung. Das bedeutet, dass sich Gerade und Ebene nicht schneiden, die Gerade liegt also parallel zur Ebene.

d) Die Gerade und die Ebene werden gleichgesetzt:

$$\begin{pmatrix} 4 \\ 6 \\ 8 \end{pmatrix} + r\cdot\begin{pmatrix} 3 \\ 8 \\ 9 \end{pmatrix} + s\cdot\begin{pmatrix} 10 \\ 5 \\ 4 \end{pmatrix} = \begin{pmatrix} 3 \\ 4 \\ 7 \end{pmatrix} + t\cdot\begin{pmatrix} 1 \\ 0 \\ 1 \end{pmatrix}$$

daraus ergibt sich folgendes Gleichungssystem:

$$\begin{array}{rcrcrcr} 3r & + & 10s & - & t & = & -1 \\ 8r & + & 5s & & & = & -2 \\ 9r & + & 4s & - & t & = & -1 \end{array}$$

Löst man dieses Gleichungssystem mit dem Gaußschen Lösungsverfahren, so ergibt sich

$r = -\frac{2}{13}$, $s = -\frac{2}{13}$ und $t = -1$. Einsetzen von t in die Geradengleichung führt zum Schnittpunkt S$(2 \mid 4 \mid 6)$.

e) Die Gerade wird als «allgemeiner Punkt» geschrieben und in die Ebenengleichung eingesetzt: $1 \cdot (1+2s) - 1 \cdot (3+2s) = 0$. Auflösen der Klammern führt zu: $-2 = 0$. Dies ist ein Widerspruch, die Gleichung hat keine Lösung, also ist die Gerade parallel zur Ebene.

f) Die Gerade wird als «allgemeiner Punkt» geschrieben und in die Ebenengleichung eingesetzt: $13 \cdot (1+t) + 5 \cdot (2+3t) - 7 \cdot (3+4t) - 2 = 0$. Auflösen der Klammern führt zu: $0 = 0$. Die Gleichung hat unendlich viele Lösungen, also liegt die Gerade in der Ebene.

14.2 Gerade und Ebene parallel

a) Damit die Gerade g_t und die Ebene E parallel sind, muss der Normalenvektor $\vec{n}$ von E orthogonal zum Richtungsvektor $\vec{r}$ der Geraden sein: $\vec{n} \cdot \vec{r} = 0$. Ausrechnen des Skalarproduktes ergibt

$$\begin{pmatrix} 2 \\ 1 \\ t \end{pmatrix} \cdot \begin{pmatrix} 1 \\ 2 \\ 4 \end{pmatrix} = 2 \cdot 1 + 1 \cdot 2 + t \cdot 4 = 0 \quad \Rightarrow \quad t = -1$$

Für $t = -1$ ist g_t parallel zu E. Zum Nachweis, dass die Gerade echt parallel ist, setzt man noch den «Stützpunkt» der Gerade in die Ebenengleichung ein (Punktprobe). Dies führt auf einen Widerspruch, also ist die Gerade echt parallel.

b) Damit die Gerade g_t und die Ebene E_t parallel sind, muss der Normalenvektor $\vec{n}$ der Ebene orthogonal zum Richtungsvektor $\vec{r}$ der Geraden sein: $\vec{n} \cdot \vec{r} = 0$. Ausrechnen des Skalarproduktes ergibt $1 \cdot t + t \cdot 2 + 2 \cdot (-1) = 0 \Rightarrow t = \frac{2}{3}$. Für $t = \frac{2}{3}$ ist g_t parallel zu E_t. Zum Schluss wird eine Punktprobe mit dem «Stützpunkt» der Geraden gemacht, welche die echte Parallelität zeigt.

c) Damit die Gerade g_t und die Ebene E_t parallel sind, muss der Normalenvektor $\vec{n}$ der Ebene orthogonal zum Richtungsvektor $\vec{r}$ der Geraden sein: $\vec{n} \cdot \vec{r} = 0$. Ausrechnen des Skalarproduktes ergibt $1 \cdot 2t + t \cdot t + 2 \cdot (-1{,}5) = 0 \Rightarrow t^2 + 2t - 3 = 0$. Lösen mit der pq- oder abc-Formel ergibt $t_1 = 1$ und $t_2 = -3$. Die Gerade und die Ebene sind für $t = 1$ und $t = -3$ parallel zueinander. Zum Schluss wird eine Punktprobe mit dem «Stützpunkt» der Geraden gemacht, welche die echte Parallelität zeigt.

14.3 Allgemeines Verständnis von Geraden und Ebenen

a) 1) $\vec{a}$ ist der Stützvektor der Geraden, der Punkt A ist der «Stützpunkt» der Geraden, an dem der Richtungsvektor $\vec{r}$ ansetzen kann. Dieser gibt die Richtung der Geraden an. $\vec{b}$ ist der Ortsvektor zum «Stützpunkt» der Ebene. $\vec{n}$ ist der Normalenvektor der Ebene, der senkrecht auf dieser steht. $\left(\vec{x} - \vec{b}\right)$ ist ein Verbindungsvektor zwischen einem beliebigen Punkt X der Ebene und dem «Stützpunkt» B. Er liegt genau dann in der Ebene, wenn die Gleichung $\left(\vec{x}-\vec{b}\right)\cdot\vec{n}=0$ erfüllt ist, und ist damit orthogonal zu $\vec{n}$.

2) I) Damit die Gerade parallel zur Ebene liegt, muss der Richtungsvektor $\vec{r}$ der Geraden orthogonal zum Normalenvektor $\vec{n}$ der Ebene stehen. Das Skalarprodukt der beiden muss Null ergeben: $\vec{r}\cdot\vec{n}=0$. Außerdem muss eine Punktprobe des «Stützpunktes» der Geraden in der Ebenengleichung einen Widerspruch ergeben, damit Gerade und Ebene echt parallel liegen.

II) Damit die Gerade senkrecht auf der Ebene steht, müssen der Richtungsvektor $\vec{r}$ der Geraden und der Normalenvektor $\vec{n}$ der Ebene linear abhängig sein. Also muss gelten: $\vec{n}=t\cdot\vec{r}$ mit $t\in\mathbb{R}$.

III) Damit die Gerade in der Ebene liegt, muss der «Stützpunkt» A der Geraden in der Ebene liegen und der Richtungsvektor $\vec{r}$ der Geraden orthogonal zum Normalenvektor $\vec{n}$ der Ebene stehen: $\vec{r}\cdot\vec{n}=0$.

b) Man weist nach, dass eine Gerade in einer Ebene enthalten ist, indem man die Gerade als «allgemeinen Punkt» umschreibt und in die Koordinatengleichung einsetzt. Falls die Gleichung unendlich viele Lösungen besitzt, liegt die Gerade in der Ebene.

14.4 Vermischte Aufgaben

a) Als Stützvektor der Geraden wählt man $\vec{p}=\begin{pmatrix}4\\9\\7\end{pmatrix}$, der Normalenvektor der Ebene ist $\vec{n}=\begin{pmatrix}2\\1\\-2\end{pmatrix}$. Nun ist ein Richtungsvektor $\overrightarrow{r_g}$ so zu wählen, dass $\overrightarrow{r_g}\cdot\vec{n}=0$. Beispiel:

$\overrightarrow{r_g}=\begin{pmatrix}1\\-2\\0\end{pmatrix}$ oder $\overrightarrow{r_g}=\begin{pmatrix}1\\0\\1\end{pmatrix}$.

Eine mögliche Geradengleichung ist

$$g:\ \vec{x}=\begin{pmatrix}4\\9\\7\end{pmatrix}+t\cdot\begin{pmatrix}1\\-2\\0\end{pmatrix};\ t\in\mathbb{R}$$

b) Als Stützvektor der Geraden wählt man $\vec{q}=\begin{pmatrix}4\\-1\\3\end{pmatrix}$, der Normalenvektor der Ebene ist

$\vec{n} = \begin{pmatrix} 4 \\ -3 \\ 5 \end{pmatrix}$. Da $g \perp E$ ist, kann man $\vec{r_g} = 1 \cdot \vec{n}$ wählen (oder ein anderes Vielfaches).

Eine mögliche Geradengleichung ist

$$g: \ \vec{x} = \begin{pmatrix} 4 \\ -1 \\ 3 \end{pmatrix} + t \cdot \begin{pmatrix} 4 \\ -3 \\ 5 \end{pmatrix}; t \in \mathbb{R}$$

c) Der Spurpunkt S (0 | 10 | 0) ist ein Punkt der Ebene, der Normalenvektor ist $\vec{n} = \begin{pmatrix} -2 \\ 1 \\ 2 \end{pmatrix}$.

Den Normaleneinheitsvektor $\vec{n_0}$ mit Länge 1 LE erhält man durch $\vec{n_0} = \frac{1}{|\vec{n}|} \cdot \vec{n} = \frac{1}{3} \cdot \begin{pmatrix} -2 \\ 1 \\ 2 \end{pmatrix}$.

Den Ortsvektor eines Punktes außerhalb der Ebene mit Abstand 3 LE erhält man durch

$$\overrightarrow{OP} = \overrightarrow{OS} + 3 \cdot \vec{n_0} = \begin{pmatrix} 0 \\ 10 \\ 0 \end{pmatrix} + 3 \cdot \frac{1}{3} \cdot \begin{pmatrix} -2 \\ 1 \\ 2 \end{pmatrix} = \begin{pmatrix} -2 \\ 11 \\ 2 \end{pmatrix}$$

dies ist der Stützvektor der

Geraden. Der Richtungsvektor $\vec{r_g}$ der Geraden ist so zu wählen, dass gilt $\vec{r_g} \cdot \vec{n} = 0$ (weil g parallel zu E), z.B. $\vec{r_g} = \begin{pmatrix} 1 \\ 0 \\ 1 \end{pmatrix}$ oder $\vec{r_g} = \begin{pmatrix} 1 \\ 2 \\ 0 \end{pmatrix}$.

Eine mögliche Geradengleichung ist

$$g: \ \vec{x} = \begin{pmatrix} -2 \\ 11 \\ 2 \end{pmatrix} + t \cdot \begin{pmatrix} 1 \\ 0 \\ 1 \end{pmatrix}; t \in \mathbb{R}$$

Eine weitere Geradengleichung ergibt sich mit Hilfe von $\overrightarrow{OP} = \overrightarrow{OS} - 3 \cdot \vec{n_0}$.

d) Ein Punkt der Geraden ist A (2 | 1 | −3). Ein zum Richtungsvektor $\vec{r_g} = \begin{pmatrix} 3 \\ 0 \\ 4 \end{pmatrix}$ orthogonaler Vektor ist beispielsweise $\vec{n} = \begin{pmatrix} -4 \\ 0 \\ 3 \end{pmatrix}$. Damit ist der Normaleneinheitsvektor

$\overrightarrow{n_0} = \frac{1}{|\vec{n}|} \cdot \vec{n} = \frac{1}{5} \cdot \begin{pmatrix} -4 \\ 0 \\ 3 \end{pmatrix}$. Den Ortsvektor eines Punktes außerhalb der Geraden mit Abstand 5 LE erhält man durch

$$\vec{p} = \overrightarrow{\mathrm{OP}} = \overrightarrow{\mathrm{OA}} + 5 \cdot \overrightarrow{n_0} = \begin{pmatrix} 2 \\ 1 \\ -3 \end{pmatrix} + 5 \cdot \frac{1}{5} \cdot \begin{pmatrix} -4 \\ 0 \\ 3 \end{pmatrix} = \begin{pmatrix} -2 \\ 1 \\ 0 \end{pmatrix}$$

Setzt man $\vec{p}$ und $\vec{n}$ in die Normalenform einer Ebene ein, so ergibt sich E :

$$(\vec{x} - \vec{p}) \cdot \vec{n} = 0$$

bzw.

$$\left(\vec{x} - \begin{pmatrix} -2 \\ 1 \\ 0 \end{pmatrix}\right) \cdot \begin{pmatrix} -4 \\ 0 \\ 3 \end{pmatrix} = 0$$

Als mögliche Koordinatengleichung erhält man E : $-4x_1 + 3x_3 - 8 = 0$.
Eine weitere Ebenengleichung erhält man mit Hilfe von $\vec{p} = \overrightarrow{\mathrm{OP}} = \overrightarrow{\mathrm{OA}} - 5 \cdot \overrightarrow{n_0}$.

15 Gegenseitige Lage zweier Ebenen

15.1 Schnitt von zwei Ebenen

a) Die beiden Gleichungen werden addiert, es ergibt sich $7x_1 + x_3 = 0 \Rightarrow 7x_1 = -x_3$. Nun wird x_1 als t festgelegt und eingesetzt: $7 \cdot t = -x_3 \Rightarrow x_3 = -7t$. Einsetzen in die Gleichung von E_1 ergibt $t - x_2 + 2 \cdot (-7t) = 7 \Rightarrow -x_2 - 13t = 7$ bzw. $x_2 = -7 - 13t$. Nun hat man je eine Gleichung für x_1, x_2 und x_3:

$$\begin{array}{rcrcr} x_1 & = & & & t \\ x_2 & = & -7 & - & 13t \\ x_3 & = & & - & 7t \end{array}$$

Daraus ergibt sich als Geradengleichung $g: \vec{x} = \begin{pmatrix} 0 \\ -7 \\ 0 \end{pmatrix} + t \cdot \begin{pmatrix} 1 \\ -13 \\ -7 \end{pmatrix}$.

b) Gleichung II wird von Gleichung I abgezogen, es ergibt sich $-x_2 + 4x_3 = 7$. Es wird x_3 als t festgelegt und eingesetzt: $-x_2 + 4 \cdot t = 7 \Rightarrow x_2 = 4t - 7$. Einsetzen in I ergibt $x_1 + 5 \cdot t = 8$ $\Rightarrow x_1 = 8 - 5t$. Umschreiben zu einer Geradengleichung wie in Aufgabe a) ergibt $g: \vec{x} = \begin{pmatrix} 8 \\ -7 \\ 0 \end{pmatrix} + t \cdot \begin{pmatrix} -5 \\ 4 \\ 1 \end{pmatrix}$.

c) Aus Gleichung I ergibt sich direkt $4x_2 = 5 \Rightarrow x_2 = \frac{5}{4}$. In Gleichung II setzt man $x_1 = t$, damit ist $6 \cdot t = -5x_3 \Rightarrow x_3 = -\frac{6}{5}t$. Umschreiben zu einer Geradengleichung ergibt $g: \vec{x} = \begin{pmatrix} 0 \\ \frac{5}{4} \\ 0 \end{pmatrix} + t \cdot \begin{pmatrix} 1 \\ 0 \\ -\frac{6}{5} \end{pmatrix}$ bzw. $g: \vec{x} = \begin{pmatrix} 0 \\ 1{,}25 \\ 0 \end{pmatrix} + t \cdot \begin{pmatrix} 5 \\ 0 \\ -6 \end{pmatrix}$.

15.2 Parallele Ebenen

a) Die beiden Ebenengleichungen werden so addiert, dass x_1 wegfällt: $-2 \cdot \text{I} + \text{II}$: Es ergibt sich $15 = 14$, dies ist ein Widerspruch; es gibt keine Lösung für das Gleichungssystem, die Ebenen sind parallel. Alternativ könnte man auch die Normalenvektoren vergleichen, müsste dann aber noch eine Punktprobe machen, um die Identität auszuschließen.

b) Die beiden Gleichungen werden addiert: $2 \cdot \text{I} + \text{II}$: Es ergibt sich $5 = 0$, dies ist ein Widerspruch; die Ebenen sind parallel.

c) Die beiden Gleichungen werden addiert: $\text{I} + 3 \cdot \text{II}$: Es ergibt sich $11 = 0$, dies ist ein Widerspruch; die Ebenen sind parallel.

d) Damit die beiden Ebenen parallel sind, müssen die Normalenvektoren von E_t und F linear abhängig sein. Es muss also gelten: $\overrightarrow{n_E} = r \cdot \overrightarrow{n_F}$ mit $r \in \mathbb{R}$. Gesucht ist ein r, so dass gilt

$$\begin{pmatrix} t \\ -2t \\ -4 \end{pmatrix} = r \cdot \begin{pmatrix} -2 \\ 4 \\ -4 \end{pmatrix}.$$

Dies führt zu folgendem Gleichungssystem:

$$\begin{array}{lrcr} \text{I} & t & = & -2r \\ \text{II} & -2t & = & 4r \\ \text{III} & -4 & = & -4r \end{array}$$

Die Gleichung III führt auf $r = 1$. Einsetzen in Gleichung I führt zu $t = -2$. Prüfen in II bestätigt diese Lösung. Zur Kontrolle, ob die Ebenen echt parallel sind, subtrahiert man noch die Gleichungen der Ebenen, es ergibt sich $0 = -1$. Dies ist ein Widerspruch, die Ebenen sind also echt parallel.

e) Man geht wie in der vorangegangenen Aufgabe vor, es ergibt sich das Gleichungssystem

$$\begin{array}{lrcr} \text{I} & 2t & = & 8r \\ \text{II} & 1 & = & -2r \\ \text{III} & 3 & = & -6r \end{array}$$

Die Gleichungen II und III führen auf $r = -\frac{1}{2}$. Eingesetzt in I ergibt sich $t = -2$. Zur Kontrolle, ob die Ebenen echt parallel sind, addiert man noch die Gleichungen der Ebenen: $2 \cdot \text{I} + \text{II}$, es ergibt sich $0 = 23$, dies ist ein Widerspruch; die Ebenen sind also echt parallel.

15.3 Verschiedene Aufgaben zur Lage zweier Ebenen

a) Wenn man die Gleichung von E mit $-1{,}5$ multipliziert, so ergibt sich die Gleichung von F, also sind die Ebenen identisch.

b) Damit die Ebenen identisch sind, muss sich bei der Addition der Ebenengleichungen $0 = 0$ ergeben. Aus den Faktoren vor x_1, x_2 und x_3 liest man ab, dass man Gleichung I mit 2 multiplizieren muss. Es wird also $2 \cdot \text{I}$ zu II addiert, damit ergibt sich $0 = 2d + 9$ $\Rightarrow d = -4{,}5$.

c) Wenn die Ebenen orthogonal zueinander sind, muss das Skalarprodukt der beiden Normalenvektoren gleich Null sein. Es ist

$$\begin{pmatrix} 3 \\ 4 \\ -2 \end{pmatrix} \cdot \begin{pmatrix} 2 \\ 1 \\ 5 \end{pmatrix} = 6 + 4 - 10 = 0$$

Also sind die beiden Ebenen orthogonal.

d) Damit die Ebenen orthogonal zueinander sind, muss das Skalarprodukt der beiden Normalenvektoren gleich Null sein:

$$\begin{pmatrix} 2 \\ -1 \\ 3 \end{pmatrix} \cdot \begin{pmatrix} t \\ -2t \\ -4 \end{pmatrix} = 2t + 2t - 12 = 0$$

Daraus ergibt sich $4t = 12 \Rightarrow t = 3$. Für $t = 3$ sind die Ebenen orthogonal zueinander.

e) I) Zwei parallel liegende Ebenen unterscheiden sich nur durch ihre Konstante d bzw. h. Damit die zweite Ebenengleichung nicht nur ein Vielfaches der ersten Ebenengleichung ist, muss gelten: $a = r \cdot e$, $b = r \cdot f$, $c = r \cdot g$ und $d \neq r \cdot h$ mit $r \in \mathbb{R}$. Wäre auch $d = r \cdot h$, wären die Ebenen identisch.

II) Damit die beiden Ebenen senkrecht aufeinander stehen, müssen die beiden Normalenvektoren senkrecht aufeinander stehen. Ihr Skalarprodukt ist damit $\vec{n}_E \cdot \vec{n}_F = 0$. Anders ausgedrückt: $a \cdot e + b \cdot f + c \cdot g = 0$

III) Damit die beiden Ebenen identisch sind, müssen für a, b und c die gleichen Bedingungen wie für parallele Ebenen gelten (siehe I), allerdings muss für d in diesem Fall gelten: $d = r \cdot h$.

16 Abstandsberechnungen

16.1 Abstand Punkt – Ebene

a) Die Koordinaten des Punktes werden in die Hessesche Normalenform (HNF) eingesetzt:

$$d = \frac{|2 \cdot 2 - 1 \cdot 4 + 2 \cdot (-1) - 1|}{\sqrt{2^2 + (-1)^2 + 2^2}} = \frac{|-3|}{\sqrt{9}} = 1\,\text{LE}$$

b) Die Koordinaten des Punktes werden in die HNF eingesetzt:

$$d = \frac{|1 \cdot 9 + 2 \cdot 4 + 2 \cdot (-3) + 3|}{\sqrt{1^2 + 2^2 + 2^2}} = \frac{|14|}{\sqrt{9}} = \frac{14}{3}\,\text{LE}$$

c) Die Koordinaten des Punktes werden in die HNF eingesetzt:

$$d = \frac{|1 \cdot 8 - 4 \cdot 1 - 4 \cdot 1|}{\sqrt{1^2 + (-4)^2 + (-4)^2}} = \frac{|0|}{\sqrt{33}} = 0\,\text{LE} \Rightarrow \text{Q} \in \text{E}$$

d) Die Ebene wird zuerst in die Koordinatenform umgerechnet, anschließend wird wie in den vorangegangenen Aufgaben eingesetzt: $\text{E}: \; 2x_1 + 2x_2 + x_3 = 26$, Einsetzen und Ausrechnen ergibt für den Abstand $\frac{8}{3}$ LE.

16.2 Abstand Punkt – Gerade

a) Einsetzen des Richtungsvektors von g und des Punktes T in die Punkt-Normalenform liefert die Hilfsebene $\text{E}_\text{H}: \; -2x_1 + x_2 + x_3 = -9$. Schneiden mit g ergibt den Schnittpunkt $\text{L}(8 \mid 3 \mid 4)$. DerVerbindungsvektor ist $\overrightarrow{\text{LT}} = \begin{pmatrix} -2 \\ -9 \\ 5 \end{pmatrix}$. Für den Betrag des Verbindungsvektors ergibt sich $|\overrightarrow{\text{LT}}| = \sqrt{(-2)^2 + (-9)^2 + 5^2} = \sqrt{110}$. Also ist der Punkt T $\sqrt{110}$ LE von der Geraden entfernt.

Alternativ berechnet man den Abstand mit Hilfe des Skalarprodukts: Der «allgemeine Punkt» ist $\text{P}_g(4 - 2t \mid 5 + t \mid 6 + t)$. Der Verbindungsvektor $\overrightarrow{\text{TP}_g}$ ist damit $\begin{pmatrix} 4-t \\ 5+t \\ 6+t \end{pmatrix} - \begin{pmatrix} 6 \\ -6 \\ 9 \end{pmatrix} = \begin{pmatrix} -2-2t \\ 11+t \\ -3+t \end{pmatrix}$. Damit dieser Vektor senkrecht auf der Geraden g steht, muss das Skalarprodukt dieses Vektors mit dem Richtungsvektor der Geraden gleich Null sein:

$$\begin{pmatrix} -2-2t \\ 11+t \\ -3+t \end{pmatrix} \cdot \begin{pmatrix} -2 \\ 1 \\ 1 \end{pmatrix} = 0 \Rightarrow 4 + 4t + 11 + t - 3 + t = 0 \Rightarrow 12 + 6t = 0 \Rightarrow t = -2$$

Einsetzen von $t = -2$ in den «allgemeinen Punkt» ergibt den gleichen Lotfußpunkt L $(8 \mid 3 \mid 4)$ und damit den gleichen Abstand.

b) Einsetzen des Richtungsvektors von g und des Punktes P in die Punkt-Normalenform liefert die Hilfsebene $E_H: \; 3x_1 - 2x_3 = 3$. Schneiden mit g ergibt den Schnittpunkt L $(1 \mid -4 \mid 0)$. Betrag des Verbindungsvektors: $|\overrightarrow{LP}| = 7$. Der Punkt P ist 7 LE von der Geraden entfernt. Alternativ berechnet man den Abstand mit Hilfe des Skalarprodukts: Der «allgemeine Punkt» ist $P_g(-2+3t \mid -4 \mid 2-2t)$. Der Verbindungsvektor $\overrightarrow{UP_g}$ ist damit $\begin{pmatrix} -2+3t \\ -4 \\ 2-2t \end{pmatrix} - \begin{pmatrix} -1 \\ 2 \\ -3 \end{pmatrix} = \begin{pmatrix} -1+3t \\ -6 \\ 5-2t \end{pmatrix}$. Damit dieser Vektor senkrecht auf der Geraden g steht, muss das Skalarprodukt dieses Vektors mit dem Richtungsvektor der Geraden gleich Null sein:

$$\begin{pmatrix} -1+3t \\ -6 \\ 5-2t \end{pmatrix} \cdot \begin{pmatrix} 3 \\ 0 \\ -2 \end{pmatrix} = 0 \Rightarrow -3+9t-10+4t = 0 \Rightarrow -13+13t = 0 \Rightarrow t = 1$$

Einsetzen von $t = 1$ in den «allgemeinen Punkt» ergibt den gleichen Lotfußpunkt L $(1 \mid -4 \mid 0)$ und damit den gleichen Abstand.

16.3 Abstand paralleler Geraden

Die Fragestellung lässt sich auf den Abstand eines Punktes zu einer Geraden zurückführen: Wenn bewiesen ist, dass die Geraden parallel sind, berechnet man den Abstand des «Stützpunktes» der einen Geraden zur anderen Geraden.

a) Wenn die Geraden parallel oder identisch sind, müssen die Richtungsvektoren linear abhängig sein. Dies lässt sich unmittelbar an den beiden Vektoren ablesen: $\begin{pmatrix} 3 \\ 0 \\ 3 \end{pmatrix} = 3 \cdot \begin{pmatrix} 1 \\ 0 \\ 1 \end{pmatrix}$.

Nun wird der Abstand des «Stützpunktes» S $(2 \mid 3 \mid 4)$ der Geraden h zu g berechnet: Einsetzen des Richtungsvektors von g und des Punktes S in die Punkt-Normalenform liefert die Hilfsebene $E_H: \; x_1 + x_3 = 6$. Schneiden mit g ergibt den Schnittpunkt L $(3 \mid 1 \mid 3)$. Für die Länge bzw. den Betrag des Verbindungsvektors ergibt sich $|\overrightarrow{LS}| = \sqrt{6}$, damit sind die beiden Geraden $\sqrt{6}$ LE voneinander entfernt.

b) Die Richtungsvektoren sind linear abhängig, daher sind die Geraden parallel oder identisch. Nun wird der Abstand des «Stützpunktes» S der Geraden h zu g berechnet: Einsetzen des Richtungsvektors von g und des Punktes S in die Punkt-Normalenform liefert die Hilfsebene $E_H: \; x_1 + 3x_2 + 4x_3 = 14$. Schneiden mit g ergibt $t = 0$ und damit den Schnittpunkt L $(5 \mid -1 \mid 3)$. Für die Länge bzw. den Betrag des Verbindungsvektors ergibt sich $|\overrightarrow{LS}| = \sqrt{56}$, damit sind die beiden Geraden $\sqrt{56}$ LE voneinander entfernt.

16.4 Abstand windschiefer Geraden

Um den Abstand von zwei windschiefen Geraden $g: \vec{x} = \vec{a} + s \cdot \vec{r}$ und $h: \vec{x} = \vec{b} + t \cdot \vec{v}$ zu berechnen, benötigt man einen Vektor $\vec{n}$, der auf den beiden Richtungsvektoren senkrecht steht. Für den Abstand d gilt dann

$$d(g;h) = \frac{\left|\left(\vec{a} - \vec{b}\right) \cdot \vec{n}\right|}{|\vec{n}|}$$

Den Vektor $\vec{n}$ bestimmt man mit Hilfe des Vektorproduktes $\vec{n} = \vec{r} \times \vec{v}$.

a) $\vec{n} = \begin{pmatrix} 4 \\ 1 \\ -1 \end{pmatrix} \times \begin{pmatrix} 2 \\ 0 \\ -1 \end{pmatrix} = \begin{pmatrix} -1 \\ 2 \\ -2 \end{pmatrix}$. Der Vektor $\vec{a} - \vec{b}$ ist $\begin{pmatrix} -1 \\ 1 \\ -3 \end{pmatrix}$.

In die Gleichung eingesetzt ergibt sich

$$d(g;h) = \frac{\left|\begin{pmatrix} -1 \\ 1 \\ -3 \end{pmatrix} \cdot \begin{pmatrix} -1 \\ 2 \\ -2 \end{pmatrix}\right|}{\sqrt{1+4+4}} = \frac{|1+2+6|}{3} = \frac{|9|}{3} = 3 \text{ LE.}$$

Der Abstand der beiden Geraden ist 3 LE.

b) $\vec{n} = \begin{pmatrix} 2 \\ 1 \\ -2 \end{pmatrix} \times \begin{pmatrix} 0 \\ 1 \\ 2 \end{pmatrix} = \begin{pmatrix} 4 \\ -4 \\ 2 \end{pmatrix}$. Der Vektor $\vec{a} - \vec{b}$ ist $\begin{pmatrix} 2 \\ -4 \\ 6 \end{pmatrix}$.

In die Gleichung eingesetzt ergibt sich

$$d(g;h) = \frac{\left|\begin{pmatrix} 2 \\ -4 \\ 6 \end{pmatrix} \cdot \begin{pmatrix} 4 \\ -4 \\ 2 \end{pmatrix}\right|}{\sqrt{16+16+4}} = \frac{|8+16+12|}{6} = \frac{36}{6} = 6 \text{ LE.}$$

Der Abstand der beiden Geraden ist 6 LE.

c) Man schreibt die Geraden g bzw. h als «parameterisierte Punkte» G bzw. H mit jeweils einem Parameter $t \in \mathbb{R}$ (z.B. $g: \vec{x} = \begin{pmatrix} 2 \\ 1 \\ 3 \end{pmatrix} + t \cdot \begin{pmatrix} 4 \\ 2 \\ 5 \end{pmatrix} \Rightarrow \mathrm{G}(2+4t \mid 1+2t \mid 3+5t)$).

1. Der Verbindungsvektor $\overrightarrow{\mathrm{GH}}$ wird ermittelt. (Er hat *zwei* Parameter).
2. Der Vektor $\overrightarrow{\mathrm{GH}}$ steht senkrecht auf g bzw. h, also ist jeweils das Skalarprodukt mit den Richtungsvektoren $\vec{r_g}$ bzw. $\vec{r_h}$ Null. Damit ergeben sich folgende zwei Gleichungen:
   I $\overrightarrow{\mathrm{GH}} \cdot \vec{r_g} = 0$, II $\overrightarrow{\mathrm{GH}} \cdot \vec{r_h} = 0$

3. Man löst das Gleichungssystem bestehend aus den Gleichungen I und II und ermittelt die Punkte G und H durch Einsetzen der Parameter.
4. Der Abstand der windschiefen Geraden ist dann $|\overrightarrow{GH}|$.

16.5 Verschiedene Aufgaben

a) Da der gesuchte Punkt A auf der Geraden von P und Q gleich weit entfernt ist, gilt: $|\overrightarrow{PA}| = |\overrightarrow{QA}|$. Die Gerade wird als «allgemeiner Punkt» geschrieben: $A\,(2+2t \mid 1+t \mid 3+2t)$.

Eingesetzt ergibt sich

$$|\overrightarrow{PA}| = |\vec{a}-\vec{p}| = \left|\begin{pmatrix} -3+2t \\ t \\ 3+2t \end{pmatrix}\right| = \sqrt{(-3+2t)^2+t^2+(3+2t)^2}$$

Für $|\overrightarrow{QA}|$ ergibt sich entsprechend

$$|\overrightarrow{QA}| = \sqrt{(-4+2t)^2+(-2+t)^2+(-4+2t)^2}$$

Die beiden Wurzeln werden gleichgesetzt:

$$\sqrt{(2t-3)^2+t^2+(2t+3)^2} = \sqrt{(2t-4)^2+(t-2)^2+(2t-4)^2}$$

Als Nächstes wird die Gleichung quadriert, um die Wurzel zu beseitigen, und die Klammern werden aufgelöst. Nachdem zusammengefasst wurde, ergibt sich $18 = 36t$. Dies führt zu $t = \frac{1}{2}$. Damit ist der gesuchte Punkt $A\,(3 \mid 1{,}5 \mid 4)$.

b) Da der gesuchte Punkt M auf der Geraden von A und C gleich weit entfernt ist, gilt $|\overrightarrow{AM}| = |\overrightarrow{CM}|$. Die Gerade wird als «allgemeiner Punkt» geschrieben und eingesetzt: Für den «allgemeinen Punkt» gilt $M\,(-1+2t \mid 4-2t \mid 1+t)$.

Eingesetzt ergibt sich

$$|\overrightarrow{AM}| = |\vec{m}-\vec{a}| = \left|\begin{pmatrix} 2t-3 \\ -2t+6 \\ t \end{pmatrix}\right| = \sqrt{(2t-3)^2+(-2t+6)^2+t^2}$$

Für $|\overrightarrow{CM}|$ ergibt sich entsprechend

$$|\overrightarrow{CM}| = \sqrt{(2t)^2+(-2t)^2+(2+t)^2}$$

Die beiden Wurzeln werden gleichgesetzt:

$$\sqrt{(2t-3)^2+(6-2t)^2+t^2} = \sqrt{(2t)^2+(-2t)^2+(2+t)^2}$$

Als Nächstes wird die Gleichung quadriert, um die Wurzel zu beseitigen, und die Klammern werden aufgelöst. Nachdem zusammengefasst wurde, ergibt sich

$$9t^2 - 36t + 45 = 9t^2 + 4t + 4$$

Dies führt zu $t = \frac{41}{40}$. Damit ist der gesuchte Punkt $\mathrm{M}\left(\frac{21}{20} \mid \frac{39}{20} \mid \frac{81}{40}\right)$.

c) Da die beiden gesuchten Punkte P_1und P_2 auf g die Entfernung 3 vom Punkt A haben, gilt $|\overrightarrow{\mathrm{AP}}| = 3$. Die Gerade wird als «allgemeiner Punkt» umgeschrieben und eingesetzt: $\mathrm{P}(1+2t \mid t \mid 2+2t)$. Damit ist

$$|\overrightarrow{\mathrm{AP}}| = |\vec{p} - \vec{a}| = \sqrt{(2t-2)^2 + (t-1)^2 + (2t-2)^2} = 3$$

Die Gleichung wird zuerst quadriert, dann werden die Klammern aufgelöst. Es ergibt sich $9t^2 - 18t = 0$. Ausklammern von t oder Auflösen mit Hilfe der pq- oder abc-Formel führt zu $t_1 = 2$ und $t_2 = 0$. Damit sind die gesuchten Punkte $\mathrm{P}_1\,(5 \mid 2 \mid 6)$ und $\mathrm{P}_2\,(1 \mid 0 \mid 2)$.

d) Zuerst stellt man eine Ebenengleichung der drei Punkte auf. Die Höhe der Pyramide ist der Abstand des Punktes S von der Ebene. Die Ebene wird wie in Kapitel 13.1 aufgestellt, Koordinatengleichung: $\mathrm{E}: \; x_1 - x_2 + x_3 = 1$. Eingesetzt in die Abstandsformel ergibt sich für den Abstand $d = \frac{15}{\sqrt{3}}$ LE. Die Wurzel im Nenner lässt sich noch durch ein Erweitern mit $\sqrt{3}$ beseitigen: $\frac{15}{\sqrt{3}} \cdot \frac{\sqrt{3}}{\sqrt{3}} = \frac{15 \cdot \sqrt{3}}{3} = 5\sqrt{3}$ LE.

e) Gesucht ist der Wert b aus der Koordinatengleichung. Die Ebene, der Punkt und der Abstand werden in die Abstandsformel eingesetzt und anschließend nach b aufgelöst:

$$d(p;\mathrm{E}) = \frac{|2 \cdot (-1) + 1 \cdot 2 - 2 \cdot (-3) - b|}{\sqrt{2^2 + 1^2 + 2^2}} = 2 \Rightarrow \frac{|6-b|}{3} = 2 \Rightarrow |6-b| = 6$$

Nun muss eine Fallunterscheidung gemacht werden, um den Betrag aufzulösen:
1. Fall: $(6-b) = 6 \Rightarrow b_1 = 0$
2. Fall: $-(6-b) = 6 \Rightarrow b_2 = 12$
Damit sind die gesuchten Ebenen $\mathrm{E}_1: \; 2x_1 + x_2 - 2x_3 = 0$ und $\mathrm{E}_2: \; 2x_1 + x_2 - 2x_3 = 12$.

f) Gesucht sind die Punkte auf der Geraden, die den Abstand 13 LE von der angegebenen Ebene haben. Die Gerade wird hierzu als «allgemeiner Punkt» geschrieben, und dieser und die Ebene werden in die Abstandsformel eingesetzt. Anschließend löst man nach dem Parameter s auf und setzt ihn in die Geradengleichung ein, um die Punkte zu bestimmen: «Allgemeiner Punkt» $\mathrm{P}(1+2s \mid -3+s \mid 5-3s)$

$$d\,(\mathrm{P};\mathrm{E}) = \frac{|1 \cdot (1+2s) - 4 \cdot (-3+s) + 8 \cdot (5-3s) - 1|}{\sqrt{81}} = 13$$

$$d\,(\mathrm{P};\mathrm{E}) = \frac{|-26s + 52|}{9} = 13.$$

Fallunterscheidung:
1. Fall: $(2-s)=4,5 \Rightarrow s_1=-2,5$
2. Fall: $-(2-s)=4,5 \Rightarrow s_2=6,5$
Einsetzen in die Geradengleichung führt zu $P_1\,(-4 \mid -5,5 \mid 12,5)$ und $P_2\,(14 \mid 3,5 \mid -14,5)$.

g) Einsetzen des «allgemeinen Punktes» $P\,(2+2t \mid -5+4t \mid -3+5t)$ in die Abstandsformel:

$$d\,(\mathrm{P};\mathrm{E}) = \frac{|2\cdot(2+2t)+1\cdot(-5+4t)+2\cdot(-3+5t)-11|}{\sqrt{9}} = \frac{|18t-18|}{3} = 3$$

Fallunterscheidung:
1. Fall: $(18t-18)=9 \Rightarrow t_1=1,5$
2. Fall: $-(18t-18)=9 \Rightarrow t_2=0,5$
Einsetzen in die Geradengleichung führt zu $P_1\,(5 \mid 1 \mid 4,5)$ und $P_2\,(3 \mid -3 \mid -0,5)$.

h) Einsetzen des «allgemeinen Punktes» $P\,(2t \mid 4+2t \mid -2+t)$ in die Abstandsformel:

$$d\,(\mathrm{P};\mathrm{E}) = \frac{|8t-8|}{3} = 8$$

Fallunterscheidung:
1. Fall: $(8t-8)=24 \Rightarrow t_1=4$
2. Fall: $-(8t-8)=24 \Rightarrow t_2=-2$
Einsetzen in die Geradengleichung führt zu $P_1\,(8 \mid 12 \mid 2)$ und $P_2\,(-4 \mid 0 \mid -4)$.

i) Wenn g parallel zu E ist, müssen der Richtungsvektor der Geraden $\vec{r}$ und der Normalenvektor $\vec{n}$ der Ebene senkrecht aufeinander stehen:
$\vec{r}\cdot\vec{n}=0$: $\begin{pmatrix} 2 \\ -1 \\ 3 \end{pmatrix} \cdot \begin{pmatrix} 4 \\ -1 \\ -3 \end{pmatrix} = 8+1-9=0 \Rightarrow$ g ist parallel zu E bzw. könnte in E liegen. Zur Abstandsberechnung wird der Abstand des «Stützpunktes» der Geraden zur Ebene E ausgerechnet: $d\,((1 \mid 2 \mid 3);\mathrm{E}) = \frac{|-26|}{\sqrt{26}} = \frac{26}{\sqrt{26}} = \sqrt{26}$ LE.

j) Wenn die Ebenen parallel zueinander liegen, müssen die beiden Normalenvektoren linear abhängig sein. Es ist $\vec{n}_1 = (-1)\cdot\vec{n}_2$, damit ist bewiesen, dass die Ebenen parallel liegen (bzw. identisch sein können). Abstand der Ebenen: Man bestimmt einen Punkt $P\,(p_1 \mid p_2 \mid p_3)$ in E_2 und berechnet den Abstand des Punktes zu E_1. Es werden p_1 und p_2 Null gesetzt und p_3 bestimmt:
$-2\cdot 0+3\cdot 0-1\cdot p_3=-7 \Rightarrow p_3=7$. Damit ist $P(0 \mid 0 \mid 7)$, für den Abstand folgt $d\,((0 \mid 0 \mid 7);E_1) = \frac{3}{\sqrt{14}}$ LE.

17 Winkelberechnungen

17.1 Winkel zwischen Vektoren und Geraden

Zuerst stellt man die Verbindungsvektoren auf. Anschließend setzt man in die Formel für den Winkel ein. Dabei lässt sich ohne Taschenrechner teilweise nur der Kosinuswert des Winkels bestimmen.

a)

$$\cos\beta = \frac{\overrightarrow{BA}\cdot\overrightarrow{BC}}{|\overrightarrow{BA}|\cdot|\overrightarrow{BC}|} = \frac{\begin{pmatrix}2\\-4\\4\end{pmatrix}\cdot\begin{pmatrix}-4\\2\\4\end{pmatrix}}{\sqrt{2^2+(-4)^2+4^2}\cdot\sqrt{(-4)^2+2^2+4^2}} = 0 \Rightarrow \beta = 90^\circ$$

$$\cos\gamma = \frac{\overrightarrow{CA}\cdot\overrightarrow{CB}}{|\overrightarrow{CA}|\cdot|\overrightarrow{CB}|} = \frac{\begin{pmatrix}6\\-6\\0\end{pmatrix}\cdot\begin{pmatrix}4\\-2\\-4\end{pmatrix}}{\sqrt{72}\cdot 6} = \frac{36}{\sqrt{72}\cdot 6} = \frac{6}{\sqrt{72}} = \frac{6}{\sqrt{36}\cdot\sqrt{2}} = \frac{6}{6\cdot\sqrt{2}} = \frac{1}{\sqrt{2}}$$

$$\cos\alpha = \frac{\overrightarrow{AB}\cdot\overrightarrow{AC}}{|\overrightarrow{AB}|\cdot|\overrightarrow{AC}|} = \frac{\begin{pmatrix}-2\\4\\-4\end{pmatrix}\cdot\begin{pmatrix}-6\\6\\0\end{pmatrix}}{6\cdot\sqrt{72}} = \frac{36}{6\cdot\sqrt{72}} = \frac{6}{\sqrt{72}} = \frac{1}{\sqrt{2}}$$

Da $\cos\alpha = \cos\gamma$ ist, bedeutet dies im Dreieck, dass auch die Winkel gleich sein müssen. Da $\beta = 90^\circ$ ist, sind $\alpha = 45^\circ$ und $\gamma = 45^\circ$.

b) I) Durch die Aufgabenstellung ist vorausgesetzt, dass sich die beiden Geraden tatsächlich schneiden, dies hätte sonst geprüft werden müssen. Der Winkel zwischen den beiden Geraden wird berechnet, indem man den Winkel zwischen den Richtungsvektoren berechnet:

$$\cos\alpha = \frac{\left|\begin{pmatrix}-1\\3\\5\end{pmatrix}\cdot\begin{pmatrix}7\\-1\\2\end{pmatrix}\right|}{\sqrt{35}\cdot\sqrt{54}} = \frac{|-7-3+10|}{\sqrt{35}\cdot\sqrt{54}} = \frac{|0|}{\sqrt{35}\cdot\sqrt{54}} = 0 \Rightarrow \alpha = 90^\circ$$

II) Auch hier wird der Winkel α zwischen den Richtungsvektoren bestimmt:

$$\cos\alpha = \frac{\left|\begin{pmatrix}2\\-6\\10\end{pmatrix}\cdot\begin{pmatrix}2\\3\\5\end{pmatrix}\right|}{\sqrt{140}\cdot\sqrt{38}} = \frac{|4-18+50|}{\sqrt{140}\cdot\sqrt{38}} = \frac{36}{\sqrt{140}\cdot\sqrt{38}}$$

Ohne Taschenrechner oder Kosinustabelle lässt sich der Winkelwert nicht bestimmen.

17.2 Winkel zwischen Ebenen

a) Der Winkel zwischen zwei Ebenen wird berechnet, indem man den Winkel zwischen den Normalenvektoren berechnet:

$$\cos\alpha = \frac{\left|\begin{pmatrix} 1 \\ -1 \\ 2 \end{pmatrix} \cdot \begin{pmatrix} 6 \\ 1 \\ -1 \end{pmatrix}\right|}{\sqrt{1^2+(-1)^2+2^2} \cdot \sqrt{6^2+1^2+(-1)^2}} = \frac{|6-1-2|}{\sqrt{6} \cdot \sqrt{38}} = \frac{3}{\sqrt{6} \cdot \sqrt{38}}$$

b) Auch hier wird der Winkel zwischen den Normalenvektoren bestimmt:

$$\cos\alpha = \frac{\left|\begin{pmatrix} 0 \\ 4 \\ 0 \end{pmatrix} \cdot \begin{pmatrix} 6 \\ 0 \\ 5 \end{pmatrix}\right|}{4 \cdot \sqrt{6^2+5^2}} = \frac{0}{4 \cdot \sqrt{61}} = 0 \Rightarrow \alpha = 90^\circ$$

17.3 Winkel zwischen Gerade und Ebene

a) Der Winkel zwischen einer Geraden und einer Ebene wird berechnet, indem man den Winkel zwischen dem Richtungsvektor der Geraden und dem Normalenvektor der Ebene berechnet. Dabei wird im Unterschied zum Winkel zwischen zwei Geraden oder zwischen zwei Ebenen der *Sinus* des Winkels bestimmt:

$$\sin\alpha = \frac{\left|\begin{pmatrix} 1 \\ 2 \\ -1 \end{pmatrix} \cdot \begin{pmatrix} 3 \\ 5 \\ -2 \end{pmatrix}\right|}{\sqrt{6} \cdot \sqrt{38}} = \frac{|3+10+2|}{\sqrt{6} \cdot \sqrt{38}} = \frac{15}{\sqrt{6} \cdot \sqrt{38}}$$

b) Es ist:

$$\sin\alpha = \frac{\left|\begin{pmatrix} 0 \\ 1 \\ 0 \end{pmatrix} \cdot \begin{pmatrix} 6 \\ 10 \\ -4 \end{pmatrix}\right|}{\sqrt{1} \cdot \sqrt{152}} = \frac{|0+10+0|}{\sqrt{152}} = \frac{10}{\sqrt{4 \cdot 38}} = \frac{10}{\sqrt{4} \cdot \sqrt{38}} = \frac{5}{\sqrt{38}}$$

c) Es ist:

$$\sin\alpha = \frac{\left|\begin{pmatrix} 1 \\ 2 \\ 3 \end{pmatrix} \cdot \begin{pmatrix} 0 \\ 0 \\ 1 \end{pmatrix}\right|}{\sqrt{14} \cdot 1} = \frac{3}{\sqrt{14}}$$

18 Spiegelungen

Alle Spiegelpunkte sind im Folgenden mit einem Sternchen * versehen.

18.1 Punkt an Punkt

Um den Punkt P an Q zu spiegeln, wird der Vektor $\overrightarrow{PQ}$ an den Ortsvektor von Q einmal angehängt. (Alternativ kann man auch an den Ortsvektor von P den Vektor $\overrightarrow{PQ}$ zweimal anhängen). Damit ist:

a) $\overrightarrow{OP^*} = \overrightarrow{OQ} + \overrightarrow{PQ} = \begin{pmatrix} 2 \\ 1 \\ 2 \end{pmatrix} + \begin{pmatrix} -1 \\ -3 \\ -3 \end{pmatrix} = \begin{pmatrix} 1 \\ -2 \\ -1 \end{pmatrix}$, also ist $P^*(1 \mid -2 \mid -1)$.

b) $\overrightarrow{OP^*} = \overrightarrow{OR} + \overrightarrow{PR} = \begin{pmatrix} 0 \\ 3 \\ -2 \end{pmatrix} + \begin{pmatrix} -3 \\ -1 \\ -7 \end{pmatrix} = \begin{pmatrix} -3 \\ 2 \\ -9 \end{pmatrix}$, also ist $P^*(-3 \mid 2 \mid -9)$.

c) $\overrightarrow{OP^*} = \overrightarrow{OS} + \overrightarrow{PS} = \begin{pmatrix} -3 \\ 1 \\ 4 \end{pmatrix} + \begin{pmatrix} -6 \\ -3 \\ -1 \end{pmatrix} = \begin{pmatrix} -9 \\ -2 \\ 3 \end{pmatrix}$, also ist $P^*(-9 \mid -2 \mid 3)$.

18.2 Punkt an Ebene

Um einen Punkt P an einer Ebene zu spiegeln, braucht man zuerst den sog. Lotfußpunkt L, das ist der Punkt der Ebene, der den kürzesten Abstand zu P besitzt (es wird «das Lot von P auf die Ebene gefällt»). An diesem Punkt wird P gespiegelt. L bestimmt man, indem man eine Lotgerade durch den Punkt P aufstellt und als Richtungsvektor den Normalenvektor $\vec{n}$ der Ebene benutzt.

a) Lotgerade $g_l: \vec{x} = \begin{pmatrix} 1 \\ 4 \\ 7 \end{pmatrix} + s \cdot \begin{pmatrix} 1 \\ -1 \\ -2 \end{pmatrix}$, diese wird geschnitten mit

$E: x_1 - x_2 - 2x_3 + 11 = 0 \Rightarrow 1 + s - (4 - s) - 2(7 - 2s) + 11 = 0 \Rightarrow 6s = 6 \Rightarrow s = 1.$

Es wird s in g_l eingesetzt, damit ergibt sich für den Lotfußpunkt $L(2 \mid 3 \mid 5)$.

Nun wird A an L gespiegelt: $\overrightarrow{OA^*} = \overrightarrow{OL} + \overrightarrow{AL}$, damit ist $A^*(3 \mid 2 \mid 3)$.

b) Lotgerade $g_l: \vec{x} = \begin{pmatrix} -1 \\ -4 \\ -9 \end{pmatrix} + t \cdot \begin{pmatrix} 2 \\ -2 \\ 1 \end{pmatrix}$, Schnitt mit E ergibt $t = 1$, damit ist $L(1 \mid -6 \mid -8)$.

Nun wird S an L gespiegelt, es ist $S^*(3 \mid -8 \mid -7)$.

c) Lotgerade $g_l: \vec{x} = \begin{pmatrix} 2 \\ 3 \\ 4 \end{pmatrix} + r \cdot \begin{pmatrix} 4 \\ 1 \\ -1 \end{pmatrix}$, Schnitt mit E ergibt $r = -\frac{2}{9}$, damit ist

$L\left(\frac{10}{9} \mid \frac{25}{9} \mid \frac{38}{9}\right)$. Nun wird P an L gespiegelt, es ist $P^*\left(\frac{2}{9} \mid \frac{23}{9} \mid \frac{40}{9}\right)$.

18.3 Punkt an Gerade

Ein Punkt wird an einer Geraden gespiegelt, indem man eine Hilfsebene durch den Punkt und senkrecht zur Geraden aufstellt (ähnlich wie bei der Abstandsberechnung eines Punktes von einer Geraden wird der Richtungsvektor $\vec{r}$ der Geraden als Normalenvektor $\vec{n}$ benutzt). Anschließend wird die Hilfsebene mit der Geraden geschnitten und der Punkt am Schnittpunkt S von Gerade und Ebene gespiegelt.

a) Einsetzen von P und $\vec{r}$ in die Punkt-Normalenform: $\left(\begin{pmatrix} x_1 \\ x_2 \\ x_3 \end{pmatrix} - \begin{pmatrix} 2 \\ 3 \\ 4 \end{pmatrix}\right) \cdot \begin{pmatrix} 1 \\ 0 \\ 1 \end{pmatrix} = 0,$
damit ist die Hilfsebene $E_H: \ x_1 + x_3 = 6$. Schneiden mit g führt zu $2 + t + 2 + t = 6$ $\Rightarrow t = 1$. Einsetzen in die Geradengleichung führt auf den Schnittpunkt $S\,(3 \mid 1 \mid 3)$. Spiegeln von P an S ergibt $P^*\,(4 \mid -1 \mid 2)$.

b) Einsetzen von B und $\vec{r}$ in die Punkt-Normalenform ergibt die Hilfsebene
$E_H: \ 4x_1 - x_2 - x_3 = 21$. Schneiden mit g führt zu $t = 2$. Einsetzen in die Geradengleichung führt auf den Schnittpunkt $S\,(7 \mid 4 \mid 3)$. Spiegeln von B an S ergibt $B^*\,(9 \mid 10 \mid 5)$.

18.4 Allgemeine Spiegelungen

a) Bei der Spiegelung einer Geraden $g: \ \vec{a} + s \cdot \vec{r}$ an einer Ebene unterscheidet man zwei Fälle:

I) Die Gerade ist parallel zur Ebene: In diesem Fall spiegelt man den «Stützpunkt» A der Geraden an der Ebene, indem man eine Hilfsgerade senkrecht zu E durch A aufstellt und den Lotfußpunkt ermittelt. Der gespiegelte «Stützpunkt» A^* ist der «Stützpunkt» der neuen Geraden. Der Richtungsvektor $\vec{r}$ wird übernommen.

II) Die Gerade schneidet die Ebene: Zuerst ermittelt man den Schnittpunkt der Geraden mit der Ebene. Anschließend spiegelt man den «Stützpunkt» A (oder einen beliebigen anderen Punkt außer dem Schnittpunkt) der Geraden an der Ebene. Der Spiegelpunkt ist A^*. Die Spiegelgerade besitzt den «Stützpunkt» A^*, als Richtungsvektor dient der Verbindungsvektor zwischen A^* und dem Schnittpunkt mit der Ebene.

b) Bei der Spiegelung einer Ebene E_1 an einer Ebene E_2 können zwei Fälle auftreten:

I) Die Ebenen sind parallel: Zuerst bestimmt man einen Punkt auf E_1, dieser Punkt wird an E_2 gespiegelt. Der Normalenvektor wird übernommen, da die Ebenen parallel sind. Der Spiegelpunkt und der Normalenvektor werden in die Punkt-Normalenform eingesetzt und ergeben die Spiegelebene.

II) Die Ebenen schneiden sich: Es wird zuerst eine Schnittgerade ermittelt. Anschließend wird ein Punkt P, der nicht auf der Schnittgeraden liegt, auf der Ebene E_1 bestimmt und an E_2 gespiegelt. Mit der Schnittgeraden und dem Spiegelpunkt P^* wird die Spiegelebene aufgestellt.

Stichwortverzeichnis

Ihr Feedback zu diesem Buch

Für Ihre Anregungen, Hinweise und Bewertungen sind wir dankbar und offen.
Sie helfen damit, dieses Buch noch weiter zu optimieren ... für einen bestmöglichen Erfolg im Mathe-Abi.

Als einfache und schnelle Verfahren bieten sich folgende Wege für Ihr Feedback an:

* per Post: einfach dieses Blatt im frankierten Umschlag zurücksenden;
* per Fax: an unsere Faxnummer 0761 45699 45;
* per E-mail: an info@freiburger-verlag.de;
* per Internet: unter www.erfolg-im-mathe-abi.de unter „Feedback".

Besten Dank für Ihre Mithilfe! Zudem erhalten Sie für alle Vorschläge, die in Folgeauflagen eingearbeitet werden, als Dankeschön eine kleine Aufmerksamkeit von uns.

Erfolg im Mathe-Abi Baden-Württemberg
Das Vorbereitungs- und Übungsbuch für den Pflichtteil

Seite	Anregung

Erfolg im Mathe-Abi Baden-Württemberg

Das Vorbereitungs- und Übungsbuch für den Pflichtteil

Freiburger Verlag GmbH
›Erfolg im Mathe-Abi‹
Hartkirchweg 37

79111 Freiburg

Fax: 0761 45699 45

Absender:

Name / Vorname / Position

Straße / Nr.

PLZ / Ort

Tel. für Rückfragen

email-Adresse

Kundennummer, falls bekannt

Schule

Klasse

Schuladresse

Besten Dank für Ihre Mithilfe!
Ihr Freiburger-Verlags-Team

Original-Abituraufgaben

Die Tipps und Lösungen zu den Abituraufgaben stammen von den Autoren

Pflichtteil Abitur 2004

Tipps auf Seite 238, Lösungen ab Seite 239

Aufgabe 1

Bilden Sie die Ableitung der Funktion f mit $f(x) = \frac{x^2}{x^2+3}$. (2 VP)

Aufgabe 2

Geben Sie eine Stammfunktion der Funktion f mit $f(x) = \frac{1}{x^2} + \sin(2x)$ an. (2 VP)

Aufgabe 3

Lösen Sie die Gleichung $e^{4x} - 11e^{2x} + 18 = 0$. (3VP)

Aufgabe 4

Gegeben ist die Funktion f mit $f(x) = \frac{2}{x} + 2; x \neq 0$. Das Schaubild von f hat im Punkt $\mathrm{P}(1 \mid v)$ die Tangente t.

Ermitteln Sie eine Gleichung von t.

Die Tangente t schneidet die x-Achse im Punkt S.

Bestimmen Sie die Koordinaten von S. (3VP)

Aufgabe 5

Die Abbildung zeigt das Schaubild der Ableitungsfunktion f' einer Funktion f. Welche der folgenden Aussagen über die Funktion f sind wahr, falsch oder unentscheidbar?

Begründen Sie Ihre Antworten.

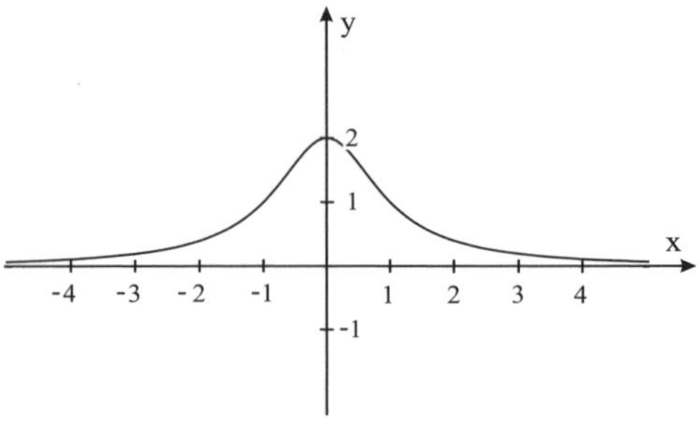

1. f ist streng monoton wachsend für $-3 < x < 3$.
2. Das Schaubild von f hat mindestens einen Wendepunkt.
3. Das Schaubild von f ist symmetrisch zur y-Achse.
4. Es gilt $f(x) > 0$ für alle $x \in [-3; 3]$.

(6 VP)

Aufgabe 6

Gegeben sind die Gerade g und die Ebene E durch $g:\ \vec{x} = \begin{pmatrix} 1 \\ 1 \\ 0 \end{pmatrix} + t \cdot \begin{pmatrix} 2 \\ -1 \\ 2 \end{pmatrix}$; $t \in \mathbb{R}$ und

$\mathrm{E}:\ 4x_1 - 2x_2 + 4x_3 = 11$.

Prüfen Sie nach, ob der Punkt $\mathrm{A}(3 \mid 0 \mid 2)$ auf der Geraden g liegt.

Zeigen Sie: Die Gerade g ist orthogonal zur Ebene E.

Bestimmen Sie die Koordinaten desjenigen Punktes der Ebene E, welcher vom Punkt A den kleinsten Abstand hat. (4 VP)

Aufgabe 7

Ermitteln Sie eine Koordinatengleichung der dargestellten Ebene.

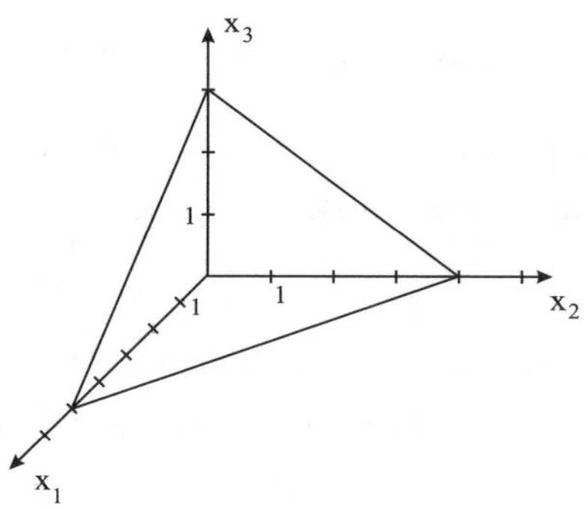

(3VP)

Aufgabe 8

Gegeben sind im Raum eine Gerade g und ein Punkt A, der nicht auf g liegt. Beschreiben Sie ein Verfahren zur Bestimmung des Abstandes von A zu g. (3VP)

Summe: 26 VP

Tipps zum Pflichtteil Abitur 2004

1. Benutzen Sie die Quotientenregel.

2. Da es sich um eine Summe handelt, können Sie die Stammfunktion für beide Terme getrennt bestimmen. Achten Sie auf die «2» beim rechten Term.

3. Substitution $e^{2x} = z$, anschließend die quadratische Gleichung mit der pq- oder abc-Formel lösen und resubstituieren.

4. Für die Tangentengleichung braucht man die Koordinaten von P sowie die Steigung m_{P}. Bestimmen Sie m_{P} mit Hilfe der 1. Ableitung und bestimmen Sie dann die Gleichung der Tangente mit Hilfe der Punkt-Steigungsform.

5. Machen Sie sich die Bedeutung der Ableitung für die Kurve von f klar. Überlegen Sie immer genau, ob sich die Aussagen auf f oder f' beziehen.

6. Machen Sie eine Punktprobe. Überlegen Sie, wie der Richtungsvektor der Geraden und der Normalenvektor der Ebene zueinander stehen müssen, damit g orthogonal zu E ist. Legen Sie eine Skizze an.

7. Die Spurpunkte können Sie direkt an der Zeichnung ablesen. Bestimmen Sie einen Normalenvektor $\vec{n}$ und setzen Sie diesen und einen Punkt der Ebene in die Punkt-Normalenform ein.

8. Machen Sie eine Skizze, anhand derer Sie sich die nötigen Schritte überlegen können.

Lösung des Pflichtteils Abitur 2004

1. Die Funktion f wird mit Hilfe der Quotientenregel abgeleitet:
$f'(x) = \frac{2x(x^2+3)-x^2\cdot 2x}{(x^2+3)^2} = \frac{2x^3+6x-2x^3}{(x^2+3)^2} = \frac{6x}{(x^2+3)^2}$

2. Eine Stammfunktion der Potenzfunktion $g(x) = a\cdot x^n$ ist $\mathrm{G}(x) = \frac{a}{n+1}x^{n+1}$. Daher ist für $g(x) = \frac{1}{x^2} = x^{-2}$ eine Stammfunktion $\mathrm{G}(x) = \frac{1}{-2+1}x^{-2+1} = \frac{1}{-1}x^{-1} = -\frac{1}{x}$.
Eine Stammfunktion der trigonometrischen Funktion $h(x) = \sin(ax)$ ist $\mathrm{H}(x) = -\frac{1}{a}\cos(ax)$.
Daher ist für $h(x) = \sin(2x)$ eine Stammfunktion $\mathrm{H}(x) = -\frac{1}{2}\cos(2x)$.
Damit erhält man für $f(x) = \frac{1}{x^2} + \sin(2x)$ eine Stammfunktion $\mathrm{F}(x) = -\frac{1}{x} - \frac{1}{2}\cos(2x)$, was sich durch Ableiten von F leicht überprüfen läßt.

3. Die Gleichung $e^{4x} - 11e^{2x} + 18 = 0$ wird mit Hilfe der Substitution $z = e^{2x}$ gelöst. Man erhält dann $z^2 - 11z + 18 = 0$ mit den Lösungen $z_1 = 2$ und $z_2 = 9$.
Durch Rücksubstitution $e^{2x} = z$ ergibt sich $e^{2x} = z_1 = 2$ bzw. $e^{2x} = z_2 = 9$ mit den Lösungen $x_1 = \frac{\ln 2}{2}$ und $x_2 = \frac{\ln 9}{2} = \frac{\ln(3^2)}{2} = \frac{2\ln 3}{2} = \ln 3$.

4. Um die Tangentengleichung zu ermitteln, braucht man die Koordinaten des Punktes P auf der Kurve sowie die Steigung m_P im Punkt P: $y_\mathrm{P} = v = f(1) = \frac{2}{1} + 2 = 4 \Rightarrow \mathrm{P}(1 \mid 4)$.
$m = f'(x) = -\frac{2}{x^2} \Rightarrow m_\mathrm{P} = f'(1) = -\frac{2}{1^2} = -2$.
Setzt man P und m_P in die Punkt-Steigungsform $y - y_1 = m\cdot(x - x_1)$ ein, so erhält man die Tangentengleichung:
$t:\ y - 4 = -2\cdot(x-1) \Rightarrow t:\ y = -2x + 6$
Den Schnittpunkt S mit der x-Achse erhält man, indem man $y = 0$ setzt: $0 = -2x + 6 \Rightarrow x = 3$, also $\mathrm{S}(3 \mid 0)$.

5. a) Wahr. Eine Funktion f ist streng monoton wachsend in einem Intervall, wenn dort $f'(x) > 0$ ist. Da das Schaubild von f' für $-3 < x < 3$ oberhalb der x-Achse verläuft, ist $f'(x) > 0$, also ist f streng monoton wachsend.

   b) Wahr. Da das Schaubild von f' einen Extrempunkt bei $x = 0$ hat, gilt $f''(0) = 0$ und f'' hat einen Vorzeichenwechsel bei $x = 0$, da die Kurve der Ableitung f' für $x < 0$ ansteigt und für $x > 0$ fällt. Also hat f mindestens einen Wendepunkt.

   c) Falsch, da f streng monoton wachsend ist und somit keine Achsensymmetrie von f möglich ist.

   d) Unentscheidbar, da die Stammfunktion f von f' nicht eindeutig festgelegt ist (Das absolute Glied ist frei wählbar).

6. Ein Punkt liegt auf einer Geraden, wenn der Ortsvektor des Punktes die Geradengleichung erfüllt:

$$\begin{pmatrix} 3 \\ 0 \\ 2 \end{pmatrix} = \begin{pmatrix} 1 \\ 1 \\ 0 \end{pmatrix} + t \cdot \begin{pmatrix} 2 \\ -1 \\ 2 \end{pmatrix}. \text{ Dies führt zu } \begin{array}{rcrcrcrcl} 3 & = & 1 & + & 2t & \Rightarrow & t & = & 1 \\ 0 & = & 1 & - & t & \Rightarrow & t & = & 1 \\ 2 & = & & & 2t & \Rightarrow & t & = & 1 \end{array}$$

Also liegt A auf g.

Eine Gerade ist orthogonal zu einer Ebene, wenn der Richtungsvektor der Geraden und der Normalenvektor der Ebene linear abhängig sind, also ein Vielfaches voneinander sind:

$$\begin{pmatrix} 2 \\ -1 \\ 2 \end{pmatrix} = k \cdot \begin{pmatrix} 4 \\ -2 \\ 4 \end{pmatrix} \text{ führt zu } \begin{array}{rcrcrcl} 2 & = & 4k & \Rightarrow & k & = & \frac{1}{2} \\ -1 & = & -2k & \Rightarrow & k & = & \frac{1}{2} \\ 2 & = & 4k & \Rightarrow & k & = & \frac{1}{2} \end{array}$$

Also ist g orthogonal zu E. Da g orthogonal zu E ist, ist der Punkt P auf E mit dem kleinsten Abstand zu A der Schnittpunkt von g und E. Einsetzen von g in E liefert
$4 \cdot (1+2t) - 2 \cdot (1-t) + 4 \cdot (2t) = 11 \Rightarrow t = \frac{1}{2}$.
Setzt man $t = \frac{1}{2}$ in g ein, so ergibt sich

$$\vec{p} = \begin{pmatrix} 1 \\ 1 \\ 0 \end{pmatrix} + \frac{1}{2} \cdot \begin{pmatrix} 2 \\ -1 \\ 2 \end{pmatrix} = \begin{pmatrix} 2 \\ 0,5 \\ 1 \end{pmatrix} \Rightarrow \mathrm{P}(2 \mid 0,5 \mid 1).$$

7. Aus der Skizze kann man die Spurpunkte der Ebene E ablesen: $S_1\,(5 \mid 0 \mid 0)$, $S_2\,(0 \mid 4 \mid 0)$ und $S_3\,(0 \mid 0 \mid 3)$.
Mit 3 Punkten kann man eine Ebene aufstellen. Für den Normalenvektor ergibt sich

$$\vec{n} = \overrightarrow{S_1S_2} \times \overrightarrow{S_1S_3} = \begin{pmatrix} -5 \\ 4 \\ 0 \end{pmatrix} \times \begin{pmatrix} -5 \\ 0 \\ 3 \end{pmatrix} = \begin{pmatrix} 12 \\ 15 \\ 20 \end{pmatrix}.$$

Setzt man $\vec{s}_1$ und $\vec{n}$ in die Normalenform ein, ergibt sich

$$\mathrm{E}: \left(\vec{x} - \begin{pmatrix} 5 \\ 0 \\ 0 \end{pmatrix}\right) \cdot \begin{pmatrix} 12 \\ 15 \\ 20 \end{pmatrix} = 0 \Rightarrow \mathrm{E}:\ 12x_1 + 15x_2 + 20x_3 = 60.$$

8.

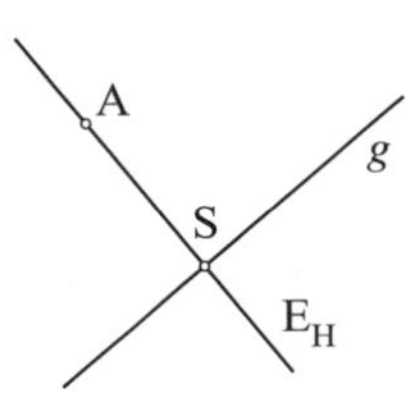

Zuerst wird eine Hilfsebene E_H, die A enthält und orthogonal zu g ist, aufgestellt: Der Normalenvektor dieser Ebene E_H ist der Richtungsvektor $\vec{r}$ der Geraden:
$E_H : (\vec{x} - \vec{a}) \cdot \vec{r} = 0$. Schneidet man E_H mit g, so erhält man den Punkt S. Der Abstand von A zu g ist der Abstand von A zu S, also berechnet man den Betrag des Verbindungsvektors $\overrightarrow{AS}$.

Pflichtteil Abitur 2005

Tipps auf Seite 244, Lösungen ab Seite 245

Aufgabe 1

Bilden Sie die Ableitung der Funktion f mit $f(x) = x^3 e^{2x}$. (2 VP)

Aufgabe 2

Bestimmen Sie eine Stammfunktion der Funktion f mit $f(x) = 4\cos\left(\frac{1}{2}x\right) - \frac{1}{4}x^4$. (2 VP)

Aufgabe 3

Lösen Sie die Gleichung $x^5 - 3x^3 - 4x = 0$. (3VP)

Aufgabe 4

Gegeben ist die Funktion f mit $f(x) = 4 - \frac{4}{x^2}$; $x \neq 0$.
Geben Sie die Asymptoten des Schaubilds von f an.
Skizzieren Sie damit das Schaubild von f.
Ermitteln Sie eine Gleichung der Normalen im Punkt $\mathrm{P}\,(2 \mid f(2))$. (4VP)

Aufgabe 5

Gegeben sind die Schaubilder der Funktion f mit $f(x) = x^2e^x$, ihrer Ableitungsfunktion f', einer Stammfunktion F von f und der Funktion g mit $g(x) = \frac{1}{f(x)}$.

a) Begründen Sie, dass nur Bild 1 das Schaubild der Funktion f sein kann.

b) Ordnen Sie die Funktionen f', F und g den übrigen Schaubildern zu und begründen Sie ihre Entscheidung.

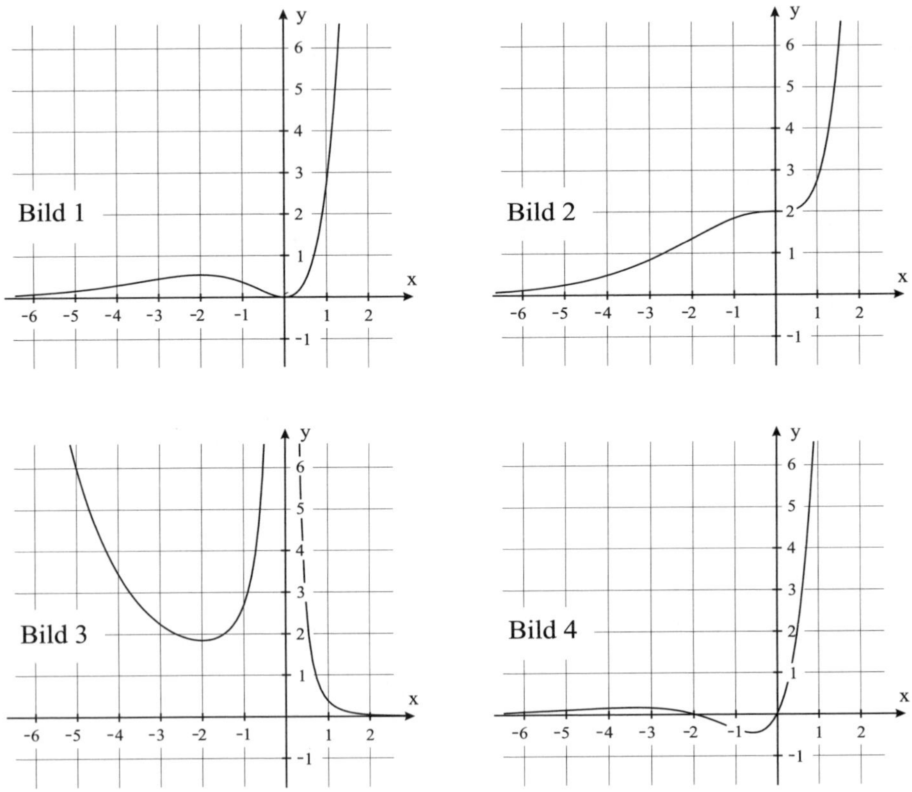

(5 VP)

Aufgabe 6

Lösen Sie das lineare Gleichungssystem

$$\begin{aligned} x_1 + 4x_2 + x_3 &= 10 \\ x_1 + 2x_2 + x_3 &= 8 \\ x_1 + x_2 - x_3 &= 3 \end{aligned}$$

Wie lassen sich ein solches Gleichungssystem und seine eindeutige Lösung geometrisch deuten? (4 VP)

Aufgabe 7

Ermitteln Sie eine Koordinatengleichung der Ebene, die den Punkt $A(2 \mid -1 \mid -2)$ und die Gerade $g: \vec{x} = \begin{pmatrix} 3 \\ 3 \\ 1 \end{pmatrix} + t \cdot \begin{pmatrix} 3 \\ 0 \\ 1 \end{pmatrix}; t \in \mathbb{R}$ enthält. (3VP)

Aufgabe 8

Gegeben sind eine Ebene E und ein Punkt P, der nicht in E liegt.

P wird an E gespiegelt.

Beschreiben Sie ein Verfahren, um den Bildpunkt P' zu bestimmen.

Fertigen Sie dazu eine Skizze an. (3VP)

Summe: 26 VP

Tipps zum Pflichtteil Abitur 2005

1. Verwenden Sie die Produkt- und Kettenregel.

2. Eine Funktion f mit $f(x) = a \cdot \cos(b \cdot x)$ hat als mögliche Stammfunktion F mit $\mathrm{F}(x) = \frac{a}{b} \cdot \sin(b \cdot x) + c$.

3. Klammern Sie x aus und substituieren Sie in der Klammer $x^2 = v$; anschließend lösen Sie die quadratische Gleichung und resubstituieren wieder.

4. Betrachten Sie $x \to 0$ und $x \to \pm\infty$, so erhalten Sie die Asymptoten.
   Für die Normalengleichung benötigen Sie die Koordinaten von P und die Normalensteigung m_n, welche Sie in die Punkt-Steigungsform $y - y_1 = m \cdot (x - x_1)$ einsetzen. m_n ist der negative Kehrwert der Tangentensteigung m_t, die Sie mit Hilfe von f' erhalten.

5. a) Überlegen Sie ohne abzuleiten, welche Eigenschaften das Schaubild von $f(x) = x^2 e^x$ hat.

   b) Überlegen Sie, was für das Schaubild von f' gilt, wenn das Schaubild von f Extremstellen hat.Was gilt für das Schaubild von F, wenn das Schaubild von f einen Extrempunkt hat, der die x-Achse berührt bzw. wenn alle Funktionswerte von f größer oder gleich Null sind?
   Welche besondere Eigenschaft hat das Schaubild der gebrochenen Funktion g mit $g(x) = \frac{1}{x^2 e^x}$?

6. Lösen Sie das Gleichungssystem mit dem Gaußschen Eliminationsverfahren.
   Überlegen Sie, welches geometrische Gebilde eine der drei Gleichungen darstellt.

7. Machen Sie eine Skizze und überlegen Sie, welche Vektoren Spannvektoren der Ebene sein können. Mit Hilfe des Vektorprodukts bestimmen Sie einen Normalenvektor und anschließend die Punkt-Normalenform $(\vec{x} - \vec{a}) \cdot \vec{n} = 0$.

8. Fertigen Sie eine Skizze an, so dass Sie Ideen für die nötigen Schritte bekommen: Aufstellen einer Geraden, Schnittpunktbestimmung und Aufstellen einer Vektorkette.

Lösung des Pflichtteils Abitur 2005

1. Es ist $f(x) = x^3 e^{2x}$. Mit Hilfe der Produkt- und Kettenregel erhält man
   $f'(x) = 3x^2 e^{2x} + x^3 e^{2x} \cdot 2 = \left(3x^2 + 2x^3\right) e^{2x}$.

2. Es ist $f(x) = 4\cos\left(\frac{1}{2}x\right) - \frac{1}{4}x^4$.
   Hat eine Funktion g die Form $g(x) = a \cdot \cos(bx)$, so gilt für eine entsprechende Stammfunktion $\mathrm{G}(x) = \frac{a}{b}\sin(bx) + c$.
   Somit hat die Funktion f als mögliche Stammfunktion
   $\mathrm{F}(x) = \frac{4}{\frac{1}{2}}\sin\left(\frac{1}{2}x\right) - \frac{1}{4 \cdot 5}x^5 = 8\sin\left(\frac{1}{2}x\right) - \frac{1}{20}x^5$.

3. Die Gleichung $x^5 - 3x^3 - 4x = 0$ wird durch Ausklammern von x und anschließender Substitution gelöst: $x \cdot \left(x^4 - 3x^2 - 4\right) = 0$ hat als erste Lösung $x_1 = 0$.
   Die Substitution $x^2 = v$ führt zu $v^2 - 3v - 4 = 0$ mit $v_1 = 4$ und $v_2 = -1$.
   Die Rücksubstitution $x^2 = v_1 = 4$ führt zu den Lösungen $x_2 = 2$ und $x_3 = -2$.
   Die Rücksubstitution $x^2 = v_2 = -1$ führt zu keiner weiteren reellen Lösung.
   Damit hat die Gleichung die Lösungen $x_1 = 0, x_2 = 2$ und $x_3 = -2 \Rightarrow \mathrm{L} = \{-2; 0; 2\}$.

4. Es ist $f(x) = 4 - \frac{4}{x^2}$.

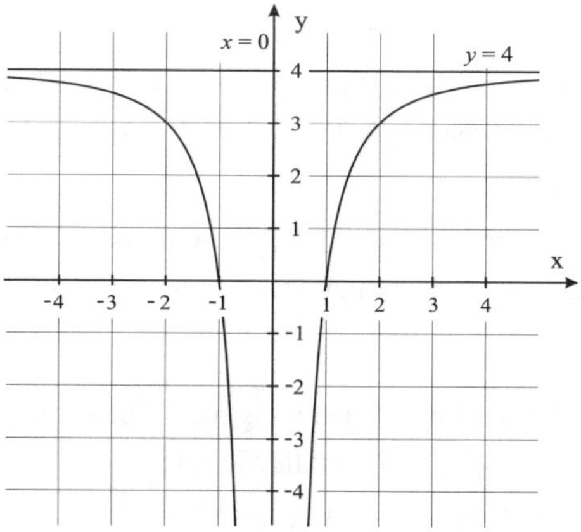

Geht $x \to \pm\infty$, so geht der Bruchterm gegen Null, also geht $f(x) \to 4 \Rightarrow y = 4$ ist eine waagrechte Asymptote. Geht $x \to 0$, so geht $f(x) \to -\infty \Rightarrow x = 0$ ist eine senkrechte Asymptote bzw. ein Pol ohne Vorzeichenwechsel.

Um die Gleichung der Normalen in $\mathrm{P}(2 \mid f(2))$zu ermitteln, benötigt man die Koordinaten von P und die Steigung der Normalen:
$f(2) = 4 - \frac{4}{2^2} = 3 \Rightarrow \mathrm{P}(2 \mid 3)$

Die Normalensteigung m_n ist der negative Kehrwert der Tangentensteigung m_t, die man mit Hilfe von f' erhält: $f'(x) = 0 - 4 \cdot (-2) \cdot x^{-3} = \frac{8}{x^3} \Rightarrow m_t = f'(2) = \frac{8}{2^3} = 1$
$\Rightarrow m_n = -\frac{1}{m_t} = -\frac{1}{1} = -1$
Setzt man P und m_n in die Punkt-Steigungsform $y - y_1 = m \cdot (x - x_1)$ ein, so erhält man $y - 3 = -1 \cdot (x - 2)$ und damit die Normalengleichung $n : y = -x + 5$.

5. a) Da das Schaubild von f mit $f(x) = x^2 e^x$ genau eine Nullstelle bei $x = 0$ hat, kann nur Bild 1 das Schaubild der Funktion f sein.

b) Bild 2 ist das Schaubild der Stammfunktion F, da das Schaubild von f bei $x = 0$ einen Extrempunkt, der die x-Achse berührt, hat, so dass das Schaubild von F bei $x = 0$ einen Sattelpunkt mit Steigung Null hat. Alternativ: Das Schaubild von f verläuft nie unterhalb der x-Achse, also ist F monoton steigend.
Bild 3 ist das Schaubild der Funktion g mit $g(x) = \frac{1}{f(x)} = \frac{1}{x^2 e^x}$, da das Schaubild von f bei $x = 0$ eine Nullstelle und damit das Schaubild von g dort eine Polstelle hat.
Bild 4 ist das Schaubild der Funktion f', da das Schaubild von f bei $x_1 = 0$ und $x_2 = -2$ Extremstellen hat, so dass das Schaubild von f' bei $x_1 = 0$ und $x_2 = -2$ Nullstellen mit Vorzeichenwechsel hat.

6. Gegeben ist das Gleichungssystem

$$\begin{array}{lcccccccc} \text{I} & x_1 & + & 4x_2 & + & x_3 & = & 10 \\ \text{II} & x_1 & + & 2x_2 & + & x_3 & = & 8 \\ \text{III} & x_1 & + & x_2 & - & x_3 & = & 3 \end{array}$$

Multiplikation von I mit (-1) und Addieren von I zu II bzw. III führt zu

$$\begin{array}{lcccccccc} \text{I} & x_1 & + & 4x_2 & + & x_3 & = & 10 \\ \text{IIa} & & & -2x_2 & & & = & -2 \\ \text{IIIa} & & & -3x_2 & - & 2x_3 & = & -7 \end{array}$$

Aus IIa folgt: $x_2 = 1$. Setzt man $x_2 = 1$ in IIIa ein, so ergibt sich $-3 \cdot 1 - 2x_3 = -7 \Rightarrow x_3 = 2$.
Setzt man $x_2 = 1$ und $x_3 = 2$ in I ein, so erhält man $x_1 + 4 \cdot 1 + 2 = 10 \Rightarrow x_1 = 4$.
Also ist die Lösungsmenge L$= \{(4;1;2)\}$.

Geometrisch betrachtet stellen die drei Gleichungen des Gleichungssystems drei Ebenen dar, die sich auf Grund der eindeutigen Lösung in einem einzigen Punkt $S(4 \mid 1 \mid 2)$ schneiden.

7. 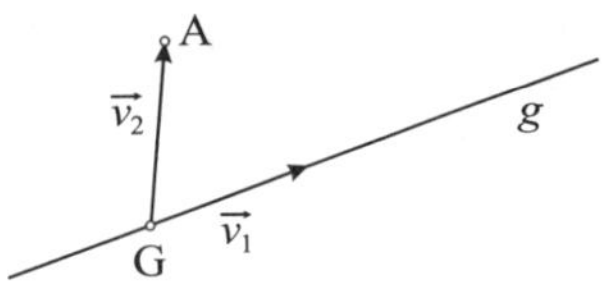

Um die Koordinatengleichung der Ebene E, die den Punkt $A(2 \mid -1 \mid -2)$ und die Gerade

$$g: \vec{x} = \begin{pmatrix} 3 \\ 3 \\ 1 \end{pmatrix} + t \cdot \begin{pmatrix} 3 \\ 0 \\ 1 \end{pmatrix}$$ enthält, aufzustellen, benötigt man für die Punkt-Normalenform einen Punkt und einen Normalenvektor, der sich aus dem Vektorprodukt zweier Spannvektoren ergibt.

Die Spannvektoren $\vec{v_1}$ und $\vec{v_2}$ sind der Richtungsvektor der Geraden und der Verbindungsvektor vom «Stützpunkt» G der Geraden zum Punkt A:

$$\vec{v_1} = \begin{pmatrix} 3 \\ 0 \\ 1 \end{pmatrix}, \vec{v_2} = \overrightarrow{GA} = \begin{pmatrix} 2 \\ -1 \\ -2 \end{pmatrix} - \begin{pmatrix} 3 \\ 3 \\ 1 \end{pmatrix} = \begin{pmatrix} -1 \\ -4 \\ -3 \end{pmatrix}$$

$$\vec{v_1} \times \vec{v_2} = \begin{pmatrix} 3 \\ 0 \\ 1 \end{pmatrix} \times \begin{pmatrix} -1 \\ -4 \\ -3 \end{pmatrix} = \begin{pmatrix} 4 \\ 8 \\ -12 \end{pmatrix} = 4 \cdot \begin{pmatrix} 1 \\ 2 \\ -3 \end{pmatrix} \Rightarrow \vec{n} = \begin{pmatrix} 1 \\ 2 \\ -3 \end{pmatrix}$$

Setzt man A und $\vec{n}$ in die Punkt-Normalenform $(\vec{x} - \vec{a}) \cdot \vec{n} = 0$ ein, so erhält man:

$$\left(\vec{x} - \begin{pmatrix} 2 \\ -1 \\ -2 \end{pmatrix}\right) \cdot \begin{pmatrix} 1 \\ 2 \\ -3 \end{pmatrix} = 0 \Rightarrow x_1 + 2x_2 - 3x_3 - 6 = 0.$$

Die Ebene E hat die Koordinatengleichung $E: x_1 + 2x_2 - 3x_3 - 6 = 0$.

8. Um den Bildpunkt P′ von P bei Spiegelung an der Ebene E zu erhalten, kann man folgendermaßen vorgehen:

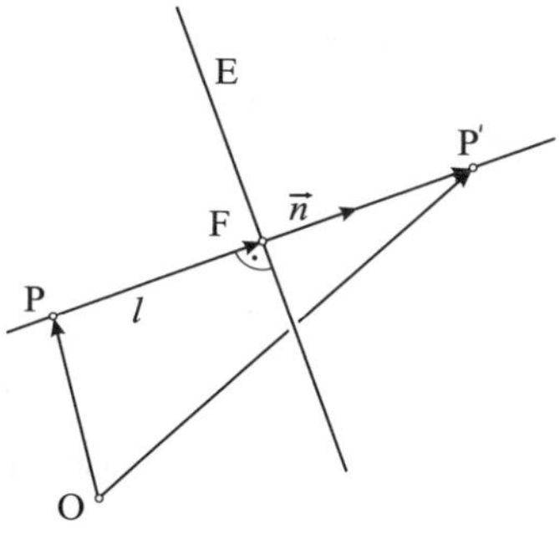

- Aufstellen einer Lotgeraden l, die durch P geht und senkrecht zu E steht, d.h. ein Normalenvektor von E ist der Richtungsvektor von l. Somit hat die Lotgerade l die Gleichung $l: \vec{x} = \vec{p} + t \cdot \vec{n}$.
- Schneidet man l mit E, so erhält man den Lotfußpunkt F.
- Nun kann man eine geschlossene Vektorkette aufstellen, um die Koordinaten von P′ zu erhalten: $\overrightarrow{OP'} = \overrightarrow{OP} + 2\,\overrightarrow{PF} \Rightarrow P'$

Alternativ könnte man auch die Vektorkette $\overrightarrow{OP'} = \overrightarrow{OF} + \overrightarrow{PF}$ verwenden.

Pflichtteil Abitur 2006

Tipps auf Seite 250, Lösungen ab Seite 251

Aufgabe 1

Bilden Sie die Ableitung der Funktion f mit $f(x) = \frac{1}{8}\sin\left(4x^2\right)$. (2 VP)

Aufgabe 2

Geben Sie eine Stammfunktion der Funktion f mit $f(x) = \frac{4}{\sqrt{x}} + \frac{1}{2}x^3$ an. (2 VP)

Aufgabe 3

Die Funktion f mit $f(x) = x^3 - 3x^2 - x + 3$ hat die Nullstelle $x_1 = 1$.
Bestimmen Sie die weiteren Nullstellen. (3 VP)

Aufgabe 4

Das Schaubild einer ganzrationalen Funktion dritten Grades berührt die x-Achse im Ursprung. Der Punkt $H(1 \mid 1)$ ist der Hochpunkt des Schaubilds.
Bestimmen Sie die Funktionsgleichung. (4VP)

Aufgabe 5

Die Abbildung zeigt das Schaubild der Ableitungsfunktion f' einer Funktion f.
Geben Sie für jeden der folgenden Sätze an, ob er richtig, falsch oder nicht entscheidbar ist.
Begründen Sie jeweils ihre Antwort.

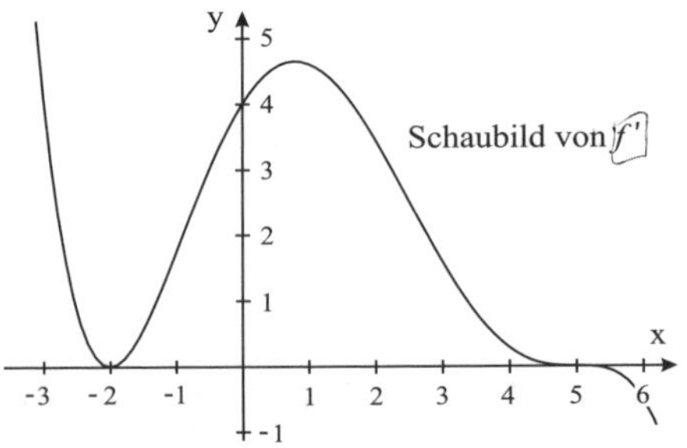

(1) Das Schaubild von f hat bei $x = -2$ einen Tiefpunkt.
(2) Das Schaubild von f hat für $-3 \leqslant x \leqslant 6$ genau zwei Wendepunkte.
(3) Das Schaubild von f verläuft im Schnittpunkt mit der y-Achse steiler als die erste Winkelhalbierende.
(4) $f(0) > f(5)$ (5VP)

Aufgabe 6

Gegeben sind die Ebene E : $-2x_1 + x_2 - 2x_3 + 15 = 0$ und

die Gerade $g: \ \vec{x} = \begin{pmatrix} 2 \\ -16 \\ 2 \end{pmatrix} + t \cdot \begin{pmatrix} 1 \\ 4 \\ 1 \end{pmatrix}$ mit $t \in \mathbb{R}$.

a) Zeigen Sie, dass g zu E parallel ist.

b) Bestimmen Sie den Abstand der Geraden g von der Ebene E. (4 VP)

Aufgabe 7

Gegeben sind die Ebenen $E_1: \ 4x_1 + 3x_2 + 2x_3 = 12$ und $E_2: \ 3x_1 + 2x_2 = 6$.

Stellen Sie die beiden Ebenen in einem Koordinatensystem dar.

Zeichnen Sie die Schnittgerade der beiden Ebenen ohne weitere Rechnung ein. (3 VP)

Aufgabe 8

Gegeben sind zwei Punkte A und B. Diese liegen bezüglich einer Ebene E symmetrisch.

Beschreiben Sie ein Verfahren zur Bestimmung einer Gleichung von E. (3 VP)

Summe: 26 VP

Tipps zum Pflichtteil Abitur 2006

1. Verwenden Sie die Kettenregel.

2. Stellen Sie zuerst die Funktion f mit Hilfe von Potenzen dar; verwenden Sie $\frac{1}{\sqrt{x}} = x^{-\frac{1}{2}}$.
   Anschließend bestimmen Sie eine Stammfunktion entsprechend der Regel für Potenzfunktionen: $f(x) = ax^r \Rightarrow \mathrm{F}(x) = \frac{a}{r+1}x^{r+1}$ mit $r \neq -1$

3. Führen Sie eine Polynomdivision durch $(x-1)$ durch und bestimmen Sie die Nullstellen des Ergebnisses der Polynomdivision.

4. Verwenden Sie den Ansatz $f(x) = ax^3 + bx^2 + cx + d$ und deren Ableitung.
   Stellen Sie vier Bedingungen auf; überlegen Sie dazu, was es für die Ableitung bedeutet, wenn das Schaubild im Ursprung die x-Achse berührt bzw. wenn ein Hochpunkt vorhanden ist.
   Stellen Sie ein Gleichungssystem mit vier Gleichungen und vier Unbekannten auf und lösen Sie dieses.

5. (1) Prüfen Sie, ob f' bei $x = -2$ das Vorzeichen wechselt.
   (2) Bestimmen Sie die Anzahl der Extrempunkte von f'.
   (3) Bestimmen Sie $f'(0)$; dies ist die Steigung im Schnittpunkts des Schaubilds von f mit der y-Achse. Vergleichen Sie diesen Wert mit der Steigung der ersten Winkelhalbierenden $(y = x)$.
   (4) Überlegen Sie, was es für das Schaubild von f bedeutet, wenn f' oberhalb der x-Achse verläuft (Monotonie).

6. Skizzieren Sie die Problemstellung.

   a) Um zu zeigen, dass g zu E parallel ist, berechnen Sie das Skalarprodukt des Richtungsvektors der Geraden und des Normalenvektors der Ebene. Ist dieses Null, so kann g in E enthalten sein, oder g und E sind parallel. Mit Hilfe einer Punktprobe können Sie diese Fälle unterscheiden.
   b) Um den Abstand von g zu E zu bestimmen, berechnen Sie den Abstand eines beliebigen Punktes der Geraden g zur Ebene E mit Hilfe der Hesseschen Normalenform (HNF).

7. Bestimmen Sie jeweils die Spurpunkte der Ebenen mit den Koordinatenachsen. Überlegen Sie, ob eine Ebene parallel zu einer Koordinatenachse ist. Die Schnittgerade erhalten Sie durch Verbinden der Schnittpunkte von je zwei Spurgeraden.

8. Skizzieren Sie die Problemstellung.
   Überlegen Sie, wie Sie einen Punkt der Ebene erhalten und welcher Vektor als Normalenvektor verwendet werden kann.
   Stellen Sie eine Normalengleichung der Ebene mit Hilfe des Punktes und des Normalenvektors auf.

Lösung des Pflichtteils Abitur 2006

1. Zur Bestimmung der Ableitung der Funktion f mit $f(x) = \frac{1}{8}\sin\left(4x^2\right)$ verwendet man die Kettenregel: $f'(x) = \frac{1}{8}\cos\left(4x^2\right) \cdot 8x = x \cdot \cos\left(4x^2\right)$

2. Zur Bestimmung einer Stammfunktion der Funktion f mit $f(x) = \frac{4}{\sqrt{x}} + \frac{1}{2}x^3$ stellt man diese zuerst mit Hilfe von Potenzen dar und bildet dann eine Stammfunktion F:
$f(x) = \frac{4}{\sqrt{x}} + \frac{1}{2}x^3 = 4 \cdot x^{-\frac{1}{2}} + \frac{1}{2}x^3$
$\mathrm{F}(x) = \frac{4}{-\frac{1}{2}+1}x^{-\frac{1}{2}+1} + \frac{1}{2\cdot(3+1)}x^{3+1} = 8 \cdot x^{\frac{1}{2}} + \frac{1}{8}x^4 = 8\sqrt{x} + \frac{1}{8}x^4$

3. Um die weiteren Nullstellen von f mit $f(x) = x^3 - 3x^2 - x + 3$ zu bestimmen, führt man eine Polynomdivision durch $(x-1)$ durch:
$$\begin{array}{l} \left(x^3 - 3x^2 - x + 3\right) : (x-1) = x^2 - 2x - 3 \\ \underline{-(x^3 - x^2)} \\ \quad -2x^2 - x \\ \quad \underline{-(-2x^2 + 2x)} \\ \qquad\quad -3x + 3 \\ \qquad\quad \underline{-(-3x+3)} \\ \qquad\qquad\quad 0 \end{array}$$
Setzt man $x^2 - 2x - 3 = 0$, so erhält man mit Hilfe der pq- oder der abc-Formel als weitere Nullstellen:
$x_{2,3} = \frac{2 \pm \sqrt{2^2 - 4\cdot 1\cdot(-3)}}{2\cdot 1} = \frac{2\pm\sqrt{16}}{2} \Rightarrow x_2 = 3$ und $x_3 = -1$.

4. Eine allgemeine ganzrationale Funktion dritten Grades hat die Funktionsgleichung $f(x) = ax^3 + bx^2 + cx + d$ und die Ableitung $f'(x) = 3ax^2 + 2bx + c$.
Da das Schaubild die x-Achse im Ursprung berührt, gilt für $x = 0$:
$f(0) = 0$ und $f'(0) = 0$ (waagrechte Tangente).
Da H$(1 \mid 1)$ der Hochpunkt des Schaubilds ist, gilt für $x = 1$: $f(1) = 1$ und $f'(1) = 0$ (waagrechte Tangente).
Setzt man diese vier Bedingungen in $f(x)$ bzw. $f'(x)$ ein, so erhält man folgendes Gleichungssystem:
$$\begin{array}{lrcrcrcrcl} \text{I} & a\cdot 0^3 & + & b\cdot 0^2 & + & c\cdot 0 & + & d & = & 0 \\ \text{II} & 3a\cdot 0^2 & + & 2b\cdot 0 & + & c & & & = & 0 \\ \text{III} & a\cdot 1^3 & + & b\cdot 1^2 & + & c\cdot 1 & + & d & = & 1 \\ \text{IV} & 3a\cdot 1^2 & + & 2b\cdot 1 & + & c & & & = & 0 \end{array} \quad \text{bzw.} \quad \begin{array}{lrcrcl} \text{I} & & & d & = & 0 \\ \text{II} & & & c & = & 0 \\ \text{III} & a & + & b & = & 1 \\ \text{IV} & 3a & + & 2b & = & 0 \end{array}$$
Subtrahiert man Gleichung IV vom 2-fachen der Gleichung III, so erhält man:
$-a = 2 \Rightarrow a = -2$.
Setzt man $a = -2$ in Gleichung III ein, so erhält man: $-2 + b = 1 \Rightarrow b = 3$.
Somit lautet die gesuchte Funktionsgleichung: $f(x) = -2x^3 + 3x^2$.

5. (1) Falsch, da f' bei $x = -2$ keinen Vorzeichenwechsel hat. Somit hat das Schaubild von f bei $x = -2$ einen Sattelpunkt bzw. einen Wendepunkt, aber keinen Tiefpunkt.
   (2) Richtig, da das Schaubild von f' für $-3 \leqslant x \leqslant 6$ genau zwei Extrempunkte hat.
   (3) Richtig, da im Schnittpunkt mit der y-Achse gilt: $f'(0) = 4$. Also ist die Steigung des Schaubilds im Schnittpunkt mit der y-Achse größer als die Steigung der ersten Winkelhalbierenden $(y = x)$, die die Steigung 1 hat.
   (4) Falsch, da das Schaubild von f' für $0 \leqslant x < 5$ stets oberhalb der x-Achse verläuft und damit f monoton steigend ist, d.h. $f(0) < f(5)$.

6.

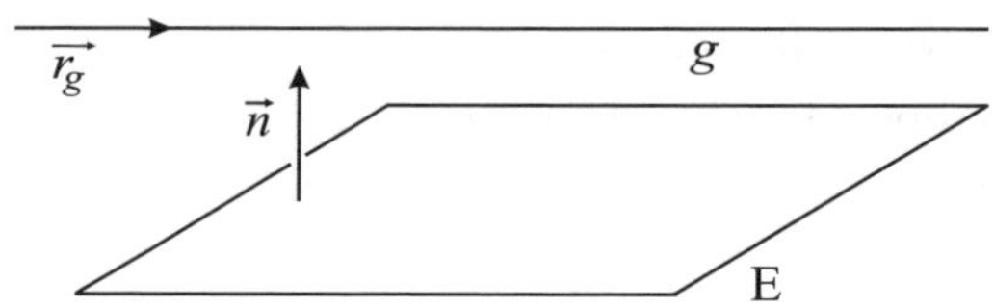

a) Um zu zeigen, dass die Ebene E: $-2x_1 + x_2 - 2x_3 + 15 = 0$ und die Gerade

$g\colon\ \vec{x} = \begin{pmatrix} 2 \\ -16 \\ 2 \end{pmatrix} + t \cdot \begin{pmatrix} 1 \\ 4 \\ 1 \end{pmatrix}$ parallel sind, bestimmt man das Skalarprodukt des

Richtungsvektors $\vec{r_g}$ der Geraden mit dem Normalenvektor $\vec{n}$ der Ebene E:

$$\begin{pmatrix} 1 \\ 4 \\ 1 \end{pmatrix} \cdot \begin{pmatrix} -2 \\ 1 \\ -2 \end{pmatrix} = 1 \cdot (-2) + 4 \cdot 1 + 1 \cdot (-2) = -2 + 4 - 2 = 0$$

Da das Skalarprodukt Null ist, kann die Gerade g in E enthalten sein, oder g und E sind parallel.
Daher ist noch zu prüfen, ob z.B. der Punkt P$(2 \mid -16 \mid 2)$ der Geraden g in E enthalten ist:
$-2 \cdot 2 + (-16) - 2 \cdot 2 + 15 = -9 \neq 0$, also ist P nicht in E enthalten.
Somit sind die Gerade g und die Ebene E parallel zueinander.

Alternativ hätte man einen allgemeinen Punkt der Geraden $P_t\,(2 + t \mid -16 + 4t \mid 2 + t)$ in E einsetzen können:
$-2 \cdot (2 + t) + (-16 + 4t) - 2 \cdot (2 + t) + 15 = 0$ führt auf $-9 = 0$. Dies ist ein Widerspruch, also gibt es kein t, also können g und E keine gemeinsamen Punkte besitzen. Somit sind g und E parallel.

b) Weil g und E zueinander parallel sind, haben alle Punkte der der Geraden g den gleichen Abstand zur Ebene E. Es genügt damit, den Abstand eines Punktes, z.B. P$(2 \mid -16 \mid 2)$ der Geraden g zur Ebene E zu berechnen. Dies geschieht mit Hilfe der

HNF:

$$d(g;\mathrm{E}) = \frac{|-2\cdot 2+(-16)-2\cdot 2+15|}{\left|\begin{pmatrix}-2\\1\\-2\end{pmatrix}\right|} = \frac{|-9|}{\sqrt{(-2)^2+1^2+(-2)^2}} = \frac{9}{3} = 3$$

Der Abstand der Geraden g von der Ebene E beträgt somit 3 LE.

7. Um die beiden Ebenen in einem Koordinatensystem darzustellen, bestimmt man jeweils ihre Spurpunkte.

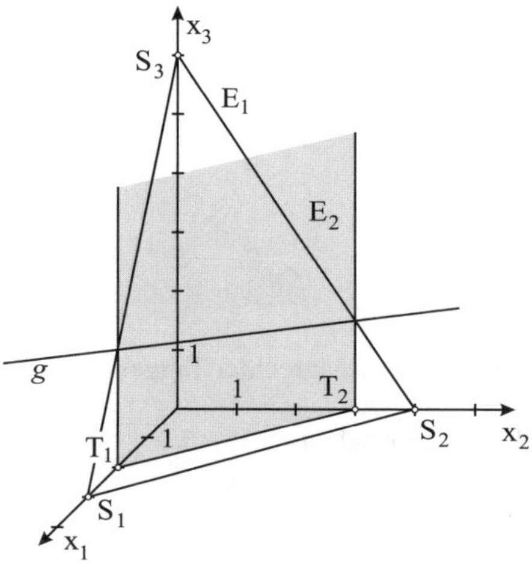

Für E_1: $4x_1 + 3x_2 + 2x_3 = 12$ erhält man die Spurpunkte $S_1\,(3\,|\,0\,|\,0)$, $S_2\,(0\,|\,4\,|\,0)$ und $S_3\,(0\,|\,0\,|\,6)$.

Für E_2: $3x_1 + 2x_2 = 6$ erhält man die Spurpunkte $T_1\,(2\,|\,0\,|\,0)$ und $T_2\,(0\,|\,3\,|\,0)$. Da E_2 parallel zur x_3-Achse ist, gibt es keinen Spurpunkt auf der x_3-Achse.

Zum Einzeichnen der Schnittgeraden g der beiden Ebenen verbindet man die Schnittpunkte von je zwei Spurgeraden.

8. Die beiden Punkte A und B sollen symmetrisch zur Ebene E liegen. Das bedeutet, dass der Abstand von A zur Ebene genau so groß sein muss, wie der Abstand von B zur Ebene. Außerdem schneidet eine Gerade g_{AB} durch A und B die Ebene orthogonal, d.h. der Verbindungsvektor $\overrightarrow{AB}$ ist ein Normalenvektor von E.

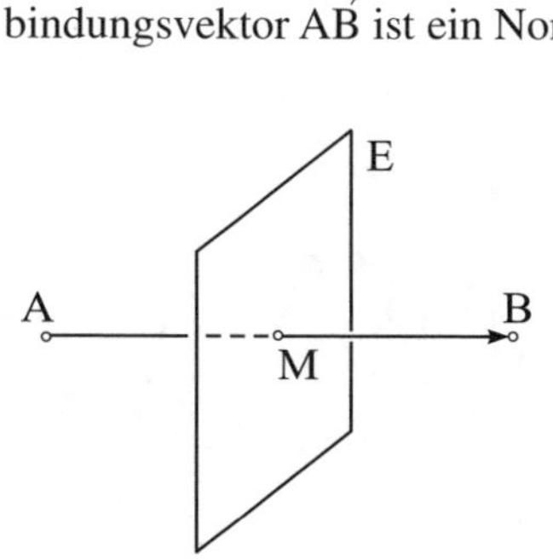

Um eine Ebenengleichung aufzustellen, benötigt man einen Punkt der Ebene und ihren Normalenvektor.
Der Mittelpunkt M der Strecke AB ist ein Punkt der Ebene.
Als Normalenvektor wählt man den Vektor $\overrightarrow{AB}$.
Somit erhält man als Normalengleichung für die Ebene E: $(\vec{x} - \vec{m}) \cdot \overrightarrow{AB} = 0$, wobei $\vec{m}$ der Ortsvektor von M ist.

Pflichtteil Abitur 2007

Tipps ab Seite 256, Lösungen ab Seite 258

Aufgabe 1

Bilden Sie die erste Ableitung der Funktion f mit $f(x) = (1 + \sin x)^2$. (2 VP)

Aufgabe 2

Berechnen Sie das Integral $\int_0^{\ln 2} e^{2x}dx$. (2 VP)

Aufgabe 3

Lösen Sie die Gleichung $e^x - 2 - \frac{15}{e^x} = 0$. (3 VP)

Aufgabe 4

Gegeben ist die Funktion f mit $f(x) = \frac{x^2}{x+1}$, $x \neq -1$.

a) Bestimmen Sie die Punkte des Schaubilds von f mit waagrechter Tangente.

b) Das Schaubild von f hat im Punkt $P\left(1 \mid \frac{1}{2}\right)$ die Normale n.
Ermitteln Sie eine Gleichung von n. (4 VP)

Aufgabe 5

Gegeben ist das Schaubild der Ableitung f' der Funktion f.

a) Welche Aussagen über die Funktion f ergeben sich daraus im Hinblick auf
- Monotonie
- Extremstellen
- Wendestellen?

Begründen Sie Ihre Aussagen.

b) Es gilt $f(0) = 2$.
Skizzieren Sie das Schaubild von f.

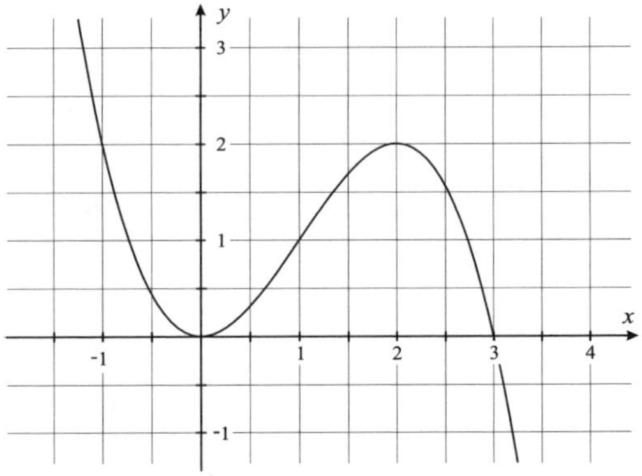

Schaubild von f'

(5VP)

Aufgabe 6

Lösen Sie das lineare Gleichungssystem:

$$\begin{array}{rcrcrcr} 3x_1 & - & x_2 & + & 2x_3 & = & 7 \\ x_1 & + & 2x_2 & + & 3x_3 & = & 14 \\ x_1 & - & 5x_2 & - & 4x_3 & = & -21 \end{array}$$

Interpretieren Sie das Gleichungssystem und seine Lösungsmenge geometrisch. (3 VP)

Aufgabe 7

Gegeben sind die Ebenen E und F mit

$$\text{E: } \vec{x} = \begin{pmatrix} 1 \\ 1 \\ 0 \end{pmatrix} + r \cdot \begin{pmatrix} 1 \\ 0 \\ 2 \end{pmatrix} + s \cdot \begin{pmatrix} -1 \\ 1 \\ 0 \end{pmatrix}; \quad r, s \in \mathbb{R}.$$

$$\text{F: } \left(\vec{x} - \begin{pmatrix} 2 \\ 1 \\ -2 \end{pmatrix} \right) \cdot \begin{pmatrix} 2 \\ 2 \\ -1 \end{pmatrix} = 0.$$

Zeigen Sie, dass die Ebenen E und F parallel sind.
Bestimmen Sie den Abstand der Ebenen. (4 VP)

Aufgabe 8

Von einem senkrechten Kegel kennt man die Koordinaten der Spitze S, die Koordinaten eines Punktes P des Grundkreises sowie eine Koordinatengleichung der Ebene E, in der der Grundkreis liegt.
Beschreiben Sie ein Verfahren, um den Mittelpunkt M und den Radius r des Grundkreises zu bestimmen. (3 VP)

Summe: 26 VP

Tipps Pflichtteil 2007

1. Verwenden Sie die Kettenregel.

2. Bestimmen Sie eine Stammfunktion und setzen Sie die Integrationsgrenzen in diese ein. Benutzen Sie dabei die Regel für lineare Substitution: «äußere Stammfunktion geteilt durch innere Ableitung».

3. Multiplizieren Sie die Gleichung mit e^x, substituieren Sie $e^x = z$ und lösen Sie die dabei entstehende quadratische Gleichung mit Hilfe der pq- oder abc-Formel. Anschließend resubstituieren Sie wieder und lösen die Gleichungen durch Logarithmieren. Beachten Sie, dass der Logarithmus einer negativen Zahl nicht existiert.

4. a) Bestimmen Sie mit Hilfe der Quotientenregel die 1. Ableitung von $f(x)$ und setzen Sie diese gleich Null. Die y-Werte der Punkte mit waagrechter Tangente erhalten Sie durch Einsetzen der so erhaltenen x-Werte in $f(x)$.

   b) Zur Bestimmung der Gleichung der Normalen n benötigen Sie zuerst die Steigung m_t der Tangente im Punkt P. Setzen Sie hierzu den x-Wert von P in $f'(x)$ ein. Die Normalensteigung m_n erhalten Sie als den negativen Kehrwert von m_t. Anschließend setzen Sie die Koordinaten des Punkts P und die Normalensteigung in die Punkt-Steigungsform $y - y_1 = m \cdot (x - x_1)$ ein und erhalten so die Gleichung der Normalen n.

5. a) Zur Bestimmung des Monotonieverhaltens von f lesen Sie aus dem gegebenen Schaubild von f' ab, wo die Kurve oberhalb, auf bzw. unterhalb der x-Achse verläuft. Ist $f'(x) \geqslant 0$, so ist f monoton wachsend.
   Zur Bestimmung der Extremstellen von f lesen Sie die Schnittstellen der zu f' gehörigen Kurve mit der x-Achse (Nullstellen mit Vorzeichenwechsel) ab.
   Zur Bestimmung der Wendestellen von f lesen Sie die Extremstellen von f' ab.

   b) Um das Schaubild von f zu skizzieren, verwenden Sie obige Aussagen. Bestimmen Sie die Art der Extremstelle und beachten Sie jeweils die Steigung in den Wendepunkten, die Sie am Schaubild von f' ablesen können.

6. Lösen Sie das lineare Gleichungssystem mit Hilfe des Gaußschen Eliminationsverfahrens. Hat eine Gleichung noch zwei Unbekannte, setzen Sie eine Unbekannte gleich t und bestimmen Sie die anderen Unbekannten in Abhängigkeit von t. Überlegen Sie, welches die geometrischen Entsprechungen einer Gleichung des Gleichungssystems bzw. der Lösungsmenge sind.

7. Zeigen Sie mit Hilfe des Skalarprodukts, dass der Normalenvektor der Ebene F senkrecht auf beiden Spannvektoren der Ebene E steht (das Skalarprodukt zweier Vektoren ist genau dann gleich Null, wenn diese senkrecht aufeinander stehen). Alternativ können Sie auch

mit Hilfe des Vektorprodukts (siehe Seite 13) einen Normalenvektor von E bestimmen und zeigen, dass dieser ein Vielfaches des Normalenvektors von F ist.
Um den Abstand der beiden Ebenen zu bestimmen, setzen Sie einen Punkt von E in die Hessesche Normalenform (HNF) von F ein.

8. Skizzieren Sie die Problemstellung.
   Zur Bestimmung des Mittelpunkts stellen Sie eine Gerade auf und schneiden diese mit der Ebene.
   Den Radius r erhalten Sie als Abstand zweier Punkte.

Lösungen Pflichtteil 2007

1. Zur Bestimmung der ersten Ableitung der Funktion f mit $f(x) = (1+\sin x)^2$ verwendet man die Kettenregel: $f'(x) = 2 \cdot (1+\sin x) \cdot \cos x$

2. Um das Integral zu berechnen, bestimmt man zuerst eine Stammfunktion und setzt anschließend die Integrationsgrenzen in diese ein:
$$\int_0^{\ln 2} e^{2x}dx = \left[\tfrac{1}{2}e^{2x}\right]_0^{\ln 2} = \left(\tfrac{1}{2}e^{2\cdot\ln 2}\right) - \left(\tfrac{1}{2}e^{2\cdot 0}\right) = \tfrac{1}{2}\cdot\left(e^{\ln 2}\right)^2 - \tfrac{1}{2}\cdot e^0 = \tfrac{1}{2}\cdot 2^2 - \tfrac{1}{2} = \tfrac{3}{2}$$

3. Multipliziert man die Gleichung $e^x - 2 - \frac{15}{e^x} = 0$ mit e^x, so erhält man $(e^x)^2 - 2\cdot e^x - 15 = 0$.
Substituiert man $e^x = z$, so ergibt sich $z^2 - 2z - 15 = 0$.
Mit Hilfe der pq- oder abc-Formel erhält man als Lösungen $z_1 = 5$ und $z_2 = -3$.
Die Resubstitution $e^x = 5$ hat als Lösung $x = \ln 5$, die Resubstitution $e^x = -3$ ergibt keine weitere Lösung, da der Logarithmus einer negativen Zahl nicht existiert.
Also ist $x = \ln 5$ die einzige Lösung der Gleichung.

4. a) Um die Punkte des Schaubilds von f mit $f(x) = \frac{x^2}{x+1}$; $x \neq -1$ mit waagrechter Tangente zu bestimmen, bildet man zuerst mit Hilfe der Quotientenregel die 1. Ableitung von $f(x)$ und setzt diese gleich Null:
$f'(x) = \frac{2x\cdot(x+1)-x^2\cdot 1}{(x+1)^2} = \frac{x^2+2x}{(x+1)^2}$
$f'(x) = 0$ führt zu $\frac{x^2+2x}{(x+1)^2} = 0$ bzw. $x^2 + 2x = 0 \Rightarrow x_1 = 0$ und $x_2 = -2$.
Die zugehörigen y-Werte erhält man durch Einsetzen der x-Werte in $f(x)$:
$y_1 = f(0) = \frac{0^2}{0+1} = 0$ und $y_2 = f(-2) = \frac{(-2)^2}{-2+1} = -4$.
Somit sind $P_1\,(0 \mid 0)$ und $P_2\,(-2 \mid -4)$ die Punkte des Schaubilds von f mit waagrechter Tangente.

   b) Zur Bestimmung der Gleichung der Normalen n benötigt man zuerst die Steigung m_t der Tangente im Punkt $P\left(1 \mid \frac{1}{2}\right) : m_t = f'(1) = \frac{1^2+2\cdot 1}{(1+1)^2} = \frac{3}{4}$.
Die Normalensteigung m_n erhält man, indem man den negativen Kehrwert von m_t bestimmt: $m_n = -\frac{1}{m_t} = -\frac{1}{\frac{3}{4}} = -\frac{4}{3}$.
Setzt man m_n und die Koordinaten von P in die Punkt-Steigungsform ein, so ergibt sich die gesuchte Gleichung der Normalen n: $y - \frac{1}{2} = -\frac{4}{3}\cdot(x-1)$ bzw. $y = -\frac{4}{3}x + \frac{11}{6}$

5. a) Da das Schaubild von f' für $x \leqslant 3$ oberhalb beziehungsweise auf der x-Achse verläuft, ist dort $f'(x) \geqslant 0$ und damit ist die Funktion f für $x \leqslant 3$ monoton wachsend; für $x > 3$ ist f streng monoton fallend, da $f'(x) < 0$.
Bei $x = 3$ hat f' eine Nullstelle mit Vorzeichenwechsel von + nach −, also hat die Funktion f dort eine Extremstelle (Hochpunkt).
Bei $x = 0$ hat f' zwar eine Nullstelle, aber es findet kein Vorzeichenwechsel statt. Deshalb hat die Funktion f dort keine Extremstelle, das Schaubild von f hat dort

einen Sattelpunkt (Wendepunkt mit waagerechter Tangente).
An den Stellen $x = 0$ und $x = 2$ hat f' Extremstellen, also hat die Funktion f dort Wendestellen.

b) Um das Schaubild von f zu skizzieren, kann man neben $f(0) = 2$ noch obige Eigenschaften verwenden:
Bei $x = 0$ ist ein Wendepunkt mit Steigung Null ($f'(0) = 0$), also ein Sattelpunkt (S).
Bei $x = 2$ ist ein Wendepunkt (W) mit Steigung 2 ($f'(2) = 2$).
Bei $x = 3$ ist ein Hochpunkt (H).
Somit erhält man folgende Skizze des Schaubilds von f:

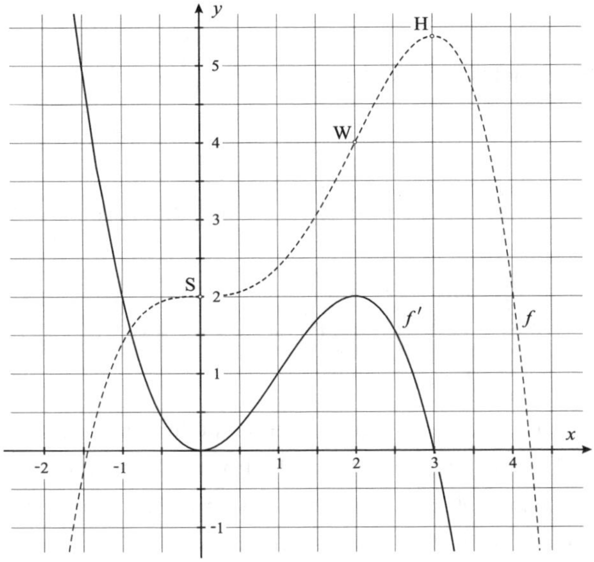

6. Gegeben ist das lineare Gleichungssystem

$$\begin{array}{lrcrcrcr} \text{I} & 3x_1 & - & x_2 & + & 2x_3 & = & 7 \\ \text{II} & x_1 & + & 2x_2 & + & 3x_3 & = & 14 \\ \text{III} & x_1 & - & 5x_2 & - & 4x_3 & = & -21 \end{array}$$

Addiert man zu Gleichung I das (-3)-fache von Gleichung II, bzw. zieht man Gleichung III von Gleichung II ab, so erhält man:

$$\begin{array}{lrcrcrcr} \text{I} & 3x_1 & - & x_2 & + & 2x_3 & = & 7 \\ \text{IIa} & & - & 7x_2 & - & 7x_3 & = & -35 \\ \text{IIIa} & & & 7x_2 & + & 7x_3 & = & 35 \end{array}$$

Da die beiden Gleichungen IIa und IIIa Vielfache voneinander sind, gibt es unendlich viele Lösungen des Gleichungssystems:
Setzt man $x_3 = t$, so ist $x_2 = 5 - t$ und durch Einsetzen in I erhält man $x_1 = 4 - t$.

Die Lösungsmenge des Gleichungssystems ist damit $L = \{(4-t \mid 5-t \mid t) \mid t \in \mathbb{R}\}$.
Jede Gleichung des linearen Gleichungssystems entspricht der Gleichung einer Ebene im Raum. Das Gleichungssystem entspricht somit geometrisch der Suche nach Punkten, die in allen drei Ebenen liegen. Die Lösungsmenge gibt diese gemeinsamen Punkte an und entspricht in diesem Fall einer Geraden, der Schnittgerade g der drei Ebenen:

$$g\colon \vec{x} = \begin{pmatrix} x_1 \\ x_2 \\ x_3 \end{pmatrix} = \begin{pmatrix} 4 \\ 5 \\ 0 \end{pmatrix} + t \cdot \begin{pmatrix} -1 \\ -1 \\ 1 \end{pmatrix},\ t \in \mathbb{R}.$$

7. Um zu zeigen, dass die Ebenen E und F parallel sind, berechnet man jeweils das Skalarprodukt des Normalenvektors von F $\overrightarrow{n_F} = \begin{pmatrix} 2 \\ 2 \\ -1 \end{pmatrix}$ mit den beiden Spannvektoren von E.

Man erhält:

$$\begin{pmatrix} 2 \\ 2 \\ -1 \end{pmatrix} \cdot \begin{pmatrix} 1 \\ 0 \\ 2 \end{pmatrix} = 2 \cdot 1 + 2 \cdot 0 + (-1) \cdot 2 = 0$$

$$\begin{pmatrix} 2 \\ 2 \\ -1 \end{pmatrix} \cdot \begin{pmatrix} -1 \\ 1 \\ 0 \end{pmatrix} = 2 \cdot (-1) + 2 \cdot 1 + (-1) \cdot 0 = 0$$

Da die Skalarprodukte jeweils Null ergeben, steht der Normalenvektor von F senkrecht auf beiden Spannvektoren von E; somit sind die Ebenen E und F parallel.
Alternativ hätte man auch mit Hilfe des Vektorprodukts der beiden Spannvektoren von E einen Normalenvektor von E bestimmen können:

$$\overrightarrow{n_E} = \begin{pmatrix} 1 \\ 0 \\ 2 \end{pmatrix} \times \begin{pmatrix} -1 \\ 1 \\ 0 \end{pmatrix} = \begin{pmatrix} -2 \\ -2 \\ 1 \end{pmatrix}$$

Da die Normalenvektoren $\overrightarrow{n_E}$ und $\overrightarrow{n_F}$ Vielfache voneinander sind, nämlich $\overrightarrow{n_E} = -\overrightarrow{n_F}$, sind die Ebenen E und F parallel.
Um den Abstand der beiden Ebenen zu bestimmen, berechnet man den Abstand des Punktes $P(1 \mid 1 \mid 0)$, der in E liegt, von der Ebene F. Dazu wird zuerst die Koordinatengleichung von F bestimmt. Man erhält $F\colon 2x_1 + 2x_2 - x_3 - 8 = 0$. Setzt man die Koordinaten von P in die Hessesche Normalenform von F ein, so erhält man:

$$d = \frac{|2 \cdot 1 + 2 \cdot 1 - 0 - 8|}{\left| \begin{pmatrix} 2 \\ 2 \\ -1 \end{pmatrix} \right|} = \frac{|-4|}{\sqrt{2^2 + 2^2 + (-1)^2}} = \frac{4}{3}$$

Der Abstand der Ebenen E und F beträgt somit $\frac{4}{3}$ LE.

8.

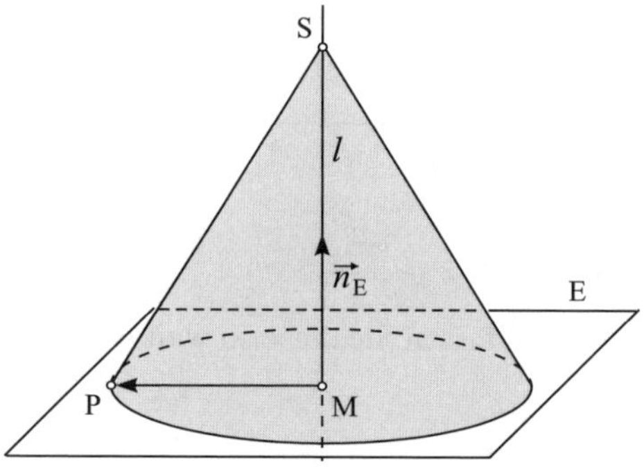

Um den Mittelpunkt M des Grundkreises zu bestimmen, stellt man mit Hilfe des Punktes S und des Normalenvektors $\overrightarrow{n_E}$ der Ebene E eine Lotgerade l durch S auf: $\vec{x} = \vec{s} + t \cdot \overrightarrow{n_E}$, $t \in \mathbb{R}$. Schneidet man l mit E, so erhält man die Koordinaten des Mittelpunkts M des Grundkreises. Den Radius r des Grundkreises erhält man, indem man den Abstand der Punkte M und P berechnet; dieser ergibt sich als Betrag des Verbindungsvektors der beiden Punkte: $r = |\overrightarrow{MP}|$

Pflichtteil 2008

Tipps ab Seite 265, Lösungen ab Seite 266

Aufgabe 1

Gegeben ist eine Funktion f mit $f(x) = \frac{2x^2}{2x^2 - 3}$.

Bilden Sie die Ableitung von f und fassen Sie diese so weit wie möglich zusammen. (2 VP)

Aufgabe 2

G ist eine Stammfunktion der Funktion g mit $g(x) = 2 - 3 \cdot \sin(4x)$.

Der Punkt $\mathrm{P}(0 \mid 1)$ liegt auf dem Schaubild von G.

Bestimmen Sie einen Funktionsterm von G. (2 VP)

Aufgabe 3

Lösen Sie die Gleichung $\frac{6}{x^4} + \frac{1}{x^2} = 1 \; (x \neq 0)$. (3 VP)

Aufgabe 4

Für eine ganzrationale Funktion h zweiten Grades gilt:

$\mathrm{T}(-1 \mid -4)$ ist der Tiefpunkt und $\mathrm{Q}(2 \mid 5)$ ein weiterer Punkt ihres Schaubilds.

Ermitteln Sie eine Funktionsgleichung von h. (4 VP)

Aufgabe 5

Gegeben sind die Schaubilder von vier Funktionen, jeweils mit sämtlichen Asymptoten:

Schaubild 1 Schaubild 2

Schaubild 3 Schaubild 4

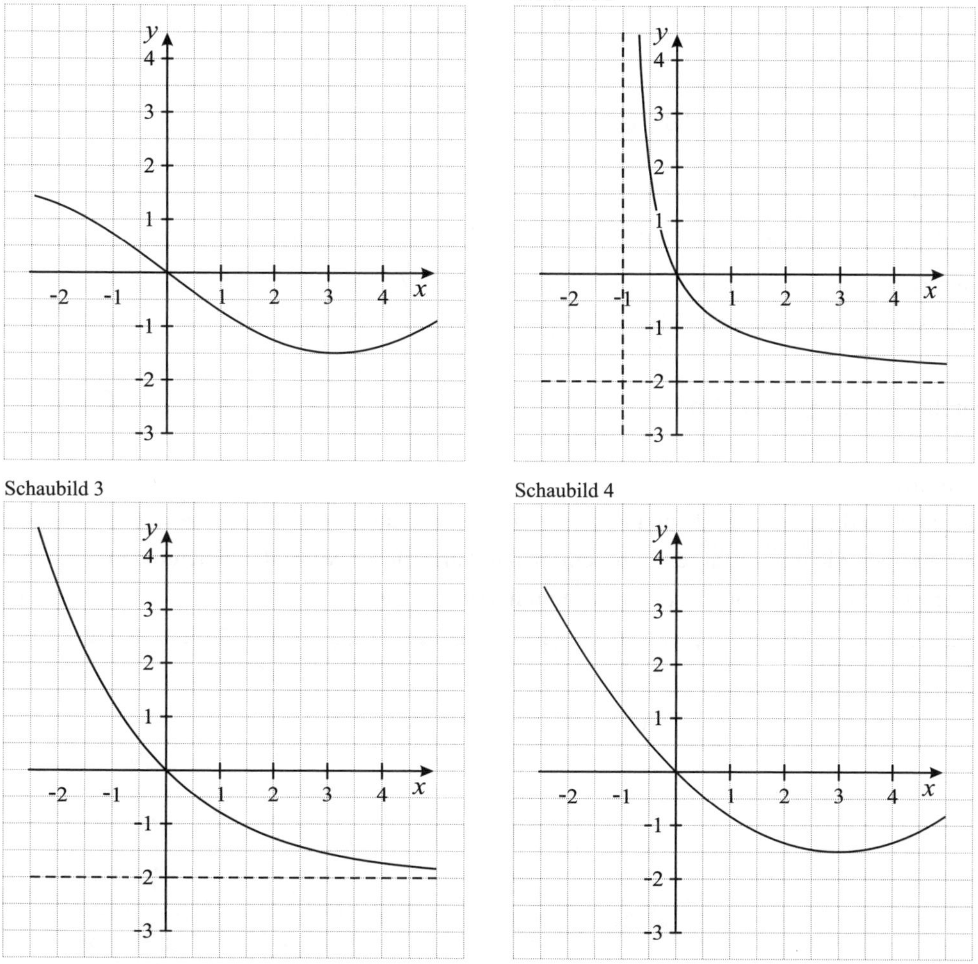

Drei dieser vier Schaubilder werden beschrieben durch die Funktionen f, g und h mit $f(x) = \frac{-2x}{x+a}$, $g(x) = -2 + b \cdot e^{-0{,}5x}$, $h(x) = c \cdot x^2 - x$.

1. Ordnen Sie den Funktionen f, g und h jeweils das passende Schaubild zu. Begründen Sie Ihre Zuordnung.

2. Bestimmen Sie die Werte für a und b. (5VP)

Aufgabe 6

Gegeben sind die zwei parallelen Geraden g und h durch

$$g\colon \vec{x} = \begin{pmatrix} 2 \\ 9 \\ 4 \end{pmatrix} + s\begin{pmatrix} 3 \\ -4 \\ 1 \end{pmatrix}, \quad h\colon \vec{x} = \begin{pmatrix} 1 \\ 2 \\ 5 \end{pmatrix} + t\begin{pmatrix} 6 \\ -8 \\ 2 \end{pmatrix}; \quad s,\, t \in \mathbb{R}.$$

Bestimmen Sie den Abstand der beiden Geraden. (4 VP)

Aufgabe 7

Die Ebene E geht durch die Punkte $A\,(1{,}5 \mid 0 \mid 0)$, $B\,(0 \mid 3 \mid 0)$ und $C\,(0 \mid 0 \mid 6)$.

Untersuchen Sie, ob die Gerade $g\colon \vec{x} = \begin{pmatrix} -4 \\ 2 \\ 3 \end{pmatrix} + t\begin{pmatrix} -2 \\ 3 \\ 2 \end{pmatrix}; t \in \mathbb{R}$

parallel zur Ebene E verläuft. (3 VP)

Aufgabe 8

Gegeben sind die beiden Ebenen $E_1\colon\ (\vec{x} - \vec{p}_1) \cdot \vec{n}_1 = 0$ und $E_2\colon\ (\vec{x} - \vec{p}_2) \cdot \vec{n}_2 = 0$.
Beschreiben Sie ein Verfahren, mit dem man anhand dieser Normalengleichungen die gegenseitige Lage der beiden Ebenen untersuchen kann. (3 VP)

Tipps Pflichtteil 2008

1. Verwenden Sie die Quotientenregel $\left(\frac{u}{v}\right)' = \frac{u'\cdot v - u\cdot v'}{v^2}$.

2. Bestimmen Sie zunächst eine allgemeine Stammfunktion von g und setzen Sie die Koordinaten des Punktes P in diese ein; lösen Sie die entstandene Gleichung.

3. Multiplizieren Sie die Gleichung mit x^4, substituieren Sie $x^2 = z$ und lösen Sie die entstandene quadratische Gleichung mit Hilfe der pq- oder abc-Formel. Anschließend resubstituieren Sie wieder und lösen die Gleichungen durch Wurzelziehen, falls möglich.

4. Verwenden Sie für die Funktion h den Ansatz $h(x) = ax^2 + bx + c$ sowie deren 1. Ableitung. Stellen Sie mit Hilfe der gegebenen Punkte und der Steigung im Tiefpunkt drei Gleichungen auf; lösen Sie das entstandene lineare Gleichungssystem.

5. a) Überlegen Sie, wie viele Asymptoten das Schaubild der Funktion f bzw. der Funktion g hat und welche Form das Schaubild von h hat.

   b) Bestimmen Sie die Polstelle des Schaubilds von f, indem Sie den Nenner von $f(x)$ gleich Null setzen und setzen Sie das Ergebnis mit der abgelesenen Polstelle gleich; lösen Sie die Gleichung nach a auf.
   Bestimmen Sie die Koordinaten eines eindeutig ablesbaren Punktes des Schaubilds, welches zur Funktion g gehört, und setzen Sie diese in die Funktionsgleichung von g ein; lösen Sie die Gleichung nach b auf.

6. Skizzieren Sie die Problemstellung.
   Um den Abstand der beiden Geraden zu bestimmen, stellen Sie die Gleichung einer Hilfsebene E_H orthogonal zur Geraden h durch den Stützpunkt G der Geraden g auf und schneiden E_H mit h; als Normalenvektor $\vec{n}$ von E_H wählen Sie den Richtungsvektor von g. Anschließend berechnen Sie den Abstand des berechneten Schnittpunkts zum Stützpunkt G mit Hilfe des Betrags des Verbindungsvektors der beiden Punkte.

7. Bestimmen Sie mit Hilfe des Vektorprodukts (siehe Seite 13) zweier Verbindungsvektoren der drei Punkte von E einen Normalenvektor $\vec{n}$ von E.
   Prüfen Sie, ob das Skalarprodukt von $\vec{n}$ mit dem Richtungsvektor der Geraden g Null ergibt.

8. Skizzieren Sie die möglichen Lagebeziehungen.
   Überlegen Sie, wie die Normalenvektoren zueinander stehen müssen, damit die Ebenen parallel sind oder sich schneiden; beachten Sie, dass eine Punktprobe notwendig ist, um den Spezialfall, dass E_1 und E_2 identisch sind, zu untersuchen.

Lösungen Pflichtteil 2008

1. Zur Bestimmung der Ableitung der Funktion f mit $f(x) = \frac{2x^2}{2x^2-3}$ verwendet man die Quotientenregel:

$$\begin{aligned} f'(x) &= \frac{4x \cdot (2x^2-3) - 2x^2 \cdot 4x}{(2x^2-3)^2} \\ &= \frac{8x^3 - 12x - 8x^3}{(2x^2-3)^2} \\ &= \frac{-12x}{(2x^2-3)^2} \end{aligned}$$

2. Eine allgemeine Stammfunktion der Funktion g mit $g(x) = 2 - 3 \cdot \sin(4x)$ ist

$$\mathrm{G}_c(x) = 2x - 3 \cdot \left(-\frac{1}{4}\cos(4x)\right) + c = 2x + \frac{3}{4} \cdot \cos(4x) + c;\ c \in \mathbb{R}$$

Da der Punkt $\mathrm{P}(0 \mid 1)$ auf dem Schaubild von $\mathrm{G}_c(x)$ liegt, gilt: $\mathrm{G}_c(0) = 1$
Dies führt wegen $\cos 0 = 1$ zu

$$\begin{aligned} 1 &= 2 \cdot 0 + \frac{3}{4} \cdot \cos(4 \cdot 0) + c = \frac{3}{4} \cdot 1 + c \\ c &= \frac{1}{4} \end{aligned}$$

Damit hat die gesuchte Stammfunktion G den Funktionsterm $\mathrm{G}(x) = 2x + \frac{3}{4} \cdot \cos(4x) + \frac{1}{4}$.

3. Die Gleichung $\frac{6}{x^4} + \frac{1}{x^2} = 1$ führt nach Multiplikation mit x^4 auf beiden Seiten zur Gleichung $6 + x^2 = x^4$ bzw. $x^4 - x^2 - 6 = 0$.
Substituiert man $x^2 = z$, so erhält man die quadratische Gleichung $z^2 - z - 6 = 0$, die mit Hilfe der pq-Formel oder der abc-Formel gelöst wird. Man erhält $z_1 = -2$ und $z_2 = 3$.
Die Resubstitution $x^2 = -2$ ergibt keine reelle Lösung, die Resubstitution $x^2 = 3$ ergibt die Lösungen $x_1 = \sqrt{3}$ und $x_2 = -\sqrt{3}$.
Somit sind $x_1 = \sqrt{3}$ und $x_2 = -\sqrt{3}$ die Lösungen der gegebenen Gleichung.

4. Als Ansatz für eine ganzrationale Funktion h zweiten Grades verwendet man $h(x) = ax^2 + bx + c$ sowie deren Ableitung $h'(x) = 2ax + b$.
Da $\mathrm{T}(-1 \mid -4)$ der Tiefpunkt des Schaubilds von h ist, gelten die Bedingungen: $h(-1) = -4$ und $h'(-1) = 0$.
Da $\mathrm{Q}(2 \mid 5)$ ein weiterer Punkt des Schaubilds von h ist, gilt die Bedingung: $h(2) = 5$.
Damit erhält man folgendes lineares Gleichungssystem:

$$\begin{array}{rrcrcrcr} \mathrm{I} & a \cdot (-1)^2 & + & b \cdot (-1) & + & c & = & -4 \\ \mathrm{II} & 2a \cdot (-1) & + & b & & & = & 0 \\ \mathrm{III} & a \cdot 2^2 & + & b \cdot 2 & + & c & = & 5 \end{array}$$

bzw.

$$\begin{array}{lrcrcrcr} \text{I} & a & - & b & + & c & = & -4 \\ \text{II} & -2a & + & b & & & = & 0 \\ \text{III} & 4a & + & 2b & + & c & = & 5 \end{array}$$

Subtrahiert man Gleichung III von Gleichung I, erhält man:

$$\begin{array}{lrcrcrcr} \text{I} & a & - & b & + & c & = & -4 \\ \text{II} & -2a & + & b & & & = & 0 \\ \text{IIIa} & -3a & - & 3b & & & = & -9 \end{array}$$

Addiert man das 3-fache von Gleichung II zu Gleichung IIIa, erhält man:

$$\begin{array}{lrcrcrcr} \text{I} & a & - & b & + & c & = & -4 \\ \text{II} & -2a & + & b & & & = & 0 \\ \text{IIIb} & -9a & & & & & = & -9 \end{array}$$

Aus Gleichung IIIb erhält man $a = 1$.
Setzt man $a = 1$ in Gleichung II ein, erhält man: $-2 \cdot 1 + b = 0 \Rightarrow b = 2$
Setzt man $a = 1$ und $b = 2$ in Gleichung I ein, erhält man: $1 - 2 + c = -4 \Rightarrow c = -3$
Damit lautet die gesuchte Funktionsgleichung: $h(x) = x^2 + 2x - 3$

5. a) Der Funktion f mit $f(x) = \frac{-2x}{x+a}$ kann das Schaubild 2 zugeordnet werden, da dieses als einziges Schaubild eine senkrechte Asymptote (Pol) bei $x = -1$ und eine waagrechte Asymptote $y = -2$ besitzt.
Der Funktion g mit $g(x) = -2 + b \cdot e^{-0,5x}$ kann das Schaubild 3 zugeordnet werden, da nur noch dieses Schaubild eine waagrechte Asymptote $y = -2$ für $x \to \infty$ besitzt.
Der Funktion h mit $h(x) = c \cdot x^2 - x$ kann das Schaubild 4 zugeordnet werden, da das Schaubild von h eine Parabel ist. Schaubild 1 hat einen Wendepunkt, ist also keine Parabel; somit kommt nur Schaubild 4, welches eine Parabel darstellen könnte, in Frage.

b) Zur Bestimmung von a setzt man die senkrechte Asymptote $x = -1$ des Schaubilds 2 mit der Polstelle von $f(x)$ gleich; die Polstelle von f erhält man, indem man den Nenner von $f(x)$ gleich Null setzt: $x + a = 0 \Rightarrow x = -a$.

$$-1 = -a \Rightarrow a = 1$$

Zur Bestimmung von b verwendet man die Koordinaten des Ursprungs, der auf dem Schaubild 3 liegt: $g(0) = 0$ führt zu

$$0 = -2 + b \cdot e^{-0,5 \cdot 0} \Rightarrow b = 2$$

6. Die beiden Geraden $g\colon \vec{x} = \begin{pmatrix} 2 \\ 9 \\ 4 \end{pmatrix} + s \begin{pmatrix} 3 \\ -4 \\ 1 \end{pmatrix}$ und $h\colon \vec{x} = \begin{pmatrix} 1 \\ 2 \\ 5 \end{pmatrix} + t \begin{pmatrix} 6 \\ -8 \\ 2 \end{pmatrix}$ sind par-

allel, da die Richtungsvektoren ein Vielfaches voneinander sind: $\begin{pmatrix} 6 \\ -8 \\ 2 \end{pmatrix} = 2 \cdot \begin{pmatrix} 3 \\ -4 \\ 1 \end{pmatrix}$

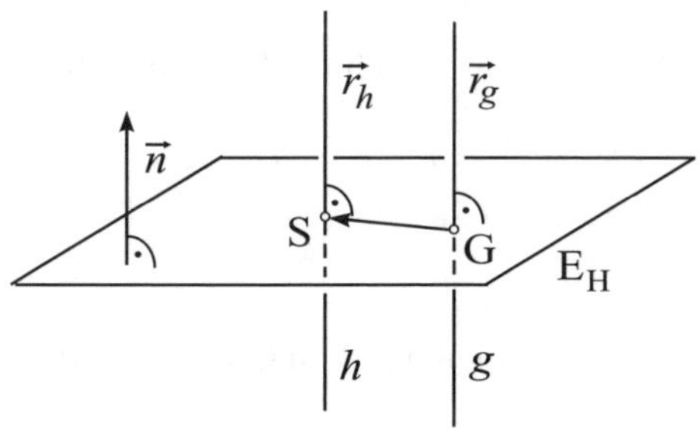

Um den Abstand der beiden Geraden zu bestimmen, stellt man eine Hilfsebene E_H orthogonal zur Geraden h durch den Stützpunkt $G\,(2 \mid 9 \mid 4)$ der Geraden g auf und schneidet E_H mit h; als Normalenvektor $\vec{n}$ von E_H wählt man den Richtungsvektor von g :

$$E_H: (\vec{x} - \vec{g}) \cdot \vec{n} = 0$$

$$E_H: \begin{pmatrix} x_1 - 2 \\ x_2 - 9 \\ x_3 - 4 \end{pmatrix} \cdot \begin{pmatrix} 3 \\ -4 \\ 1 \end{pmatrix} = 0$$

$$E_H: 3 \cdot (x_1 - 2) + (-4) \cdot (x_2 - 9) + 1 \cdot (x_3 - 4) = 0$$

$$E_H: 3x_1 - 4x_2 + x_3 + 26 = 0$$

Zur Berechnung des Schnittpunkts S von E_H mit h setzt man die Koordinaten eines allgemeinen Punktes $P_t\,(1 + 6t \mid 2 - 8t \mid 5 + 2t)$ der Geraden h in die Koordinatengleichung von E_H ein und erhält:

$$3 \cdot (1 + 6t) - 4 \cdot (2 + 8t) + (5 + 2t) + 26 = 0 \Rightarrow t = -\frac{1}{2}$$

Setzt man $t = -\frac{1}{2}$ in die Gleichung von h ein, erhält man die Koordinaten von S:

$$\vec{s} = \begin{pmatrix} 1 \\ 2 \\ 5 \end{pmatrix} - \frac{1}{2} \cdot \begin{pmatrix} 6 \\ -8 \\ 2 \end{pmatrix} \Rightarrow S\,(-2 \mid 6 \mid 4)$$

Der gesuchte Abstand d der beiden Geraden g und h ist der Abstand der Punkte S und G:

$$d = \left|\overrightarrow{GS}\right| = \left| \begin{pmatrix} -4 \\ -3 \\ 0 \end{pmatrix} \right| = \sqrt{(-4)^2 + (-3)^2 + 0^2} = 5$$

Der Abstand der beiden Geraden g und h beträgt 5 LE.

7. Um zu untersuchen, ob die Gerade $g\colon\ \vec{x} = \begin{pmatrix} -4 \\ 2 \\ 3 \end{pmatrix} + t \begin{pmatrix} -2 \\ 3 \\ 2 \end{pmatrix};\ t \in \mathbb{R}$ parallel zur Ebene E durch die Punkte $A(1,5 \mid 0 \mid 0)$, $B(0 \mid 3 \mid 0)$ und $C(0 \mid 0 \mid 6)$ verläuft, prüft man, ob das Skalarprodukt eines Normalenvektors der Ebene E und des Richtungsvektors der Geraden g Null ergibt.

   Einen Normalenvektor $\vec{n}$ von E bestimmt man z.B. mit Hilfe des Vektorprodukts der beiden Spannvektoren $\overrightarrow{AB} = \begin{pmatrix} -1,5 \\ 3 \\ 0 \end{pmatrix}$ und $\overrightarrow{AC} = \begin{pmatrix} -1,5 \\ 0 \\ 6 \end{pmatrix}$:

$$\overrightarrow{AB} \times \overrightarrow{AC} = \begin{pmatrix} -1,5 \\ 3 \\ 0 \end{pmatrix} \times \begin{pmatrix} -1,5 \\ 0 \\ 6 \end{pmatrix} = \begin{pmatrix} 18 \\ 9 \\ 4,5 \end{pmatrix} = 4,5 \cdot \begin{pmatrix} 4 \\ 2 \\ 1 \end{pmatrix} \Rightarrow \vec{n} = \begin{pmatrix} 4 \\ 2 \\ 1 \end{pmatrix}$$

   Bestimmt man das Skalarprodukt von $\vec{n}$ und dem Richtungsvektor $\vec{r}_g$ der Geraden g, erhält man:

$$\vec{n} \cdot \vec{r}_g = \begin{pmatrix} 4 \\ 2 \\ 1 \end{pmatrix} \cdot \begin{pmatrix} -2 \\ 3 \\ 2 \end{pmatrix} = 4 \cdot (-2) + 2 \cdot 3 + 1 \cdot 2 = 0$$

   Da das Skalarprodukt von $\vec{n}$ und $\vec{r}_g$ Null ergibt, sind die Ebene E und die Gerade g parallel.

8. Als mögliche Lagebeziehungen kommen in Frage:

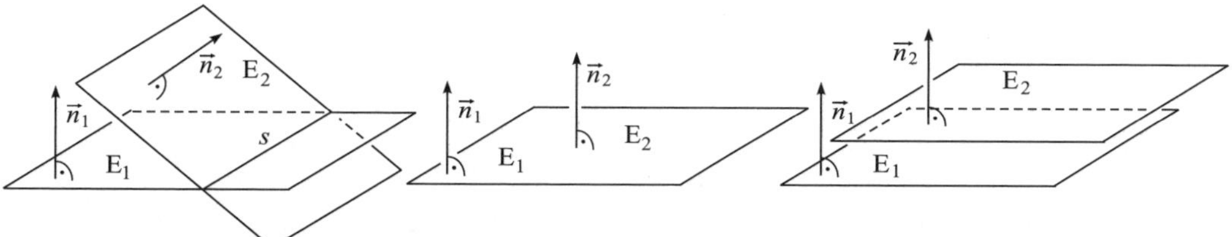

E_1 und E_2 schneiden sich — E_1 und E_2 sind identisch — E_1 und E_2 sind parallel

   Um die gegenseitige Lage der beiden Ebenen $E_1\colon\ (\vec{x} - \vec{p}_1) \cdot \vec{n}_1 = 0$ und $E_2\colon\ (\vec{x} - \vec{p}_2) \cdot \vec{n}_2 = 0$ zu untersuchen, prüft man zunächst, ob die Normalenvektoren $\vec{n}_1$ und $\vec{n}_2$ ein Vielfaches voneinander (linear abhängig) sind.

   Ist dies der Fall, gilt also $\vec{n}_1 = k \cdot \vec{n}_2;\ k \in \mathbb{R} \setminus \{0\}$, sind die beiden Ebenen parallel; falls der Ortsvektor $\vec{p}_2$ von E_2 die Bedingung $(\vec{p}_2 - \vec{p}_1) \cdot \vec{n}_1 = 0$ erfüllt, liegt der Punkt P_2 von E_2 auch in E_1 und die beiden Ebenen sind identisch.

   Ist dies nicht der Fall, sind also die Normalenvektoren $\vec{n}_1$ und $\vec{n}_2$ kein Vielfaches voneinander (linear unabhängig), schneiden sich die beiden Ebenen in einer Schnittgeraden; falls zusätzlich $\vec{n}_1 \cdot \vec{n}_2 = 0$ gilt, schneiden sich die beiden Ebenen rechtwinklig.